全国高等学校建筑学学科专业指导委员会推荐教学参考书

景观设计学概论

AN INTRODUCTION TO LANDSCAPE ARCHITECTURE

[SECOND EDITION]

米歇尔·劳瑞 著　张丹 译

（Michael Laurie）

图书在版编目（CIP）数据

景观设计学概论／（美）劳瑞著；张丹译. 一天津：天津大学出版社，2012. 1（2018. 8重印）
ISBN 978-7-5618-4233-1

I. ①景… II. ①劳… ②张… III. ①景观设计
IV. ① TU986.2

中国版本图书馆 CIP 数据核字（2012）第 269360 号

出版发行　天津大学出版社
地　　址　天津市卫津路 92 号天津大学内（邮编：300072）
电　　话　发行部：022-27403647　邮购部：022-27402742
网　　址　www.tjup.com
印　　刷　廊坊市瑞德印刷有限公司
经　　销　全国各地新华书店
开　　本　210mm × 285mm
印　　张　15.75
字　　数　560 千
版　　次　2012 年 1 月第 1 版
印　　次　2018 年 8 月第 3 次
定　　价　59.50 元

第二版前言

PREFACE TO THE SECOND EDITION

本书第二版不仅保持了初版的版式和目标宗旨，还包括了第一版中未能涵盖的内容，特别是“花园历史”章节。第二点，我试图涵盖城市设计主题中更多方面的内容，城市设计一直是而且还将是景观设计学中一项主要的活动。其他新增的内容反映了对能源设计和资源保护的关注、公众参与设计过程、服务于环境影响评估的景观评价。这些话题十年前就已经成为了重点课题，但现在逐渐与专业实践融合到一起。最后对内容的进一步补充和删减都试图以某种方式对原始语言文字进行澄清与调整，这些修改反映了我思想的变迁。特别是本书在发展中国家建立了广大的读者群，尽管我为此感到非常欣喜，但是深感自己肩负的职责不仅要清晰地阐释基本原则和基础概念，还要强调对设计难题和环境问题的解决办法，以及采取的形式都应依据当地的具体条件，而不是简单地模仿、照抄照搬。

对于北美来说，已经预见到了设计实践特点的变化。[1]这些变化被认为是包括人口结构变化（像老年人和少数民族成为新的主要使用群体）在内的一系列新因素及不断衰减的资源（强调煤炭开采与土地再生和环境保护规划相结合）产生的结果。其他新研究领域包括废弃物管理、城市林业（作为治理空气污染的临时解决方法）、野生动物栖息地的改进。经济和政治的发展趋势可能产生其他新的设计难题，例如高密度、由小单元构成的生态住宅、对现有城郊区域的规划部署、旧城市结构的复兴与调适、在城市开放空间中公共与私有部门之间的联合协作、历史遗迹的保护、允许混合用途开发的新区域条例、规划与设计当中的公众参与、现有公园的翻新以及在临近社区范围内新公园与娱乐休闲设施的统筹等。在高效的电子时代，景观设计师必须熟悉计算机应用、能源与资源保护、政策和商务。

其他国家和社会发展中的关键课题与前进趋势，因时间、地点的差异而各不相同。在确定实施规划和项目的过程中，公共部门、私有部门的实践模式与其承担的角色将依赖于各个国家和社会所选取的政治体系。但是景观设计学的框架及其关注的课题与发展潜能将保持一致。技术与方法的进步推动了产品的提升，但如果不能清楚地感受规划目标，也未能体现价值观，作品将缺少真实可靠性。价值观是社会的反映，而且不能轻易界定。价值观是通过对诸如保护、经济、社会责任、美学、历史等问题的态度反映出来，正如杰弗里·杰里科（Geoffrey Jellicoe，1900 — 1996，英国

[1] Marshall, Lane (ed.), *Landscape Architecture into the 21st Century*. A special task force report (Wáshington: American Society of Landscape Architecture, 1982).

景观设计师）所述：价值观是“普遍的现实，而且是随时随地人类目标的感受”。[2]

在无法预知的未来，在土地与人类的广阔领域中解决难题技巧所反映出的价值观比起专业性的定义更为重要。从概念上讲，环境设计是建筑物与土地的整合。根据传统定义，这两者的接合部分既不属于建筑范畴，也不属于景观设计范畴。城市设计的概念是将这两个领域衔接起来，衍生出的方法比上述两者之和还多。这些思想观点在传统专业技巧及职责当中埋下了变革的种子，使设计师和规划师萌生了拓展项目领域、开发概括性观点的需求。

我始终铭记提醒读者将本书作为采取行动以及解决设计难题的框架，而不仅仅作为一份参考答案。

米歇尔·劳瑞

[2] Jellicoe, Geoffrey, and Susan Jellicoe, *The Landscape of Man* (London: Thames and Hudson,1975).

第一版前言

PREFACE TO THE FIRST EDITION

这本书包含了近年来发表的景观设计学领域中发表的不同方面的一系列论文。现在我们面临的是土地使用、保护、景观设计及规划当中出现的富有挑战性的新问题。解决此类难题合理的方法是借鉴利用地球科学、生物科学、保护原则以及行为科学和社会科学。人类和生态系统的健康是各种思想观念发展的基础。

我试图建立起广泛的理论基础，并应用于区域、园林、庭院等诸多范畴。核心思想是将与特定环境或任务相关的生态、社会数据综合起来，推导出可能的土地使用政策或详尽的设计形式，其结果之间的内部关系是基础性的。属于区域层次的土地使用政策有赖于对各类土地用途准则及其对土地影响的细致理解；反之，区域特点会成为住宅及园林设计形式的决定因素。

“是什么”、“为什么”、“怎么做”是构成理论整体不可或缺的组成部分。也就是说，项目规划的构成与施建和落成技术同等重要。我们不能仅凭价值观判断，也不能因为在客户的简单要求或是项目规划中没有提及，便忽视设计难题的特定侧面。我们在社会中的角色必须是积极的、建设性的、充实的，倡导品质和长远价值。本书就是告诉大家去履行这一角色。

书中对每一主题只是做了简要叙述，属于介绍性质，而不是全面考察。涉及的内容完全取自我个人对主题的理解和实践经历，所举实例或案例研究尽管是随意选取，但我仍然希望它们具有深远的意义。同时，虽然本书选材广泛多样，但文献均限于景观设计学及相关领域。我在书中进行了一次历史性的回顾，因为我相信在历史背景下考察我们现在的行为将是有价值的。本书也有助于我们欣赏形式和概念的多种起源以及构成我们感觉意识的思想与态度的发展。很多历史描述都是基于各类资源来阐释概念。于是它们构成了我们今天看到的世界，通过先前的印刷品和插图，展现了设计者最早的初衷。我没有讨论基础设计原则、美学或图形传达，并不是说它们不重要，而是在某种程度上将它们摆脱了形式决定理论。

由于本书只是对景观设计学及其组成原则进行了概述，适合景观设计学专业的学生及对环境设计和规划感兴趣的其他专业学生作为导论课程教科书使用。

致 谢

ACKNOWLEDGMENTS

在这里我无法对所有曾经为这本书内容及构思做出贡献的人一一致谢。参考文献中已列出了绝大多数人的名录。在过去的30年间，我有幸见到了或是聆听过英国和北美大多数著名景观设计师、建筑师、规划师和环保人士的理论观点；还有来自世界各地的访问学者以及我在欧洲、南美和亚洲旅行时结识的其他朋友。在本书的内容里可以看到他们思想观点的影子。

我特别感谢曾经对我景观设计学概念的发展产生过重要影响的六个人。我的父亲伊恩·米歇尔·劳瑞（Ian Michael Laurie），在我童年时他教我认识植物并教会我种植——我的景观设计学知识的核心；弗兰克·克拉克（Frank Clark）教育我认识各学科之间关系的重要性以及如何通过历史研究认识现实；西尔维亚·克洛夫人（Dame Sylvia Crowe），我在她的事务所找到了第一份工作，而且从她身上学会了将设计与哲学及其他价值观联系起来，明白了奉献的含义；1960—1962年在宾夕法尼亚大学（University of Pennsylvania）图龙奖学金（Thouron Scholarship）的资助下，我完成了研究生学业。在宾大我遇到了两位伟大的导师：伊恩·麦克哈格教授（Professor Ian McHarg）和卡尔·林恩教授（Professor Karl Linn），是他们指引我走上理论研究的道路。从加州大学伯克利分校（Berkeley）的沃恩教授（Professor H.L.Vaughan）那里，我学到了更多知识，包括如何判断重要性，怎样清晰地加以阐述。

除此之外，这本书出版还要归功于伯克利的同学们，在过去的20年间他们用各种方式给我激励和鼓舞。在此我要对我的老朋友、评论家劳伦斯·J.弗里克先生（Laurence J. Fricker）表达谢意，是他在早期阅读了本书的第一稿，并提出了修改建议。同时，我也借此机会感谢加州大学伯克利分校的景观设计学系以及环境设计学院同事们的支持，是他们协助我把握了书中的很多主题。我要特别感谢以下人士：拉塞尔·巴蒂（Russell Beatty），她在通读完整篇草稿后，在“植栽设计”的内容方面给了我相当大的帮助；克莱尔·库珀·马库斯（Clare Cooper Marcus），他在书中“社会与心理要素”的内容方面，提出了多条思想观点；汤姆·布朗（Tom Brown），他为第2章提供了照片和文献参考。我还需感谢罗杰·奥斯巴德斯顿（Roger Osbaldeston）为第2章额外增加的注释。

我收到了大量辅助说明文内语言的照片。在这里，尤其感谢威廉·A.加尼特（William A. Garnett）欣然允许我使用他那些精美的航拍照片；R.伯顿·利顿（R. Burton Litton）提供了多张壮美的景观照片；彼得·柯斯特里金（Peter Kostrikin）专为本书拍摄、冲洗并印刷照片；罗伯特·萨巴提尼（Robert Sabbattini）允许我选用他出版的《地标1972》（*Landmark '72*）中的图片；特立尼达·儒亚雷斯（Trinidad Juarez）专门摄影拍照和绘图，威尔福德·胡佛（Willfred Hoover）负责印刷我的照片。

再有感谢乔特·卡彭特教授（Professor Jot Carpenter），他在读完手稿后给了我建议和指导；特别是罗伯特·古德曼（Robert Goodman）最早提出了这本书的创意；阿瓦·莱德克尔（Ava Lydecker）把最早的手稿打印出来；李仪森（Yee Sen Lee）整理了原始参考文献，还有其他许多工作在各类机构、图书馆、大学和私人工作室里曾经给予我帮助的人们，我虽不能逐一提及，但他们对我的帮助、支持都是难以忘怀的。

在准备第二版期间，金·维基（Kim Wilkie）对书稿再次进行了精读、评述和建议并查询参考文献。此外，来自广大师生的反馈意见也很有帮助。

大阪大学（Osaka University）的久保祯教授（Professor Tadashi Kubo）和大阪大学的其他同人向我介绍了京都的园林，并使我深入了解了日本园林。同济大学的陈从周教授和吴威廉博士（Dr.William Wu）帮助我更好地理解中国园林。我的同事R.伯顿·利顿教授在景观评估领域给了我无私的帮助。我的老朋友乔·卡尔（Joe Karr）为我提供了第7章中橡树园案例研究的资料。

在修订文稿的技术性准备工作中，玛莎·伯格曼（Martha Bergmann）将新章节录入打印，罗宾·安德逊（Robin Anderson）协助整合。

瑞吉娜·达希尔（Regina Dahir）出色地完成了本书的版式设计，爱思维尔出版社（Elsevier）的凯瑟琳·西尔弗里奥（Kathryn Silverio）和路易斯·格林德尔（Louise Gruendel）进行了本书的编辑加工与印制出版工作。

对所有曾经为本书第一和第二版成功出版做出贡献的人表达我衷心的感谢！

米歇尔·劳瑞

目 录

CONTENTS

AN INTRODUCTION TO LANDSCAPE ARCHITECTURE

[SECOND EDTION]

人居环境：景观设计学

THE HUMAN ENVIRONMENT: LANDSCAPE APCHITECTURE

第1章

土地是人类社会中基本的元素，因此针对土地使用与保护的规划也成为政治与社会生活中的核心问题之一。当根据土地的地理和环境特征对其进行描绘和观察时，土地才能被称为“景观”（landscape）。景观会根据上述特点以及人类行为的影响而改变，由此可见，景观是反映自然和社会的动态体系。景观设计学（landscape architecture）就是建立在对这些体系理解基础之上的，对社会所需求的土地和水资源进行规划和设计。“规划”（planning）是针对土地未来的发展，这里的“土地”被看做是一种有关社会需求和未来需要的资源；“设计”（design）则是指在规划过程中，对某块土地定性并进行功能方面的安排，以满足某种特定的社会需求，比如住宅、教育或者休闲等。

环境框架 ENVIRONMENTAL FRAMEWORK

显然，环境并不是人类最近才开始关注的问题，早在古中国、古埃及以及中东地区，就已经出现了以农业生产和其他社会目的为目标，对土地进行有意识地规划和管理的行为。在一些东方国家的水稻梯田（图 1.1）以及关于底比斯（Thebes）私家园林的最早记录中（图 2.2），可以明显地看出，这些都是有意识进行景观设计的例子。今天我们对土地的使用和设计，必然会受到这些历史积累下来的经验、传统和实践的影响；同时，我们对景观的感知和对自然的态度，也会受到每个人成长的文化环境和所处社会背景的影响。

图 1.1
中国水稻梯田的模式验证了人与自然之间“我与你”的关系。

图 1.2
现代高速公路的建设标准往往会对景观产生巨大影响。随着技术的进步，我们改变地球表面地貌的程度和改造的速度也会随之提高。

“规划”、“设计”与“使用”，这些词都是用来形容人类对自然的干预行为。从严格意义上来说，绝对人造的景观是不存在的。相反，从某种程度上来说，人类是在“适应”自然系统。例如，加利福尼亚州的印第安人很少改变或改造他们生活环境中的景观；然而州公路局（the state’s Department of Highways）则对景观产生巨大影响（图 1.2）。所有这些情况都可以说景观被使用和改造过了。因此，我们可以把人类对土地的“适应”行为归结为两种类型：一种可能是为了种植农作物、提高产量或提供资源，从而对土地进行利用；还有一种就是出于哲学和艺术方面的表达与精神需求，在土地上留下“印记”（impressions）。第二种类型的代表就是 16 世纪意大利文艺复兴时期最大的花园——兰特别墅花园（Villa Lante）（图 2.27）。在整个人类文明发展过程中，有大量的实例可以用来验证这两种适应类型。

随着技术水平的提高，我们改变地球表面地貌的速度和程度也在加快。就像原始的挖掘棒（digging stick）和现代挖掘机尽管都是用于挖掘，但显然两者的效率不同。这两种工具使我们联想起埃尔温 · 安东 · 古特金德（Erwin Anton Gutkind，1886—1968，美国城市规划学者）[1]对人类和自然之间基本关系提出的理论，即“我与你”（the I-thou）和“我与它”（the I-it）的模式理论。“我与你”是人与自然之间相互适应的一面，而“我与它”则反映了人与自然之间背离疏远的一面。

古特金德将整个已知的文明时期里人类对环境态度的转变划分为四个阶段。第一阶段是“我与你”的传统阶段。这一阶段的特点是对不可预知自然力的恐惧以及随之而来对安全的渴望。这是原始社会中以狩猎和自给自足农耕为主的共同模式，人们认识到自己必须跟他人合作才能生存。这些原始的社会群体，跟他们劳作和赖以生活的景观有着非常直接的关系，而且这种人与外部世界的关系充满了象征意义。从外部形态上，古特金德用原始村落、田野以及原始部落定居点布局之间的这种相互依存关系印证了这个阶段（图 1.3）。

[1] E.A Gutkind, *Our World from the Air* (New York: Doubleday,1952).

第二阶段为满足不同需求，日趋走向自信，更理智地适应环境。人类接受大自然的挑战作为准则，代表着“我和你”关系的存在。这个阶段，人类营造自然的基础是对自然过程的理解，并知晓自身掌控大自然的能力极限。因此，景观被看做是一种资源，正是由于这个原因，人们认识到：连续耕种农作物的年产量取决于土壤的肥沃程度、精耕细作和妥善经营。中国以及东方国家的水稻梯田和农田、古代中东地区的一些文明古国调控河流灌溉农作物、古埃及修建金字塔和庙宇，这些都是这个阶段的表现形式（图 1.1 和图 1.4）。同样的例子还有欧洲中世纪小镇的教堂、城堡以及与地形密切相关的蜿蜒曲折的街道格局（图 2.20）。

第三阶段直接导致了我们目前的状况，即我们已经处于一个高技术的社会，这是一个充满侵略性与征服意识的阶段。对自然资源的过度开采和浪费取代了第二阶段对环境的调节。这一时期的特征是以汽车为主导，城市区域不断蔓延拓展，同时伴随着内陆地区的森林砍伐、过度开采矿藏以及河流污染为代表的“我与它”关系阶段（图 1.5 ~ 图 1.7）。古特金德认为：自然中人性的缺失是因为 19 世纪科技的专业化削弱了人与自然之间所有关系的感知。

第四阶段是古特金德所说的“未来”，他形容这是一个充满责任感、统一协作的时代。“我与它”的关系重新获得了解读，随着对大自然规律了解的深入，引发了社会的关注，并针对环境条件的变化多加调整。这一态度的转变有赖于生态科学以及对不可再生能源的保护。下面是针对这个阶段的一些案例：20 世纪 30 年代田纳西河流域管理局项目（the Tennessee Valley Authority project）（图 3.6）以及最近的特拉华河（the Delaware River）和波托马克河（the Potomac River，译者注：美国东部一条重要河流，流经首都华盛顿）流域规划研究，认识到在土地规划及管理中，生态关系和水文循环具有的重要价值。海湾地区管理协会（the association of Bay Area Governments）和加利福尼亚州海湾保护与发展委员会（the Bay Conservation and Development Commission），这些机构的工作也反映了支持土地利用上的新态度，世界上各个国家也逐渐接受了这一改变（图 1.8）。

需特别指出的是 20 世纪 70 年代，能源危机促成了对节能型房屋的需求，使得利用太阳能和风能成为可能。加利福尼亚州戴维斯市（Davis）的乡村之家（Village Homes）的房屋布局就是针对上述这些问题的案例，并

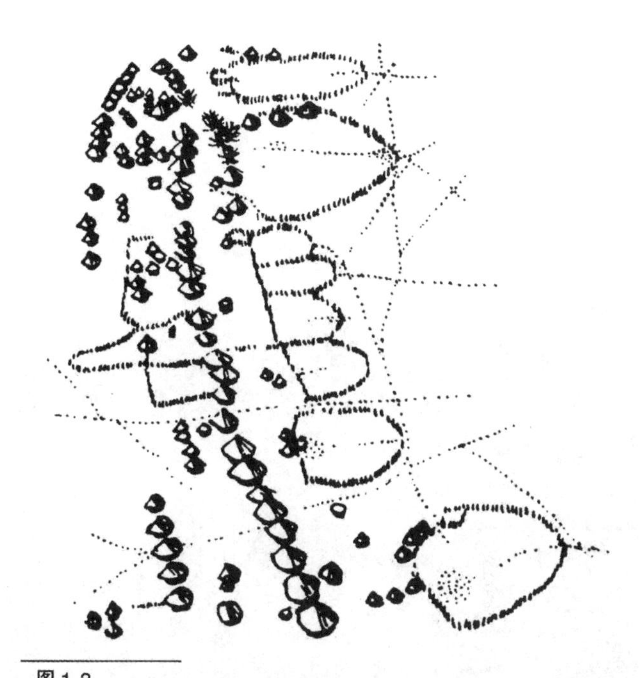

图 1.3
人与自然之间“我与你”的关系在非洲氏族村落的布局里随处可以得到印证。

图 1.4
埃及金字塔是人类面对自然时自信心提高的表现。

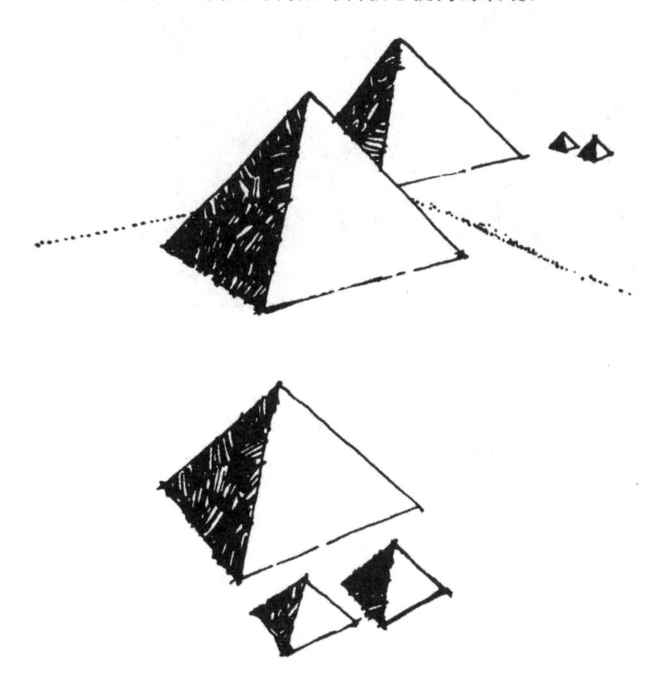

图 1.5
洛杉矶，20 世纪 50 年代早期以汽车为主导导致了城市区域不断蔓延拓展，象征了人与自然之间的“我与它”关系。威廉 · A. 加尼特拍摄。

图 1.7
1965 年伊利诺斯州法明顿（Farmington）附近的露天采矿场，其开采运作的规模代表了人与自然之间“我与它”的关系特征。挖掘机比五层楼还高。有意识地恢复农业土地反映了对第四阶段的理解和责任感。威廉 · A. 加尼特拍摄。

图1.6
1949年时洛杉矶（好莱坞）的烟雾浓度达到了令人难以忍受的程度。这是由于忽视了景观中自然地理形式、气候类型以及依赖单一汽车运输方式之间关系造成的。威廉·A．加尼特拍摄。

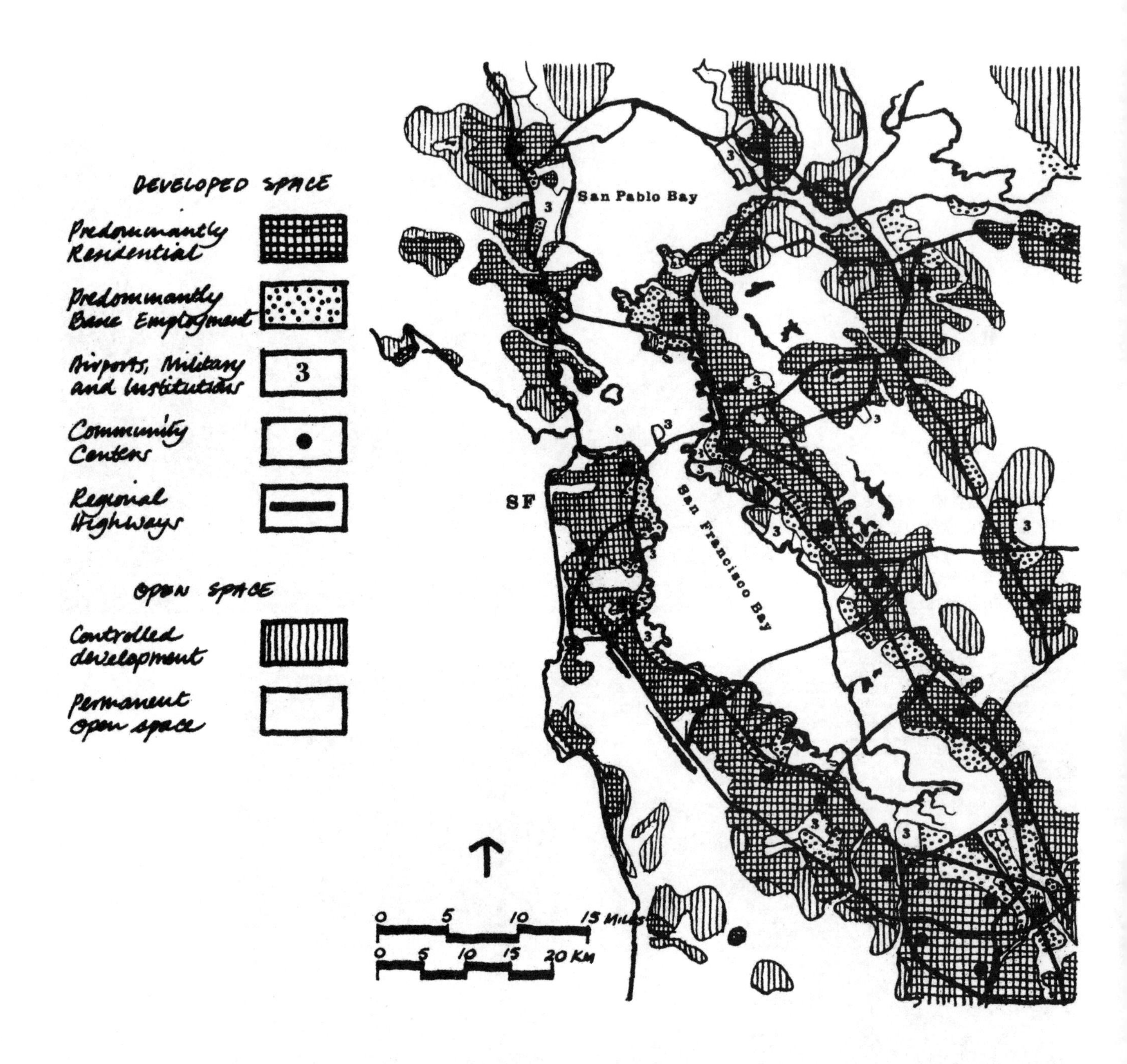

图 1.8
1970—1990 年的区域规划。这一规划是由海湾地区管理协会 1970 年制定的，包括 9 个县的土地用途和交通规划。都市快速交通体系（图中没有标示）把 11 个社区中心连接起来，并准备将规划中所有的中心都连接起来。

成为第四阶段的典型（图 1.9）。一些大型的保护团体，如“塞拉俱乐部”（the Sierra Club，责编注：成立于 1892 年的美国最大、历史最久、影响力最广的草根环保组织）和“地球之友”（Friends of the Earth，责编注：具有 40 多年历史、涵盖世界 70 多个国家的民间环保组织），是社会责任感与创新方法不断发展的表现，意味着简约的生活方式以及恩斯特·弗雷德里希·舒马赫（Ernst Friedrich Schumacher, 1911—1977, 英国经济学家）

图 1.9
1972 年加利福尼亚州戴维斯市的乡村之家。

提出的“小即是美”（small is beautiful）的哲学理念。恩斯特·卡伦巴赫（Ernest Callenbach，1929—，美国作家）的《生态乌托邦》（*Ecotopia*）[译注1] 给我们描绘了这样的生活，而这一瞥将可能成为 21 世纪的方向发展。

在他理想的乌托邦生态国度里面，包括了北加利福尼亚（Northern California）、俄勒冈州（Oregon）和华盛顿（Washington）。社会运行以保护自然环境为原则，许多郊区变成了农田，人口处于稳定状态，树木和园林取代了高速公路和大部分的街道。电车和公共汽车取代了私家车，废弃物回收与循环利用是日常生活的一部分，用木材来制作塑料以便于生物降解。对森林采取选择性采伐和再生的管理方法，绿化带环绕四万至五万居民组成的小型城镇，并由快速公共交通系统连接起来。

这种对未来的展望隐含了主要的社会与政治变革；而对于第三世界国家来说，由于殖民剥削遗留的后果，使其很难直接转向保护环境的立场。

在许多方面，古特金德的理论或观点都与肯尼斯·艾瓦特·博尔丁（Kenneth Ewart Boulding，1910—1993，美国经济学家）[2]表达的观点相似。博尔丁认为，我们正处在一个伟大的转型期中，在科学、技术、社会机制和物理能源利用方面都在发生变革。他的理论很简单，假使我们能够尽可能地避免“熵陷阱”（entropy trap）[译注2]，即尽管很难避免能源消耗的浪费、战争的损耗，但如果我们能够将这种消耗转向好的方面而不是坏的方面，同时学习并利用其中产生的巨大潜能，那么我们也许真的能够实现古特金德所说的第四阶段。然而这只是一种假设，实际很难做到。对这种能源消耗产生的结果选择是开放性的，环境专业（包括景观设计学在内）的责任始终是通过各种方式向他们的客户群和公众主张并提倡这种选择（指避免“熵陷阱”），因为只有这样才是人类继续生存下去的唯一合理选择。

乐观主义者认为，我们正在从以追逐短期利益和进行破坏性建设为特征的第三阶段迈出（或者说至少是能够迈出），并朝着重塑土地环境的新时代迈进。首先景观作为一种资源，将自然科学和生态学的基本原理作为规划和设计的指导原则；其次，景观是满足人们基本的心理和精神需求以及在社会行为规范下的幸福感。

因此，理解景观设计学理论所包含的内涵，我们必须首先明白形成与构成景观的自然过程和它所带来的社会变化，或者说现在对景观或环境的利用及其被感知的方式；其次就需要用分析、评价和综合的方法来解决问题；最后要有一个能够解决问题、切实可行的方法。规划方法涉及政治性和经济性的程序；设计方法涉及构造、植栽和管理。

景观设计学专业 THE PROFESSION OF LANDSCAPE ARCHITECTURE

在进一步展开理论框架之前，早先的讨论和其他针对“景观设计学”的阐释可能是有益的。其实很难给景观和建筑这两个词下定义，因为这两个词看上去似乎是对立的：一个是充满活力和不断变化的，另一个却是静止和固定的。专业人员常常会为此感到困惑，因为他们在社会中的职业角色一直被人误解。风景园林（landscape gardening）是最常用的解释，但是“场地规划”（site planning）、“城市设计”（urban design）、“环境规划”（environmental planning）这些名词常被添加在景观设计公司的名称里，用来展现他们更宽泛的关注范围与实践能力。

纽约中央公园（Central Park）的设计者弗雷德里克·劳·奥姆斯泰德（Frederick Law Olmsted，1822—1903，景观设计师，被誉为“美国景观设计之父”）1858 年开

[2] Kenneth Boulding, *The Meaning of the 20th Century: The Great Transition* (New York:Harper and Row,1964).

图1.10
从这些照片中可以很清晰地看出时间的影响。照片是在10年间对同一座花园从相同角度拍摄的。引发改变的能力是景观设计的关键。还可参见图1.11、图7.9、图7.10、图7.11、图11.19。

创了“景观设计师”（landscape architect）这个词。他选用“景观设计师”取代了“乡村美化师”（rural embellisher）的称谓，但当时任何人都难以想象。奥姆斯泰德是一位多产的设计师，除了设计城市公园，他还对城市开放空间系统实施规划，包括城市一交通格局规划、土地详细规划、大学校园规划以及私人住宅设计。此外，他还积极参与保护行动，1865年主要负责设计加利福尼亚州优胜美地山谷（Yosemite Valley）风景区，最终使之成为公民使用和享乐的首选地区。他把以上所有这些都称之为“景观设计学”（landscape architecture），因此也难怪人们对景观设计师这一职业的概念感到很模糊。1899年由五名设计师（包括四名男设计师、一名女设计师）组成了美国景观设计师协会（The American Society of Landscape Architecture）。贺拉斯·威廉·谢勒·克利夫兰（Horace William Shaler Cleveland, 1814—1900, 美国景观设计师）和查尔斯·艾略特（Charles Eliot, 1859—1897，美国景观设计师）等设计师也纷纷步其后尘，1901年美国哈佛大学开设了第一个完整的景观设计学专业课程。当时他已经年近80岁了，而且并没有接受过专业的训练。但他凭借过去在农场和工程方面积累的经验、写作与管理方面的能力以及自身浪漫的气质，使得他在进行景观设计时得心应手。

好的开端使这个行业逐步树立了专业威信。景观设计师后来发现他们自己在与当时（19世纪）其他的环境学家们，如建筑师、工程师、测量师、林务员、公园管理者和城市规划师一起竞争。于是后来，在1907年城市规划专业从景观设计学中独立出来。

因此，景观设计师在19世纪主要负责一些大型的重要工程；但到20世纪初陷入低迷期，转向大地产项目、花园和小规模的规划设计；然而到了20世纪30年代的经济萧条期，景观设计师再度参与到较大规模的项目中，在各种公共工程项目，尤其在美国国家公园管理局（U.S. National Parks Service）中逐渐发挥重要作用。第二次世界大战以后，景观设计师通常是作为设计团队中的一员，负责废弃土地重建、区域景观分析与规划、城市设计、住宅区、学校以及大型工厂企业的规划设计。现在，这些已成为景观设计师在公共机构和私人公司里主要从事的工作。尽管如此，景观设计师对于全面发展并维护一个充满活力、舒适宜人的环境做的似乎还是不够，因为具有景观敏感度和专业知识的专家们没有占据所有能够影响景观决策的关键位置。

大部分的环境都存在规划不良、效率低下、缺乏吸引力以及管理不善等问题。究其原因可能是景观专业的力量太小，也可能是由于对土地太过保护。除了个别情况，很少有专业的设计者能够进入到可以对项目进行评定和专业筛选的政治决策层面。由此可见，通过改变专业战略、成功展示健全的景观设计的社会效益与经济效益，也许几年后景观设计学会扮演更核心的角色。

同时，景观行业（landscape work）不同于建筑行业，因为它们往往不能立竿见影地使人立刻感受体会，植栽和土地使用决策或政策的效果可能在20～30年内显现不出来。例如，英格兰第一批新城镇的景观，到现在刚刚开始显现出设计师25年前所预计的效果和视觉品质；美国战时修建的房屋常常被拆毁，只留下成龄的树木被重建项目作为景观的一部分加以利用。由此可以看出，时间是景观的第四维度（图1.10），奥姆斯泰德谈到这一意义深远的概念时说，设计师必须具备一种发展的眼光，那就是“在他开始设计之前，就应该意识到那将是一幅由他的后代来实现其意图的伟大画作”（图1.11）。

景观设计学概念 CONCEPTUAL DEFINITION OF LANDSCAPE ARCHITECTURE

为了对今天的景观设计有更准确的认识，我们先回顾一些较早的概念。亨利·文森特·哈伯德（Henry Vincent Hubbard，1875—1947，美国景观设计师）和西奥多拉·金伯尔·哈伯德（Theodora Kimball Hubbard，1887—1935，亨利·文森特·哈伯德的妻子，美国景观设计学者）认为景观设计是一种美的艺术。

> “它最重要的功能是创造和维护人类居住环境和广阔乡村自然景色中的美；但同时还要关注那些很少接触农村景观的城市中的人们，提高他们生活的舒适便捷与身体健康；要使他们忙碌的生活从美丽、恬静的景色中复苏振作，被自然声唤醒，这些只有借助景观艺术（landscape art）实现并源源不断地提供。”[3]

这个定义反映了奥姆斯泰德的理念，即接触自然景观（natural landscape）是人性、健康和幸福必不可缺的。

(a)

(b)

(c)

图1.11
(a) 1964年8月的美国加州大学（University of California）斯普劳尔广场（Sproul Plaza）；(b) 1980年6月的斯普劳尔广场；(c) 1984年4月的斯普劳尔广场。

[3] H.V.Hubbard and Theodora Kimball, *An Introduction to the Study of Landscape Design* (New York: Macmillan,1917).

加勒特·埃克博（Garrett Eckbo，1910—2000，美国景观设计师）对景观的定义概括如下：

“由人类开发或建设的建筑、道路或设施之外的那部分野生自然，以及最初人类为了生存而改造的空间（不包括农业、林业）。它建立了建筑物、铺地与其他户外构造物之间，土地、岩石形态、水体、植物与开放空间之间，以及景观的一般形式与特征之间的关系；但是这种关系强调的是人性内涵，对人与景观之间、人类行为和户外三维空间之间的关系定量与定性化。”[4]

由上可以看出这是围绕场地规划、人与设计间关系方面的基本定义，所以这跟文森特与金伯尔的定义相比范围缩小了很多。

在别人看来，景观设计和建筑设计往往被视为同样的工作，埃克博所说的景观定义不过是从某种意义上对建筑的一种延伸。这场争论一直持续到18世纪末，所有的建筑师们都认为自己具备对建筑之间以及对建筑周围空间的设计能力，也就是设计花园和景观的能力。18世纪的那些景观设计大师们认为自己既是建筑师，又是景观设计师。例如英格兰被称为“全能布朗”（Capability Brown）的兰斯洛特·布朗（Lancelot Brown，1716—1783，英国景观设计师），因其身兼建筑师和景观设计师而闻名，但实际上他的建筑水平很一般。同时，我们眼中18世纪的一些建筑大师，比如英格兰的威廉·肯特（William Kent，1685—1748）同时也是很著名的景观设计师，他认为景观和建筑两者是兼容的。由他设计的齐斯维克住宅和花园（Chiswick House and Garden，又称“百灵顿伯爵大屋”（Burlington House）），彰显了他在建筑和景观两方面的才能。约瑟夫·帕克斯顿（Joseph Paxton，1803—1865，英国建筑师）是另一位同时参与建筑实践的著名花园设计师。他设计的水晶宫（Crystal Palace）成为现代建筑演变过程中的里程碑，而这项作品的灵感恰恰源于他为德文郡公爵（Duke of Devonshire）建造大型花园时设计的查茨沃斯（Chatsworth）温室，这也使得帕克斯顿成为19世纪英国城市公园设计的领跑者。通过上面这些例子可以看出，建筑和景观的区别在于方法、技术和材料，并不是它们设计的基本目标。

回过头来再看布朗，由于他身为建筑师，因此他对景观设计里面的建筑选址和形式有更大的把控能力。于是我们可以看到，这里的景观展现了与城市设计平行一致的方面，因为城市设计师们关心的是在城市范围内建筑与建筑之间的空间关系，同时还需要对建筑和景观都有所了解。

尽管如此，布赖恩·哈克特（Brian Hackett，1911—1998，英国景观设计师）指出景观设计学与其他设计专业的另一个本质区别：景观是我们工作的媒介，因此它的改变与发展已经历了上百万年的时间，并且无疑将继续存在下去；“所有我们能够做而且应该做的是根据新项目方案来修改或者适应景观”。由于生态循环的内在局限和某处景观的环境程序，限制了个体参与设计的机会，而这种机会更多出现在工程、建筑或制造业中。[5]

伊丽莎白·鲍尔·凯斯勒（Elizabeth Bauer Kassler，1911—）指出，中国和日本的古典园林是由诗人、画家和哲学家共同完成的作品；而在西方，景观设计往往被视为建筑的一种形式。她还认为：

“显然我们更多的是发挥想象而不是智慧，来解决如何最好地生活在这个地球上，而不是仅仅在地球生存这一关键问题；让人类适应土地和让土地适应人类生活，就好比林务员处理较为简单的生态问题那样采取互动养护方法。由于景观美的衡量标准是以任何生态途径使用土地时带来的幸福感，因此如果我们能尊重人的本性（the nature of man）与自然的本性（the nature of nature），那么我们的自然环境就不可能是丑陋的。”[6]

凯斯勒对“景观是建筑的一种形态”的说法提出质疑，她认为景观设计应该更好地从科学知识、生态学与行为学的研究以及绘画、雕塑和建筑中，提炼其形式的决定要素。她还认为景观设计师担负的职责要超越设计项目本身的界限，他们应该去参与和了解比该项目所处地点更广阔的区域，因为在那里会感受很多其他项目和发展的影响，能够带给他们对另一层面的关注。

可以看出，这些年来为了解决社会问题、满足社会需求，景观设计学专业的定义一直在不断地变化。后来，美国景观设计师协会把官方定义中对景观设计

[4] Garrett Eckbo, *Landscape for Living* (New York: Architectural Record,1950).

[5] Brian Hackett, “Landscape Student and Teacher”, *Institute of Landscape Architects Journal*,81 (February 1968).

[6] Elizabeth Kassler, *Modern Gardens and the Landscape* (New York: Doubleday,1964).

师的工作内容进行了修正，改为涵盖“对土地的管理服务”。

最后可以看出，尽管这一概念越来越清晰，但是还没有任何一种哲学概念能够合理地描述这种既出现于乡村，又存在于城市的职业，艺术、生态学、社会学、建筑学，甚至园艺学都不能独立为一个完整的景观设计提供充足的理论基础；这些学科在什么条件下协调配合，完全取决于项目的性质和内容。

景观设计学实践 THE PRACTICE OF LANDSCAPE ARCHITECTURE

多年以来，特别是第二次世界大战以后，景观设计学的范畴随着世界需求的发展变化逐步多样化和细分化，现划分为四种实践类型。

首先是景观评估和规划（landscape evaluation and planning）。这个阶段主要是针对大范围土地进行系统性研究，除了关注视觉品质之外，它更多的是从生态学和自然科学角度入手。人类关于土地用途的历史以及当今对土地的需求也导致了对第三个领域，也就是环境进行研究。这一过程中除了景观设计师，还涉及其他的专家团队，如土壤学家、地质学家和经济学家。最后的成果就是制定出建议土地分布和发展类型的土地使用规划或政策，例如在节约资源和美化保护环境框架内的住宅、工业、农业、高速公路系统、休闲娱乐等方面的规划。理想的研究区域应该正好与自然地理区域相契合，如主要河水流经区域或者其他合理的土地单元，但事实是这些研究区域往往很少能与县、州界限吻合。其他情况下，规划功能不一定全面，而是侧重在对某一主要环境影响上的建议。景观评估与规划的另一项任务就是分析确定这块土地是否适合某一主要功能，比如休闲娱乐等。

第二是场地规划（site planning）。这代表了传统景观设计学及其范围内的景观设计。场地设计是结合场地特征，针对该项目方案的用途需求做出的综合性创作过程。从功能关系与美学关系的角度，对土地上的要素和设施进行设计，同时完全尊重项目方案、场地和区域背景。

第三是景观细部设计（detailed landscape design）。通过这一过程赋予空间和规划区域具体的景观品质。它包括设计元素、材质和植物的选择以及它们在三维关系中的组合，将它们作为已限定或已明确的设计难题的解决方案，如入口、平台、圆形露天剧场（amphitheater）、停车场等。

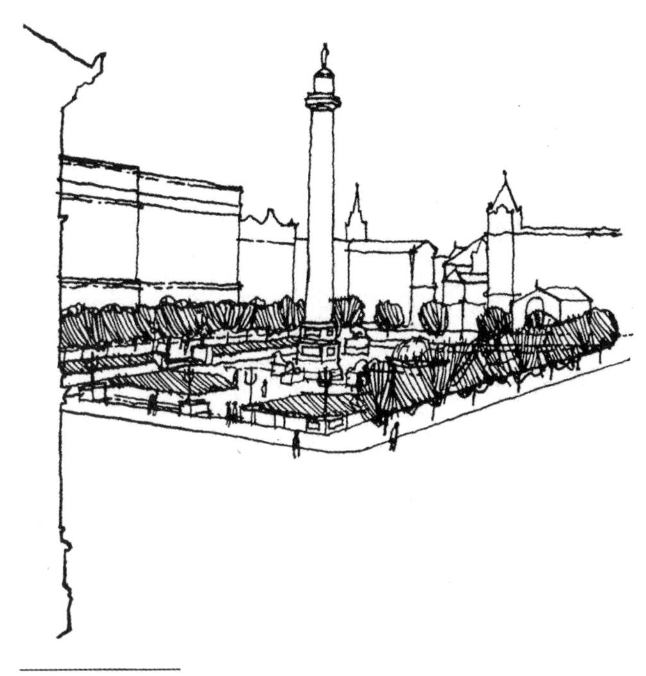

图1.12
波士顿的科普利广场（Copley Square），弗兰克·奥古斯塔斯·伯恩（Frank Augustus Bourne，1873—1936，美国建筑师）1924年设计。这座广场曾经历过两次由景观设计师设计完成的重建。

第四是城市设计（urban design）。虽然这看上去似乎是由战后城市重建和建设新城镇的宣传叙述导致的，而实际上这正是奥姆斯泰德、克利夫兰及其他景观设计开拓者一直努力实践的核心（图1.12）。城市设计没有精准的定义，但是有两点是可以肯定的：首先城市是设计的主体背景，其次它还涉及许多其他的城市特性。由政府的某一机构来负责筹划组织和项目管理。建筑物所处方位（并非建筑设计）以及交通流线和公共用途的建筑之间空间组织问题才是关注的要点。一般情况下，并非都是如此——建筑外形的实体设计还是占据了主导地位。街道和市场、堤岸建设开发、政府和商业中心、区域再生和工业废弃建筑的再利用都可能归入城市设计项目中。由于它们是与多种所有权、政治、法律和经济利益联系在一起的，这类项目很少由一位规划或设计师完成，往往是由开发商或政府机构资助的团队完成的。规划师负责项目的可行性和基础设施建设，建筑师负责建筑。但是，建筑

物之间的空间设计与组织（场地规划和景观设计）才是决定整个方案成败的关键。从根本上必须了解微气候、阳光和阴影的形状、比例和尺度、人的需求和行为以及划分空间的潜力和不同层次的差异，以便促进和提高它们（即场地规划和景观设计）。此外，城市园艺（urban horticulture）也是一门专业性很强的学科，需要能够辨别出那些由于强光、气流或是树木根系生长空间有限造成的不利于生长和极端的条件。总之，开放空间设计和城市园艺虽然不是城市设计中最有价值的要素，但却是整个项目至关重要的因素（见第149页）。

景观设计学的四种实践类型：景观评估和规划、场地规划、景观细部设计和城市设计之间的关系很明确。广阔的景观，无论是城市还是农村，都是场地的背景，同时又是展现细节的架构。但是，正如那些花园或公园等小规模的项目会受到大环境的影响并与大环境协调一致的道理一样，某些大型土地规划决策或城市设计，都取决于对场地周围建筑物、道路和设施等细部设计与技术的了解。因此，景观设计师还必须富有责任感与设计敏锐感，去认识大小两种规模尺度，从而完成设计项目。

景观设计学理论
A THEORY OF LANDSCAPE ARCHITECTURE

我们前面已经对景观设计学理论所包含的自然过程（natural process）、人为因素（human factors）、方法（methodology）、工艺技术（technology）和价值观念（values）五个组成要素进行了阐述。不管建设实施的规模或强调的重点是什么，这五个组成部分始终是相互联系在一起的。很明显社会和自然因素已经渗入到与人和土地相关的各个专业，于是将解决问题、规划和设计方法运用在所有规模领域，这就需要景观设计师始终保持良好的分析判断能力。

首先我们来看自然因素与规划和设计之间的关系。在一个有责任感的社会中，区域范围内由景观开发带来的影响和用途的改变，必须在行政许可其实施之前就得到清楚的了解与评估。自然因素包括地质、土壤、水文、地貌、气候、植被、野生生物，而这些因素之间的生态关系是理解生态系统未来变化的基础。同样重要的是视觉品质分析（analysis of visual quality），它是各组成元素的综合。因此，土地使用政策是建立在理解景观脆弱性（vulnerability）或承载力（resistance）基础上的。而其他情况下，在演进过程中某一时刻既有景观的自然流程，比如在科罗拉多大峡谷（Grand Canyon）和一些独特的景点，可能被当做是公共信托保存、保护和管理的一种资源（图1.13）。对于规模较小的项目来说，土壤和地质条件可能是决定建设成本和建筑外形的关键因素：如什么地方最适合建设，什么地方不适合建设；日照、风和雨水是植物生长的首要条件，也是设计宜居型环境的重要因素。由此可见，自然因素直接影响土地利用、场地规划和细部设计。

接下来在各种规模的项目中可以看到人为因素同样重要。在场地规划和景观设计中，用途上的文化差异、对开放空间和公园的欣赏以及年轻人和老年人的生理与社会需求，这些都是设计过程中应考虑的变量，并且旨在反映社会价值并满足人类需求。在决定为具有休闲娱乐功能和美学价值的景观拨款时，人们对环境的感知、人们户外活动的行为模式和倾向，都与之有明确的联系。还有很重要的一点是，规划设计师应当了解环境对人类行为的影响，也应当充分意识到人类操纵和控制环境的基本需求；公众共同参与城市规划和设计现在已经得到广泛的认同。

工艺技术是设计得以实现的方法，也是制定政策的依据。随着新材料、新机器和新技术的发展，工艺技术总是在年复一年地发生变化。它在景观设计学的四种类型中扮演了重要角色。特定技术领域包括植物、植栽和生态演替、土壤科学、水文学和污水处理、微气候控制、地表排水、腐蚀控制、硬质铺面、维护保养等。景观设计学中其他的重要工艺技术还与信息交流、公众参与、发展经济学和政治进程有关。

系统中的设计和规划方法，即对景观问题的限定，解决时要衡量和综合所有涉及的因素以及相关变量。计算机辅助制图、分析技术和记数系统起到了辅助作用。劳伦斯·哈普林（Lawrence Halprin, 1916—2009, 美国景观设计师）建议应该像音乐创作或舞蹈设计那样，给工艺技术打分，作为创作过程中修正规划师偏颇的手段。设计过程的开放，让更多人参与到决策的制定过程，并促进用更加人性化的方式规划和设计大型的复杂环境。[7]

[7] Lawrence Halprin, *R.S.V.P.Cycles* (New York: Braziller, 1970).

图1.13
自然景观的形式直接反映了自然进程。理想上，人工造型应该顺应社会进程，而且同样充满活力。

最后一个因素也是理论中最难处理的部分，即景观设计学的基础——价值观。自然科学和社会科学、方法论和工艺技术都可以通过学习掌握；而价值观的形成，则必须来源于生活与感受。体验和良好的感受告诉我们：需要提出一套优先顺序并确定与我们笃信的“生存权”（alternative for survival）相关的土地伦理，那就是不能以牺牲长远利益和破坏资源来追求短期利益，必须关注区域范围内的环境影响，因此建设的数量必须与质量成正比。我们还要学会从最有利于共同利益和人类未来的角度来思考问题并做出判断。即使是遭受过剥削掠夺而没有获得利益的第三世界国家，也必须要看到这一点的重要性。专业设计师必须把这种经过深思熟虑的判断，表达给投资银行家、政府机构负责人以及其他决策者，即使这些建议可能并不符合他们对项目的要求。

将上述这些要素结合在一起是为了使景观规划和细部设计，能够符合人类行为模式（人）和具体的环境特征（场地）。由于这两个方面（指人和场地）在文化、区域和毗邻区域上的差异，使得没有一种万能药包治百病，也没有可预见的解决方法。

人们至今很少提及美学和视觉质量。片面强调这两者，我认为会误导前面提到的其他因素对景观设计学的影响程度。尽管说事物的外形还是很重要的，但当新建筑安置到现有框架之中时，比例和相对尺度显得尤为重要。色彩和形式也同样重要，它们不仅影响人们的舒适感，而且往往具有一定的象征意义。所以可以看出，在创造“有意味形式”的过程中，美学原则从根本上说是跟人的要素相关的工艺技术。因此，只有当设计尽量符合所有标准时才能让人感到美感。还有人认为，景观回归到生态才是美丽怡人的（达林

(Darling))。负责任的、有效的、令人愉悦的景观设计来源于自始至终清晰客观的思考与宏观的分析视角。

设计过程的目标是追求形式和关系的演变进化以满足人类需求。这一过程可以与世界上伟大的自然景观的地貌原始形成过程相媲美。在这里，地表的视觉形态（visual form）——谷地和山脊、盈水的盆地、凹凸不平的山顶，代表了地质结构和侵蚀介质之间相互作用的进化阶段。我们看见的形态（forms）是由于一系列气候状况强加于无机物质的反应结果（图1.13）。从北山腰到南山腰、从草地到亚北极高原、从河谷到怪石嶙峋的山坡，植被的变化都确切反映了由于景观地貌分化形成的一系列环境状况。反过来，野生动物的分布又取决于植被的种类和分布范围。任何一种环境模式的形成都是有原因的。所有这一切都不可逆转地融合为一个自我维持和进化的生态体系，代表了某一特定时刻自然的力量和进程。

这种形式的产生模式与设计过程很相似，它产生的形态是自我适应能力作用的结果，这类形式才是规划师和景观设计师所应奋斗的目标。

推荐读物 SUGGESTED READINGS

景观设计学

Colvin, Brenda, *Land and Landscape*.

Crowe, Sylvia, *Garden Design*.

Eckbo, Garrett, *Landscape for Living*, Ch. 2.

Eckbo, Garrett, *Urban Landscape Design*.

Newton, Norman T., *Design on the Land*, Ch. XXVI, "Founding of the American Society of Landscape Architects."

Simonds, John O., *Landscape Architecture*.

环境问题

Blake, Peter, *God's Own Junkyard*.

Callenbach, Ernest, *Ecotopia*.

Darling, F. Fraser, *Wilderness and Plenty*.

Dasmann, Raymond F. , *The Destruction of California*.

Gutkind, Erwin A., *Our World from the Air*.

Kahn,Herman, *The Year 2000*.

McHarg, Ian, *Design with Nature*, "The Plight," pp.19-29. *Scientific American*, Cities.

Spirn, Ann Whiston, *The Granite Garden*.

Tunnard, Christopher and Boris Pushkarev, *Man-Made American —Chaos or Control*.

The film "Multiply and Subdue the Earth" (McHarg).

[译注1]《生态乌托邦：威廉·韦斯顿的笔记本与报告》(*Ecotopia: The Notebooks and Reports of William Weston*)是恩斯特·卡伦巴赫一部有重大影响的小说，出版于1975年。书中所描述的社会是最早的生态乌托邦之一，里面提到的环境友好型能源、住宅建筑和交通技术给人印象深刻，对反主流文化与20世纪70年代及其后的绿色运动影响深远。

[译注2]"熵"是热力学第二定律中的一个函数概念。"能"从正面量度运动转化的能力；熵从反面，即运动不能转化一面量度运动转化的能力，表示转化已经完成的程度，或运动丧失转化能力的程度。在没有外界作用的条件下，一个系统的熵越大，就越接近于平衡状态，系统能量的不可利用部分越来越多。熵越大，不可利用程度越高；反之，不可利用程度就越低。文中的"熵陷阱"就是指在景观设计中避免产生对人类发展消极方面的消耗和影响。

园林发展史
THE GARDEN IN HISTORY

第2章

历史遗产
景观设计与农业
园林概念的起源
巴比伦、埃及和波斯
中国
日本
古希腊和罗马
伊斯兰
西班牙
莫卧儿园林
墨西哥和加利福尼亚
中世纪的欧洲
意大利
法国
都铎式园林
英格兰规则式花园
殖民地园林
英国的风景园林
美国的风景园林
自然风景花园和折中主义园林
现代花园
园林的未来
电影、音乐、文学作品中的园林
推荐读物

历史遗产 LEGACY OF THE PAST

回顾历史可以看到，景观设计是伴随农业社会的出现和发展代表对天地万物的象征。花园和城市环境的产生，反映了社会与自然的关系以及社会结构本身的需求。城市内部以及农村周围的植物和园林，因气候和设计理念的不同，发挥的作用也不同。随着时间的推移，景观设计发展演变出两个主要体系：一个基于几何学；另一个基于自然。这两个体系产生的原因和含义会随时间和地点的变化而不同。

尽管实际上许多园林和城市空间是独裁、权力和个人财富的产物，但追踪研究形态、内涵以及地理环境之间的联系还是很有价值的。如果我们能够对那些世界著名园林中的形态和内涵之间的关系做出明确解释，无论是“伊甸园”，还是隐修的场所；无论是力图表现几何学和数学比例，抑或是集中体现自然和植物；这都将有助于我们了解它们的形式和设计是怎样与当时所处地点的特点相适宜。也许对现代设计来讲最困难的一点就是从以往的园林中寻找简单而深刻的内涵。因此，当我们大致地审视那些对应于气候、背景、设计观点和理念的形态时，还必须考虑到我们特有的社会和环境条件，最终反映到当代的景观设计中并使之与众不同。

关注园林和公园中景观设计的历史，有利于了解它们的原型蓝本。这其中主要包括两大类：建筑景观与自然景观，更具体的调查还揭示了在组织、用途、象征和环境等方面的差异。从根本上说，原型蓝本是建立在三个来源基础上的（极少实现的）理想形态——文献、图片和遗貌。文献可能是规范性的，也可能是描述性的，规范性的多用于当代，而描述性的可能是任何时期的。规范性的文献是为了当时的园林设计而写的建议；描述性的文献是不论在园林建设时期、鼎盛时期或是衰败时期，由那些造访的游客、参观园林和公园的人们描述而形成的。在各种情况下，这些组成元素、细节、植栽和目标对象都是客观存在的，可以合成一个虚构的原型蓝本。查阅旧印刷品和插图可以使想象过程相对比较简单容易，有些时候可以参照当时建设过程中或建成后的照片。我们还可以从现存的或是那些没有因时间变迁、改造变动而发生很大变化的园林中找到证据。通常那些遗留下来的园林除了原型蓝本，即便是保存良好的，通常也是经历过很多变化，只有对背景、尺度、某些不变的细节和空间的体验才是无价的，值得向学生推荐研习。总之，通过以上这些资料来源和方法可以帮助我们了解园林及这些园林的背景和组织结构，展示充满象征意义和美学特质的设计原理。

在这一章里我试图通过多种资料渠道来描述景观设计学发展的历史梗概，即由我们今天看到的外观、早期印刷品和插图中描绘的形象以及我认为设计者当初想象的模样组合而成。

也许在这些原型蓝本的发展过程中，对具体实例进行阐述和说明更为有趣，也更简单。但必须牢记，每一个具体的园林会由于场地、业主和设计师的不同，在细节上都是不尽相同的。这样，实例和原型蓝本构成了当今不断从实践中获得的景观设计学语汇。

以图解形式阐释设计原则，进行历史研究，帮助我们了解所处的年代。除此之外，更多关注景观遗产并对那些已经荒废、但仍具有重要意义的园林和公园遗产进行修复重建，需要景观设计师更好地理解它们的起源。

景观设计与农业
LANDSCAPE DESIGN AND AGRICULTURE

在古荷兰语中“景观”一词意为：由田地和村落组合而成的，表现社会用途，暗示社会影响，为某种社会目的或以土地等为对象的设计。尽管这个定义并没有说明景观设计是艺术性还是属于功能性的尝试，但世界上许多基于纯粹实用性原则组织起来的农业景观也同样是引人入胜的。在原始的以精耕细作为主导的社会里，往往采用最简单的材料、最便捷的途径，有针对性地对居所进行设计，满足遮风挡雨和维护私密性等基本生活需求，我们可以从这些做法中得到很多启示。人们当初在创造这些景观时，并不是按照我们今天对美（beauty）及美学（aesthetics）的理解进行规划设计的。而且在大多数情况下，对土地和环境、农田、梯田、建筑物、道路以及人造防护林带之间组织关系的理解，往往要经历几代人的时间和各种变化后，才会产生一种令艺术家和农民都很满意的、适宜的景观效果。在园林、建筑和城市设计等与美学相关的人工设计环境下，最佳的实例常常展现出逻辑感、必然性，并与组织完善、多产的农场背景环境密切相关。

园林概念的起源
ORIGINS OF THE GARDEN CONCEPT

“园林”一词的含义可追溯到希伯来文中的“gan”，意为“保护”或“捍卫”，暗示了围墙或围栏；还有“oden”或“eden”，意为“享乐”或“愉悦”。因此，在当代英语中，单词“园林”（garden）是这两个词的结合，意指“为享乐和愉悦而围圈起来的土地”。

也许这种“失乐园”（the pleasure garden）的说法源自神话，但是其布局和组织似乎源于古代耕种和灌溉劳作。大部分的宗教对园林（gardens）或天堂（paradise）的描述，往往是出现在创世之初和世界末日之时。传说穆罕默德（Mohammed）所承诺的欢乐园是一个到处充满树丛和喷泉的地方，在世上片刻的享乐，在这里会延长到千年。还有上帝让亚当（Adam）和夏娃（Eve）居住的伊甸园（the Garden of Eden），在《创世纪》（*Genesis*）第一章和第二章中有对它的描述。上帝创造了伊甸园，有各种让人赏心悦目的树木，还有供人食用的琼浆玉果；当然，在园林的中心还种有那棵结出善恶之果的知识树；有一条分出四条支流的河流穿过园林。即使现在，这样的景象在人们的脑海中仍然鲜活，栩栩如生。人人都知道什么是伊甸园，这样的常识让这个词常用作书名，如《东方伊甸园》（*East of Eden*）或《堕落的伊甸园》（*Eden in Jeopardy*）；同样还有叫做“伊甸园”的夜总会，望文知义，这里就不用再多做解释了。

除了依附于花园的象征主义，早期文明还赋予某些树木和植物以特殊的含义和寓意，如橄榄、荆棘、无花果和藤蔓。在那个长期处于饥饿的时代，人们对具有最长生命周期的树木充满敬畏是很正常的，因为它们代表了肥沃、生命和滋养。

由此可见，我们祖先的心灵深处存有模糊神秘的神话和传说，而这些神话和传说对早期的思想和文明有很大影响。同时作为文化遗产的一部分，仍然会在一定程度上反映在我们今天所持的观点和情感上，而且毫无疑问，这也是我们对植物、园林和园艺一直兴致不衰的原因。

巴比伦、埃及和波斯
BABYLON, EGYPT, AND PERSIA

如果说园林布局和形态源于农业实践，那么我们就可以把篱笆围起的小块蔬菜园当做景观原型。公元前约 3500 年的幼发拉底河流域，定居文明的生产力支持了社会休闲活动的发展，园林成为追求享乐和天堂的象征。说起真正的起源，花坛的尺寸和形状与园林的尺寸和形状如出一辙。由于实际功能需要，园中引入灌溉渠道和池塘，在炎热的气候下提供人们玩水嬉戏的舒适享受；规则种植的树木提供了树荫，同时园林围墙阻止了动物和侵入者闯入，起到了保护园林的

图 2.1
公元前 3500 年的巴比伦空中花园。

作用。国家首脑和统治阶级把自己的宫殿府邸建在这样充满阳光的花园里。据说巴比伦空中花园（the Hanging Gardens of Babylon），这座独一无二的伟大遗迹占地4英亩（1英亩≈4046.8平方米），由一系列栽植植物和灌溉装置组成的屋顶平台逐渐抬升达300英尺（1英尺≈0.3米）高，山谷和周围的沙漠尽收眼底（图2.1）。

尼罗河河谷（Nile Valley）是早期人类文明的中心之一。埃及的辉煌从公元前3500年一直持续到公元前500年。一些具有宗教和象征意义的树木和花草，如莲花、纸莎草和椰枣，当做观赏性植物使用。有钱人在农村修建的住宅带有围墙和花园，记录保存比较完整的底比斯官员住宅花园就是一个典型例子。它包括一个矩形的、沿轴线布局的花坛、池塘、围墙，从大门走向住宅的通道上是布满藤蔓的棚架；园内种植果树以提供阴凉；花园里还有灌溉沟渠和凉亭，花园四周还建有高墙（图2.2）。

后来，大约公元前500年，波斯国王为了享乐建造了豪华的规则式花园，供他们吃喝玩乐。这个时期波斯的宫殿花园，将灌溉沟渠贯穿其中，就好像整个花园是种满经济作物的一片田野。这里有很高的瞭望塔和防护院墙，在一道道的水渠之间种植了果树和芳香的花卉。波斯花园被卡尔·西奥多·索伦森（Carl Theodore Sorensen，1899—1979，丹麦景观设计师）描述成是一个充满了象征意义、利用水来灌溉并使空气冷却的农业景观风格。[1]

这些早期园林设计产生于古老文明沃土里，是不同文化的尝试，经过相当长一段时期的演变最终形成两种类型——意大利园林和伊斯兰园林。

图2.2
公元前2000年，底比斯的古埃及政府官员的宅邸及花园。

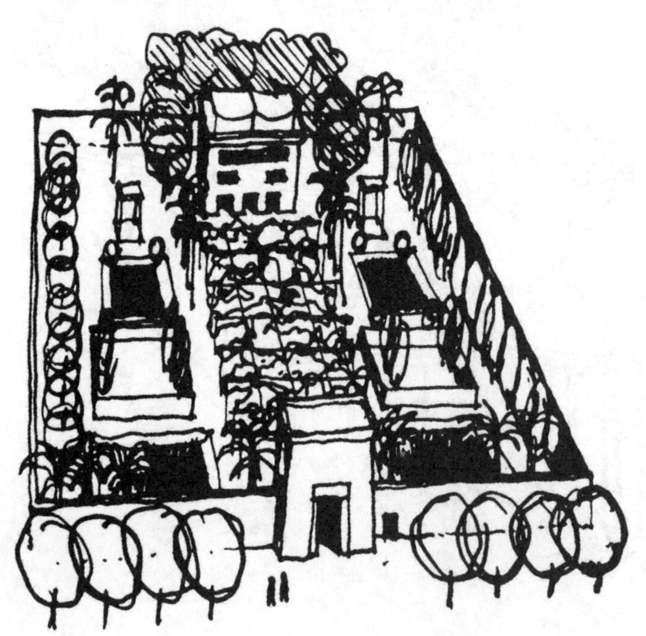

中国 CHINA

东方是第二个主要的文明摇篮和园林设计的发源地，中国作为文明中心，在约公元前600年其发展已达到了一个高峰。中国人认识到砍伐森林的影响，并建立了一套控制林木采伐和森林管理的体系，在道路边植树的传统便可以追溯到这个时期。城市被南北向和东西向、两旁种有大量树木的街道划分成网格系统。矩形的围墙呈轴向、对称地分级布置，这样的结构代表了宇宙，反映了构建社会基础的儒家礼教。儒家思想为当时的社会行为和社会关系提供了一套准则。日常活动的场所，例如房屋、宫殿、庙宇，紧密围绕传统的社会及政治制度的规则、习俗和礼仪，并依此原则处理并调整皇帝和大臣、父母、妻子、孩子、朋友、陌生人之间的关系。北京的紫禁城（the Palace of the Forbidden City）被设计为一系列的空间或围合（代表“心灵的净化”），沿着主轴成一线，逐渐从一个水平到更高水平不断上升，直到最后到达皇帝的内殿。普通的住宅，尽管很少达到这样的极致，但是都按照类似的原则进行设计。

好像是为了调整儒家秩序困扰于人际关系的沉闷，中国人又相应地采用道教来关心个体与自然的关系。随着时间的推移，佛教深入了中国的哲学体系，它对自然的敬畏和冥想增强了中国人对自然景观和自然法则的兴趣。

在园林景观方面（landscape gardening，其起源可追溯到公元前11世纪），在公元前7、8世纪时，艺术家试图再现田园场景，并将绘画与诗歌的原理运用到园林中。景观的中文是：“山水”（shanshui），指山和水。这种对应被视为是对照，而不是针锋相对（就像道教

[1] Carl Theodor Sorensen, *The Origin of Garden Art* (Kobenhavn: Danish Architectural Press, 1963).

与儒家学说的互补）。他们认为宇宙是一个主动和被动力量不断变化和运动的动态平衡（而不是任意发展的）。阴—阳是一种对立的和谐，如山—河、男—女。在自然的和谐平衡中，人被看做是不可分割的一部分，与任何其他因素同等重要。自然环境中一系列平衡的对立产生了和谐。试图再现自然景观的本质成为园林设计的基本理念。

中国园林（Chinese gardens）随着朝代的更替和场所的改变，产生了很多变化。但我们的目的是（在搜索原型的过程中）进行简化，归结为两种主要形式。第一种是皇家园林，为皇族修建的夏宫，属于大型园林。园林中有山岳、森林、溪流、湖泊和岛屿，有从遥远国度运来的动物和具有异国情调的植物，还常常修建有明亮的亭、台、楼、阁和桥梁，作为皇室娱乐的场所，让他们从社会和政治生活中获得暂时的解脱。大型园林中的亭、台、楼、阁往往是为了特殊用途而建的，比如赏月或赏荷花。第二种是依附于城镇住宅或郊区别墅的小型私家园林，这些园林属于地主、富商和官僚。但不论是大型园林或是私家庭院，目标都是相同的：建立一个象征性的、充满自然力量对比的和谐景观，作为人沉思或从社会生活中释放出来的环境。

北京近郊的颐和园（the Summer Palace）就是为了满足皇室对自然之美的痴迷，而专门修造的大型皇家风景园林的代表（图2.3）。这个地方作为一个特殊场所的历史可以追溯到1000多年前。在12、13世纪时，人们疏浚了湖泊，形成了富饶的田野景观。这处景观如此优美，激发了文人的诗歌创作热情以及皇室贵族沿着充溢荷花香气的湖滨漫步时的喜悦。难怪乾隆皇帝（1736—1795）会选择这种田园诗画般的地方建造颐和园。1749年颐和园开始建造，湖水的面积扩大，同时修造了假山。所以在开始的时候命名为“清漪园”（Garden of the Clear Ripples），湖泊以北的山命名为“万寿山”（Longevity Hill）。园林里布置了一系列的亭、台、楼、阁、宽敞的画室、宏伟的大厅和塔楼或宝塔，益增风景的魅力，并提供了享乐的场所。除了寝宫，还包括其他专门职能的建筑，如上朝、生日庆典、诗歌

图2.3
1749年始建的北京近郊颐和园。

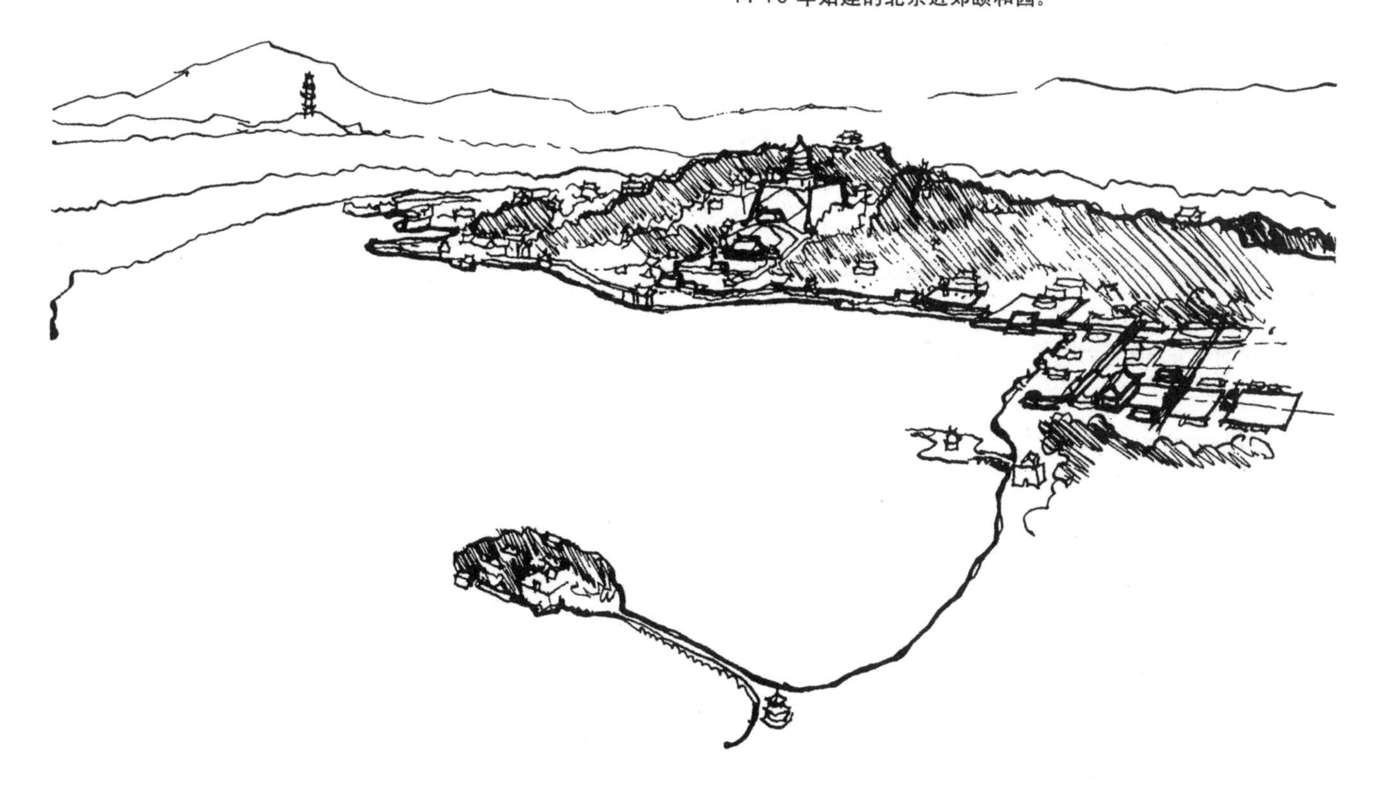

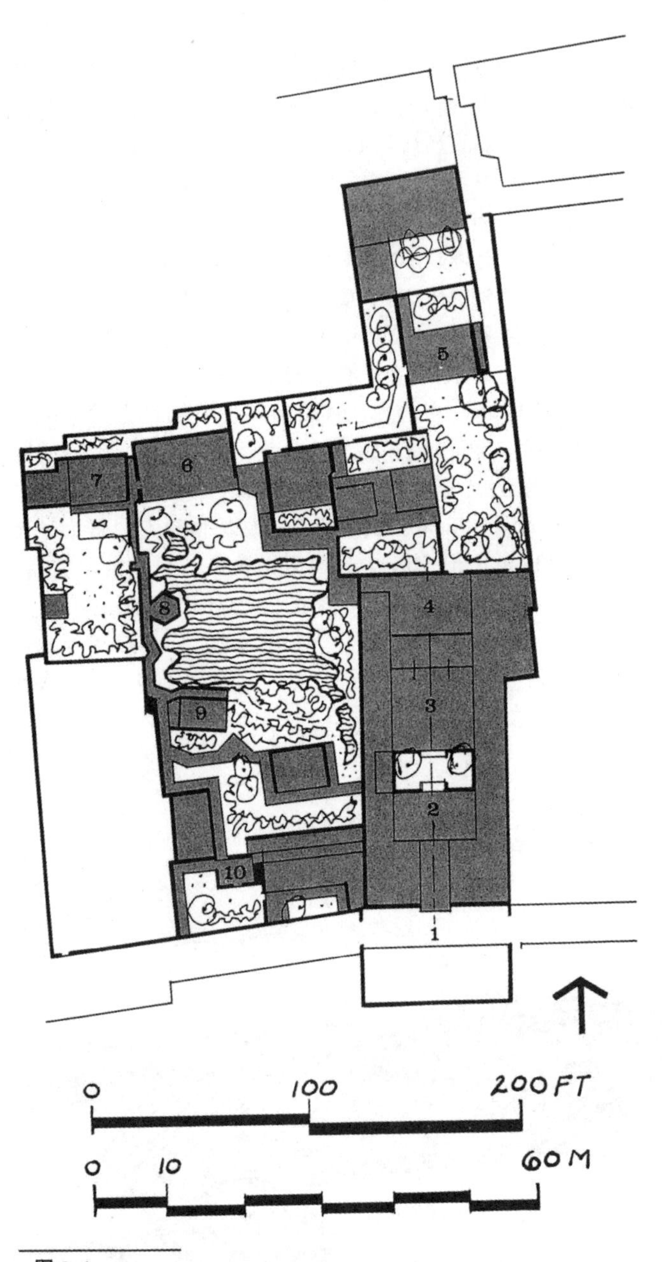

图2.4
苏州网师园平面图。（1）前门，（2）轿厅，（3）大厅（万卷堂），（4）撷秀楼，（5）梯云室，（6）看松读画轩，（7）殿春簃，（8）月到风来亭，（9）濯缨水阁，（10）琴室。

朗诵、宴会庆祝活动等。据统计万寿山山坡上总共建有100多座建筑，全部建筑群用了15年时间才完成，占地290公顷（823英亩），拥有不计其数的历史文物。我们今天所看到的颐和园是1860年和1900年两度遭到外国列强摧毁后重建的。尽管如此，还是可以感受到皇家园林的规模与设计理念。

网师园（Wang Shi Yuan，“网师”是渔翁、渔夫的意思，网师园意为“渔父钓叟之园”，含有隐居江湖的意思）是一个非常有趣的私家城镇园林的例子（图2.4和图2.5）。这座园林最早由一位政府官员在12世纪修建，园子的名称源于园主人渴望过渔民般的简单生活而得来。多年来，房子和花园经历了多次易主、荒废与重建。我们今天看到的这座园林，是在18世纪后期（乾隆末年，即公元1795年）由购得它的瞿远村（一说“瞿远春”）改建而成的。在当时既擅长古典音乐又擅长文学的人来设计自己的住宅和花园是很平常的事情。和所有的园林一样，后来它几经修缮和改变，但网师园仍是私家园林的典型代表。

这里的建筑呈南北走向，由一系列轴向的正式接待大厅和一层的庭院、二层的卧室组成。经过侧门可以通往奇幻的主花园，与里面安静淡雅的室内装饰形成对比。池塘是核心，而且处于花园的中心。整个水面的边际是模糊隐蔽的，架在水面的石桥使它看起来像两条小溪，给人感觉它继续流向花园的其他地方。三座建筑物悬挑出池塘水面，提供了不同的观景视角，享受水的清凉。其他建筑物与后面的围墙实际上围合了整个区域，但它们的实际高度很矮，同时假山、树木的掩饰给人更多的空间错觉。通道和回廊中间连着具有充满寓意或象征意义名称的亭榭。西侧穿过墙上的月亮门进入内园，里面有名为“殿春簃”的轩室和一个赏月台（冷泉亭）。南墙对面是一组奇石和涵碧泉，透过南墙上的窗洞可以隐约看到苗圃。东面“梯云室”前又是个封闭的花园，另一座建筑“琴室”被耸立的石峰遮挡住，几乎看不见池塘南岸，它的正面是布满竹子、极为狭窄的花园。这就是在里面所能看到的景色。

尽管园子里面有许多建筑物和墙壁，但整个园林仅占地1⅓英亩，其复杂的空间分配，对视线、视野的控制以及流线让人觉得空间很大。这样的效果不是因为建筑的风格，而是采用自然的手法，建筑物彼此不相面对，树木、灌木、岩石和水面互相渗透、半遮半掩，避免了明显的秩序。

因此，在中国古代，我们发现自然形态的公园（public parks）、墓园（burial grounds）、风景园林（landscape gardens）和狩猎围场（hunting parks）与刻板、矩形和轴

图2.5
网师园。从亭子眺望水池的景观。

向的城市、宫殿和房屋形式形成对比。两者都是象征主义的产物，城市规划反映了古代的宇宙观以及介于天地之间皇帝的权力角色。对自然的热爱，鲜明地体现在令人愉悦的园林中，反映了赋予山岳与湖泊（山和水）等景观要素原始的象征意义以及自然形式的对比。儒、道、佛倡导的宗教哲学依靠自然引导精神，展现人内在的和谐。

中国的理想住宅带有一个封闭的花园。这座花园用于各种不同的目的，如娱乐、休息、学习和冥想，用来欣赏自然的过程和自然美。它必须隐秘且安静，所有的要素和安排配置都具有象征主义特色。水，作为一种对土地的平衡要素，对于完美和谐是不可或缺的；其不断变化的外观代表着宇宙的不断运动。石材，包含“道”所有创造性的力量，是荒野和山脉的象征。植物，象征着宇宙中人的生命以及对欣赏者所持有的传统意义。整座园林就是宇宙的象征。

日本 JAPAN

岛国日本位于中国东面，因此不可避免地受到中国文化的影响。到公元550年，佛教里早期天国的概念强化了道教对自然的崇尚，并对中国园林的典型形式产生了影响，传到日本后演变为神道教（Shinto）。最初体现在对自然的发展和形式上，后来融合了复杂的中国哲学和园林设计。随后这一非常强大的宗教信仰在日本生根，并在历史上对日本社会产生长达1300年的影响。

日本园林的历史发展极其复杂，早期贵族所采用的园林形式主要受宗教信仰、象征主义以及不同程度的中国影响。园林的主要目的是冥想，通过冥想来寻找生命的意义和目标。奈良时代（Nara period，645—784）的园林，往往是由韩国和中国工匠建造的，包括那些模拟自然的湖泊和岩石，都是按照中国园林模式设计的。以后的各个时期里，特别是那些京都附近的园林，可以看到其形式改变成为象征天堂的娱乐场，帝国朝臣在其中游戏玩乐、湖泊泛舟、做诗，并讨论美学。这种园林包含有长寿和纯洁的象征，并且暗示了日本的某些特定场所。从那时候开始，园林就如同一本可供阅读和欣赏的书。禅宗（Zen Buddhism）的重要性就是在镰仓时代（Kamakura period，1185—1392）带来了新的生活观念。禅宗与更正式的佛教所承载的符号和阐述的教义不同。为了使园林更直观并有助于冥想，采用围墙封闭，观赏者与园林的关系紧密联系起来。在弥漫怀旧气息的11和12世纪产生了枯山水园林（the dry garden），室町时代（Muromachi period，1393—1568）修建的龙安寺（Ryoan-ji）是一个最好的例子。枯山水园林体现了真正的禅宗美学，带有枯山水园林的寺庙是动荡时代寻找心灵平静的地方。

从寺庙建筑的阳台上看去，龙安寺是一个用简单材料建造而成的，封闭、内向型有利于冥想的小型庭

图2.6
龙安寺，可追溯至16世纪的枯山水园林。

院（图2.6）。它与之前奢华的园林和理想景观形成鲜明对照，这个园林是禅寺的组成部分（以前是贵族的房产）。园林从大约公元1500年就存在了，随着时间的推移，建筑物被多次摧毁和重建。庭院围墙长75英尺、宽30英尺，在方丈禅房前高于地面的木质游廊上可以欣赏玩味园林之美。带有瓦屋顶的土墙大约7英尺高，目光越过土墙可以看到周围的森林。在矩形的庭院中，15块岩石被分成数量不等的5堆，粗糙的砂石围绕在其周围，被耙成圆形或直线形图案。围墙内唯一的植被是一些石头上的青苔。构图四边是一圈石头，游廊和屋檐下的图案更为复杂，墙下的图案则非常简单。禅宗僧人更喜欢随意摆置石头，在逐渐深沉的冥想境界中欣赏观者看到的景象。

> “园林外有围墙环绕，将景物从宏观压缩、聚集到非常窄小的微观事物上。你可以从本地景观感受到——岩石就像海浪中伫立的嶙峋岛屿，使人们联想到熟悉的海岸线；或许它们会随着山脉的火山活动而抬升，砂石呈旋涡状围绕着石堆，像飘浮在低处山坡的云朵。园林所涵盖的视觉景深、空间感和宏伟的规模，可供画家来探索，由于其抽象形式的价值，提供了进一步的体验。当你在这样一幅景象前闭上眼睛，在虚幻之间可以感受到，波浪式的沙地像河水般拍打着岸边的垫脚石。当你更加专注于这种波浪式的运动时，真实的景象则又显现出来。沙土成一道道涟漪状，如同受到某种能量的影响一样，仿佛在一些分子级别的微小作用力下围绕着石头呈线形变化。波纹只是它本身的基本形象，或上升或下降，但从来没有真正的移动，只是看上去在动。”[2]

禅宗的枯山水花园是僧人生活的完美体现，充满了简单和朴素，通向心灵的感悟。

在江户时代（Edo period，1620—1645），政治权力的中心转移到东京（江户）。把仅仅拥有象征性权力的天皇仍留在京都，天皇把毕生时间都花在用艺术手法装饰庭院和家庭生活上。人们重新审视许多早期的园林概念，并被统称为“漫步园林”（the stroll garden）。这是第二种日本最常见的园林类型。京都有几个很好的例子。

漫步园林就是在园林中创造一系列的景观和体验。从这个角度上来说，这很像中国园林，而且模仿路线很清晰。理想状态下，整个园林被设计为围绕一个形状不规则的湖泊并且按顺时针方向移动的流线，而且针对植物与地形进行相应地弯曲和转折，这样在任何时刻都无法窥见整个花园。每处景观都进行了仔细地构想与勾画。建筑、宫殿、茶室、寺庙、桥梁和其他园林建筑，在这些景观中就像岩石、卵石沙滩和植栽一样并不突兀。路径本身由各种材料和形式组成：碎石、鹅卵石、垫脚石。要素及其构成中到处弥漫着象征主义和暗喻手法，岩石、溪流和精心修剪的植被强调了它们的本质。

空间幻想和景观的连续性是日本园林要达到的主要目标。例如“借景”的概念，经常采用对远处山谷或山脉敞开视野的手法，来遮掩园林的边界。为了加强这种空间幻觉，园林内的树木品种往往和远处风景中的相同。而其他技术，如在前景种植大树，在背景种植小株植物，或将大的山体放置在较小山体的前面，也都有助于加强园林内的距离感和空间感。尽管这些园林并不经常被人提起，但是天皇和他的朝臣们经常乘船观看这些园林，从另外一个角度玩味这些景观与要素。

在京都附近的桂离宫（Katsura Imperial Villa），我们发现所有这些特征和概念集合到一起，组成了一座宏伟的漫步园林（图2.7和图2.8），这座保留完整的宫殿成为日本建筑的杰出代表。这处园林阐释了日本住宅与园林的综合理念，同时还代表了适宜的园林建筑形式。它始建于江户时代的1620年，被认为是后阳成天皇（Emperor Goyozei）的弟弟智仁亲王（Prince Toshihito）的构想。许多想法都来自于11世纪的小说，园林到处都渗透着文学隐喻。

通过一系列的门，沿着通向侧面大门的迂回小径可以接近桂离宫。直到最后一刻才能看到大门。出于防涝和通风的考虑，人们将建筑抬高，通过滑动屏风控制目光所见的具体园林景观，或是打开屏风面使南面的园林展现在参观者面前。桂离宫建筑包括一系列的单元，根据榻榻米地板的模数确立面积，形成了园林的不规则边缘。建筑的朝向和设计使冬季充满阳光，而夏季又遮挡了阳光（也能欣赏秋季的满月）。园林中央是有五个小岛的特色湖泊。

[2] Holborn, Mark, *The Ocean in the Sand* (Boulder, Colorado: Shambhala Publications, 1978).

沿着小径，总能看到湖水。游览者一路可以看到由树木、灌木、石头、廊道或石池、灯笼、石桥或木桥、瀑布和卵石滩组成的景色，暗示了对日本著名海岸线的怀念。山顶的亭子可以欣赏湖中的月亮，还有几间茶室和一座寺庙。这一复杂的景观及其展现的景色充满了审美体验并创造了冥想的机会。通过这些我们可以看到日本园林的原型。

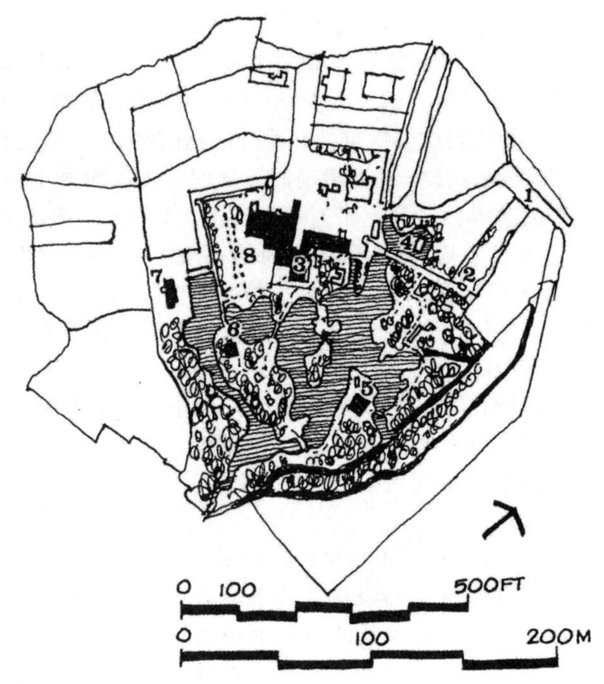

图2.7
始建于1620年（右侧）的京都桂离宫平面图。（1）前门，（2）宫门，（3）宫殿建筑，（4）舫，（5）松琴亭茶屋，（6）园林堂，（7）笑意轩，（8）跑马场。

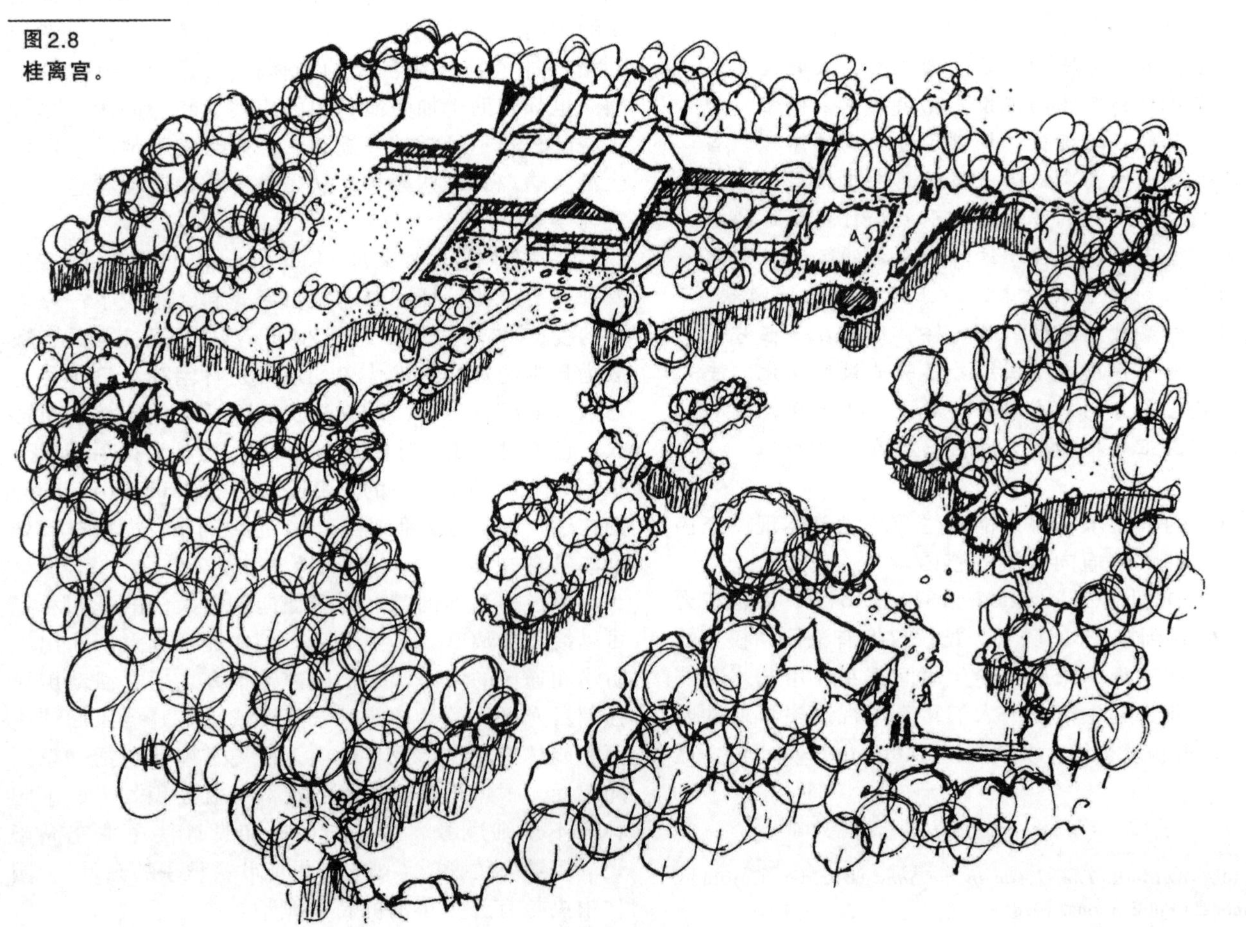

图2.8
桂离宫。

理想的日本住宅就像一座宫殿，离地面比较高，坐落在园林的中心，周围有木制的或竹制的高围栏。一个家庭可能由若干相互关联的建筑物形成院落，但主要的房间最好能有一个朝南的视野。建筑物可以简单，用未上漆的木材建造，并且面积是基于3英尺×6英尺稻草榻榻米地板的模数。半透明的活动纸屏用于分开内部空间。这类建筑本身能应对各种气候条件，具有高度的适应能力。大门、大窗户与灵活的内部空间，可以产生自由流动的空气以对抗夏季的潮湿。宽大的悬垂屋檐有利于降雨的排水并遮挡强烈的夏季阳光。这样的设计可以为室内和阳台提供观赏园林的视野，通向园内的台阶成为加强室内和室外之间的实体联系。

理想状态下，主要园林位于建筑南面的正房前面。而且，通常一个有山有水的园林是最完整的形式。庭院和入口空间比较小的属于平坦式园林。从主房间看到的景观是头等重要的，其他一些重要的景色则位于园林内部。传统上，园林是由僧侣和学者等艺术家设计出来，被视为艺术作品。日本园林提供了一个静谧、清爽与安详的环境，以促进冥想。日本园林是一种自然的象征，是一种对景观的联想式表现。

古希腊和罗马 ANCIENT GREECE AND ROME

与东方相比，早期希腊史中很少有关注园林方面的内容。私人住宅跟其他重要的社会场所相比，如市场、体育场、剧院和圣林（sacred groves，对某一文化具有宗教神圣重要性的树林），显得微不足道。起居室对着的庭院里往往是铺砌过的，布置有雕像和盆栽植物（图2.9）。在遥远的希腊帝国宫殿里，尤其在亚历山大大帝（Alexander the Great）时代，据说已经有波斯人和埃及人精心创造的园林。

罗马的住宅基本上沿袭了希腊的形式。房屋地面与街道等高，石柱廊连接起向内的房间，房屋朝向开敞的广场或中庭。园林是封闭的，基本作为社交性场所，用来遮挡酷热的阳光、大风、灰尘和街道的噪声。由于周围的门廊可以提供阴凉，不怎么需要树木，如果有的话，主要是种在花盆或花坛里，常常用石制水池、大理石桌子和小雕像来美化庭院（图2.10）。

罗马最初的财富大多数来自周边的农田，因此许多贵族在罗马郊外建造别墅。据说马库斯·图留斯·西塞罗（Marcus Tullius Cicero，公元前106年—公元前43年，罗马哲学家、政治家）拥有大约18处这样的乡村别墅。在公元100年，小普林尼（Pliny the Younger，61—112，罗马作家）在距离罗马17英里远的劳伦蒂诺姆（Laurentinum）建造了别墅，里面的园林主要种植无花果和桑树，规则的布局中包括品种丰富的菜园、避暑别墅和芳香花卉的梯田。别墅建于凉爽的海边，基本上就是田野中的庄园（图2.11）。小普林尼的托斯卡纳园林（Tuscan garden）建在山坡上，结合了水景和喷泉、修剪的树木和柱廊。位于蒂沃利（Tivoli）的哈德良别墅[译注1]（Hadrian's villa）于公元117年至138年间建造，由于被当做政府中心使用多年，因而更加精巧和广阔。它实际上是一个包含许多大型建筑、水池和水潭、台地和雕塑的园林组群。虽然组成园林单元的是建筑组群，却没有适宜日后增建的完整设计理念（图2.12）。其布局内包括一片森林园区称为“坦佩谷”（Valley of the Tempe），象征传说中奥林匹斯山（Mount Olympus）脚下的传奇森林。这一林地园区证实了18世纪英国园林设计的观点：古罗马人崇尚大自然并将其作为鲜明的象征符号运用在园林中。

图2.9
公元前300年普里内（Prienne）的希腊住宅。

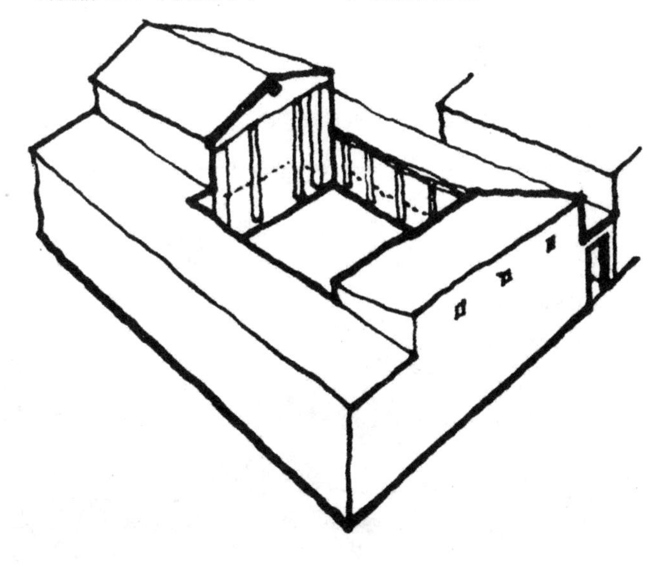

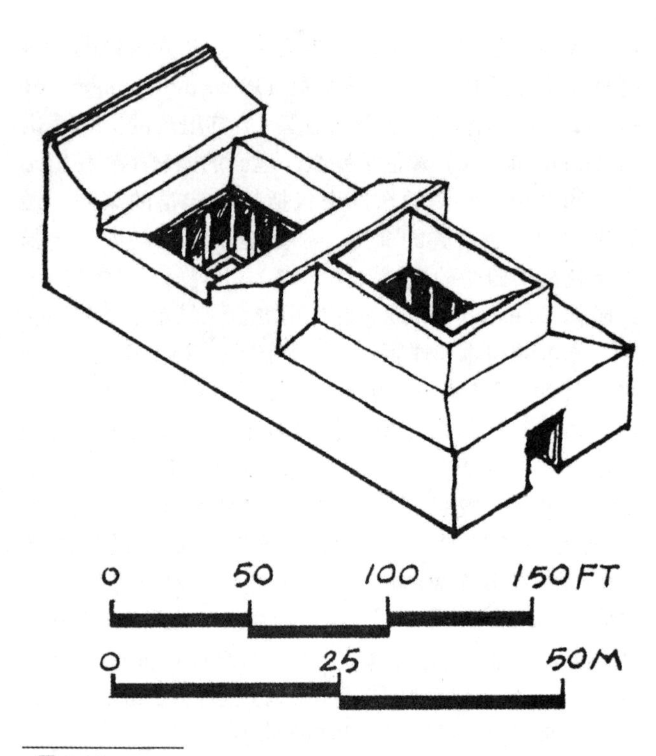

图2.10
公元前50年庞贝的罗马房屋。

伊斯兰 ISLAM

公元7世纪，在先知穆罕默德强大凝聚力的影响下，穆斯林建立了强大而幅员辽阔的伊斯兰帝国，其中心是大马士革和巴格达，并进一步扩展到印度北部、北非、西西里岛和西班牙南部，伊斯兰世界开始了长达8个世纪之久的世界称霸史。

前文已经讨论过波斯和中东园林基本形态的起源。伊斯兰园林的原型优势在于宗教的内涵，结合了艺术发展、愉悦定义与园林应用的传统，使得园林象征集财富和权力于一身。然而归根结底，伊斯兰园林的概念最初是来源于天堂的影像，《古兰经》中所描述的那片充满牛奶和蜂蜜的肥沃土地。

水作为实用并具有一定象征意义的要素是园林中不可或缺的组成部分。在波斯，将雪山融水通过专门的地下水通道输送到园林里。在重力作用下，水流入地下管道，充满水渠和水池，在其周围广布花园，并作为树木和植被的灌溉系统。水会流出园林，用于社区或村庄的农业灌溉和家庭用途。整个系统完全借助重力作用，即使是理想上和概念上平坦的园林，事实上所有地面都是略有坡度的。水渠将园林分成近似长方形的四个部分，象征着宇宙和四条生命之河（图2.13）。

图2.11
公元100年劳伦蒂诺姆的小普林尼别墅。

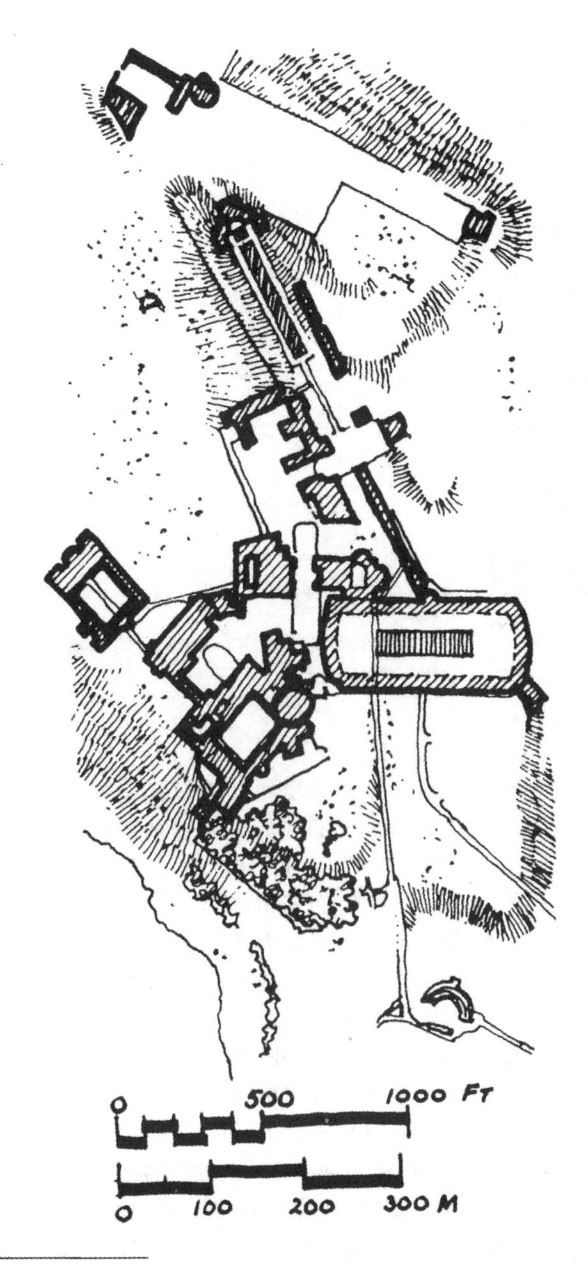

图2.12
117—138年间修建的蒂沃利的哈德良别墅。一系列的建筑与庭院历经漫长的建设，却没有任何配套规划。坦佩谷位于左下角。

这种组织结构是轴向的几何形状，但植被的生长是自然的，而且多样，这恰好形成了一种生动的对比。成行种植的树木与水渠平行，很多是当地原产的果树，如石榴树、椰枣树、李子树以及引进的果树品种，如来自中国的桃树和橘子树。某些植物因为象征意义也被引进园林中，比如象征死亡的柏树，象征生命和希望的杏树。园林里还种植了大量的花卉，尤其是玫瑰（一种本土植物）。漫步在花园里，我们还会发现羚羊和珍奇鸟类等动物。园林中心是水渠的交汇点和一个大型的几何形水池，往往会有一座亭台、房屋，甚至是宫殿（取决于园林规模），建筑以开放的形式使得空气自由流通，同时加强了室内外的密切联系（图2.14）。最后，整个园林由保护性的围墙环绕，四角建有小塔楼或亭阁，每一侧面都修建有门。

伊斯兰天堂般的园林在本质上就是一片绿洲，是一个免受大漠风沙和尘埃入侵的避难所。树林既提供了水果，又遮挡住了炎炎烈日；鲜花既丰富了色彩，又带来了芬芳；水有助于冷却空气，整个园林弥漫着崇尚生命的宗教与哲学的象征。这些令人愉悦的园林是统治阶级和王室的度假胜地，并把它创作成诗歌、音乐，作为园艺活动、节日和接待活动的场所。

图2.13
德里的胡马雍陵园林（tomb garden of Humayun，莫卧儿王朝第二代帝王胡马雍及其王妃的陵墓）平面，反映了伊斯兰园林原型的特点。

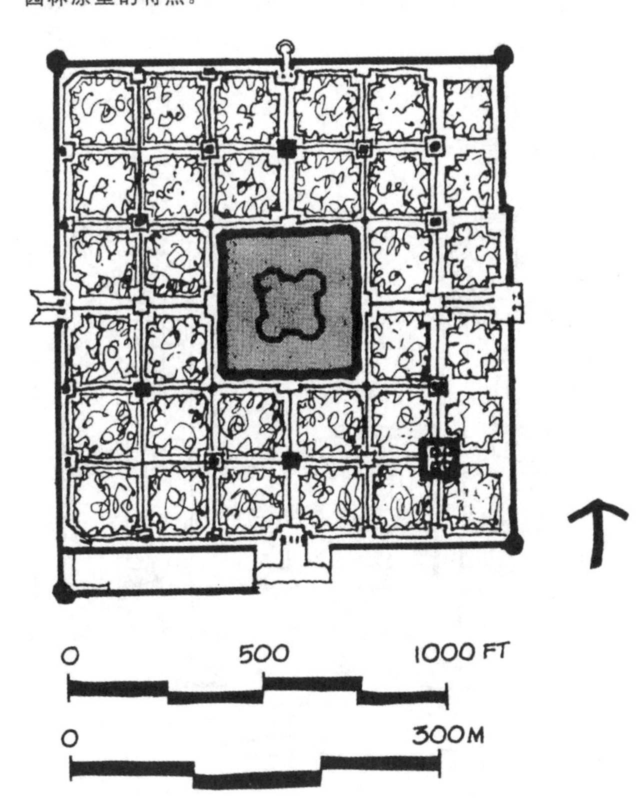

图 2.14
在波斯宫殿的概念中，以永恒的水池元素体现了园林与建筑之间开放的关系。

西班牙 SPAIN

公元 8 世纪穆斯林将其版图扩大到埃及和北非，直达西班牙南部，并在那里建立了独立的殖民地，直到 15 世纪末才被基督徒推翻。当地穆斯林居民被称为“摩尔人”（Moors），他们引入灌溉技术并改进了农业。罗马帝国的遗迹启发他们采用内部庭院作为统治者们森严的宫殿内的园林形式。因此，西班牙语中的伊斯兰园林是古罗马的小庭院与伊斯兰空间划分和象征含义的结合。其意图无疑是创造如同大马士革城内园林一样伟大的园林。比较波斯宫殿和格拉纳达（Granada，西班牙安达卢西亚自治区内格拉纳达省的省会）的狮庭（the Court of the Lyons，庭院中心处有 12 只强劲有力的白色大理石石狮托起一个大水钵（喷泉），庭院由此得名），可以发现二者在建筑及水体元素的应用上展示了相似的特点（图 2.15）。类似的开放式凉亭使得空气自由流通，象征性地使用水体元素，但同时也发挥着冷却作用。

图 2.15
西班牙阿尔罕布拉宫的狮庭。

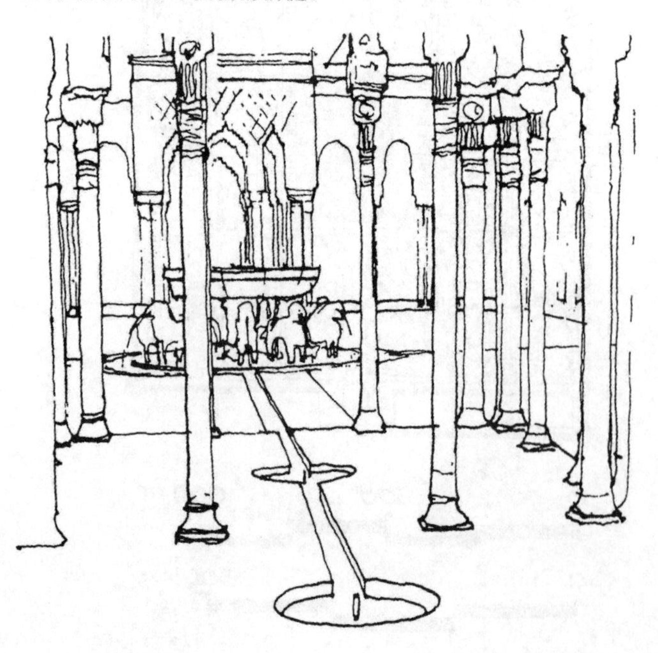

阿尔罕布拉宫（Alhambra）是建在高地上设防的宫殿。从 1350 年至 1500 年间逐步发展起来，因此其一系列的房间和封闭的庭院之间没有任何衔接（图 2.16）。建筑群的形式是由于气候而形成的。室外燥热、尘土飞扬，室内阴凉、被厚厚的墙体保护。由于整个建筑修建于高地上，通过窗户便可以看到优美的景观，同时微风习习吹进房间。于是紧挨水池的房间，就拥有了一套有效的原始空调体系（图 2.17）。水渠不仅分布

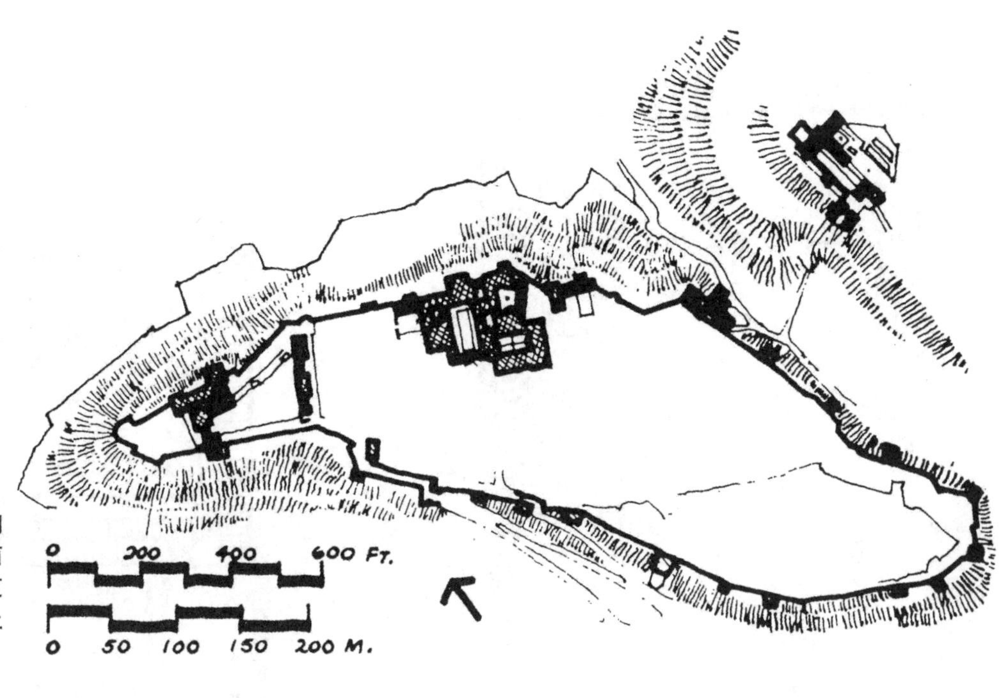

图2.16
1238—1358年间某一时期阿尔罕布拉宫的大致平面（省略了后来的扩建）。夏宫（Generalife）位于右上角。

在庭院中，还流经建筑物，既可以降低室内温度，又提供了冷却的活水。

尽管有相似之处，西班牙的伊斯兰园林还是不同于波斯园林。前者的园林被周围建筑物包围在庭院之中，而后者则是一个带围墙的园林，宫殿位于其中。

莫卧儿园林 THE MOGHUL GARDEN

由突厥后裔建立的莫卧儿王朝[译注2]国王所修建的园林，通常称为“莫卧儿园林”（the Moghul garden），属于印度的伊斯兰园林。穆斯林教徒被印度教寺庙的富丽堂皇所吸引，他们追随与其关系密切的蒙古人，驻军印度，他们洗劫了城市和寺庙，把一切有价值的东西都搬到了波斯。但是在1526年，莫卧儿王朝巴布尔王子（Zahir ud-din Muhammad Babur，1483—1530，印度莫卧儿王朝的创始人）建立帝国，此后的六世莫卧儿王朝国王控制了印度一半以上的面积，一直到1750年才逐渐失去了影响力。他们定居在印度平原的北部，尽管面临酷热、潮湿和大风，但他们发现了克什米尔（Kashmir），并在那里建立了夏宫。除了印度教传统之外，莫卧儿人还发明了与寺庙紧密相关的农田灌溉和园林灌溉技术，主要用于养护在宗教中发挥重要作用的鲜花。印度教园林是非正式的、内涵极其丰富，而

图2.17
西班牙阿尔罕布拉宫桃金娘中庭（the Court of Myrtles，桃金娘——一种矮树，庭院的水池旁侧排列着两行桃金娘树篱，中庭因此得名）。微风越过外面的水池轻抚而来，就像是为宫殿安装的空调系统。

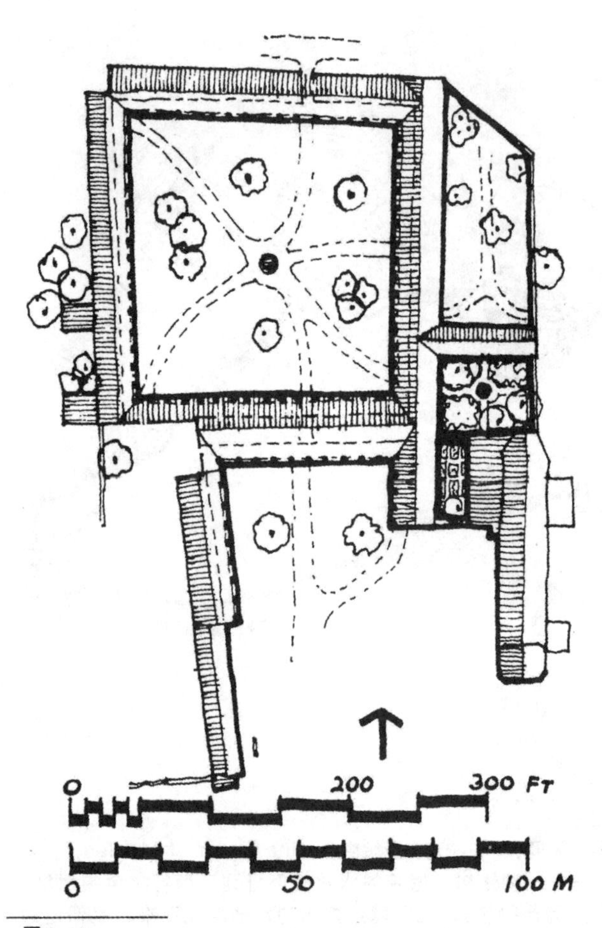

图2.18
1776年的圣胡安·卡皮斯特拉诺布道馆（Mission San Juan Capistrano），加利福尼亚的布道馆引入了西班牙建筑形式——拱廊和封闭庭院。

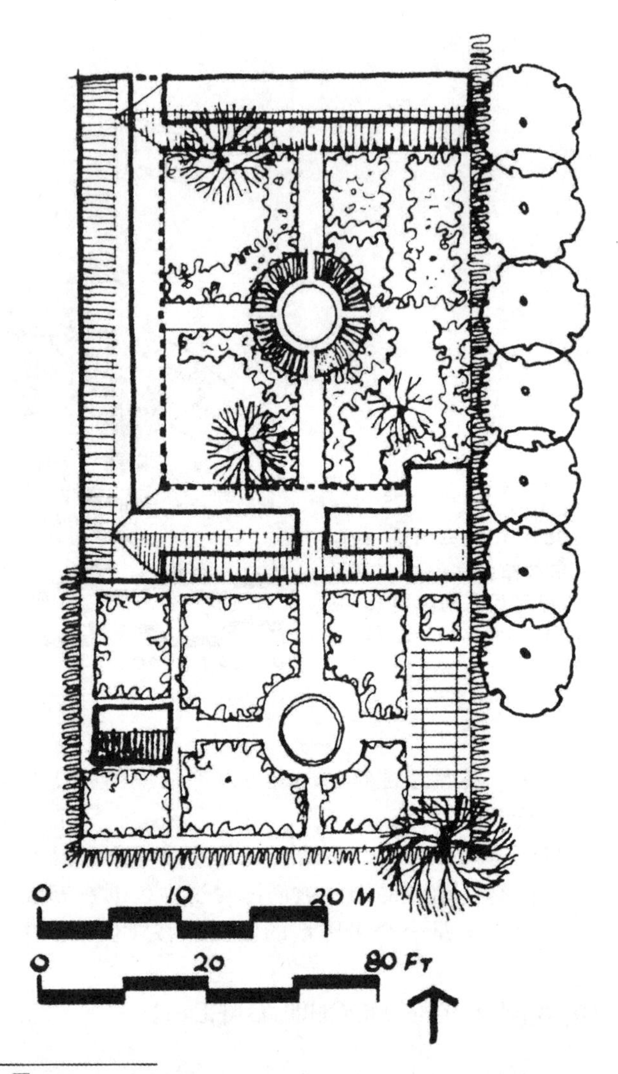

图2.19
1858年早期加利福尼亚住宅平面图。中央水源和建筑的围合具有西班牙风格渊源。

且作为一种设计概念，随着佛教信仰传入中国，对中国园林的发展也产生了影响。

正如人们所料想的，虽然莫卧儿王朝热衷于园林建造，但采用的仍然是波斯园林模式。最终，由于具体区域条件的不同导致出现了差异，比如将狭窄的小溪拓展为大范围的水面以助于调节温度，并最终发展成在广阔湖泊围绕的岛屿上修建亭台楼阁。有人认为莫卧儿花园作为生活居住场所，之所以是封闭的，是为了给居住环境提供保护，而且通常特别令人愉悦，这也是园艺学令人痴迷的原因。园林里种满了各种树木，尤其是果树和花卉，水量充沛的高架水渠流经园林，提供了必需的水源。

克什米尔的园林通过种植植物以及在水量丰沛的瀑布和喷泉山坡上采取线形的种植方式，反映了不同的地理条件。

印度伊斯兰园林主题衍生出来的另一形态是莫卧儿王朝的墓园。莫卧儿王朝对祖先的崇拜源自蒙古人，而不是波斯人。将墓地与死者生前娱乐用的园林修建在一起，这样，无论生前或死后都可以继续享受(图2.13)。

墨西哥和加利福尼亚 MEXICO AND CALIFORNIA

我们前面已经介绍过，庭院或天井与客厅和走廊连在一起是西班牙园林的特征。假如在西班牙开拓的新世界中来探究它们的文化传统和气候类型，我们丝毫也不会感到奇怪。因为西班牙的影响力从墨西哥一直延伸到今天的新墨西哥州和得克萨斯州，并留下了大量的文化遗产。18世纪后期对上加利福尼亚（Alta California，一历史地理范围，包括今天的美国加利福尼亚州、内华达州、犹他州、亚利桑那州北部和怀俄明州南部等原属西班牙的殖民领地）的探索过程中，由修道士祖尼佩罗·塞拉（Junipero Serra，1713—1784）及其率领的修道士，在1769年到1821年间修建了一系列布道馆，其中包括：带有中央喷泉或泉涌的庭院、对角线的小路以及引进的果树、草本植物和鲜花，环绕四周的是拱形甬道（图2.18）。私家农舍也采用了类似的组织形式，非常适合加州的气候和那个年代的生活方式，很明显这种形式源于西班牙（图2.19）。这一现象及其在20世纪20年代的复兴将在后文再加讨论。但目前看来，这种引人注目的园林特征是从5000年前，10000英里外的波斯文化和早期中东文化演变而来的。在20世纪后半段不论社会文化与物质生活如何进步，在适宜的气候条件下，将私家天井与室内外直接相连的住宅类型仍然是一种有效的建筑形式。

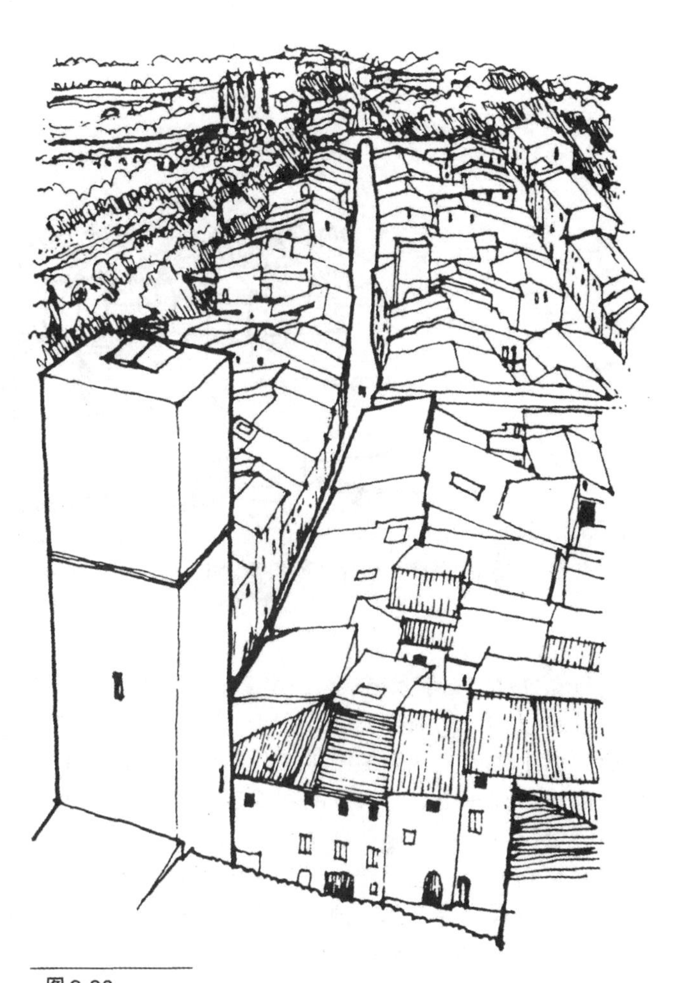

图2.20
中世纪的意大利山城——缺少公共空间、园林和公园。

中世纪的欧洲 MEDIEVAL EUROPE

欧洲历史上的中世纪时期是指从罗马帝国分裂到15世纪现代欧洲形成之间的这段时期。透过赫尔曼·海塞（Hermann Hesse，1877—1962，德国作家）的小说《纳尔齐斯与歌尔蒙德》（*Narcissus and Goldmund*），我们可以感受到那个充满敌对气氛的孤立社会。战争、动乱和瘟疫代表了那个黑暗时代。在人口密集、防御坚固的城市和城镇中，作为娱乐的园林很少见（图2.20）。可用的空间都被用于种植粮食或草药，城堡和要塞围墙内的园林也不例外（图2.21）。修道院里大部分区域都用于种植果树、葡萄、蔬菜和祭祀用的花卉（图2.22），但是最重要的是种有16种不同草药的医用园林，这些草药是药品和医学的基础（图2.23）。它们被制成药剂，治疗各种疾病，例如柠檬香油用于治疗狗和蝎子的咬伤，黄春菊用于治疗肝病和偏头痛，番石榴可用于医治多种疾病，包括溃疡、吐血和关节骨折。直到中世纪末，随着政治冲突的缓和、贸易的发展和财富的积累，依附于城堡和乡村住宅的中世纪园林逐渐变大，变得更复杂，并开始作为娱乐和公共事业来设计。草药园和果园是封闭园林内重要而且基本的组成部分，里面还装饰有草坪座椅、喷泉、花坛、棚架、修剪的灌木和鱼塘。花园里，小丑进行滑稽表演[译注3]取悦正在舞蹈、进餐和调情的贵族和贵妇（图2.24）。

吟游诗人的歌谣和早期手稿描述了新兴的中世纪园林，具有田园诗般的自然图景。碧绿的浓密草地点缀着鲜嫩的野花；来自喷泉和水井的水如水晶般清澈；没有任何污染，空气清新；天空蔚蓝，万里无云；枝繁叶茂；鸟儿成双成对地欢乐鸣唱；仿佛永远是春天。园林带来了感官的快感：鲜花和果树花盛开的芬芳；树林和棚架带来凉爽的树荫；人们可以在树荫下，伴随着小鸟的歌声与潺潺的水流声，休息和娱乐。这就是中世纪园林的真实写照，它具有亲切、质朴、美丽、令人愉悦的特质，非常适合20世纪的生活方式，也吸引着20世纪的人们。

图2.21
中世纪防御坚固的城堡，园林的面积异常小。

丹麦景观历史学家卡尔·西奥多·索伦森指出，这些中世纪园林工艺的伟大之处在于，它为随后风景园林设计史中作为艺术家的园丁工作奠定了基础。工艺是中世纪园林一个必不可少的组成部分，由于工艺行会能够解决所有的实际问题，所以工艺最终与美学和装饰联系到一起。这种结合将生活带到一个更高的水平层次，或者说提升到英国艺术史学家肯尼斯·克拉克（Kenneth Clark，1903—1983）界定的文明。

因此，园林的工艺中产生了与栽培、灌溉、耕作以及和收获相关的边界、分割、谋划、尺寸和形状等概念。但是，随着装饰性娱乐园林的发展，园林的边缘和划分变得不那么实用，成为细枝末节。因此，这些元素的组织安排除了是门工艺，还成为一门艺术。

意大利 ITALY

正因为中世纪经历了从野蛮时代到以商业为基础的、有序的政治体系制度，使得那些富有的贵族支持

图2.22
中世纪的修道院，建有一系列用于种植草药、葡萄和蔬菜的封闭园林。

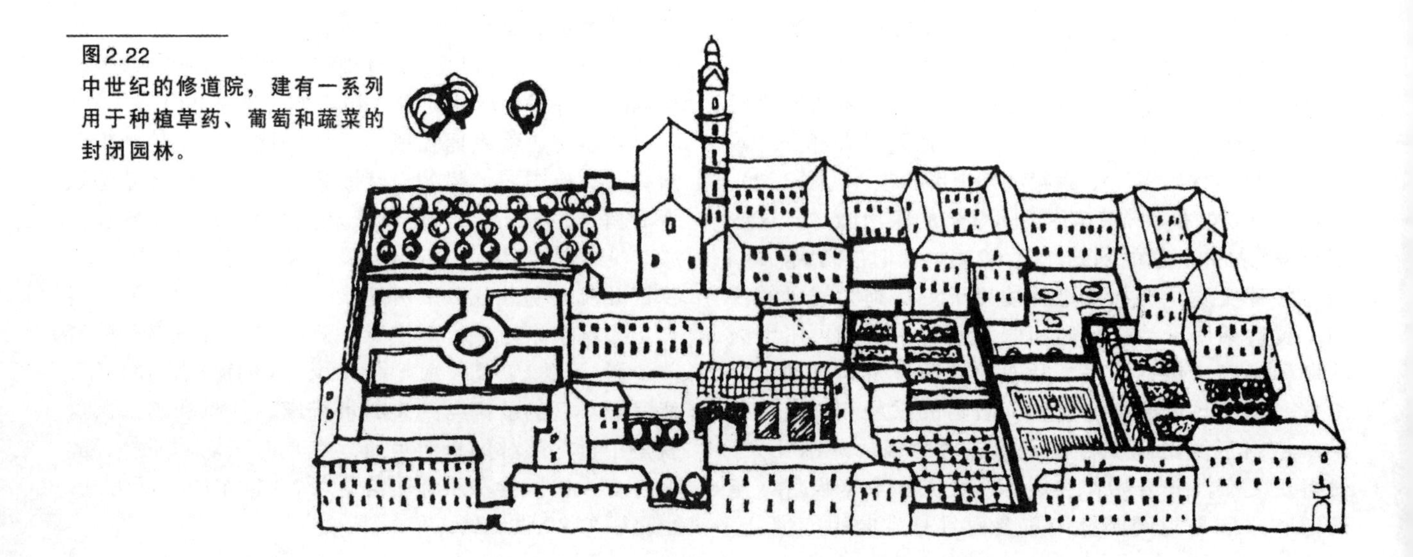

图2.23
修道院草药园。一位不知名的艺术家所绘木版画《历史上的美德之花》(Fior di Virtu Hystoriato)的细部，佛罗伦萨，1519年。大都会艺术博物馆(the Metropolitan Museum of Art)，哈里斯·布里斯班·迪克基金会(Harris Brisbane Dick Fund)，1925年。

图2.24
中世纪园林。来自威尼斯的柏图斯·德·克莱森提乌斯(Petrus de Crescentius，1230—1320，意大利作家)所作的《农业通俗读本》(Agricultura Vulgare)中的木版画，1519年。大都会艺术博物馆，哈里斯·布里斯班·迪克基金会，1934年。

将注意力转向高雅的文明。各方面的环境条件促使文艺复兴首先在15世纪的意大利开始。国王、王子和城邦商人开始从古罗马帝国寻找设计灵感和导向。音乐、艺术、文学、科学和建筑成为启蒙运动的主要关注对象。与其他艺术门类拥有同等地位的园林设计方面，影响最大的当属普林尼的著述，在15世纪后半期，由莱昂·巴蒂斯塔·阿尔伯蒂(Leon Battista Alberti，1404—1472，意大利艺术家)重新进行了释义。这些著作提出，通过建筑凉廊以及对建筑实施深入景观范畴的扩建，从而将园林与房屋联系起来。别墅应当修建在山坡上，阳台和楼梯要克服这种不平坦地形造成的困难，街道或中轴线应当连接平面规划中所有的元素和空间。

文艺复兴早期的园林被设计为理性的静居处，学者和艺术家可以在夏季远离城市的喧嚣和炎热，在凉爽的乡间工作和讨论。梅第奇别墅(The Villa Medici)是在大约1450年由米开罗佐·迪·巴尔托洛梅奥(Michelozzo di Bartolomeo，1396—1472，意大利建筑师)为科西莫·德·梅第奇(Cosimo de' Medici，1389—1464，佛罗伦萨富商)设计的，是阿尔伯蒂原则的早期代表(图2.25)。作为银行家的梅第奇，将场地选在佛罗伦萨城外的山坡上，那里微风习习，还可以俯瞰平原。整片园林都是按照阿尔伯蒂原则设计的，由于坐落在山坡上，所以需要修好几处平台来建别墅。入口车道沿山坡直达别墅前的台阶，房子通过凉廊或拱廊连接到园林。然而，上部平台和下部平台之间没有直接联系。在16世纪时使用精心制作的楼梯作为必要连接手段的方法，此时还没有得到重视。屋后面是从园林中分割出来的私密花园(giardino segreto)。这是一个独立、秘密、隐蔽和安静的地方，与园林里来往穿梭的游客和嘉宾、服务人员等对外公开的部分截然相反。

1503年，多纳托·伯拉孟特(Donato Bramante，1444—1514，意大利建筑师)对梵蒂冈丽景花园(Belvedere Garden)的设计规划方案，提出了将建筑式踏步作为平台的设计手法。后来宏伟的意大利山地园林将这一手法发挥到极致。尤其对夏季避暑别墅来说，在山坡上可以很稳定地利用水体元素，同时水体元素也适合用于复杂的园林。

在楼梯和喷泉设计方面最好的例子就是皮罗·里戈瑞奥(Pirro Ligorio，1510—1583，意大利建筑师)于1575年设计的埃斯特别墅(Villa d'Este)(图2.26)，这里涵盖了所有典型意大利园林的基本特点。林荫道上的高大柏树、交错编织的小巷和棚架，提供了与灿烂的地中海阳光形成鲜明对比的茂密树荫。园林中设置的

图2.25
1450 年的梅第奇别墅。

雕塑和建筑小品使整个园林充满活力，与自然形态和肌理形成鲜明对比，并与住宅或别墅建筑产生联系。在陡坡上、平台上和平地上到处都雕刻有装饰图案，两边有挡土墙支撑，并由各种楼梯、台阶和坡道连接。水从河流的高点处流下，以瀑布、泉水、喷泉和倒影池的形式穿过园林。这些水体系统既提供了视觉和感官的快乐，又提供了灌溉系统。水体与树荫为园林提供了人们渴望的凉爽。从高处观看，修剪过的黄杨木和其他灌木成直线排列，但很少使用开花植物，整个平面布局是轴线对称的。林荫大道被用来强调透视效

图2.26
1575 年的埃斯特别墅。

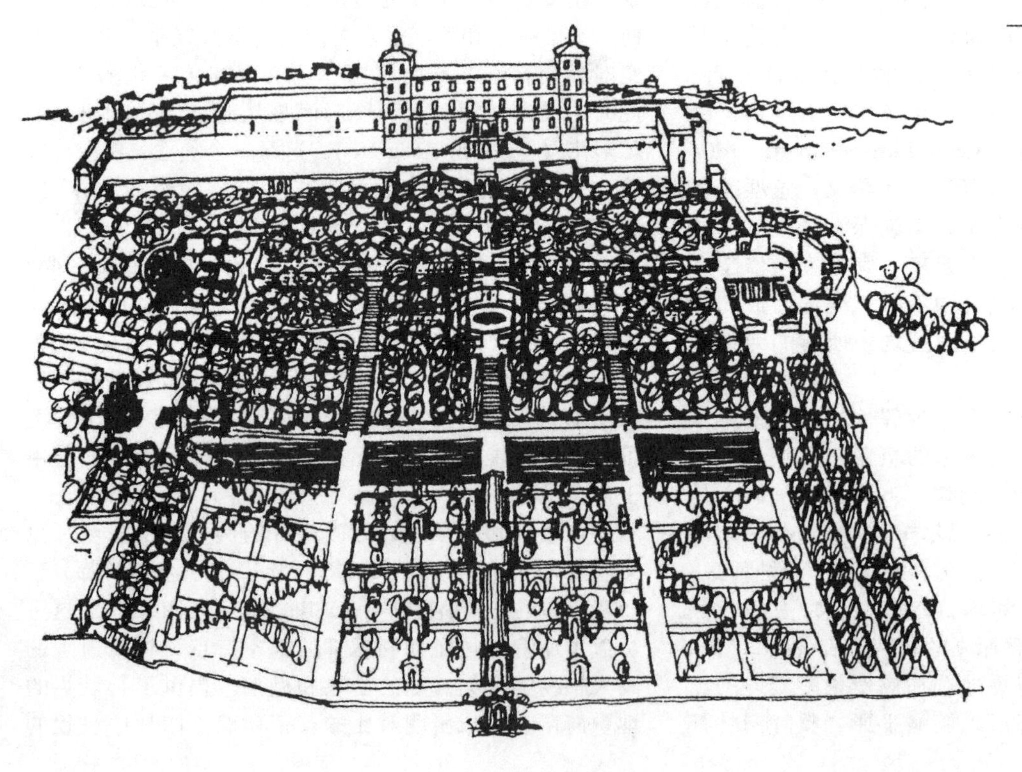

图2.27
1560 年的兰特别墅。

果，并构成超出园林范围以外的景观图像。住宅建筑和园林是作为一个整体来设计的。

入口位于较低的位置，游览者在园林中经过各种雕塑、喷泉以及其他特色景点，逐渐被吸引到高处的宫殿，这些设计为游览者提供了一个流动和感性的体验过程，在进入建筑前就展现了各种景观，这样的特殊设计构图给游览者留下了深刻的印象。

建于埃斯特别墅之前的兰特别墅（Villa Lante）是巴洛克风格晚期的建筑作品，它的规模较小，并且更加紧密（图2.27），它的设计与一个现有的村庄相连（图2.28）。一条林荫道从集市与前门之间穿过。别墅本身有两栋住宅，或者说被园林的中轴线一分为二。此外，由于园林是从别墅之间的前门延续到山坡的坡顶，于是就有了前园和后园。有两处设计使这个园林非常特别并且有趣。西尔维亚·克洛（Sylvia Crowe，1901—1997，英国景观设计师）谈到其水体的连续性，从顶端的自然形态，随着河流渠道逐渐变得复杂，最终在底部精心设计的建筑水池处形成喷泉和瀑布。[3] 另一方面，因为园林是从低向高进入（比如埃斯特别墅），而实际的体验次序很可能是相反的。整个园林步移景异，充满象征意义和逐渐围合的特征。有些喷泉是故意设计成带给游客惊喜的；而在园林的较高处是石制餐桌，桌子的中央是水，人们利用水冷却葡萄酒，盘子漂在上面来回移动。到达山顶的时候，低处的花圃、周围的城镇和墙外的景观都显露了出来。这一封闭的

图2.28
兰特别墅平面图，反映了园林与邻近村庄的关系。注意：大面积的不规则封闭林地。

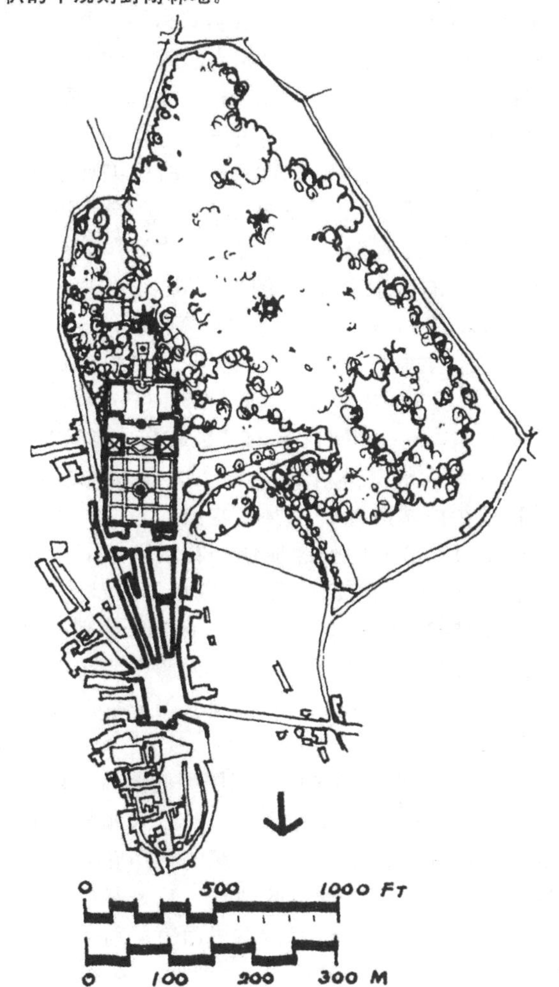

[3] Sylvia Crowe, *Garden Design* (London: Country Life, 1958).

园林，跟周围穷困和肮脏的村庄以及农田景观相比，就如同是一片沙漠绿洲或是天堂。

这两处园林都是结合当地地域特点和文化观念修建的典型范例。场地特征被融入浓厚的建筑布局中，提供了自然和人工形态之间的鲜明对比，而这往往在景观设计中成为满足视觉感观的基本要素。此外，基地内充满了令人欣喜的细部并与整体相联系，通过提供多样化和惊喜还可以更全面地理解整个园林。这种细部与基地之间的关系是缺一不可的，这是设计的永久性原则。

法国 FRANCE

英法百年战争抑制了法国贵族对意大利艺术的热情。直到15世纪末，和平和繁荣带来了后来法国的文艺复兴。1495年，法国国王查理八世（Charles Ⅷ，1483—1498在位）安排了一支考察队到那不勒斯，在返回时带回了21位意大利艺术家和大量的艺术品，并试图采用意大利的方式进行建设。随后，昂布瓦斯（Amboise，法国中部城市）和布卢瓦（Blois，法国中部城市）古城堡的花园都按照意大利的审美观念进行了改变和扩建。但是由于这些古堡被护城河和堡垒围绕，新花园和已有建筑物之间很难达到和谐统一。受布卢瓦地形的限制，新花园位置跟城堡成一定的斜角。在尚蒂伊（Chantilly，法国北部城市），由于原来的城堡已经占据了一个小岛，使得建筑和园林不可能直接形成联系（图2.29）。在枫丹白露（Fontainebleau），1525年弗朗索瓦一世（Francis Ⅰ，1515—1547在位），在第二批意大利艺术家的帮助下，重建并装饰了宫殿，而且在护城河以外设置了花园。

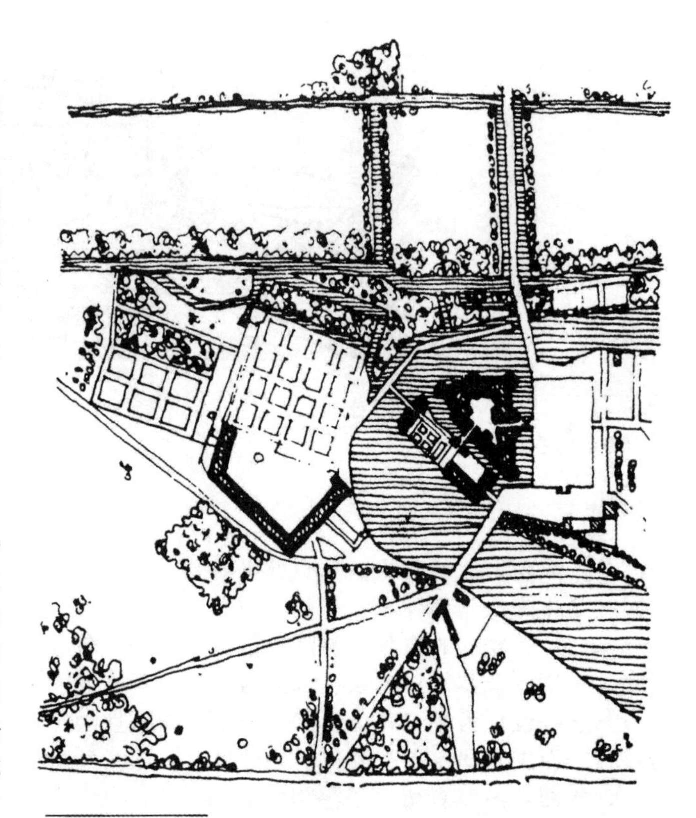

图2.29
16世纪法国的尚蒂伊。护城河阻隔了古城堡与新园林的直接联系。

很明显只有同时修建城堡和花园，才能实现特有的效果。1546年的安西－勒－弗朗城堡花园（Ancy-le-Franc）和1548年的阿奈堡（Château d'Anet）以及其后的许多地方都是这么做的。尽管在火药发明之后，护城河失去了原有的防御功能，法国人仍坚持在许多新建城堡周围修一个象征性的护城河。

法国在17世纪到了财富和国力的鼎盛时期，成为整个欧洲大陆的主宰和先行者。法国式园林尤其因花圃的应用而闻名，这源于中世纪的药用花园，当时用低矮的篱笆分隔不同种类的药草。后来从实用功能慢慢演变成装饰性，到最后常常里面就没有了药草。有时运用彩色的砾石或黏土，有时运用花和观叶植物等，在高处可以看到最佳效果。雅克·布瓦索（Jacques Boyceau，1560—1633，法国园艺师）发展了花圃艺术和花园设计理论，为17世纪中期安德烈·勒·诺特（André Le Nôtre，1613—1700，法国景观设计师）的精品名作铺平了道路。因此意大利的园林是由建筑师特别设计的，而在法国则是由经过设计培训的专业园艺师设计的。

法国北部的气候和景观决定了法式园林的基本特征，也是造成法国和意大利园林原型之间差异的根本原因。法国北部地形较为平坦，树木繁茂；因此园林往往出现在一片森林空地和平缓的地形上，必须通过精心设计产生明显的高差或台地，来观赏整个花圃，但向外观察的视野有限。舒缓的河流和地势低洼的沼泽可以用来发展成运河、护城河和大片平静的水域。因此在法国，喷泉、瀑布的运用比意大利园林要少得多。法国北部的园林只有少数喷泉，而且花费了巨大的财力和聪明才智。

17 世纪的法国园林具有强烈的轴向布局、对称、比例精确的特点并且视野广阔，反映了当时的法国财富迅速积累，国力增强，社会结构严密以及人定胜天的观念。若在园林周围的林地中打猎，需要从中心点辐射出小径，这样既保证了视线又提供了便利。这种“星形”模式后来被应用到园林设计和城市规划设计中，比如凡尔赛、巴黎和华盛顿等城市的放射状街道布局。

安德烈·勒·诺特的两个代表作：沃·勒·维孔特城堡（Vaux-le-Vicomte，1650—1661）（图 2.30 和图 2.31）和凡尔赛（1661—1665）（图 2.32 和图 2.33），成为几何式园林的终极代表。沃·勒·维孔特城堡是建筑和园林完美结合的例子，它是由园艺师安德烈·勒·诺特、建筑师夏尔·勒·布伦（Charles Le Brun，1619—1690）和路易·勒·沃（Louis Le Vau，1612—1670）等组成的设计团队设计的。在那个时代，这些项目工作量是巨大的，为数百名工人提供了就业机会，其中有些家庭由于处于园林规划范围内，因此需要被迁移。整个庄园的面积大约为 0.75 英里 × 1.5 英里（1 英里 ≈ 1.61 公里），而真正的花园只占据了宫殿周围较小的地区。从平面上看起来简洁、紧凑而且对称，而实际从主轴的两边来看是丰富多样，给游人一系列的惊喜。由于对地势的巧妙利用，使得河流远离宫殿，直到最后一刻才看得到开凿的河流。此外，从某一特定位置沿轴线回头看，整个宫殿的正面倒映在广场水池中，花园按照精确的比例达到预计的视觉效果。宫殿四周是依照早期延续下来的具有象征意义的护城河。

花园最早的主人是路易十四的财政大臣尼古拉斯·富凯（Nicolas Fouquet，1615—1680），这里经常聚集大量的朝臣和官员、贵族以及他们的仆人，他们举行游乐会和音乐会，在河流上泛舟，在周围的园林里狩猎，整个环境加上里面的活动活像一个奢华的乡间俱乐部。

国王嫉妒富凯在社会和艺术上的成就，监禁了他，并把他的设计团队带到凡尔赛的狩猎屋里。在 7 年时间里，将原来 250 英亩的园林扩大到 15000 英亩，宫殿正面延长到 1325 英尺。虽然花园本身相对于整片规划的地区并不大，但其轴线一直延伸到景观内，与狩猎线路形成“星形”交叉点，并由此辐射开来。这是一个比沃·勒·维孔特城堡规模更大的工程。

虽然存在技术上的困难，凡尔赛仍有 14000 座喷泉。这座宫殿是可以居住 20000 人的凡尔赛新城的中心，新城与法国宫殿相连。宫殿本身可以容纳 1000 名贵族与 4000 名仆佣。宫殿与运河起点的距离是 0.75 英里（是一个缓坡），这条运河全长 4000 英尺，几乎超过 1 英里，有 300 英尺宽。充分展现了法国花园的设计原则：明确的中轴线引向地平线，穿过太阳王的卧室，这明确表达了人定胜天和君权神授的思想。周围的森林形成花园坚固的围墙，向外的视野仅局限于由小径

图 2.30
1650—1661 年的沃·勒·维孔特城堡平面图。

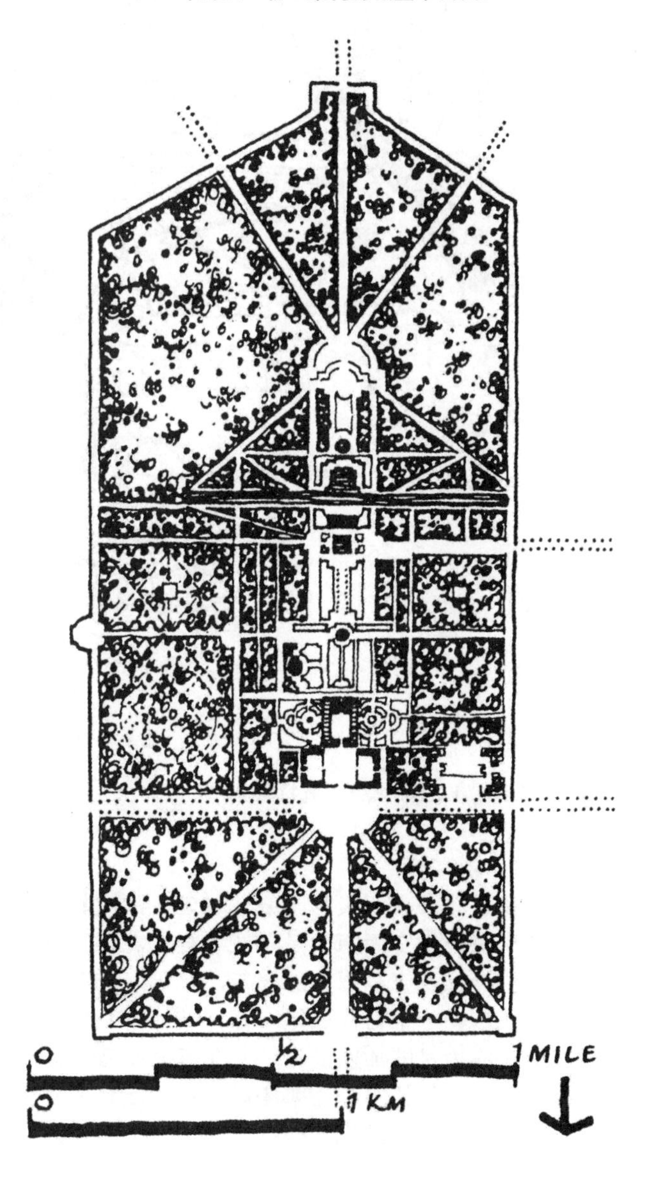

图2.31
1650—1661年的沃·勒·维孔特城堡。

展现的景象。花园空间紧紧围绕着绿地上的主轴；森林包围的中央开放空间两侧是各式各样的花园、喷水装置、小剧场以及充满想象的建筑，供国王和朝臣们娱乐。与沃·勒·维孔特城堡一样，花园曾一度以人们的实际用途为目的加以设计。凡尔赛宫是政府所有外交、政治和娱乐的中心。整座园林在与宏伟的宫殿保持协调的同时，也提供了一个户外场景。

都铎式园林 THE TUDOR GARDEN

在16世纪的英国，通过改善农业结构、贸易和全球扩张带来了繁荣。那些上层阶级，带着他们新获得的财富和愿望，根据经由法国和荷兰传入的意大利理念，扩大并改造自己带围墙的中世纪园林。于是形成一个特有的园林类型：获得合理而恰当延伸的、具有

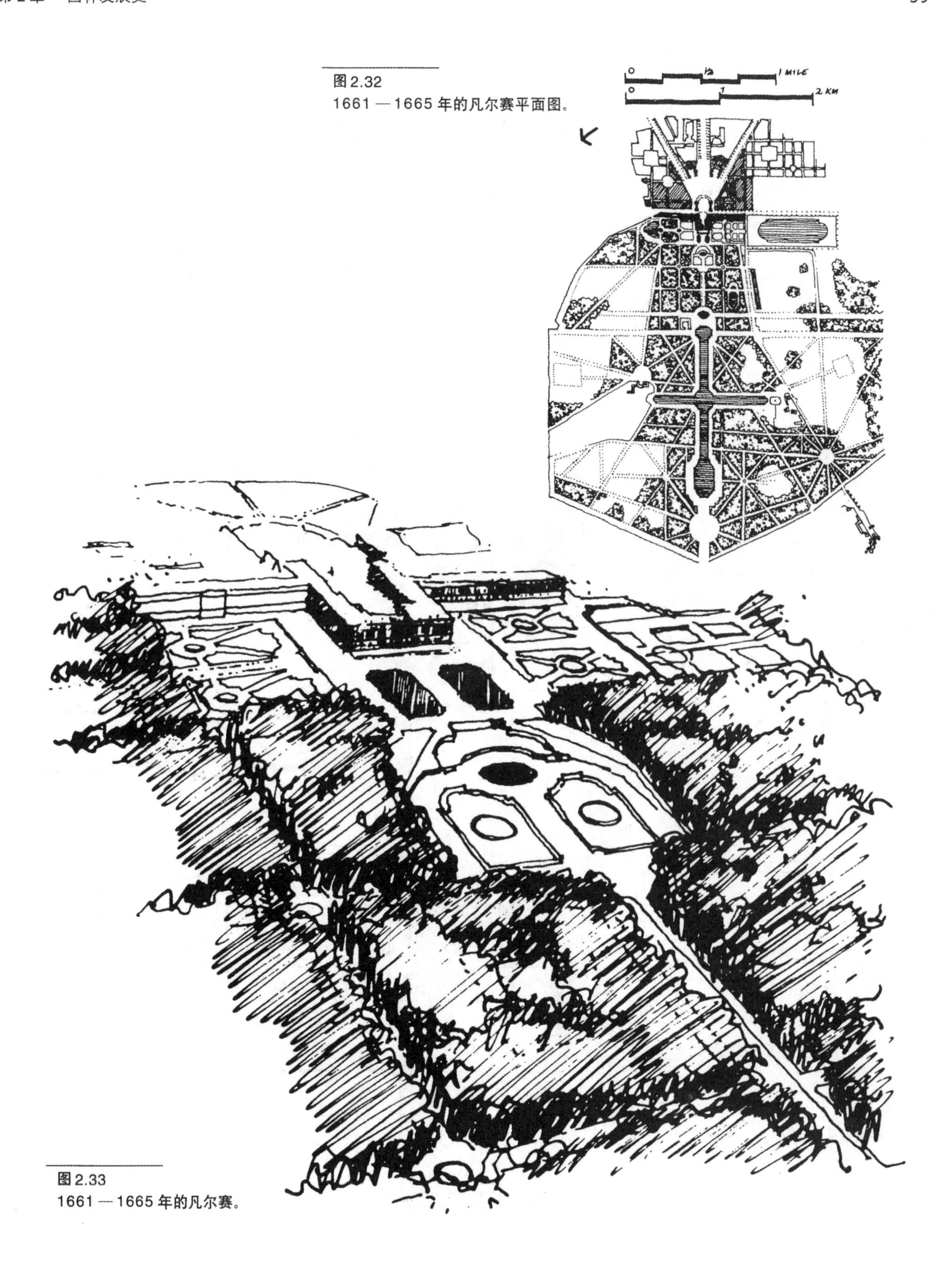

图2.32
1661—1665年的凡尔赛平面图。

图2.33
1661—1665年的凡尔赛。

人性化尺度的建筑式园林（图2.34）。这是一个很有意思的类型，因为它作为原型模板运用到了美国北部的殖民地园林，并在19世纪末，被那些钟爱规则式园林的人当做矫正维多利亚式风景园林的主要例子。

通过一条笔直小路走到头就是前院，抵达砖砌府邸的跟前，与前院相连的是一些功能性建筑：马厩、储藏室和仆人住房。果园、菜园、游乐园或花园按照几何关系，安排在房屋两侧和前面。房屋高出地面，在花园一侧有台阶。游乐园被高墙或紫杉树篱包围，被小径和狭窄的人行道以直角分为方形或长方形小块。这些分开的地块里或是种满鲜花，由上了漆的木篱笆或格栅保护；或是精致的花圃（有的由低矮的黄杨木制成复杂的几何图案，有的用繁茂的花卉或彩色砾石填充）。草坪或草地滚球场也很普遍，整齐种植的树木给步道遮阴。避暑别墅或凉亭与外墙的宽阔台阶相连，提供可以坐下观赏风景的地方。而在地面层，墙体上的开洞用于设置大门或树立栅栏，创造了与外部景观的视觉联系。在16世纪的花园里，流行将植物裁剪成人物和动物的形状，就像古罗马时代的园林一样。紫杉、黄杨木、女贞或荆棘树篱广泛运用在花园中作为分隔手段，有时候人们将它们种植成一座迷宫供人娱乐。随着时间的推移，欧洲大陆的影响变得更

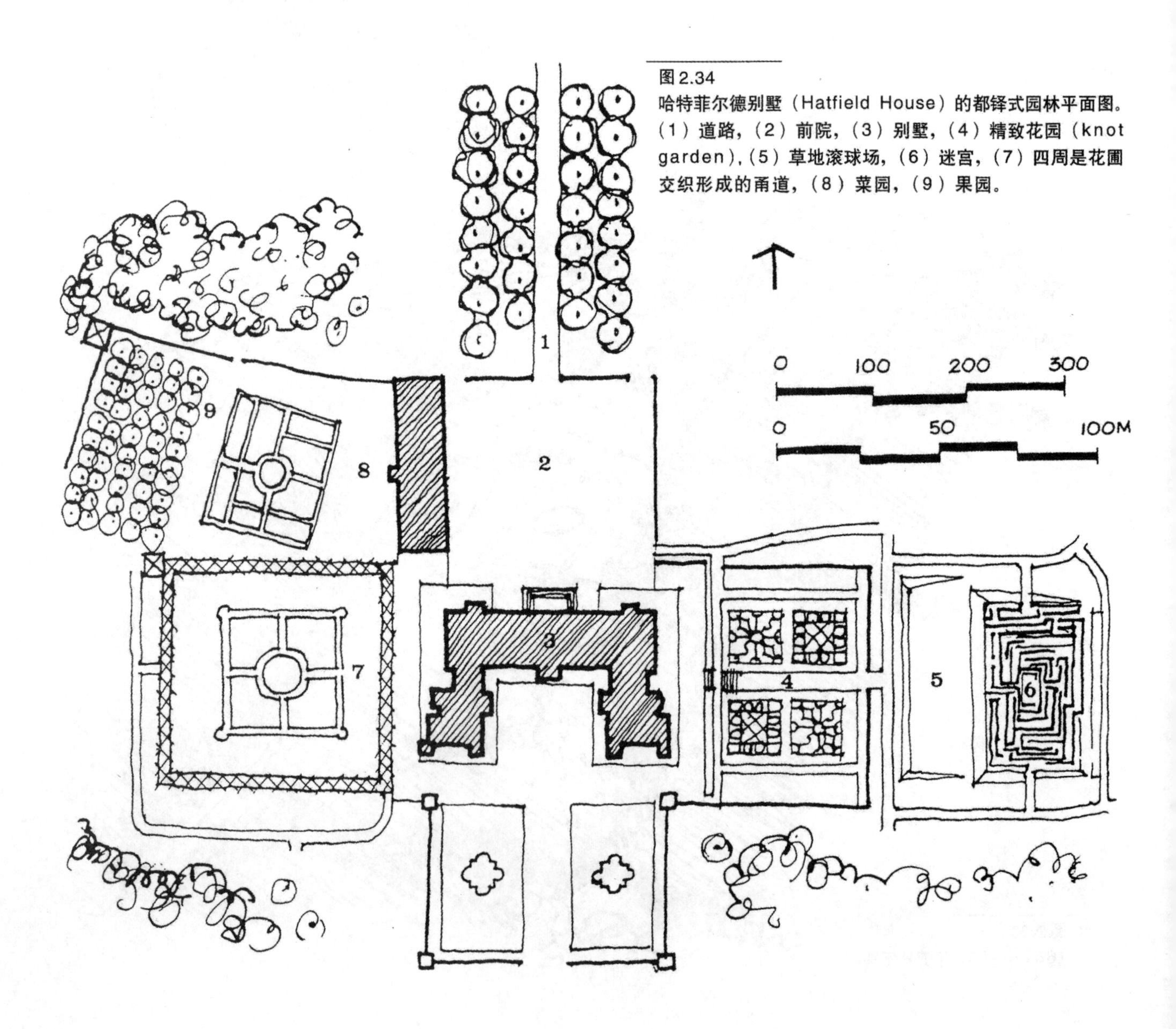

图2.34
哈特菲尔德别墅（Hatfield House）的都铎式园林平面图。（1）道路，（2）前院，（3）别墅，（4）精致花园（knot garden），（5）草地滚球场，（6）迷宫，（7）四周是花圃交织形成的甬道，（8）菜园，（9）果园。

加普遍，雕像和喷泉也被引入运用到园林中。喷泉用于浇灌植物，从一些意想不到的方向喷出的水，常常淋湿游客，成为主人的乐趣。园中大量种植了花卉。果园成为快乐之源，大多是当地的品种，如果可能的话，将其种植在蔬菜、草本植物和花园的上风向，且不要有阴影遮挡；而高大乔木，如橡树、白蜡树和榆树（野生）同样起到了保护果园的作用。

英格兰规则式花园
THE FORMAL GARDEN IN ENGLAND

法国花园的影响是非常深的，尤其在荷兰和英国，其宏大的规模和丰富的设计令所有看到的人都印象深刻。特别在17世纪初，斯图亚特王朝（Stuart）恢复统治后，在英国更加盛行法国的设计传统。当时的观点认为规则的形式并不适合英国延绵起伏的农业景观。有特色的都铎式私人室外空间品质遭到破坏，简洁的花圃和精致的花园被复杂的设计取代，泉涌和简单的喷泉被改建为规则形式的池塘和更加精细的喷泉。安德烈·勒·诺特是查理二世（Charles Ⅱ，1630—1685）所修建的格林威治宫花园（Greenwich Palace）的设计师，伦敦和威尔士的专业景观设计师是英国法式园林的主要倡导者，他们在汉普顿宫苑（Hampton Court，1699）、朗利特庄园（Longleat，1685—1711）（图2.35）和查茨沃兹（Chatsworth，1680—1690）所作的设计，都试图重现法式园林的对称性和宏伟特征。

在朗利特，天然河流被塑造成方形和矩形盆地，并设置有喷泉。建筑内布置了花圃，林荫大道穿过开放、起伏的农业景观，这与法国森林边上的狩猎游乐设施完全不同。在格林威治，园林场地的地形与规划方案不但完全不符，而且也没有致力于使之吻合。即使在土地更加平整的汉普顿宫苑，法式园林的风格也

图2.35
1685—1711年的英格兰朗利特庄园。

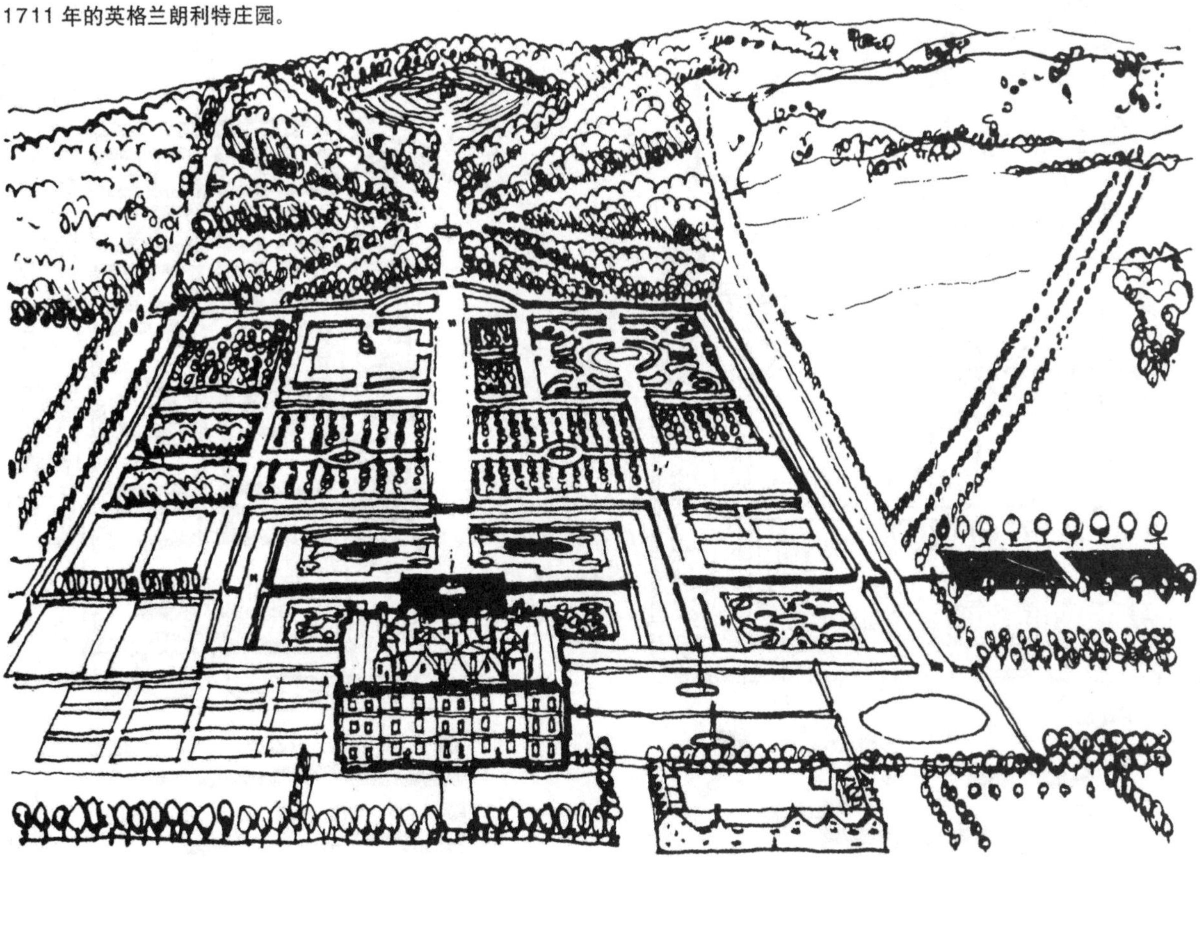

没能适合开放景观。换句话说，由于不恰当的设计和英国景观本身的特点，英国的法国式园林仅仅是一个对法国宏伟园林设计的蹩脚模仿而已。

殖民地园林 COLONIAL GARDENS

法国和英国移民者将17世纪的花园形式，从他们自己的国家带到美洲殖民地是不可避免的。在北部，来自英国的自耕农将他们在英国已经习以为常的农舍花园带了过去。这样的花园基本上是实用性质的，设计上没有太多的美学意义。在马萨诸塞州，来自较好经济背景下的定居者则采用了英国庄园和花园作为其原型。通常情况下，这些早期美洲花园规模都不大，带有围墙或篱笆，有一条两边种植整齐植物的中轴甬道，通向花坛和菜圃、藤架、凉亭或是尽头的鸽舍（图2.36）。这种看似规则的形式似乎表现出法国风格的倾向，但是美国园林是在完全不同的社会和经济条件下孕育出来的。

图2.36
18世纪马萨诸塞塞勒姆（Salem）的城镇住宅。（1）马厩，（2）工具院，（3）藤架，（4）花园，（5）菜圃，（6）蜂箱。

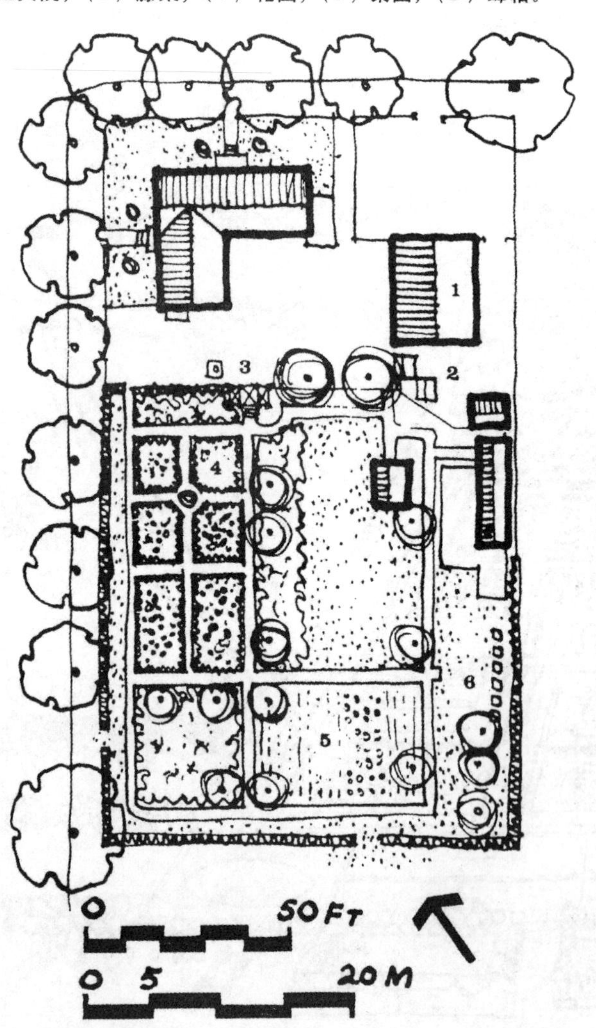

图2.37
18世纪典型的弗吉尼亚城镇花园。（1）厨房，（2）牛奶房，（3）熏肉房，（4）马厩，（5）菜圃，（6）葡萄架。

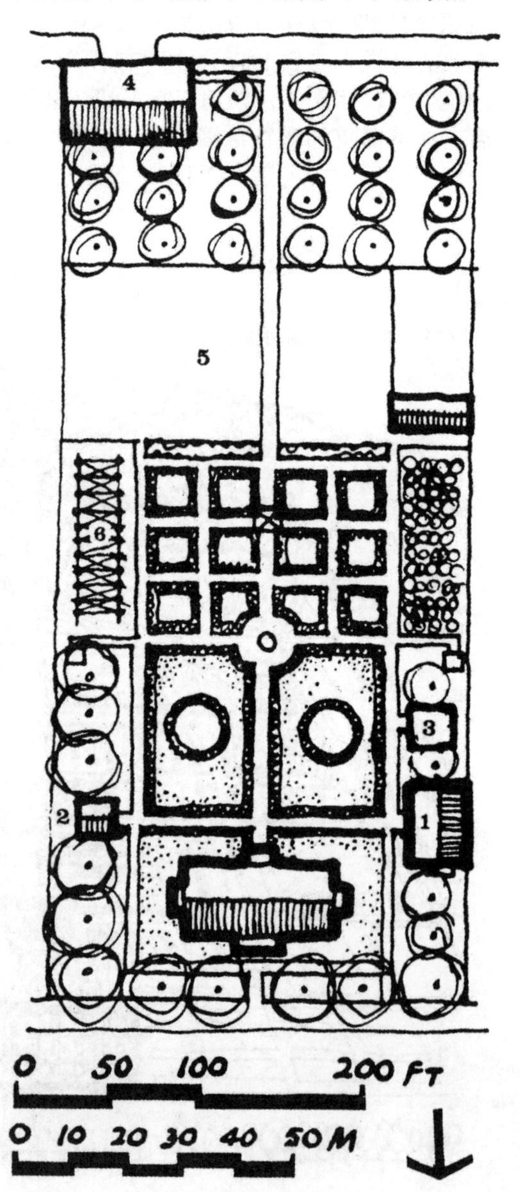

图2.38
1699年弗吉尼亚威廉斯堡总督宫（Governor's Palace）的花园。

在南部，由于移民原为乡绅阶层，属于不同的社会类型和管理方式，更有利于花园大规模发展（图2.37）。他们的灵感来源于输入的园艺文学作品和欧洲旅行方面的书籍。威廉斯堡（Williamsburg，1699）精致的宫殿花园清楚地表现出受欧洲式花园的影响（图2.38）。尽管18世纪初在美国的英国风景园林有了发展和演进，但这种影响一直延伸到了19世纪。

英国的风景园林
ENGLAND, THE LANDSCAPE GARDEN

风景园林（landscape garden）是一个与景观设计学完全不同的概念，关于它的起源也说法不一。在圈地运动影响下，连绵起伏的丘陵、蜿蜒的河流和分散的树木共同组成大面积的英国式乡村，成为英国乡村生活中的主要因素，英国的地理环境条件从本质上就不适合法国式园林。法国规则式的花园对应的是法国专制政府，并不适合18世纪提倡民主和人权的英国，因此跟规则式花园不同的园林形式则更易于为英国人所接受。浪漫主义运动兴起（the Romantic movement），产生了大量赞美自然和景观的诗歌和绘画。高文化素养的英国人穿过阿尔卑斯山到意大利进行长途旅行，使他们接触到崎岖的、如诗如画的风景。尼古拉·普桑（Nicolas Poussin，1594—1665，法国画家）、萨尔瓦多·罗萨（Salvador Rosa，1615—1673，意大利画家）和克劳德·劳伦（Claude Lorrain，1600—1682，法国画家）（图2.39）的油画都体现了他们一路看到的风景。油画不是实景，但属于被艺术家挑选和提炼强调的典型元素，比如陡峭的山脉、河流、牧场平原、城堡废墟和遗迹、湖泊和风吹拂的树木。许多画作还包括古典庙宇和寓言中的人物。除了自然景观和传统的绘画，到意大利的游客还可以看到包括那些充满吸引力、浪漫的建筑遗迹在内的著名别墅和花园。游客们从此开始通过画家的眼睛来看景观，因此在他们返回英国后发现那里死板的规则式花园既无趣又无吸引力。英国园林受到的另外一个影响是17世纪开始的东方贸易。进口瓷器和漆器制品上描绘的自然花园、湖泊、瀑布等景色和它们所代表的审美观念，影响到英国新的园林系统的产生（图2.3至图2.8）。

风景园林是浪漫主义运动的产物，其形式来源于对自然的直接观察与绘画原理。令人惊奇、种类多样、隐蔽和田园诗般的景色成为景观艺术的目标。根据荷加斯曲线[译注4]的“优美线条”（line of beauty）方法处理自然起伏的轮廓，采用光影结合等手法，不再仅仅是

图 2.39
1640 年克劳德 · 劳伦所绘《山村》(Hilly Countryside)。鸣谢诺顿 · 西蒙艺术基金会(Norton Simon Art Foundation)。

画家的手法，而成为 18 世纪所有英国人品位和文化的追求，并最终在 19 世纪影响了整个欧洲和美国。这些园林把原来的花圃和规则园林的台地，改造为起伏的草地、树丛、湖泊、蜿蜒的河流和曲折的车道（图 2.40 和图 2.41）。这种早期的园林，在适当的位置装饰有寺庙、桥梁和雕塑。

最根本而且最重要的是消除花园和景观之间的视觉断点，消除这种断点的一个技巧就是修建下沉式围

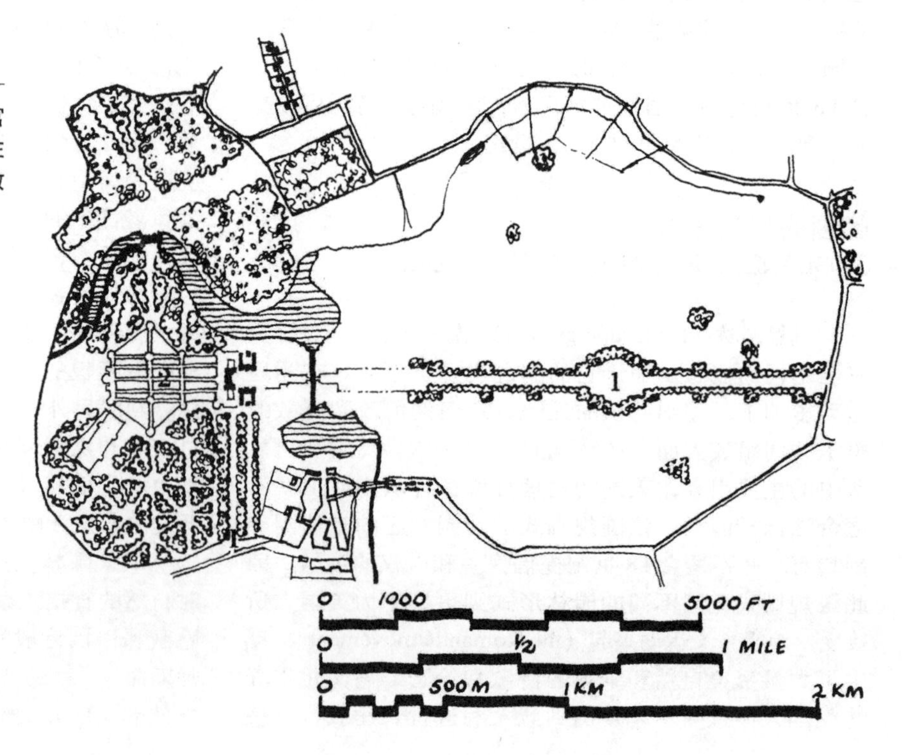

图 2.40
1705 年亨利 · 威斯（Henry Wise，1653—1738，英国设计师）设计的布伦海姆宫(Blenheim Palace)。注：（1）从乡村通往别墅的笔直入口，（2）别墅前的花圃和放射状的道路。

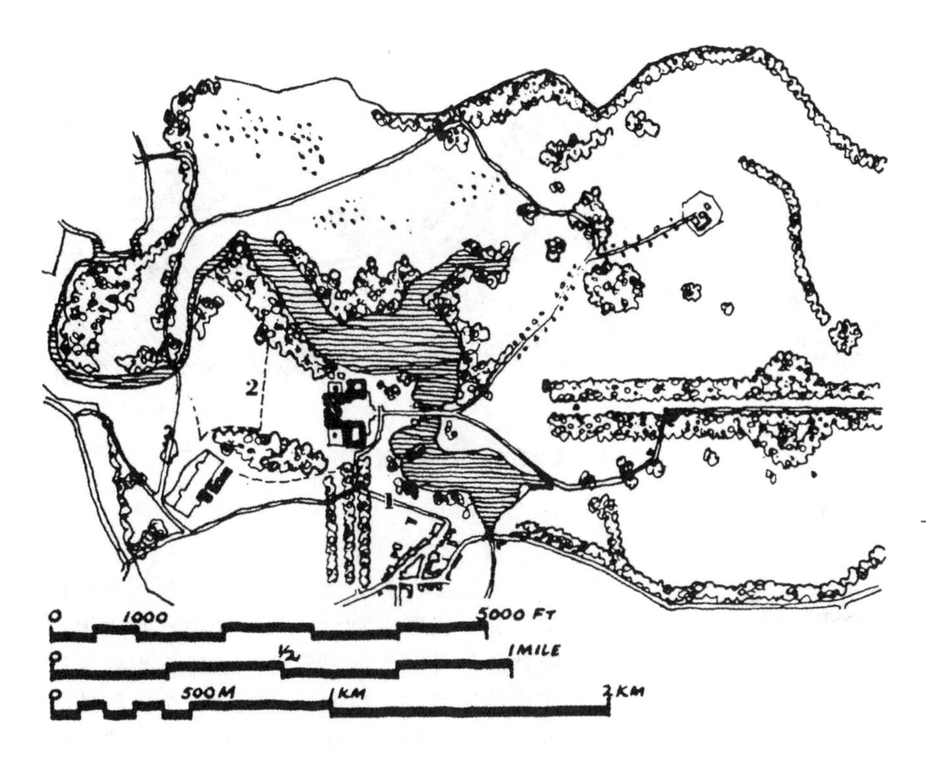

图2.41
1758年兰斯洛特·布朗改造的布伦海姆宫。注：（1）新修的从乡村通往别墅的蜿蜒曲折的路径，（2）别墅前面取代花圃的不规则植栽和下沉式围栏。

栏。这可以让视线一直眺望到野外，同时使观察者与花园保持距离，起到分割作用，这种方法直到今天在现代景观设计中还有应用（图2.42）。

威廉·肯特（William Kent，1685—1748，英国建筑师）认为有两个重要因素决定了系统的有效性：第一是真实，第二是它的古典起源。比如他曾经说过，青铜铸造的喷泉看上去像是树木，修剪过的树木看上去像石头以及其他那些在凡尔赛宫的装饰，都不够真实或有点儿荒唐好笑。自然的瀑布或蜿蜒的溪流，理论上比花巨资从湿地抽出来的泥水要洁净。从此不规则的或自然式的风格获得推崇。尽管这种不规则式特质的历史起源难以确定，但是很多古代名家的设计实践就而印证了规则建筑物和不规则花园的运用，比如坦佩谷的哈德良别墅（图2.12）。因此，正如帕拉迪奥式建筑被认为是经典，非规则花园也是如此。

到18世纪30年代，逐步开始了园林设计革命。起初由所谓的业余爱好者，如亨利·霍尔（Henry Hoare，1705—1785，英国银行家）引领，他于1743年设计了斯托海德花园（Stourhead）[译注5]（图2.43和图2.44）。斯托海德花园位于一座山谷之中，在那里溪水被拦截形成了一个形状不规则的湖泊，从位于其上方的帕拉迪奥式别墅并不能看到花园，同时在花园中也看不到别墅。

图2.42
两种下沉式围栏——18世纪风景园林中用于消除园林与景观之间视觉障碍的技术方法。

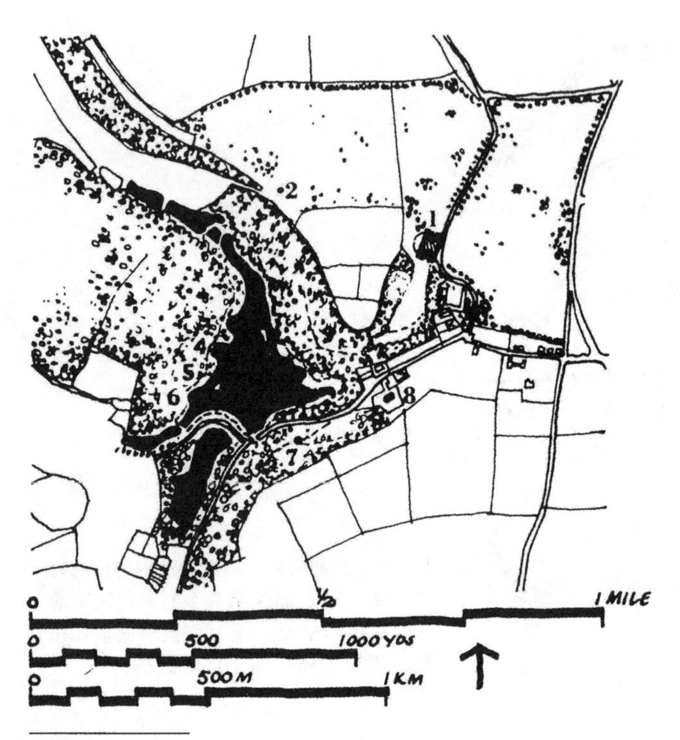

图2.43
1744年英格兰的斯托海德花园。规划图平面的关键点：(1)住宅，(2)方尖石塔，(3)天堂寺，(4)地下洞穴，(5)眺望亭，(6)万神殿，(7)太阳神殿，(8)圣彼得教堂。

图2.44
1744年英格兰的斯托海德花园。

两者之间仅有一座方尖碑相连，从别墅中和花园中的特定角度都可以看到它。湖边设置有一条小路，将很多“元素”连接在一起，沿着设计好的路线能够很好地体验到整个花园的景致。即使距离并不远，也可能要游览一天时间。花园是根据风景画的绘画原理安排的，事实上这个花园是依照克劳德·劳伦的绘画设计的。起点是小桥、花神教堂（Temple of Flora）和花园中的万神殿（Pantheon），样式和位置都与绘画中的类似。

更深层次的欣赏是将每个特色与神话或文学幻景联系在一起。随着游客的观赏，步移景异，建筑和场景一点点浮现在眼前，道路从某处开始逐渐通向凉爽的地下洞穴，那里有苔藓覆盖的海神“涅普顿”（Neptune，又称“波塞冬”，“涅普顿”是罗马称法）的雕像，还有蕨类植物以及潺潺的流水声。这种用设计改变环境的手法唤起人们心理情感的变化，那些神话典故中的著名人物雕像随着林荫路和步行道逐渐展现在游人眼前。跨过这个湖泊，通过和水面相齐的岩石洞口可以看到花神教堂。

斯托海德风景园能够产生一系列的体验，很多体验具有知识含义，需要在神话与诗歌知识的基础上加以理解与欣赏。另外，光线、温度、质感、声音与视觉影像等环境特质增加了感知，构成了一个完整的体验。现代电影也许是跟它最接近的一种艺术形式，图像、含义和反应都是预先设定好的。

风景园林很少用明艳的开花植物。我们今天在斯托海德风景园中看到的杜鹃花并不是一开始就种植的。后来在引种的时候，引发了“纯粹派”和管理公园的国民托管组织（the National Trust，英国保护名胜古迹的私人组织）之间的争议。国民托管组织说来访的市民喜欢杜鹃花，而纯粹派则要求移除。

威廉·肯特是第一位以新方式设计花园的专家。在1738年到1740年修建的罗珊姆园（Rousham）里，从已有的房子到磨坊主的农舍以及遥远小山上的废墟，肯特将这些元素合在一起设计成浪漫的景观（图2.45）。全部设计考虑到了从屋里可以看到的整个景观，正是这种设计方法的积累才形成了今天的英国景观。这是从乡村房屋角度的综合景观，罗珊姆园位于房屋的一侧，包括古典的拱廊、蜿蜒的溪流、洞穴、瀑布和林间空地上与远景和步道相连的令人回味的雕塑（图2.46）。

到18世纪中叶，这种新的园艺风格逐渐被大众接受。兰斯洛特·布朗，人称“全能布朗”，成为先行者，并且炙手可热。与肯特不同的是，布朗不提倡在园中设立建筑元素。平台和花圃远离房屋基础，只留下伸至基角的草地。下沉式栅栏削弱了视线界限，在相邻的景观区域，起伏的地面上不规则地种植着树丛。如果可能的话，溪流会像在布伦海姆宫一样被截住构成

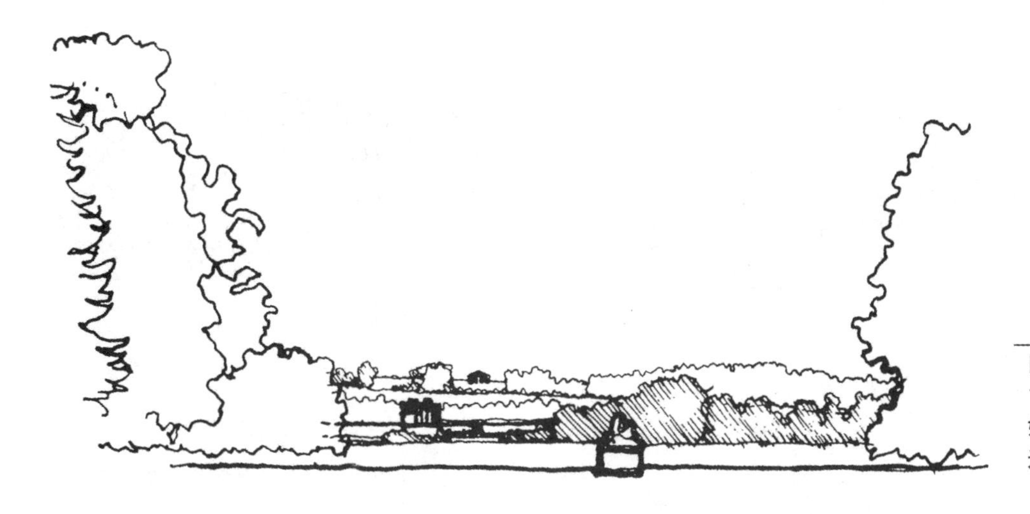

图2.45
1738—1740年英格兰的罗珊姆园。从别墅可以看到磨坊和远处的废墟等景观。

湖泊，恰到好处地构成自然景观（图2.41和图2.47）。这样的景观是由农场和田地组成的，它依赖于良好的地产管理和富饶的农业。此外，在营造如画般景观的过程中需要在理解生态原则的基础上从视觉角度与现有自然体系相结合。

18世纪末19世纪初，汉弗莱·雷普顿（Humphry Repton，1752—1818，英国景观设计师）出版了一本风景园林的理论书籍，成为这类风格的领跑者。[4]雷普顿同布朗不重视规则的特点相反，他重新用台地连接房屋和花园。雷普顿被一篇讽刺短文戏称为“里程碑先生”（Mr. Milestone），因为在通往别墅不足一英里的道路上他放置了里程碑。[5]我们可以从他设计的园林项目的数量和规模看到雷普顿受欣赏追捧的程度，并通过园林主人的地位和声望反映出来；他的“红皮书”（Redbooks，雷普顿使用红色封面将他的设计方案装订起来，从而得名“红皮书”）中讲到了重要的技术方法，书中通过素描或水彩画展现改造“前”和“后”的景观，以图解方式阐释其设计（图2.48和图2.49）。通过上述比较说明，一个安静的、无趣的草地和溪流，可以转变成带有蜿蜒的湖泊和不规则种植园的美丽风景，就像在广阔台地上建设一座城堡一样（图2.50）。

图2.46
1738—1740年英格兰的罗珊姆园。平面图反映了在景观中用设置元素来提升景观品质。（1）磨和磨坊，（2）废墟，（3）别墅，（4）花园。

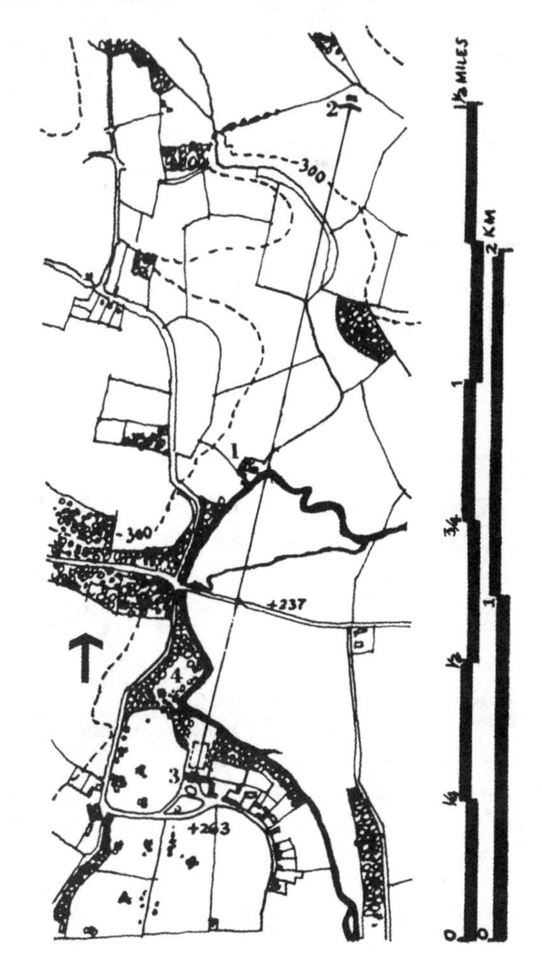

[4] Humphry Repton, *Sketches and Hints on Landscape Gardening* (London: W.Bulmer,1794).

[5] Peacock, Thomas Love, *Headlong Hall* (London: Pan Books, Ltd., 1967). (First published in 1916.)

图2.47
1758 年英格兰的布伦海姆。

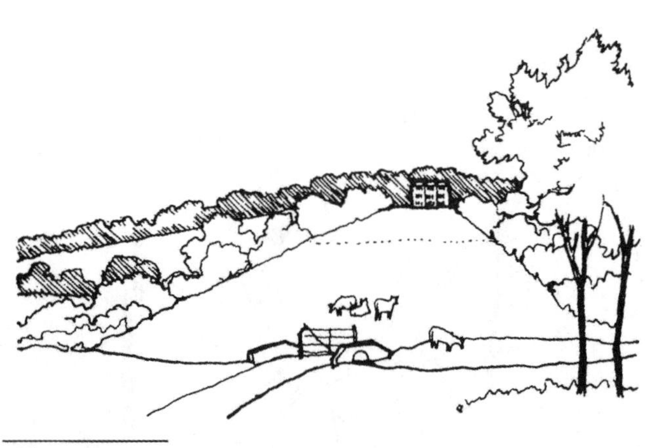

图2.48
1803 年雷普顿在“红皮书”中所绘制的插图，反映了平淡景观里的别墅——对布朗设计原则低水平的模仿。

图2.49
1803 年雷普顿绘制的插图反映了在引入台地、仓房等附属建筑以及浪漫的湖泊和如画的植物等元素后的景观。

美国的风景园林
THE LANDSCAPE GARDEN IN THE UNITED STATES

浪漫主义风格的园林适时地传到了美国。托马斯·杰弗逊（Thomas Jefferson，1743—1826，美国政治家、景观设计师）重建蒙蒂塞洛花园（Monticello gardens）（图2.51）和1737年在弗农山庄园（Mount Vernon）引入了简洁的草坪和种植园（图2.52），标志了美国品味变化的早期迹象。第一批全新的风景园林中有一部分是由比利时设计师安德烈·帕芒蒂埃（Andre Parmentier，1780—1830）主持设计的，他曾经于1824年在布鲁克林区（Brooklyn）设计了一个托儿所。1828年他写了一篇盛赞园林美景、反对形式主义的短文，其后在美国盛行。在1830年逝世之前，他规划了沿哈德逊河（Hudson River）的一些大型地产项目。

安德鲁·杰克逊·唐宁（Andrew Jackson Downing，1815—1852，美国景观设计师）是继帕芒蒂埃之后，风景园林的拥护者。唐宁1841年出版了他的著述，[6]其理论是以雷普顿的作品为基础，并表达了同样的风景理论；他赞美自然、树林和种植园天然的美景，随后越来越多的郊区别墅花园设计成为浪漫主义风格，都是遵循他的美学和价值观（图2.53）。他的著作语重心长，强调完善和精致的感觉来源于对微妙自然形式的赏

[6] Andrew Jackson Downing, *A Treatise on the Theory and Practice of Landscape Gardening: Adapted to North America* (Boston: C.C. Little and Co.,1841).

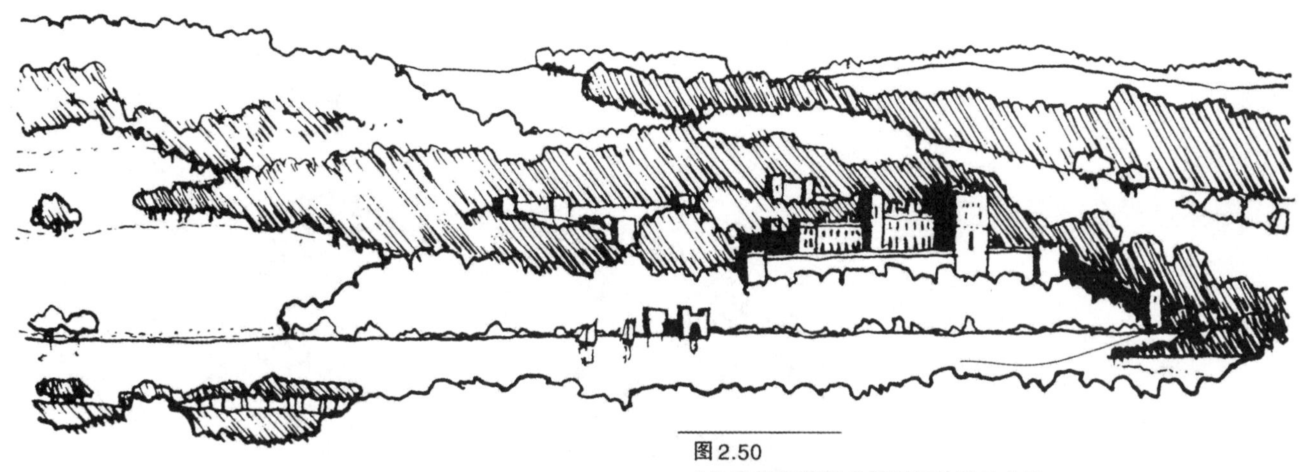

图2.50
19 世纪雷普顿乡村别墅的设计方案。

析。到19世纪中叶，唐宁已经成为美国东海岸园艺方面的时尚创造者，成就他的是哈德逊河沿岸富裕的地产业主。他既创造了非常成功的、带有英国式特点的园林，同时又谨慎地强调了每个地点的特殊性。他书中的插图描绘了中产阶级的别墅（图2.54和图2.55）。那些家庭的成员看起来姿态有些笨拙，他们在针叶树和灌木丛环绕的草坪中悠然地喝茶，或是遥望远方山区的景观。

唐宁创建和推广的浪漫主义风格的风景园林成为美国的一种传统。第3章我们将重点探讨自然与美国景观。奥姆斯泰德在1856年开始执业后积极倡导不规则的与自然的景观设计，来探寻每块基地的限制条件和开发潜力，从而发现景观哲学理念的根源。与城市化对立、强调自然特性、采用软边线和曲线自然外观的美国东海岸设计风格一直延续到20世纪，同现代园林相比仍受到大众欢迎。

图2.51
1796 年弗吉尼亚州的蒙蒂塞洛花园。

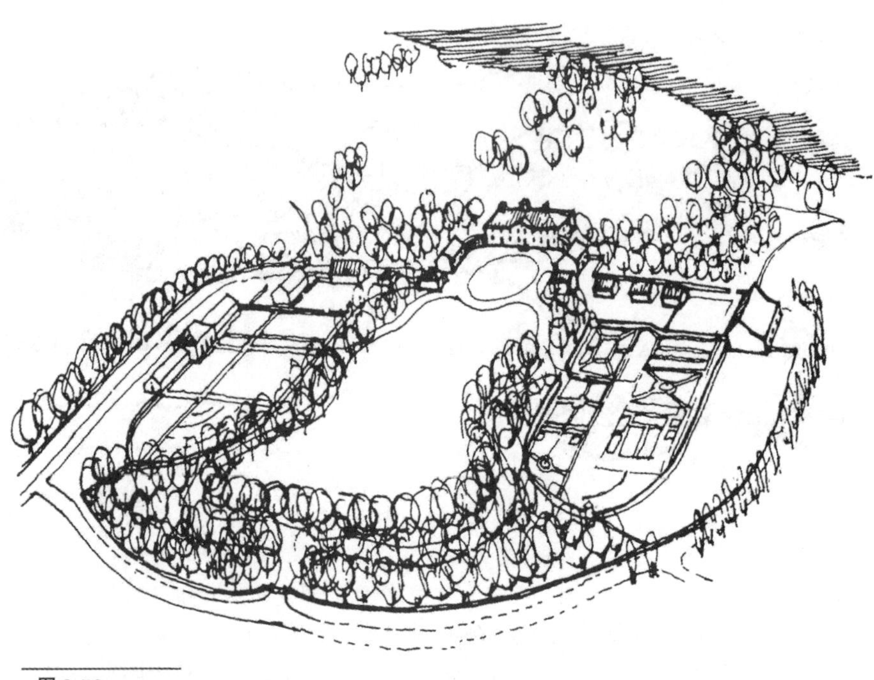

图2.52
1737 年的弗农山庄园。

图2.53
1841 年安德鲁 · 杰克逊 · 唐宁设计的乡村别墅花园的平面图。
（1）草坪，（2）菜园，（3）风景园林，（4）花园。

图2.54
1841 年安德鲁 · 杰克逊 · 唐宁所著《论适于北美的风景园林设计理论和实践》一书的扉页插图。

图2.55
19 世纪安德鲁·杰克逊·唐宁倡导的别墅与景观花园。

自然风景花园和折中主义园林
THE LANDSCAPE AND FLOWER GARDEN AND THE ECLECTIC REVIVAL GARDEN

19 世纪末英国和美国的园林和园艺受到两个因素的严重影响，一个因素是对植物的迷恋，另一因素是建筑的折中主义。所有采用西方观念的园林都受到这两个因素的影响；结果就是这两个要素的融合，每个因素代表了不同的态度和概念，我们可以联系到两种现代之前的原型；自然风景花园和建筑花园，在1880年至1930年间对它们都有了定义。

别墅花园太小，因此它的综合效果难以实现雷普顿和唐宁所倡导的景观效应；大量地应用来自世界各地的植被，使得风景园林变成了花坛、灌丛林和单独种植在草坪上的园景树木的大杂烩。很难描述它的原貌，因为这几乎是无形的。其本质特征是植物的大集合，越不寻常越好，其中一些还需要温室或暖房的气候保护。这样的花园和它们的别墅或位于不断扩展的工业城市边缘，或位于乡村的林荫路边，都是为了适应早期风景园林（图2.56）。

为了恢复19 世纪花园的秩序，设计师转向了早期的传统，尤其是都铎式和意大利式的花园。在英国19世纪30年代，查理·巴里（Charles Barry，1795—1860，建筑师）和威廉·安德鲁·内斯菲尔德（William Andrews Nesfield，1793—1881，景观设计师）修建了具有意大利风格的杉伯兰公园（Shrubland），其特征是石台地、台阶、栏杆、喷泉和古典雕塑。几何造型的花坛和花圃里种植着一年生半耐寒植物，经修剪的矮针叶树在房屋和台地两侧以对称形式分布，最终围绕在别墅周围，扩大了建筑花园。后来，真实的历史为现代园林的新形式提供了理论依据，而且令人印象深刻（图2.57和图2.58）。

在美国，按照新建筑风格修建起来的首批花园之一就是位于北卡罗来纳州巴尔的摩的范德比尔特庄园（Vanderbilt estate，始建于1888年）。这座法式别墅由理查德·莫里斯·亨特（Richard Morris Hunt，1827—1895，美国建筑师）设计，它包括一个由弗雷德里克·劳·奥姆斯泰德设计的规则式花园。这时的奥姆斯泰德还参与了1893年芝加哥世界博览会，他的职业生涯即将走到尽头。

这两种花园类型究竟有多不同，导致了尖锐的争论（在英国威廉·罗宾逊（William Robinson，1838—1935，爱尔兰园艺师）和雷金纳德·布洛姆菲尔德（Reginald Blomfield，1856—1942，英国建筑师）之间的激烈辩论）。具有地毯式花坛的建筑园林，遭到那些希望将园艺多样性与自然效果相结合的人的批评。另外，自然园林

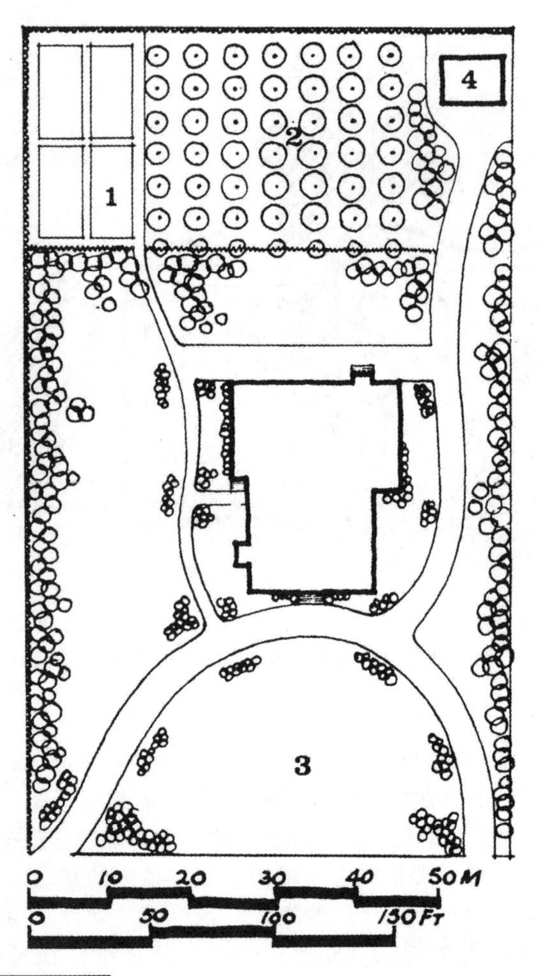

图2.56
1900年旧金山金门公园（Golden Gate Park）监督约翰 · 麦克拉伦（John McLaren，1846 — 1943）所做的别墅花园规划。注意这一设计与安德鲁 · 杰克逊 · 唐宁的规划类似（图2.53）。（1）菜园，（2）果园，（3）前面的草坪，（4）库房。

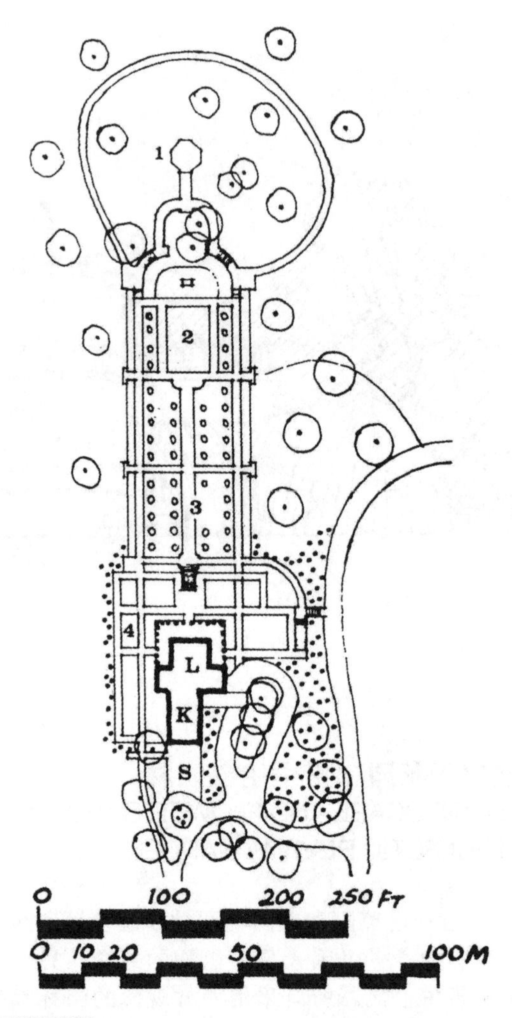

图2.57
加利福尼亚等地的折中主义园林，在室内外产生更多联系的规则式花园与住宅。关键点：（L）起居室，（K）厨房，（S）勤杂院，（1）凉亭，（2）喷泉水池，（3）花坛，（4）台地。

遭到那些主张建筑园林的人批评，说它没有形式并缺乏房屋必需的环境。

然而，每种方式都有其各自的优点。自然花园为植物爱好者提供了一个实验室，他们根据最佳的生长条件科学安排植物。这是一个实验的环境，主人积极参与，与其他人交流经验，不断修改和补充。另一方面，建筑花园往往只是象征财富以及表示对某种等级和风格的向往，与风景园林相比，更加强了房子与花园的关系；在风景园林中，别墅坐落在高处，周围是灌木丛和花坛。英国园艺师格特鲁德 · 杰基尔（Gertrude Jekyll，1843 — 1932）把感官与分辨能力带进了这场学术辩论。她是一位对绘画具有浓厚兴趣的敏锐的园艺家，她把绘画带入到园艺工作中并撰写了其基本原理，在欧洲和美国产生广泛影响，并预测了现代花园。她对建筑花园没有盲目的偏见，与埃德温 · 路特恩斯（Edwin Lutyens，1869 — 1944）一生交往密切，埃德温是英国建筑师，他设计的很多规则式花园就是由杰基尔布置的植被。她赞同房屋附近设置规则式花园的设计，但杰基尔也对野生花园（wild garden）饶有兴趣，并根据树木、灌木和球茎植物在荒草地上的生态兼容性，种植小片林地，这些横跨于林中空地的园林大多实现了各自的生态平衡。

图2.58
1920年加利福尼亚折中主义住宅与园林。注意它与梅第奇别墅在形式与位置上的形似特点（图2.25）。

在花园中，她发明了栽种多年生草本植物的花坛，收集了多年生开花植物，春、夏、秋季都鲜花盛开（见第210页）。鲜花和树叶的颜色相结合就像印象派画家所画的一般，勾勒出边界，并且用植物衬托出树篱、砖墙或石墙构成的背景。在19世纪末和20世纪的前30年间，她的实践和理论著作对明晰究竟什么是花园这一问题，产生了非常大的影响。

杰基尔的理念似乎是，园林设计应当对其用途和场地特点以及主人的兴趣爱好做出回应；而这种设计唯一的要求是需要恰当准确并完美地加以实施。

这种折中主义的观点来源于对16和17世纪意大利、法国和英国等国的建筑和花园细致的研究。美国出版的雷金纳德·布洛姆菲尔德的《英国规则式花园》(*The Formal Garden in England*, 1892)和查尔斯·亚当斯·普拉特（Charles Adams Platt，1861—1933，美国景观设计师）的《意大利花园》（*Italian Gardens*，1894）是两本颇有影响力的书籍，并推动了一大批类似书籍的出现，内容倡导花园设计应当以最完整地再现历史为基础。意大利别墅、法国城堡和英国庄园住宅为设计师提供了灵感，并满足了客户的幻想。通常，这些案例不是简单模仿而是阐释解读，许多成功的设计作为具有良好比例和空间组织的实例一直保留至今。英国的埃德温·路特恩斯和托马斯·莫森（Thomas Mawson，1861—1933，英国景观设计师），美国的普拉特、贝娅特丽克丝·琼斯·法兰德（Beatrix Jones Farrand，1872—1959，美国景观设计师）和洛克伍德·德·福雷斯特（Lockwood de Forest，1850—1932，美国景观设计师），法国的让-克劳德-尼古拉斯·福雷斯蒂尔（Jean-Claude-Nicolas Forestier，1861—1930，法国景观设计师）（仅举几位那个时期业绩突出的从业者），他们的作品充满规则性与秩序感，通常精选一体化的房子和花园（例如普拉特和路特恩斯，既设计房屋，又设计花园）作为建造的原型。这种类型的设计最适合规模较小的情况；在规模较大的乡村环境中，这一类型实现了从建筑秩序到自然背景的逐步过渡，并被认为是理想的关系（杰基尔）。

现代花园 THE MODERN GARDEN

1917年,《景观设计研究简介》(*An Introduction to the Study of Landscape Design*)一书的作者、美国教育家亨利·文森特·哈伯德和西奥多拉·金伯尔·哈伯德夫妇一致认为，当前存在两种园林设计风格：古典主义风格和浪漫主义风格。古典风格是正式的，意味着约束和稳定。浪漫风格是非正式的，其吸引力在于多样化、差异化以及情绪感染力（更不用说园艺趣味）。尽管他们试图进行客观地分析，但是字里行间还是显露出哈伯德和金伯尔对古典主义风格的钟爱，比如图解英格兰的都铎式花园的复兴（布洛姆菲尔德）以及美国的查尔斯·亚当斯·普拉特和其他设计师所做的园林设计实践。当然，最理想的是将两者结合在一起，使靠近住宅（前院和阳台）的花园保持规则特质，一起构成更大区域内的单元；这种风格强调了自然特质，在景观内种植着本地植物。即使在小一些的花园（1/2英亩左右），也有可能实现这种组合，其中的不规则特质代表了自然：一片开放的不规则草坪，两、三处孤植树木和灌木丛。

哈伯德和金伯尔将花园作为庄园内一个封闭的、受到保护的单元，或是简单附属于住宅的小城郊花园来讨论，反映了在世纪之交，人们在设计构思花园时对于形式和用途的转变。尽管这两位作者对那个时期的德国花园设计过于理性提出了批评，但他们对于将建筑及其周围环境作为建筑设计规划组成部分的概念印象深刻（由包豪斯建筑学派的先驱达姆施塔特设计学院（the Darmstadt School of Design）提出）。另外再加上在室外吃、喝、休闲的流行热潮，导致了将建筑周围环境打造成为一系列户外空间的概念，其典型是现代德国式花园，矩形作为户外空间既方便又易于维护，而且划分起来最为经济。

在20世纪初的加利福尼亚州，随着中等收入家庭人口的日益增加，开始流行新的房屋类型。这种房型通常由6～9个房间组成，是在小场地上修建的带有很多开窗、门廊宽敞、屋檐宽大、风格多样的单层房屋建筑（图2.59）。在加州的帕萨迪纳（Pasadena），格林兄弟（查尔斯·萨姆纳·格林（Charles Sumner Greene, 1868—1957）、亨利·马瑟·格林（Henry Mather Greene, 1870—1954），他们两人都是美国建筑师）设计的甘博之家（the Gamble house）尽管不是平房，但它成为这一建筑类型的先驱。“甘博之家”有许多与房间相连的门廊，可以在户外生活。这类平房受到大众的认可与普遍接受，就像奥姆斯泰德所说的，它们的优势是能够直接接触户外并得到健康与舒适。后门廊是其中一个重要的元素，通过门廊可以俯视小花园，还可以在这

图2.59
加利福尼亚州的平房住宅。

里准备膳食和家庭活动，这里有些类似于西班牙式的墨西哥庭院（图2.60）。查尔斯·弗朗西斯·桑德斯（Charles Francis Saunders，1859—1941，美国植物学家）这样描述加州平房所提供的生活质量，“自由但不放纵”（informal but not necessarily bohemian）和“简约而不简单”（simple without being sloppy）。[7]

19世纪30年代的经济大萧条之后，加利福尼亚州的城区面积扩大。建筑用地缩小及无所不在的汽车，导致了普通家庭可用花园空间的减少。于是园艺从业人员减少，人们对园艺工作缺乏时间投入及工作热情。与此同时，人们对花园的态度有了很大的转变，认为花园具备提供更多温暖和宜人气候的生活空间的潜能。《日落杂志》（*Sunset Magazine*）鼓励发展这样的生活方式，其中花园及其他相关要素——阳台、烧烤区和游泳池——共同组成带有度假胜地氛围的家庭环境。

图2.60
加利福尼亚州平房住宅和花园的平面图。（1）门廊，（2）阳台，（3）菜地，（4）草坪，（5）凉亭，（6）库房。

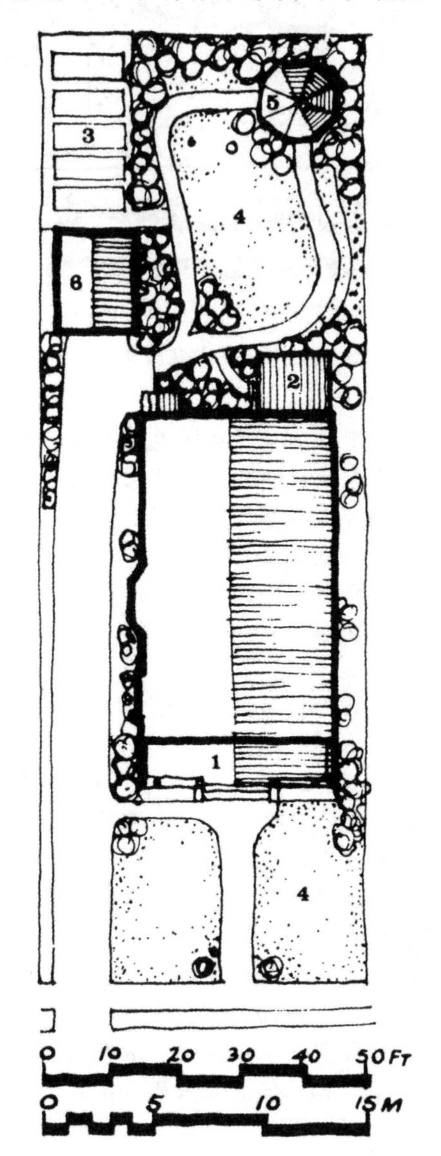

1938年，英国景观设计师克里斯托弗·唐纳德（Christopher Tunnard，1910—1979）提出了景观设计中三个相互关联的方法：功能（functional）、移情（empathic）和艺术（artistic）。[8]功能方法规定花园必须在提供观赏性的同时，给人的生活带来愉快；必须提供休闲、娱乐和审美满足等社会必需品；同时还必须节俭经济。移情手法是以日本庭园的审美原则为基础，特别突出不对称（可能是上述实用方法的结果），欣赏形式与质感，追求建筑与景观的和谐。艺术方法假设有两个前提：第一，园林设计是一门艺术（不只是工艺）；第二，这种方法与现代雕塑手法紧密相关，形式与质感来源于所用的材料。

艺术和建筑在欧洲的发展，经历了立体主义和抽象表现主义、功能建筑与现代运动，首先对美国东海岸产生了影响，继而也影响到了加利福尼亚州。现代建筑需要现代的景观设计。托马斯·多利弗·丘奇（Thomas Dolliver Church，1902—1978，美国景观设计师）和后来西海岸的加瑞特·艾克伯（Garrett Eckbo，1910—2000，美国景观设计师）、东部的詹姆斯·罗斯（James Rose，1913—1991，美国景观设计师）、英国的克里斯托弗·唐纳德等，成为20世纪30年代后期现代造园术的开拓者，而这一时期的风景园林和折中主义新古典园林却遭到了冷遇。

托马斯·多利弗·丘奇作为开拓者之一有以下几个原因：首先，他跟历史上的那些设计大师一样是位创新者；第二，他提出并实践了一套适合环境和社会背景的设计手法；第三，他的作品几乎全部是私人花园，这正是本章的主题。

丘奇的理论基于新的建筑学理论，公认有三个形式来源：第一是人的需要、个别人群的需求和客户的

[7] Charles Francis Saunders, *Under the Sky in California* (New York: McBride, Nast, 1913).

[8] Tunnard Christopher, *Gardens in the Modern Landscape* (London: The Architectural Press, 1939).

特点；第二是由基地条件和品质决定的包括材料工艺、施工、植物和维护等一系列因素；第三是对空间表达的关注，这不仅仅只是对需求的满足，还要深入到艺术领域。

起初，他采用的花园形式是属于传统风格的修剪过的树篱和折中风格的图案。他设计了小城镇花园，并记录了设计中遇到的问题。他认为如果小花园是房屋的延伸，那么它不可能是真正“自然的”。这类花园的规模和用途需要硬质铺面、分割区域的屏障以及能够使其看起来更大的设计形式（图2.61）。丘奇发现尤其在城市里的许多家庭有小花园，那里的花园作为户外空间提供重要的使用功能，或是作为一种秘密花园，丘奇自己在旧金山隐匿在一道墙后面的小花园就是属于这类。他说，不论人们喜不喜欢，房子的功能已经而且必须融入花园，景观设计师必须同时兼顾实用与审美的方法。

现代建筑使房屋和花园之间有了直接的联系，从而增加了花园空间的使用（图2.62）。花园既要满足户外娱乐、游戏及儿童游乐的用途，同时还要减少维护费用和成本，于是普遍采用造型简洁的铺地材料以及地被植物。丘奇建议应去掉浪费空间的前院草坪，多个案例体现了这一设计的优势所在，它通过墙壁或栅栏分割街道提供私人空间（图2.63）。

图2.61
1940年托马斯·多利弗·丘奇在旧金山设计的小花园。

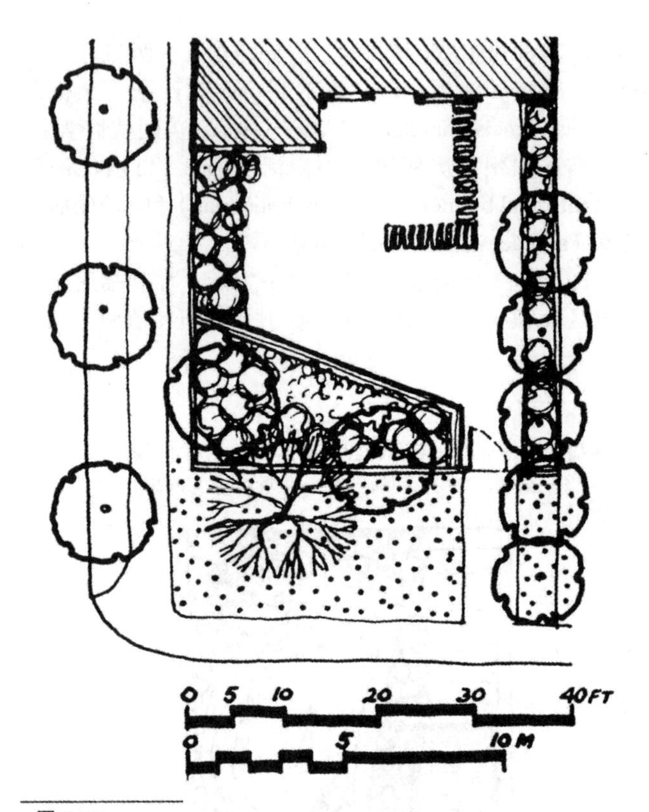

图2.62
托马斯·多利弗·丘奇设计的前花园。

丘奇开创了一种基于立体主义的美学理论。他认为花园应该没有明显的起始和结束，从任何角度看都能感受到它的美，而不仅仅局限于房屋角度。运用非对称线条可以使花园看上去更大，花园简洁的形式、路线和形状，看上去更为休闲，并且易于维护。花园的路面铺地、围墙、植物造型，决定了花园的形式、形状和风格。

为1940年旧金山金门世界博览会（Golden Gate International Exposition）而建的两个小型花园标志着这个新阶段的开始（图2.64）。两个花园展示了花园发展中各种可能的新形式造型，同时也满足所有实用标准的要求。为了满足观赏角度的多样性、简单的平面和流畅的路线，设计师放弃了中轴线的设计做法。而是运用了质地肌理、色彩、空间与形式，使人回想起立体派画家的绘画手法。富于变化的曲线、充满质感的外观、按比例设计的围墙，与一些新材料如波状石棉板和木制铺装块等共同结合使用。这种设计手法与之前所有的园林设计相比简直是突破性的。

加州花园以人文、气候和地域景观为基础，体现

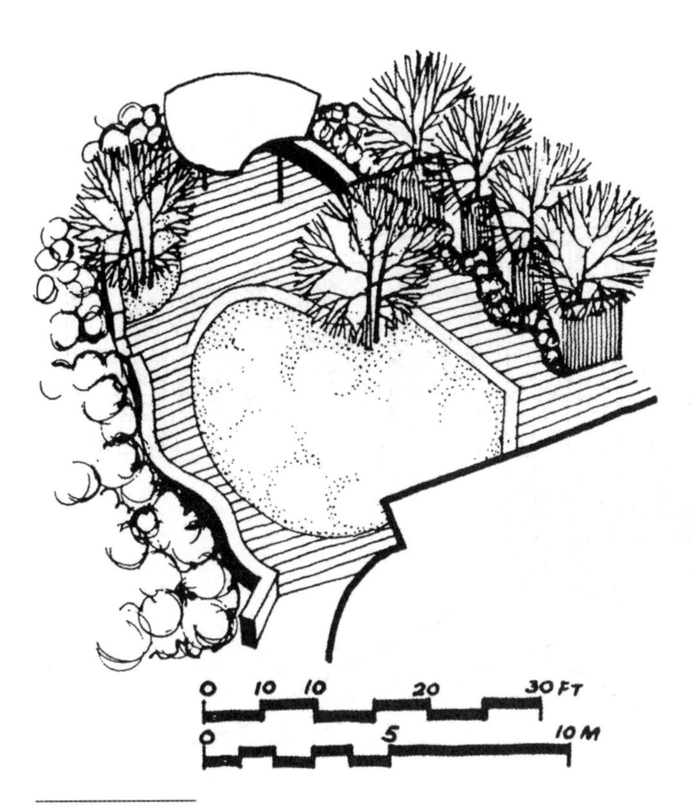

图2.63
托马斯·多利弗·丘奇设计的展示性花园。

了之前许多观念和传统结合在一起的精髓。英国、斯堪的纳维亚、德国和瑞士的景观设计师创造了具有鲜明特色效果的综合性欧洲风格。美国的东海岸困扰于对景观传统的痴迷，巴西的布雷·马克思（Burle Marx，1909—1994，巴西景观设计师）提出以现代绘画与植物学为基础的方法。路易斯·巴拉干（Louis Barragan，1902—1988，墨西哥建筑师）在墨西哥提出了同样生动但具有不同形式语汇的手法。

花园概念的转变促成现代花园原型的产生。此外，由于其基础设计原理及其国际化的要求，原型已不再有完全绝对的特征。这些花园通常规模较小，在建筑后面由栅栏或围墙围合起来，前面是车库、泊车位和入口。整个花园空间根据用途进行划分，室外空间与直通住宅房间的门相连接，例如厨房与药草种植区、菜园、垃圾区和储存区连接，起居室连接阳台和烧烤区（图2.65）。这些室外区域用于户外娱乐、游戏、日光浴、游泳、吃饭、喝酒，并具有良好的私密性。在当今世界许多地区，这种花园对各个阶层的群体来说都是理想的类型。

园林的未来 FUTURE OF THE GARDEN

很难描绘未来的私人花园是什么样子的。人们对园艺工作和有机蔬菜的兴趣似乎有复苏的迹象，而在某些地区独户住宅的费用变得让人却步。人们偏爱许多“异国情调”的植物，却不喜欢当地或耐旱植物品种，比如在加州花园里大多数的灌溉都用于草坪，这在水资源并不丰富的地区，简直是浪费。因此，加利福尼亚州未来的花园至少必须考虑到这个环境因素。但是私人花园的生存概念是另一个问题。日益增长的公寓数量以及住宅组群的开发（图5.15）在促使观念发生改变，或者说这恰恰是观念改变的结果。许多人

图2.64
1945年时加瑞特·艾克伯设计的现代花园反映了花园中各种小地块和空间雕塑结构。关键点：（1）游戏区，（2）儿童场地，（3）花坛，（4）草地，（5）风化花岗岩，（6）勤杂院，（7）果树，（8）灌木篱墙，（B）卧室，（L）起居室，（K）厨房，（G）库房。

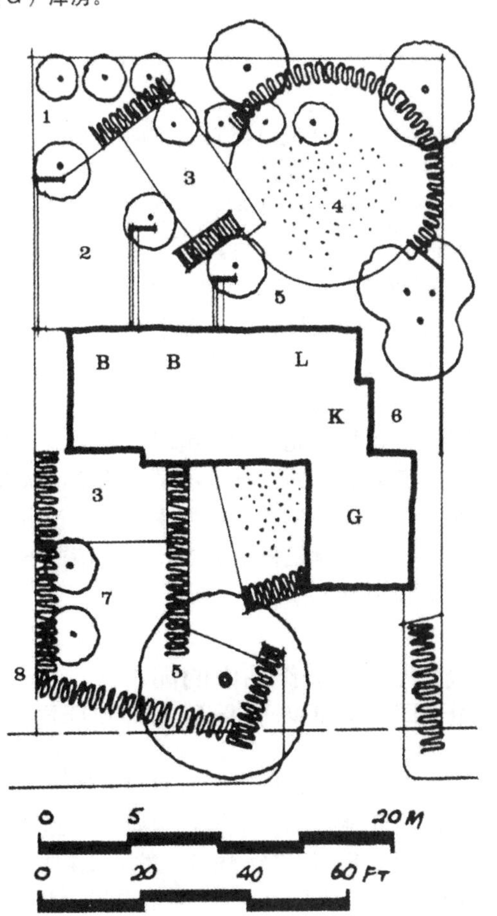

图2.65
托马斯·多利弗·丘奇1948年在加利福尼亚州设计的一座花园，设计反映了室内外的关系以及现代花园的特点。

似乎不希望涉足任何花园和园艺方面的工作，他们愿意欣赏青草、树木和鲜花，但更喜欢有专门的维护人员照顾它们。这种现象可能更多是房地产经济学的反映，而不是公众偏好的反映。对大多数人来说，花园及其滋养人类的象征意义，是生活中重要的组成部分。

大多数当代景观设计师，除了少数特例，已经放弃设计私人花园。或许他们这样做是对的，因为客户肯定在设计过程中会更多地参与进来。然而，无疑专业技术还是必要的，尤其针对脆弱的环境，在那里不恰当的营建行为造成的影响可能是大范围的灾难性后果。此外，设计师的想象力和抽象思维是设计过程的有效投入，其目的就是揭示适合特定环境的各种可能性，提出未曾想到的解决方案。

电影、音乐、文学作品中的园林
THE GARDEN IN FILM, MUSIC, AND LITERATURE

特定历史时期的电影、音乐和小说促进了人们对花园的社会和环境背景的了解。例如，朱塞佩·威尔第（Giuseppe Verdi，1813—1901，意大利作曲家）的歌剧《阿依达》（*Aida*）和1963年的电影《埃及艳后》（*Cleopatra*）给我们呈现了古埃及风情，与1950年的《恺撒大帝》（*Julius Caesar*）描述的古罗马情形一样。约翰·邓斯泰布尔（John Dunstable，1390—1453，英国作曲家）、吉尔·班舒瓦（Gilles Binchois，1400—1460，法国－佛兰德尔作曲家）和吉尧姆·杜飞（Guillaume Dufay，1397—1474，法国－佛兰德尔作曲家）的宗教和世俗音乐，赫尔曼·黑塞（Herman Hesse，1877—1962，瑞士诗人）的小说《纳尔齐斯与歌尔德蒙》（*Narcissus and Goldmund*）以及英格玛·伯格曼（Ingmar Bergman，1918—2007，瑞典导演）1956年导演的电影《第七封印》（*The Seventh Seal*），1968年的电影《冬狮》（*The Lion in Winter*）和1964年的电影《雄霸天下》（*Becket*）都唤起人们对中世纪的想象。

1961年的电影《万世英雄》（*El Cid*）、华盛顿·欧文（Washington Irving，1783—1859，美国作家）1829年创作的《阿尔罕伯拉》（*Alhambra*）以及13世纪的吟游诗人和吟游音乐、曼纽尔·德·法雅（Manuel de Falla，1876—1946，西班牙作曲家）的《西班牙花园之夜》（*Nights in the Gardens of Spain*）令人回想起西班牙式的氛围。至于意大利，我们可以转向克劳迪奥·乔瓦尼·安东尼奥·蒙特威尔第（Claudio Giovanni Antonio Monteverdi，1567—1643，意大利音乐家）、乔瓦尼·皮耶路易吉·达·帕莱斯特里纳（Giovanni Pierluigi da Palestrina，1525—1594，意大利作曲家）和多梅尼科·加布里埃利（Domenico Gabrielli，1651—1690，意大利作曲家）的弥撒曲和小调以及佛朗哥·泽菲雷里（Franco Zefferelli，1923—，意大利导演）的两部电影，《罗密欧与朱丽叶》（*Romeo and Juliet*）和《驯悍记》（*Taming of the Shrew*，由伊丽莎白·泰勒（Elizabeth Taylor，1932—2011，美国女演员）和理查德·波顿（Richard Burton，1925—1984，英国男演员）共同出演）。17世纪法国的代表包括马尔科-安东尼·夏庞蒂埃（Marc-Antoine Charpentier，1643—1704，法国作曲家）、米歇尔·理查德·德·拉朗德（Michel Richard de Lalande，1657—1726，法国作曲家）和让-巴普蒂斯特·德·卢利（Jean-Baptiste de Lully，1632—1687，路易十四的宫廷音乐家）创作的歌剧、宗教音乐、舞蹈和芭蕾舞音乐；大仲马（Alexandre Dumas，1802—1870，法国作家）的《三个火枪手》（*The Three Musketeers*），南希·米特福德（Nancy Mitford，1904—1973，英国作家）的《太阳王》（*Sun King*）和1965年的电影《路易十四的崛起》（*The Rise of Louis XIV*）、1961年的《去年在马里昂巴德》（*Last Year at Marienbad*）。托马斯·塔利斯（Thomas Tallis，1505—1585，英国作曲家，曾在汉普顿宫（Hampton Court）为亨利八世（Henry VIII）演奏音乐）、托马斯·莫利（Thomas Morley，1558—1602，英国音乐家）、威廉·伯德（William Byrd，1540—1623，英国音乐家）、亨利·普赛尔（Henry Purcell，1659—1695，英国音乐家）、威廉·博伊斯（William Boyce，1711—1779，英国作曲家）在英国都铎时代创作完成的舞台剧、宗教乐曲、弦乐和琴乐、小调、弥撒曲和鲁特琴曲，而约瑟夫·海顿（Joseph Haydn，1732—1809，奥地利作曲家）和乔治·弗雷德里希·亨德尔（George Frideric Handel，1685—1759，德国—英国作曲家）（为1749年露天音乐会而创作皇家焰火音乐）的作品让人联想到18世纪。像1963年的影片《汤姆·琼斯》（*Tom Jones*），奥利弗·哥尔德斯密斯（Oliver Goldsmith，1730—1774，爱尔兰作家）在王政复辟时期的喜剧（restoration comedy）《屈身求爱》（*She Stoops to Conquer*）和简·奥斯汀（Jane Austern，1775—1817，英国小说家）1813年的小说《傲慢与偏见》（*Pride and Prejudice*）有助于我们了解18世纪的英国。许多关于日本的电影，如《元禄忠臣藏》和小说《幕府将军》提供了极好的对日本历史的感悟。至于更近代时期，辛克莱尔·刘易斯（Sinclair Lewis，1885—1951，美国作家）的小说《巴比特》（*Babbit*）和《大街》（*Main Sreet*）以及弗兰西斯·斯科特·菲茨杰拉德（Francis Scott Fitzgerald，1896—1940，美国作家）的《了不起的盖茨比》（*The Great Gatsby*）涉及了20世纪上半叶的美国社会，雅克·塔蒂（Jacques Tati，1907—1982，法国导演）的电影《我的舅舅》（*Mon Oncle*）则讽刺了现代花园。

以上仅仅是个人总结，不是一个确定的名录。我们介绍的花园不是存在于真空之中，而是处在一定的社会框架内以及其他艺术门类的包涵之下。只有更好地理解园林与这些社会因素和其他艺术之间的联系，才能更好地理解花园的历史，提高今天的设计能力。

推荐读物 SUGGESTED READINGS

景观设计与花园设计史

Berral, Julia S., *The Garden: An Illustrated History.*

Clifford, Derek, *A History of Garden Design.*

Crowe, Sylvia, *Garden Design*, pp. 17-77.

Fairbrother, Nan, *Men and Gardens.*

Gotheim, M. Louise, *The History of Garden Art.*

Hadfield, Miles, *Gardens.*

Hyams, Edward, *A History of Gardens and Gardening.*

Jellicoe, Geoffrey and Susan Jellicoe, *The Landscape of Man.*

Newton, Norman T., *Design on the Land.*

Sorensen, Carl Theodore, *The Origin of Garden Art.*

Thacker, Christopher, *The History of Gardens.*

Tobey, George, *A History of Landscape Architecture.*

Wright, Richardson Little, *The Story of Gardening.*

中国

Graham, Dorothy, *Chinese Gardens.*

Keswick, Maggie, *The Chinese Garden.*

Siren, Oswald, *Gardens of China.*

日本

Bring, Mitchell, *Japanese Gardens.*

Holborn, Mark, *The Ocean in the Sand.*

Horiguchi, Sutami, *Tradition of Japanese Gardens.*

International Federation of Landscape Architects, *Landscape Architecture in Japan*, 9th Congress, 1964.

Morse, Edward S., *Japanese Homes and Their Surroundings.*

Newsom, S., *A Thousand Years of Japanese Gardens.*

Tamura, Tsuyoshi, *Art of Landscape Gardens in Japan.*

Treib, Marc and Ron Herman, *A Guide to the Gardens of Kyoto.*

古地中海

Clifford, Derek, *A History of Garden Design*, Ch. 1, "Pliny and the Renaissance Garden."

Tobey, George, *A History of Landscape Architecture*, Chs. 1-9.

Wright, Richardson Little, *The Story of Gardening*, Ch. 2, "How Gardening Began."

伊斯兰国家

Persia:

Lehram, Jonas, *Earthly Paradise —Garden and Courtyard in Islam.*
Moynihan, Elizabeth, *Paradise as a Garden.*
Spain:
Crowe, Sylvia, *Garden Design*, Ch. 3.
Villiers-Stuart, Constance M., *Spanish Gardens.*
India:
Crowe, Sylvia, et al., *The Gardens of Moghul India.*
Villier-Stuart, Constance M., *Gardens of the Great Moghuls.*
中世纪花园
Crisp, Frank, *Medieval Gardens.*
Harvey, John, *Medieval Gardens.*
McLean, Teresa, *Medieval English Gardens.*
意大利
Crowe, Sylvia, *Garden Design*, Ch. 4, "The Italian Garden."
Coffin, David, *The Italian Garden in First Colloquium on the History of Landscape Architecture*, Dunbarton Oaks.
Jellicoe, Geoffrey A., *Studies in Landscape Design*, Ch. 1, pp. 1-15, "The Italian Garden of the Renaissance."
Masson, Georgina, *Italian Gardens*, pp. 142-144, "Villa Lante," pp. 136-139, "Villa D'Este."
Shepherd, John C., and Geoffrey A. Jellicoe, *Italian Gardens of the Renaissance*, pp. 1-24.
法国
Adams, William H., *The French Garden*, 1500-1800.
Clifford, Derek, *A History of Garden Design*, Ch. 3., "France."
Crowe, Sylvia, *Garden Design*, Ch. 5, "The French Tradition."
Fox, Helen, *André le Nôtre.*
Giedion, Sigfried, *Space, Time and Architecture*, pp. 133-160, "Organization of Outer Space."
Hazlehurst, Franklin H., *Jacques Boyceau and the French Formal Garden.*
Hazlehurst, F. H., *Gardens of Illusion, the Genius of André Le Nôtre.*
英国
Chadwick, George F., *The Works of Sir Joseph Paxton*, pp. 19-43.
Clark, H. F., *The English Landscape Garden*, pp. 1-35, 37-38, Chiswick.
Crowe, Sylvia, *Garden Design*, Ch. 6, "The English Landscape Garden."
Dutton, Ralph, *The English Garden.*
Green, David, *Gardener to Queen Anne*, "Henry Wise and the Formal Garden."
Hunt, John Dixon and Peter Willis, *The Genius of the Place.*
Hussey, Christopher, *The Picturesque.*
Hyams, Edward S., *The English Garden.*
Jourdain, Margaret, *The Work of William Kent*, pp. 15-26, Introduction by Christopher Hussey.
Massingham, Betty, *Miss Jekyll.*
Pevsner, Nikolaas, "The Genesis of the Picturesque," *Architectural Review*, Vol. 96, November 1944, pp. 139-166.
Strong, Roy, *The Renaissance Garden in England.*
Stroud, Dorothy, *Capability Brown*, pp. 13-20, Introduction by Christopher Hussey.
Stroud, Dorothy, *Humphry Repton.*
美洲殖民地花园
American Society of Landscape Architects, *Colonial Gardens.*
Favretti, Rudy J. and J. P. Favretti, *Landscapes and Gardens for Historic Buildings*, pp. 11-26.
Leighton, Anne, *Early American Gardens.*
Lockwood, Alice, G. B. for Garden Club of America, *Gardens of Colony and State.*
Tobey, George, *A History of landscape Architecture*, Ch. 15., "Conquerors of Wilderness."
美国景观园
Cleveland, Horace W. S., *Landscape Architecture* (1873), Ch. 2, pp. 6-9.
Downing, Andrew Jackson, *Landscape Gardening: Adapted to North America.*
Eaton, Leonard K., *Landscape Artist in America: The Life and Work of Jens Jensen*, pp. 81-211, "The Private Work."
Newton, Norman T., *Design on the Land*, Ch., XVIII, "Early American Backgrounds."
Tobey, George, *A History of Landscape Architecture*, Ch. 16, "United States 1800-1850."
花园与折中主义
Blomfield, Reginald, *The Formal Garden in England.*
Brown, Jane, et al., *Frederick Law Olmsted*, pp. 86-89.
Massingham, Betty, *Miss Jekyll.*
Newton, Norman T., *Design on the Land*, Ch. XXIII., "Eclecticism," Ch. XXX., "The Country Place Era."
Platt, Charles, *Italian Gardens.*
Taylor, Geoffrey, *The Victorian Flower Garden.*
Robinson, William, *The English Flower Garden.*
Tobey, George, *A History of Landscape Architecture*, Ch. 18, "The Arcadian Myth."
现代花园
Brookes, John, *Room Outside.*
Church, Thomas, *Gardens are For People.*
Eckbo, Garrett, *Home Landscapes.*
Laurie, Michael, "The California Garden," *Landscape Architecture*, October 1965, pp. 23-27.
Tunnard, Christopher, *Gardens in the Modern Landscape.*
Tobey, George, *A History of Landscape Architecture*, Ch. 21, "Form Follows Function."

[译注1] 哈德良别墅是古罗马的大型皇家花园，它是罗马帝国皇帝哈德良为自己营造的一座人间伊甸园。哈德良别墅是规模宏大的行宫，其规模虽不及中国的圆明园，但在久远的古罗马文明中它独树一帜，一直是后世意大利花园风格的典范，可以称得上是罗马的“万园之园”。

[译注2] 又名“蒙兀儿王朝”、“莫卧儿帝国”，是1526—1858年间统治南亚次大陆绝大部分地区信仰伊斯兰教的封建王朝。

[译注3] 在中世纪，欧洲贵族以小丑作为消遣娱乐的工具。

[译注4] “荷加斯曲线”由英国画家威廉·荷加斯（William Hogarth，1697—1764）提出，他认为“我们眼睛所看到的世界，都是由线条组成的，线条中以曲线与蛇形线最美”。

[译注5] 斯托海德花园是亨利·霍尔模仿意大利风景画的实地创作作品，被誉为“18世纪人们向往的世外桃源”。

景观和自然资源

LANDSCAPE AND NATURAL RESOURCES

第3章

在景观设计学研究中，从景观和资源两个主题回顾历史是很重要的。前者包含了美国政府对保护资源采取的行动或干预措施，涉及森林、野生动物、土壤和水源等方面，还有美国政府建立的相关保护机构，如美国林务局（the U.S. Forest Service）、地质调查局（the Geologi cal Survey）、水土保护局（Soil Conservation Service）和联邦土地管理局（Bureau of Land Management）、州渔业和野生动物保护处（Departments of Fisheries and Wildlife）；第二个主题包含的内容导致了政府对保护公众用途和为公众娱乐服务的自然景观采取支持政策，最终设立了美国国家公园局（the U.S. National Parks Service）并掀起了国家公园运动（the state parks movement）。这两个主

图3.1
1878年美国中西部的土地调查中分区线的间距为1英里。威廉·A.加尼特拍摄。

题相互穿插密不可分，都记录了19世纪人们对景观和资源态度的转变，因此了解这些机构的背景和成立缘由是很重要的。当时这些机构聘用了很多景观设计师，还有很多人为土地规划和设计提供有用信息；他们工作的一部分内容也随着多样化用途的概念以及日益增长的文化娱乐需求发生改变。

美国景观的殖民拓展
SETTLEMENT OF THE AMERICAN LANDSCAPE

1620年，当“五月花”号（Mayflower）[译注1]在美国东海岸登陆时，印第安人已经在那里世世代代生活繁衍。印第安人对景观的理念跟这些西欧人的观念不同。美洲印第安人的土地伦理观念是——“我与你”理论（正如埃尔温·安东·古特金德的定义），那是一种对维持生命循环的景观及植物、动物的敬畏。印第安人是依靠血缘和自然，而不是靠财产所有权界定景观区域。定居和资源之间有着不可分割的联系，可摄取到的食物数量往往决定人口数量和人口分布。

相比之下，欧洲移民则以财产的概念对待土地，他们按照自己的意愿来拥有、耕种和使用土地。他们对土地所有的观念是对土地排他性的占有，还要有法律文件和法律行为的保障。因此，景观被划分为块状，威廉·佩恩（William Penn，1644—1718，英国地产家）1683年给费城做的规划和1878年所做的土地调查，将阿巴拉契亚山脉（Appalachians）以西的整个美洲景观进行了分区，清晰验证了景观被划分成矩形的状态（图3.1）。

由于需要建设家园、修建栅栏、清理土地、砍柴，所以殖民者的第一项任务就是提高伐木技巧，砍伐树木。为了给农业生产清整出土地，要么砍伐森林，要么焚烧森林。砍伐林木以及破坏森林成为开发农业的正当理由。导致的结果要么是原始植被被农作物取代，要么是用于牛羊放牧，砍伐林木付出了太多代价。早期殖民时代那种粗暴的砍伐技术导致了水土流失，农作物丰收后却没有滋养土地使土壤肥力下降；过度放牧导致草地稀疏、土地贫瘠和土壤侵蚀。

从18世纪后期的图片中可以看到，砍伐天然林，清整土地修建起农舍和房屋，四周是原始森林。当所有的土地被用尽，农民就迁往另一片新的区域。

那些无知的贫困农民，忽视利用自然过程和正确的农耕技术，而无意识地破坏了土地。一些平原地区的农场主不了解土地干旱出现的规律以及在干旱地区草的重要性，最终导致沙尘暴的产生。

北美洲的原始森林是世界上最美的地区之一。北美大平原（the Great Plains）的东部原本森林密布，向西沿着太平洋沿岸一直到落基山脉（the Rocky Mountains）都是茂密的针叶林。然而，国家建设需要木材用于住宅建设、造船和燃料，到19世纪，城市开始需要非常大量的木材，机器、电锯和蒸汽工厂为加工木材提供了便利条件。木浆造纸技术的发明也增大了对木材的需求。因此农民除了需要清整土地，同时砍伐森林还带有巨大的经济利益诱惑。于是林业迅速成为美国最大的行业。尽管拥有大量的森林资源，但由于过度浪费的砍伐技术和火灾导致森林资源很快耗竭，到20世纪，从前丰富的森林资源已经成为一个虚假的神话（图3.2）。

图3.2
过度浪费的砍伐行为。美国林务局拍摄。

图3.3
“美国大草原上的一景——乘火车猎水牛”选自1868年11月28日弗兰克·莱斯利（Frank Leslie，1821—1880，美国出版家）出版的新闻画报插图。

图3.4
加利福尼亚州水利采矿，还可参见图1.7。鸣谢加利福尼亚大学伯克利分校班克罗夫特图书馆（Bancroft Library）。

美国的野生动物种类非常丰富，但也同样遭到掠杀。海狸毛皮帽子的流行导致了这一物种濒临灭绝；猎手们乘火车射杀水牛（图3.3）；海豹、其他动物和鸟类，包括美国国家象征的鹰，都在濒临灭绝，而候鸽已经完全绝种。

石油、煤炭和矿石等资源一样被轻易地开采，后来随着产量减少和成本升高，开采就停止下来，只剩下那些废弃的矿场、荒废的景观和废土石堆。这样的露天开采和加工过程不仅浪费资源，而且还导致了严重的土壤侵蚀和自然系统的破坏。例如，加利福尼亚州的水利采矿，通过喷射水流冲走土壤，金沙因为比较重而沉积下来（图3.4），土壤却被冲到河流中，冲走的淤泥堆积抬高了河床，导致洪水冲垮农场。因此，

图3.5
1934年加利福尼亚州肯尼特（Kennett）遭受乱砍滥伐的山谷。美国林务局拍摄。

造成农业和采矿业之间的利益矛盾。最终，州立法机构认定水利采矿为非法。此外，过度畜牧和草原上农耕的增加都会导致草原地带的土地侵蚀过度。由此可见，过度种植、过度放牧与过度砍伐和过度采矿都会产生灾难性的后果（图3.5）。

自然资源的保护 CONSERVATION OF RESOURCES

1864年乔治·帕金斯·马什（George Perkins Marsh, 1801—1882，美国环境学家、环境保护倡导者）对自然与动植物社群内部关系之间的均衡进行了调查研究并得出结论，“人类的践踏行为破坏了自然的伦理关系，摧毁了自然界的平衡性”，他认为，只有人们懂得运用智慧来管理资源，这种平衡还是可以恢复的。[1]

马什在立法界拥有相当的影响力，他的努力和研究著作促成了1891年《公共土地法案》(Public Lands Bill)的通过，该法案给予总统可以将林地列为公共保留地的权力。

1891年通过了《森林储备法令》(Forest Reserve Act)。数百万英亩的森林在经历数任总统和国会的批准后，成为公共保留区。这样就保证了美国未来的木材供应，同样也防止了自然景观被农田与住宅的瓜分。然而，1897年的《森林管理法令》(Forest Management Act)倡导用途多元化，森林除了提供持续不断的木材供给，还应对采矿业和畜牧业开放。1905年美国农业部成立了美国林务局来管理这些土地。林务局将伐木权租予商业经营者，从而成为自足的政府机构。部分收入用于当地社区，为公共提供娱乐服务设施。

与此同时，土壤和水分保持成为政府关注的问题。据估计，生产中产生的水土流失每年要损失4亿美元。1935年农业部成立了水土保护局。目前，为了确保土地质量并使其得到最好的利用，水土保护局对土壤品质进行了大量勘察工作。现在这些数据可用于评估农业的生产力、土地流失的敏感度以及土壤的基础适应性等。

1930年的经济萧条使得政府采取了更多的自然保护措施。新政（the New Deal）将自然保护作为抑制经济衰退战争的主要政策。富兰克林·罗斯福（Franklin Roosevelt，1882—1945，美国第32任总统）1932年当选后，积极致力于森林、土壤和水源保护，并发动民间

[1] George Perkins Marsh, *Man and Nature* (New York: Scribner, 1864).

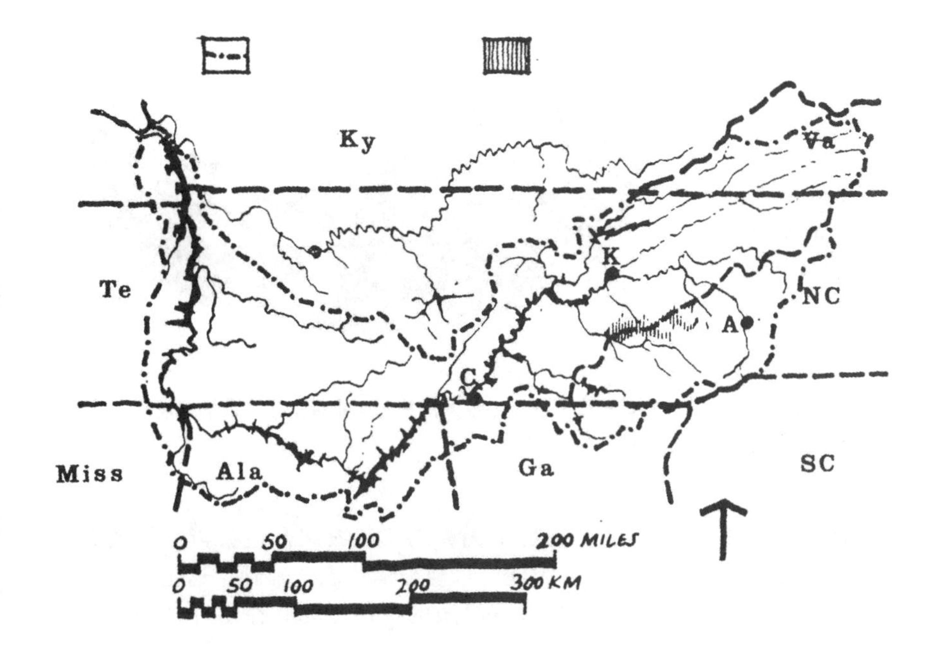

图3.6
田纳西河流域面积达42000平方英里。流域面积与州边界无关联。K.诺克斯维尔（Knoxville），A.阿什维尔（Asheville），C.查塔努加（Chattanooga）。

资源保护队（the Civilian Conservation Corps）开展这项工作。如今在美国的州立或国家公园内可以看到的一些建筑、景观、小径、道路和营地等，都要得益于当时的保护工作。

罗斯福新政时期制定有一项新的法案——成立田纳西河流域管理局（Tennessee Valley Authority）。这项法案提出了跨越美国7个州地理区域的宏伟规划（图3.6），建立了半独立的区域管理机构，并赋予该机构更广泛的权力，以促进整个河谷区域的经济以及居民的社会福利。田纳西河流域曾经有丰富的林木和石油资源，但是由于过度开采造成景观的荒废和人口减少。1933年这里成为美国收入最低的地区之一，也是需要家庭救助最多的地区之一。田纳西河水量丰富足以建立水电站，然而这条河却在州、县里肆意泛滥，而且很少

图3.7
田纳西河流域管理局，蒂姆斯·福特水库（Tims Ford Reservoir）。照片鸣谢田纳西河流域管理局。

有农民家庭通电。除了计划建设田纳西河大坝外，该计划还包括航道建设、植树造林、水土保持、户外娱乐、废弃偏远农田以及肥料制造等内容。通过十年的河流治理，有超过700英里的河域适于通航，水坝提供了低成本电力并且防范了洪水泛滥。科学种田和梯田耕作引入到农业。植树造林恢复了景观；同时利用湖泊发展旅游，还创造了具有吸引力的景观（图3.7）。

图3.8
具有威廉·吉尔平绘画风格的素描促进了18世纪浪漫主义景观在英国的风行。

景观的品质 LANDSCAPE QUALITY

要保护为公众使用和娱乐用途的景观，政府需采取与森林、土壤和土地不同的保护政策。为了了解背景，就必须回到18世纪的英国，回到风景园林以及文学和艺术中新形式的起源——浪漫主义运动。这也激发了人们对荒野和大型景观态度的转变，在17世纪末以前人们一直是持敌对和无趣的态度。

威廉·吉尔平（William Gilpin，1724—1804，英国艺术家）出版的介绍英格兰、苏格兰和威尔士的游记，引发了乡间旅游的发展（图3.8）。[2]在如吉尔平的《如画美景》（*Picturesque Beauty*）[3]和尤维达尔·普赖斯（Uvedale Price，1747—1829，英国景观艺术理论家）的《如画的风景与崇高和美丽的风景比较》[4] 等文章中提出了“景观本身就值得关注”这一概念。威廉·华兹华斯（William Wordsworth，1770—1850，英国诗人）在1750年所写的英格兰北部《英格兰北部湖区指南》中写道：“旅行者不再局限于对城镇、工厂[原文]或矿区的观赏，而是开始转移到在岛屿上漫步，寻找幽静、特别的景点，他们可能不经意地从一些特殊的景观中感受大自然的崇高与伟大。”威廉·吉尔平认为这种在如画风景中的旅游，“所有类型的美……是最大的目标”。他写道，“我们通过自然风景追求它，用绘画原理研究它，我们透过景观的所有组成元素——树木、岩石、开裂的土地、森林、河流、湖泊、平原、山谷、高山和距离来观察它。这些元素本身具有截然不同的特性——没有两块岩石或两棵树木是一模一样的，它们之间的第二次组合会造成不同的效果，不同的光线、阴影和天空中其他影响因素的第三次组合也会再次使效果出现变化。”因此，景观被描述成一幅画，这也是对我们今天享有的景观品质的描述，尤其在多样性和差异性方面。

19世纪的英国画家刺激了新一代本土游客急切想看到画家描绘风景的欲望。这些画家中最有名的是约瑟·马洛德·威廉·特纳（Joseph Mallord William Turner，1775—1851）和约翰·康斯特布尔（John Constable，1776—1837），他们的作品是浪漫主义运动的核心。工业革命也促使人们对美丽自然景观产生兴趣，这跟丑陋的城市景观形成对比。早在18世纪克劳德·劳伦（Claude Lorrain，1600—1682，法国画家）和尼古拉·普桑（Nicolas Poussin，1594—1665，法国画家）就已描绘出理想景观的概念，但是在英国经济学家托马斯·罗伯特·马尔萨斯（Thomas Robert Malthus，1766—1834）（他认为世界上的人类人口数量取决于可供给的资源量）和查尔斯·罗伯特·达尔文（Charles Robert Darwin，1809—1882，英国自然主义者）进化论的影响下，风景园林的基础变得不那么可信了，进化论颠覆了上帝在开创世界的时候已经赋予大自然最完美状态的观念。19世纪，由于绘画极力模仿大自然（并非理想的景观）而成为最受欢迎的艺术形式之一。一些描绘岩石的画作如同科学研究般的精准，完全符合地质原理。描绘倒映明亮天空的平静水面并在暗色调树木衬托下的画面，人们会觉得是美的，正如早期人们看待裸体的运动员、圣母和圣子像以及由尼古拉·普桑或克劳德·劳伦设计的理想古典主义园林一样，都认为是美的（图2.39）。

尽管受到达尔文观念的影响，人们对自然景观的兴趣仍带有道德说教的色彩。康斯特布尔认为，自然

[2] William Gilpin, *Mountains and Lakes of Cumberland and Westmoreland* (London: R.Blamire, 1772).

[3] William Gilpin, *Three Essays: On Picturesque Beauty; On Picturesque Travel; and On Sketching Landscape* (London: R.Blamire, 1792).

[4] Uvedale Price, *An Essay on the Picturesque as Compared with the Sublime and the Beautiful* (London: J.Robson,1794).

是上帝意志最明白的显现，而且谦虚虔诚地描绘景观是传递道德观念的一种手段。华兹华斯和康斯特布尔都认为树木、花卉、草地、山脉中有一种神性的色彩，因此有人认为，如果对自然投入足够的热情，那么它将显现出一种道德与精神上的特质。基于这样一种观点，景观被视为是自我以及上帝的象征，而不是作为神性存在的证据。

画册的纷纷出版和铁路在英格兰的发展，推动了旅游业大规模的盛行。英国人托马斯·库克（Thomas Cook，1808—1892，世界首家旅行社创始人之一）于1841年为公众开办了从城市到沿海或山区的旅行业务。

19世纪自然科学的进步激发了人们对自然和户外活动的兴趣。涉及的植物学、生物学、地质学以及所有相关领域学科都纳入到自然区域的实地考察。地质学家去阿尔卑斯山（Alps）研究岩石，被美丽的景观折服并偶然间开创了登山这一娱乐运动。

然而即使是在初期，对这些美丽自然景观的破坏也是显而易见的。1810年，威廉·华兹华斯在他所写的《英格兰北部湖区指南》一书中，针对湖区景观受到新定居者和他们房屋的掠夺和破坏行为发出警告："作者如此不厌其详地述解就是希望保留这个美丽地区的原始之美。"而后，他提出国家公园的策略和构想："作者与有品位的游览者通过对岛屿所属湖区（英格兰北部）的游览（经常重复多次），证明他们认为该

图3.9
哈德逊河边的春山（Spring Mountain），托马斯·科尔1827年绘制。鸣谢波士顿美术博物馆（Museum of Fine Arts）。

地区是国家资产的一部分，每个人都有自己的权利和权益。”[5]

美国有他们自己的诗人、画家、博物学家和哲学家，这些具有影响力的人影响了美国公众对自然景观品质的感知。哈德逊河美术学校（Hudson River School of Painting）的创始人托马斯·科尔（Thomas Cole，1801—1848，美国艺术家），于1836年撰写的一篇关于美国景观的文章列举了景观的组成因子，包括“高山、湖泊、瀑布、森林、天空以及它们之间的组合”（图3.9）。同年，拉尔夫·沃尔多·爱默生（Ralph Waldo Emerson，1803—1882，美国作家）在他的《自然》（*Nature*）一文中，强调了凝视大自然的沉思对人们身体和心灵都有益。心灵美好和自然美景是不可分割的。除此之外，他略带夸张地说：“……对（自然）之美的热爱是一种品位。”此外，爱默生强烈感到，个人应享受直接与宇宙相关的原始关系，而不是通过（读）书和间接获得（关于自然的）经验。[6] 亨利·戴维·梭罗（Henry David Thoreau，1817—1862，美国作家）认为，《圣经》中一周七日的次序应颠倒过来。第七天应该是挥洒汗水辛勤劳作的一天；在剩下的6天，人应该能够自由地以与自然的高尚关系滋养他的灵魂。作为美国最早的自然保护主义者之一，他认为一些景观应该予以保留，这样动物就会有安全的避难所。[7] 1858年他提出了“国家保护区”（National Preserves）的申请，使野生动物获得保护，不是为了运动游戏而是为了获取“灵感和真正的娱乐”。

到19世纪40年代，美国浪漫主义运动和伴随而生的旅游行业，主要集中在哈德逊河（the Hudson River）、阿迪朗达克山（the Adirondacks）以及新罕布什尔州的白山(the White Mountains of New Hampshire)。

景观的保护 CONSERVATION OF SCENERY

弗雷德里克·劳·奥姆斯泰德出身新英格兰一个中产阶级商人家庭，他既是农场主、旅行者还是作家（如前文所述，他是“景观设计学”一词的创立者）；1863年来到加利福尼亚州担任内华达山脉（the Sierra Nevada）山脚下弗里蒙特区域（the Fremont lands）的土地经理一职。

和英国诗人华兹华斯、画家康斯特布尔以及美国的爱默生和梭罗一样，奥姆斯泰德从美丽的景观中感受到了对道德的诉求，于是他对提升人类道德和幸福感的景观潜力进行研究。他是威廉·吉尔平著述的忠实读者，而且是一个认真并且积极求索的人。在他的研究过程中，他越来越了解优胜美地山谷的自然品质，同时也意识到来自牧羊业、林木采伐业和采矿业对美丽自然风光和生态稳定性造成的威胁（图3.10）。

优胜美地山谷，发现于1851年，由于它梦幻般的特殊地貌引起了人们的关注。最早从1829年的照片里，我们得到了令人吃惊的数据，山谷深2300英尺，优胜美地山谷瀑布高1300英尺（图3.11和图3.12）。版画家和艺术家纷纷以这一景色为创作题材，1868年阿尔伯特·比尔斯塔特（Albert Bierstadt，1830—1902，美国画家）完成了描绘这座山谷的著名画作。奥姆斯泰德在加利福尼亚州短暂的工作时间里，认为享受这样的风景会对人类产生深远的影响，并以此为指导提倡对风景加以保护并使公众接近与享受。1864年他被任命为优胜美地山谷保护协会委员之一，这个委员会是由联邦政府为了“供公众度假和娱乐用途”授权加利福尼亚州成立的。这座山谷是美国乃至世界第一个通过政府行为确立的、供公众享用的风景名胜区。奥姆斯泰德编写了一份报告和行动计划，以保护自然景观和公共使用权利为基本原则管理土地，该报告的理念和原则后来成为1916年成立的国家公园管理局（the National Parks Service）的工作核心。

几年后的1870年，考察队员在怀俄明州的黄石地区（the Yellowstone Region）目睹的美丽自然风光留下了深刻印象：峡谷、温泉、瀑布、湖泊和森林。虽然拥有合法的农耕和采矿权，但他们还是决定将该地区作为一个永久性保护区。到1872年政府最终接受了这个建议，并把这里建设为第一个国家公园。

上文曾提到发展与资源开发形成的对立，一边是开发商、伐木工、矿工、猎人，另一方是像约翰·缪尔（John Muir，1838—1914）那样的自然学家。缪尔以及环保组织塞拉俱乐部获得了国家的支持，来保护整个优胜美地地区以及山谷周围相对较小的州管辖山谷。缪尔饱含热情地工作，并积极撰文抨击过度放牧与乱砍滥伐造成河流、景观和森林破坏。1890年政府

[5] William Wordsworth, *A Guide through the District of the Lakes in the North of England* (London: R.Hart-Davis,1951). (First issued anonymously in 1810.)

[6] Ralph Waldo Emerson, *Nature* (New York: Scholars Facsimiles and Reprints, 1940). (First published in 1836.)

[7] Henry David Thoreau, *Walden* (Boston: Ticknor and Fields, 1856).

图3.10
优胜美地山谷（还可参见图9.18和图9.19）。威尔福德·胡佛（Wilford Hoover）拍摄。

图3.11
19世纪末优胜美地山谷的旅行者。鸣谢加利福尼亚大学伯克利分校班克罗夫特图书馆。

图3.12
19世纪末优胜美地山谷的游客。鸣谢加利福尼亚大学伯克利分校班克罗夫特图书馆。

图3.13
尼亚加拉大瀑布。这里在19世纪成为热门的景观。

设立了一个森林保护区（包括河谷在内），面积超过100万英亩。

约翰·缪尔继续为此斗争并成为中坚力量，在他的努力下1916年通过法案，建立了国家公园管理局，该局现已发展成为一个大型的管理土地、解读景观和自然历史，并提供康乐设施的机构。

约翰·缪尔还将他对荒野和自然景观的热爱，与乔治·帕金斯·马什倡导的科学理论结合在一起，使之成为政治现实，而这正是拉尔夫·沃尔多·爱默生等人一直追求的梦想。

随着对户外活动兴趣的升温，人们认识到建立国家公园体制是必要的，以适应由于汽车普及导致的日益增加的乡村娱乐需求。国家公园运动开始于1921年，纽约州和加州在20世纪20年代后期开始大规模发展。1928年，纽约州的人口有1258万，拥有56个大小不等的保护区，包括阿迪朗达克附近的荒野、尼亚加拉大瀑布(the Niagara Falls)(1885年成为国家公园)(图3.13)和密集使用的琼斯海滩（Jones Beach)。以红木林为核心区的加州州立公园系统(the California State Park system)建成于1927年。弗雷德里克·劳·奥姆斯泰德的报告被看做是一项重要的、具有预见性的文件。这份文件特别指出汽车在发展娱乐事业中的作用以及有限的海岸线资源的重要性。

该系统目前包括超过725000英亩（1英亩≈4047平方米）的公园、海滩以及娱乐和历史性地区。类似的公园系统在大多数州发展起来，并在20世纪30年代取得了长足的发展。

景观设计师发挥的作用被界定为，使人们在接触景观的同时，保证景区维持相同的品质，并提供便利和服务。至第二次世界大战时期，由于游客人数相对较少，实现这一点并没有太大的矛盾和困难。然而，近年来随着游客数量的上升，园区急于满足他们住宿、露营、交通等方面的需求，最终导致违背了当初保护的初衷。优胜美地国家公园游客量已超过每年200万人次，几乎所有国家公园和州立公园都存在使用过度和拥挤的情况（图3.14和图3.15)。在制定的多种战略

图3.14
1933 年的优胜美地露营地。照片鸣谢优胜美地国家公园管理局。

图3.15
1959 年的优胜美地露营地。照片鸣谢优胜美地国家公园管理局。

中，保留露营地来维持自然体验都作为必要的条件。

因为与环境相关，所以需要重新进行评估。人们看到的壮丽景观比起在国家公园中看到的要少，尽管如此对于度假者还是可以接受，因为那样的景观可以在优胜美地或是其他地方见到（图3.16）。在英国，已提出郊野公园的概念来满足这一需要。这些公园比大多数国家公园或野生风景区域更接近城市中心，它们的设计更加集约。这些公园要么利用现有的设施和功能，要么将废弃土地打造成全新的娱乐环境（图3.17）。

土地管理不善、过度开发土地与景观的问题并非

图3.16
优胜美地露营。布鲁斯·戴维森（Bruce Davidson）拍摄。

图3.17
摩托比赛，适于在城市社区中开展的各种新运动之一。辛西娅·安德森（Cynthia Anderson）拍摄。

只发生在美国。这似乎已经成为西方文化和工业化国家的通病。在各种各样的情况下，政府不管以什么方式迟早都要采取保护措施。

保护工作仍在继续，企业和个人的经济利益与目前和未来的长期保护价值之间存在矛盾冲突。保护组织有时对企业和政府机构的污染、破坏自然资源和自然风光等行为提出抗议，政府往往发现自己被夹在其中。环保主义者的理想有时与实际工作者的目标存在矛盾，即生态与就业之间的矛盾。但是，需要从更广泛的角度来考察这些仅仅是短期的问题。一个明智的政府必将以保护资源和环境质量作为可行性经济计划的一部分。

以上提及的这些内容都很重要，专业人员应当更多地参与发起保护项目并提出建议。由于需要保护的自然景观面临枯竭，所以在此之前，有必要去改进和整治看起来荒芜丑陋的自然景观。

推荐读物 SUGGESTED READINGS

Coyle, Davis C., *Conservation, An American Story of Conflict and Accomplishment.*

Huth, Hans, *Nature and the American.*

Jones H., *John Muir and the Sierra Club.*

Laurie, Michael, *A History of Aesthetic Conservation in California.*

Leopold, Aldo, *A Sand County Almanac.*

Nash, Roderick, *Wilderness and the American Mind.*

Marsh, George Perkins, *Man and Nature* (1864).

Muir, John, *Yosemite*, Doubleday Anchor Book.

Mumford, Lewis, *The Brown Decades*, pp. 59-80.

Newton, Norman, *Design on the Land*, Ch. XXXV and XXXVI, "The National Park System," Ch. XXXVII, "The State Park Movement."

Udall, Stewart, *The Quiet Crisis*, Ch. XX, pp. 109-125, "Wild and Park Lands," Ch. XIII, "Conservation and the Future."

音乐

Grand Canyon Suite (1931), Ferde Grofé.

Appalachian Spring (1945), Aaron Copland.

Amid Nature, op. 91, Antonin Dvorak.

[译注1]“五月花”号是英国第一艘运载清教徒移民驶往北美殖民地的船只。

城市公园及娱乐
URBAN PARKS AND RECREATION

第4章

起源 ORIGINS

在古希腊和罗马时期有在城市中开辟开放空间的传统，比如市场（希腊文是“agora”，罗马文是“forum”）、运动竞技场和庄严神秘的墓地。所有这些场所均经过设计并用于特殊目的。当私人庄园在特殊场合向公众开放时，人们才有机会享受种满植物的花园。

公元300年，据说罗马大概有30座这样的花园向公众开放。此外，根据刘易斯·芒福德（Lewis Mumford, 1895—1990，美国城市理论家）的研究，应该至少还有8个营地（campi），即用于非正式比赛的草坪场地。还有迹象表明在古代中国也存在类似的公共花园。

中世纪的欧洲城镇人口稠密，但城市规模小，所以更接近乡野并容易获得新鲜空气（图2.20）。城市里为休息娱乐预留的空间和为特别需求预留的土地越来越少。城里的集市和教堂的台阶与广场都成为公众可以聚集的开放空间。教堂广场用于带有某种象征意义或具有神话宗教色彩的戏剧演出，市场当然是用于交换和出售来自周边乡村的新鲜农副产品。这些开放空间确实存在于中世纪的城镇，尽管它们实际上是用于各种未经规划的娱乐场地，但并非是真正休闲娱乐的用途。例如，教堂广场附近的区域和城墙外零星的空地通常是年轻人运动和比赛的场所。

在文艺复兴时期的欧洲，我们看到一些私人领地或宫殿花园定期对公众开放。在伦敦，属于王室的大型皇家园林定时完全用于公共用途。在其他国家的皇都也同样有此现象。尽管这些公园未经规划、随人口分布随机形成，但是这些城市拥有大量独特的园林，并在19世纪拥有相当数量的公共园林绿地。圣·詹姆士公园（St. James）、海德公园（Hyde）、绿色公园（Green Park）以及后来的摄政公园（Regents Park）对公众的开放为伦敦构建了一个现代公园体系。一些老公园的风格随着审美品位的改变经历了许多变化。比如17世纪时，圣·詹姆士公园的布局是由一条笔直的运河和路两边植树的林荫道构成；到了18世纪，这种布局转变为今天看到的浪漫式风景园林（图4.1）。巴黎皇家开放空间的模式跟伦敦的类似：香舍丽榭大街（the Champs Elysèes）、杜伊勒里公园（Tulleries）、皇家植物园（Royal Botanic Garden）和蒙梭公园（Pac Monceau）都在19世纪初全部向公众开放。

1810年由约翰·纳什（John Nash，1752—1835，英国建筑师）设计的摄政公园是皇室财产，一部分用作公共园林，一部分作为房地产投资（图4.2）。以环绕公园的联排住宅和新月形建筑为核心，这种向公众开放的景观公园也提升了该处地产的品位和价值。公园设计了蜿蜒的湖岸和相应的植栽配置，如同乡绅的别墅，甚至连规模都很相近。于是每座联排住宅的用户和每个漫步经过的人都可以想象这座公园是属于他自己的。因此，由于大家个人分担了小部分的费用，使得更多的人享受到了在城市中心拥有大型景观公园的感觉。

然而，由于工业城市的不断扩大，给公园预留的土地越来越少；而且公园采用个人捐赠的形式，使得这些公园只能是零散地分布，有的地方根本没有公园。不断增加的城市人口居住在背靠背构建的最低标准的房屋中，没有庭院只有两排房子之间的窄巷通道

图4.1
伦敦圣·詹姆士公园。

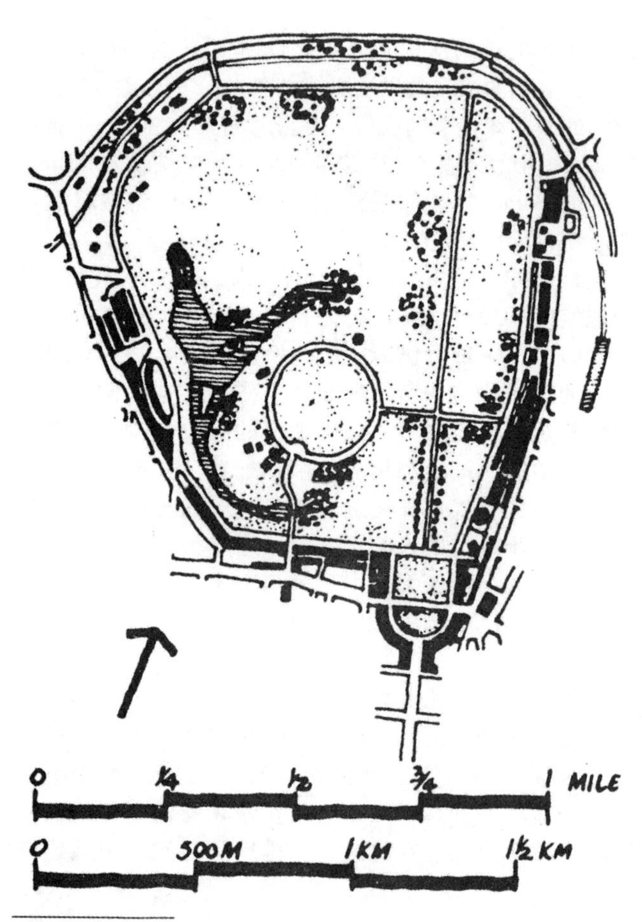

图4.2
1810 年的伦敦摄政公园。

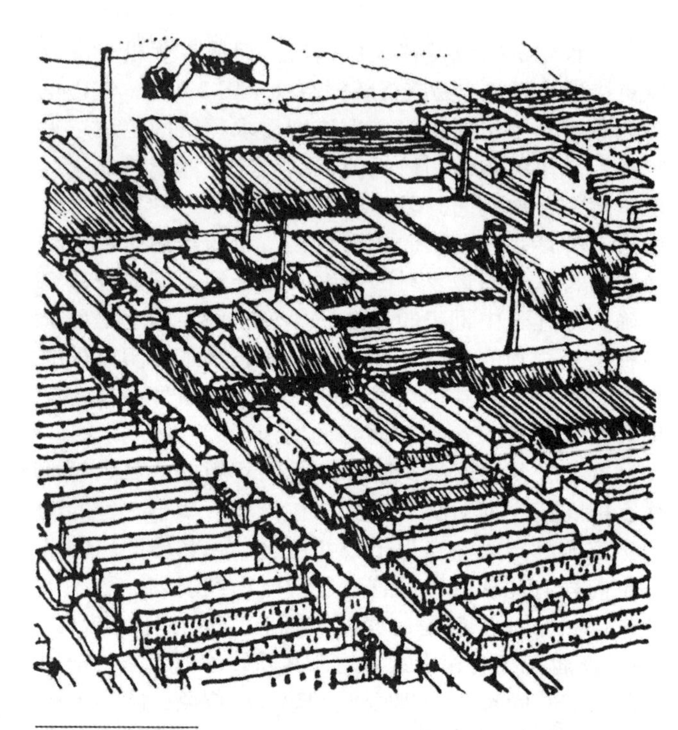

图4.3
典型的19世纪英国工业城镇，在临近工厂的地方背靠背构建的房屋。

成为公共空间（图4.3）。在这种简陋的条件下，穷人的生活条件很不健康，工作绩效低下，这引起那些依赖压榨工人榨取利润的工业家和工厂主的关注。查尔斯·狄更斯（Charles Dickens，1812—1870，英国作家）的《雾都孤儿》（*Oliver Twist*）生动描述了当时的场景。男人、女人和儿童因为疾病、拥挤的建筑和低劣的服务、污浊的空气、恶劣的工作环境以及长时间的劳动而过早地死去。出于对工人健康的关注，英国议会在1833至1843年颁布了许多法令，准许动用公共资金和税收来改善下水道、环卫系统以及修建城市园林。

伯肯海德公园 Birkinhead Park

1843年公园委员会的委员邀请约瑟夫·帕克斯顿（Joseph Paxton，1803—1865，英国建筑师）筹划一项公园兼房地产投资的草案。利物浦附近的伯肯海德市（Birkinhead）是第一个采取此项举措的直辖市。这个项目允许动用税收，但规定必须以70英亩的土地无偿为居民提供休闲娱乐为条件。实际上，收购的226英亩土地是不适合耕种的贫瘠荒地，其中125英亩为公众使用，剩余部分作为住宅建筑房地产出售。正如早先纳什在摄政公园中所作的一样，私人住宅和公共娱乐两项功能被设计到了一起。这样独特的设计使其在经济效益上大获成功，周边住宅因为位于公园四周而价格倍增。该方案（图4.4）包括用于如板球和射箭体育项目的草地、蜿蜒的马车道以及穿梭在林间沿着曲折湖岸或鱼塘的漫步小径。利用修建人工湖挖出的土方堆积成起伏的地形，一条贯穿整座公园的宽阔道路使商业交通穿过整个公园，另一方面也打破了网格式的城市道路模式。尽管住宅场地邻近公园并俯瞰公园，但通往住宅的车辆是由外部道路进入。1852年弗雷德里克·劳·奥姆斯泰德参观了伯肯海德后，在其所著的《一个美国农夫在英格兰的游历与评论》中写到：“艺术竟能从自然界获取如此美丽的

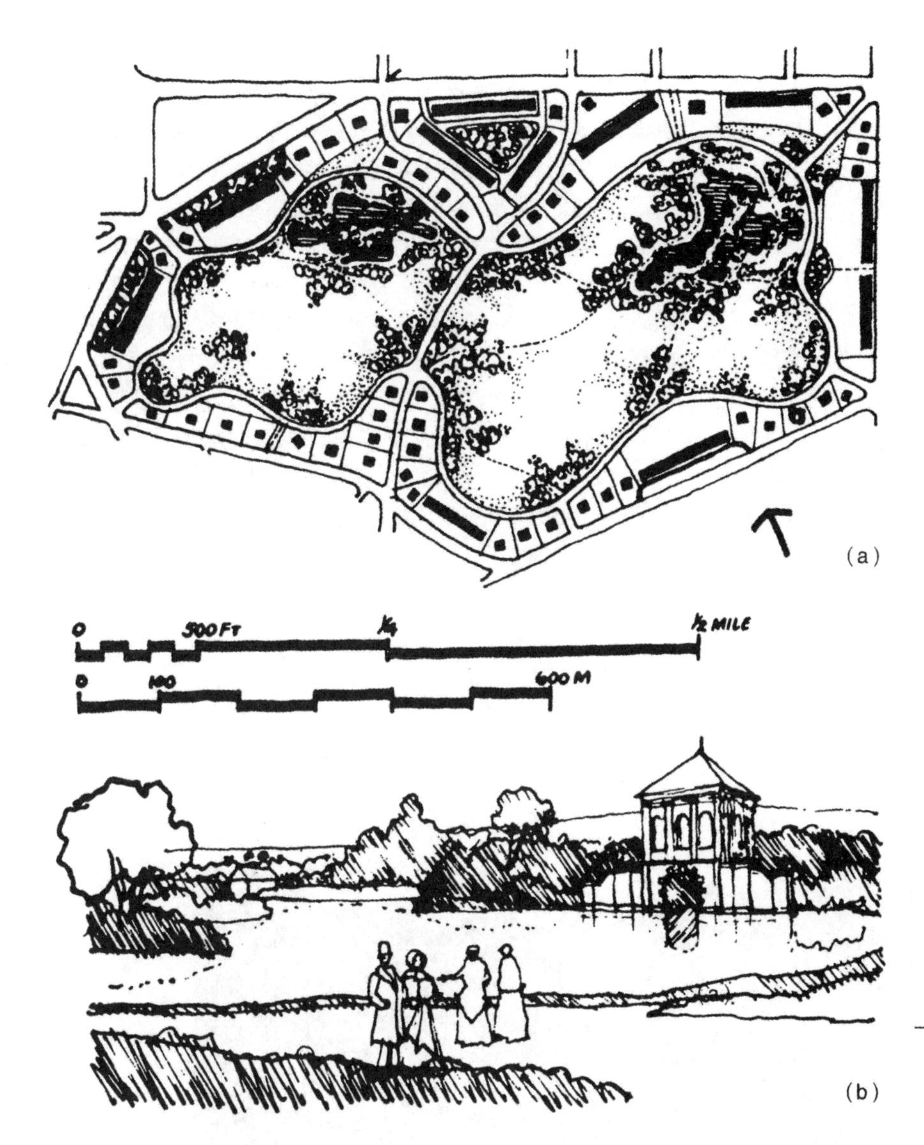

图4.4
1843年英格兰的伯肯海德公园。
(a) 平面图，(b) 实景。

方式！”。[1]伯肯海德公园的成功，开启了英国公园繁荣的建设期，之后的许多公园都是由帕克斯顿担任设计的。

美国 UNITED STATES

在美国，当然没有传统的皇家宫苑。在18世纪城市发展中，专门用于休闲娱乐的开放空间很少出现，而且也是没有必要的。而在新英格兰（the New England，译者注：美国大陆的东北部地区，包括马萨诸塞州、康涅狄格州、佛蒙特州、新罕布什尔州、缅因州和罗得岛州共六个州），原来用于放牧或军事阅兵等类似用途的功能区域，19世纪初开始担负公共园林的角色。

像对费城（Philadelphia）和萨凡纳（Savannah）这些城市进行规划的时候，居住区的广场都仿照乔治亚时期伦敦（Georgian London）的风貌栽植树木进行设计。这些广场虽然不是公园，但通常为周边住宅中的居民使用。不管怎样，以上这些确实证明了绿地进入城市的概念已被接受。

[1] Frederick Law Olmsted, *Walks and Talks of an American Farmer in England* (New York: Putnam,1852).

1848年美国景观设计师安德烈·杰克逊·唐宁针对美国缺乏公共园林的状况表达出急切的关注。尽管存在新英格兰早期的公共用地传统、南方的法庭广场（the courthouse square）和18世纪的城镇规划，但公共园林在当时的美国基本上是不为人所知的。

郊区公墓 Rural Cemeteries

虽然这类园林有点儿古怪，但是经美化后的郊区公墓跟公园的作用确实极为相似。19世纪这些公墓大部分都毗邻城市：费城的劳雷尔·希尔墓园（Laurel Hill）（1836）、波士顿的奥本山公墓（Mount Auburn）（1831）和纽约的格林·伍德公墓（Green Wood）（1852）（图4.5）。在一篇1831年关于奥本山公墓的描述中记录道："沿着崎岖不平的路面蜿蜒前行，一路是林荫道，形成了极其美丽而柔和的环形道路，这一遵从自然的景观产生了迷人的效果。"这些体现自然主义的景观，包括纪念碑、墓碑、建筑物和植物，而且都受到大城市居民的欢迎。在为游客准备的旅行指南中，建议通过地面路线到达最引人注目的纪念碑和景点。天气晴朗的时候，大量的游客在那里高兴地郊游和野餐。据说在1848年的4月到12月间，约有30000人到费城的劳雷尔·希尔游览，而到纽约格林·伍德公墓的人数则是这个数目的两倍。唐宁坚持认为人们对于公墓的兴致印证了公共园林"在城市附近，以一种自由和适当的方式建造园林将会取得成功"。

图4.5
1852年纽约的格林·伍德公墓。美国国会图书馆藏品复印件。

公园的价值 Park Values

19 世纪绝大多数建造公共园林的案例是源于当初对住房改善的关注。有五个基本关注点：第一是有关公共健康，第二是道德，第三是有关浪漫主义运动的发展，第四是有关经济，第五是教育。

首先，对公共健康的关注导致了住房的改革、下水系统的改善和排污系统卫生的改进。提升健康的概念包括修建公园，提供流通的新鲜空气，同时为阳光景观中的运动、休息和小憩提供空间。对公共健康的关注还使得那些富人想尽可能远离城市环境，在郊区修建自己的别墅。从而越来越多的人认为城市是丑陋的、不健康的，并且是危险的。许多人纷纷从城市走出，最终这些因素成为当代美国城市解体的关键因素。如今相对于少量的城市居住者，更多的人口居住于郊区。

第二，对道德的关注，源于自然本身就是道德灵感的源泉。这一理念的倡导者认为，如果人们工作之余有机会研究并反思自然，将会使他们的心态更加平稳，而这种精神上的满足会驱走每一天辛苦劳作的疲惫，因此可以用公园取代酒吧。[译注1] 由于公园提供了让人沉思的景观，而这恰恰与“自然是道德灵感源泉”的概念相符。之后出现的运动设施和用来种植蔬菜的菜圃也是出于同样的道德考虑进行设计的。

第三，美学中认为工业扩张带来的城市特征通常是丑陋的（尽管一些艺术家在鼓风炉等工业设备中发现了美）。从根本上可以说城市等同于丑陋，当大尺度的景观嵌入这种丑陋的城市，公共公园便成为丑陋城市的解毒剂。

第四，经济关注点来源于前三个观点的主张。这些主张正是资本家赚钱获利的基础：公园为工人提供了健康、道德和美的陶冶，因此工人的生产效率自然也就提高了。同时，房地产因在一个单调的环境中加入浪漫景观而提升了价值，反过来又提高了城市税收的收入。公园在当时被认为是一个通过植物园和动物园进行自然科学教育的地方。

园林的景观风格没有直接反映而是间接映射了城市的堕落。建立在自由主义、自然主义和浪漫主义基础上的、风景如画的 18 世纪景观设计学理论，自然而然成为 19 世纪城市状况的对立面。公园设计包括人们向往的所有要素：蜿蜒曲折的车道和小径、粗糙的大门、哥特式建筑、不规则的湖泊与不拘形式的景观绿化。实际上，公园成了唯一可以成功实现风景园林风格的地方，公园的布局仿佛成为容纳许多人居住的大型私人庄园。

安德烈·杰克逊·唐宁通过伯肯海德公园的设计模式成为了美国公共公园强有力的倡导者。正如他在英国时一样，这次他提出了革命性的观点——公园的维护费来自于纳税人，同时他还发现邻近公园的房地产有更多赢利机会。此外，他坚持道德论观点：“这类公园可以塑造并提升民族个性，培养对田园美的热爱，提高对稀有、美丽树木和植物的认知和品味。”他把公园看做是可以让人们散步、骑马或驾驭马车的乡村风景。这将是从城市街道中的一种解脱：“当行人们想要独处时，他们可以寻觅到隐僻幽静的步道；当他们想要快乐时，宽阔的林荫道充满了幸福的欢笑。”唐宁于 1852 年去世，但他的努力最终说服了纽约市，应该在纽约规划建设一座主要的公共公园。

纽约市中央公园 Central Park, New York City

早在 1785 年，纽约人就意识到需要“一处大批城市居民可以便捷地享受健康与娱乐活动的场所”。经过政治上的争议和讨论之后，最终选择并购买了位于曼哈顿岛中心的土地。由专门委员会公开征集规划设计方案并选出四个最佳方案颁发奖金。

1858 年弗雷德里克·劳·奥姆斯泰德及其合作伙伴卡尔弗特·沃克斯（Calvert Vaux，1824—1895，美国建筑师）的方案胜出（图 4.6）。该方案提出如果城市朝各个方向拓展，公园面积越大越能增加居民看到这个景观的机会，于是将面积合理地最大化（843 英亩）。因此，奥姆斯泰德便打算将该公园作为拥有 200 万人口城市的正中心，这一估算在当时是具有预见性的。（然而在他 1903 年去世的时候，人口已经达到了 400 万。）他还曾预言有朝一日围绕公园的由城市建筑构成的人造墙体的高度将是中国长城高度的一倍，这样的公园应该使工人们在其中弥补不能到乡下度假的遗憾。同时公园还仿照乡村风景来设计，而且故意把建筑远离公园边界（图 4.7）。中央商场作为一个正式的要素列入规划中：“城市公园的基本特征——平坦、宽敞，而且完全遮蔽。”这里提供了人们所有的需要：一个漫步的舞台，同时还是一个可以静坐、观看的场所。这正像唐宁在谈到充满幸福感面孔的、宽阔的小巷时所提及的。

特别是在交通中采用了全新的动静分离的流线体

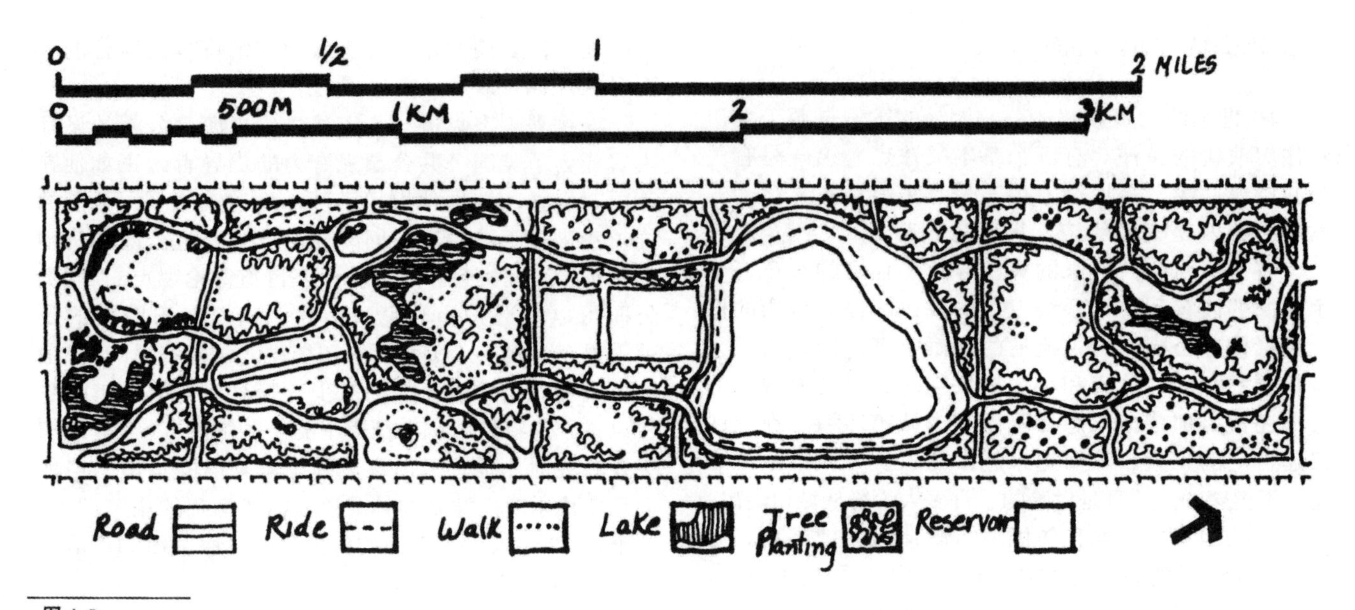

图4.6
1858 年纽约的中央公园。

系。连接公园东西两侧的四条城市干道采用地下交通的方式，既避免了与公园使用中的冲突，又保持其在地下的隐蔽性。人们在公园里散步、骑马、驾驶马车，从而与一般的城市交通相分离，又不会使人察觉。公园里的马车道、自行车道和步行道也是相互分开的。

早期由于离市中心太远，很多纽约人除了特殊仪式、节假日、周六下午和周日外，都很少去公园。尽管如此，在1871年游客人数估计约为1000万，每天平

图4.7
纽约的中央公园。

均约30000人（当时该市居住人口不足100万）；非节假日的平均人数约为23000人，其中约9000人步行，14000人坐马车或骑马；星期天和举办音乐会时出席人数是最多的。在最好的天气时，出行人数高达50000人。设施的改善提高了公园的使用率，蜿蜒的车道和骑行道路专门用于骑马和行驶马车，公园的用途扩大了，还产生了新的活动项目，比如滑冰就是逐渐受大众喜爱的一项运动。

除了带给人们这些快乐，公园还在经济上取得了成功。据估算在1872年时，由于公园发展而直接带来的年税收增长超过了公园土地成本的年利息，增加值超过400万美元。

但需要对公园加以仔细控制，来防止其违背设计初衷而变成一个储存各种摆设的仓库。1863年，奥姆斯泰德列出了在前5年已经避免的、那些“蚕食”公园的方案清单。这些“蚕食”项目包括“塔楼、房屋、望远镜、喷泉、木屋、风弦琴（Aeolian harps）、天文台、体育馆、观景台和体重秤（weighting scales）、汽轮船、雪景展和冰船、用于嘉年华化装舞会的冰场、蔬菜摊、脚踏车、婴儿车、印度手工品、烟草和雪茄”。但他的记录中没有提及美国引入麻雀的历史。[译注2]

公园运动 PARKS MOVEMENT

这是美国第一座重要的公园，也获得了公众的认可，它的出现推动了城市公园运动。奥姆斯泰德自然成为了主要的实践者，他主持设计了波士顿（Boston）、布鲁克林（Brooklyn）、布法罗（Buffalo，又称“水牛城”）、底特律（Detroit）和其他许多主要城市的公园。其他景观设计者包括霍勒斯·克利夫兰（Horace Cleveland，1814—1900，美国景观设计师）、乔治·凯斯勒（George Kessler，1862—1923，德国—美国景观设计师）以及詹斯·詹森（Jens Jensen，1860—1951，丹麦—美国景观设计师）在明尼阿波利斯（Minneapolis）、芝加哥（Chicago）和堪萨斯城（Kansas City）也进行了大量实践。查尔斯·艾略特（Charles Eliot，1859—1897，美国景观设计师）与奥姆斯泰德在波士顿一起合作，为公共空间系统洪涝灾害和公共卫生问题提供急需解决的设计方案。

波士顿公园系统通过种满树木的行车道，将公共用地（the Common）和富兰克林公园（Franklin Park）连接起来，路边的景观在某些地方达到1500英尺宽，有

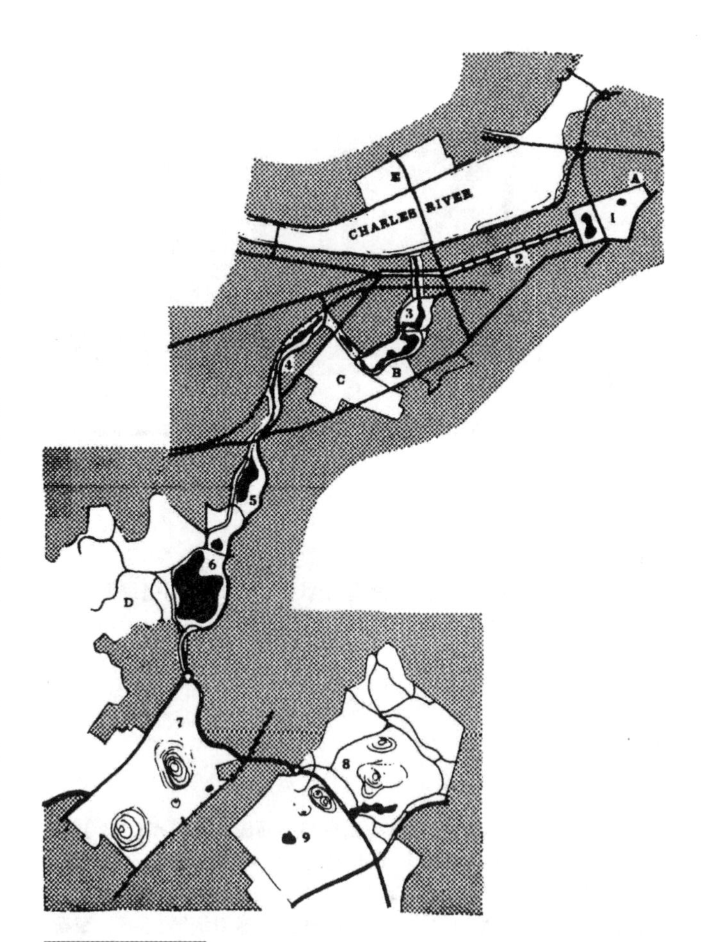

图4.8

波士顿公园规划体系，关键点：（1）**波士顿共用土地**（Boston Common），（2）**联邦大街**（Commonwealth Avenue），（3）**巴克湾沼泽**（Back Bay Fens），（4）**泥水河**（Muddy River），（5）**奥姆斯泰德公园**（Olmsted Park），（6）**森林山公墓**（Forest Hills Cemetery），（A）**州议会大厦**（State House），（B）**波士顿艺术博物馆**（Fine Arts Museum），（C）**大学**（Colleges），（D）**布鲁克兰**（Brookline），（E）**麻省理工学院**（MIT）。

些地方缩至200英尺（图4.8）。这种通过园区道路连接公园系统的想法，是后来美国通过公路交通连接规划理念中独特的一部分。

值得一提的是，如果单纯从土地的经济价值角度来考虑，这些地方都不是修建公园的理想选择。伯肯海德公园的土地是重质黏土；中央公园包含了难以施工的曼哈顿岛的花岗岩山脊；波士顿公园系统建立在沼泽之上。在这一建造大型城市公园的潮流中，旧金山于1870年购买了1000英亩位于成熟建设区域之外的贫瘠风蚀沙丘作为公园用地（图4.9）。

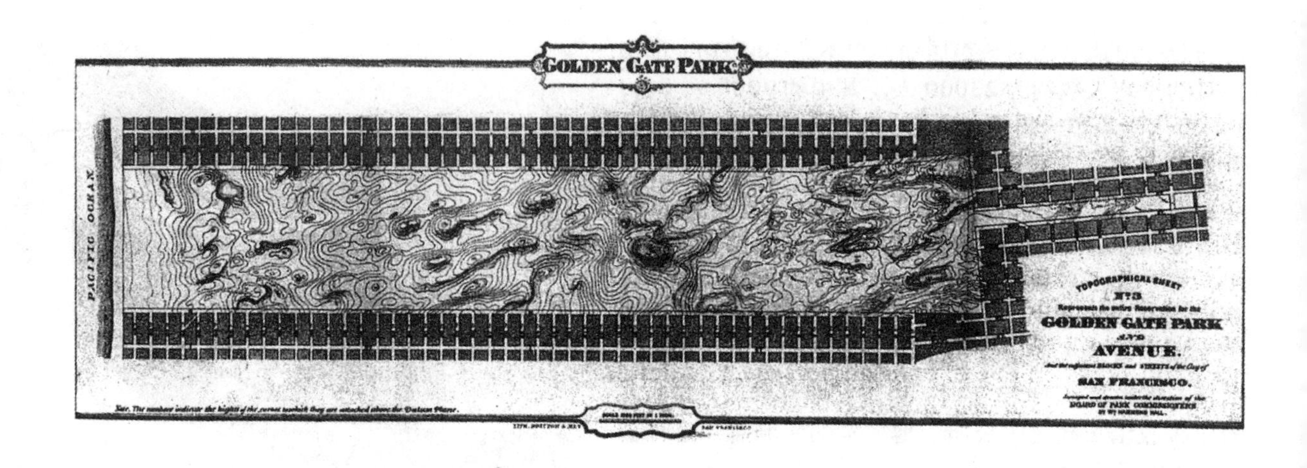

图4.9
1872 年金门公园建设场地的原始状态。鸣谢加利福尼亚大学伯克利分校班克罗夫特图书馆。

威廉·哈蒙德·霍尔（William Hammond Hall，1846—1934，美国工程师）被任命为金门公园（Golden Gate Park）的公园工程师。他首先准备为距离市区最近的一块空地做出规划，同时这里还是成功稳定流沙实验后的一块剩余土地。霍尔在公园功能方面受奥姆斯泰德理论的影响，尤其在主要十字路口采用天桥将人车分流的交通流线设计（图4.10）。1887 年，约翰·麦克拉伦（John McLaren，1846—1943）成为公园的负责人，他通过自己的园艺专业知识使公园更加完善，并完成了对贫瘠沙丘的改造，使之成为今天看到的金门公园：占地达1000 英亩，用车道、步行道和自行车道将水源充足的树林、空地和湖泊连接起来（图4.11）。

图4.10
金门公园，1872 年出版的公园东部平面图。关键点：（A）备用地或草坪，（B）花园，（C）温室，（D）庄园住宅，（E）槌球场或儿童游乐场，（F）高地—车站广场，（G）植物园，（L）湖泊，（M）草地，（P）游行、板球或垒球用场地，（S）草莓山（Strawberry Hill），（H）大凉亭，（a）小瞭望台，（b）桥，（f）喷泉，（k）乡村凉亭，（p）林间小屋，（r）交通道路。

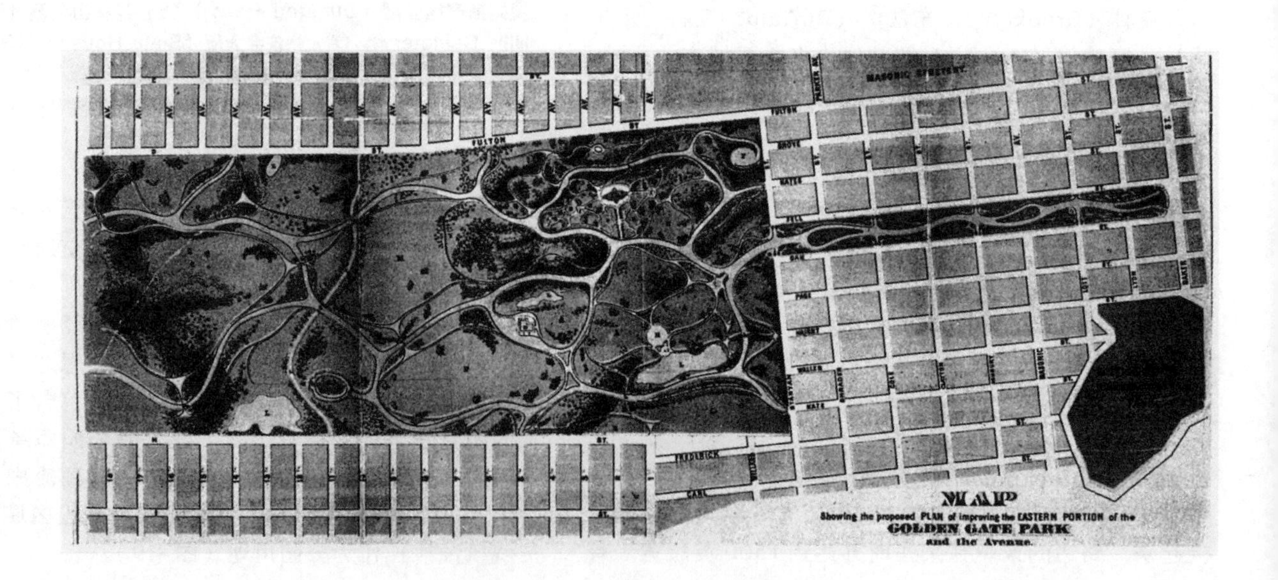

尽管公园的用地选择没有固定模式，但是那些废弃的土地、荒芜的土地或是贫瘠的土地，通常最有可能用作公园和休闲土地。英国废弃的运河和铁路，清理后成为公共设施。采空的煤矿、垃圾处理厂和旧采石场开发为新的休闲区域。而这种做法对今天来说仍然是有借鉴意义的。高压线沿途（图4.12）、河漫滩和荒弃的土地，都可以利用作为开放空间系统的一部分。

随着时代的变革，并不是所有靠近公共园林的房地产都一定获利。也许中央公园和摄政公园这样的公园还可以；但是其他一些案例则是那些曾经位于公园附近的高价住宅现在却变成了贫民区，而且公园也闲置了。新建公园有时会被认为是一种安全隐患，因为当地居民认为这些公园可能招致非法行为，尤其对于公园附近已拥有私人花园的家庭来说。虽然没有统计数据加以佐证，但在大型城市公园中白天和黑夜一样缺乏绝对的安全保障，这也成为颇具争议的新社会因素之一。

图4.11
金门公园。

图4.12
1969年加利福尼亚州奥克兰（Oakland）处于高压线沿途的公园。

公园和休闲区域 PARKS AND RECREATION AREAS

19 世纪起，在城市、乡村、州县和地区，“公园和休闲”已成为了一个大型公共服务产业。到 19 世纪末，引入了一些规模较小的社区公园和游乐场，成为体育和健身中心以及其他社区活动中心。为了衡量城市公园的有效性，国家娱乐协会（National Recreation Association）制定了人均拥有公园面积的标准（单位人口的英亩面积）。然而，仅仅制定这些标准是远远不够的，因为这些数字只是笼统的概括，明确的数据还需根据具体情况而定，但一些城市和机构试图通过此类标准来衡量休闲设施建设。

这种标准以及人均拥有公园面积是综合各种因素的结果。比如，加州修建公园和休闲娱乐设施的推荐导则是针对本州内不同的气候区分别制定的，在气候较暖的地区，人均拥有公园面积更大，允许更大面积地种植树木。[2]

在传统模式里，休闲区域单元根据其规模和分布加以归类划分。用于学龄前儿童的游乐场地或游乐区，属于最小的单位，根据标准应当位于大部分住宅的步行范围之内，或位于城市街区内部，其面积大小应在 1/8～1/4 英亩之间。这些标准在高密度地区特别重要，比如最近在城中闹市区的“迷你公园”（mini-park）建设计划就表明了游乐场地在此类区域中的价值，郊区低密度住宅区的要求可能就没有那么高了。

下一等级即在街区范围内：街区公园、游乐园、休闲中心或者是这三者的组合。在这里，街区通常是指一所小学的服务范围（用校车接送临近街区的儿童以实现学校内的种族平衡，这种情况例外）。游乐设施应为 5～14 岁之间的儿童提供室内和室外的娱乐，为学龄前儿童及其家庭成员提供至少 2 英亩的休闲景观区域。理想情况下街区游乐场应该位于距离每个家庭半英里远的范围内。最新标准坚持认为将公园与小学及校园组合起来是合理的模式，标准建议如果学校面积为 10 英亩，那么与之相连的公园面积应为 6 英亩；如果两者分开，公园则需要 16 英亩。另一项标准建议每 800 人口应有一个面积 1 英亩的街区公园。这类设施和公园应该反映不同年龄段人群的需求，比如不能开车的老年人像小孩子一样实际上也需要离家近的开放空间。

标准还对社区的休闲或游乐场地做出要求。社区是由一定数量的周边街区组成，或是城市的某个地段或地区。因此社区应该比那些周边街区提供更广泛的休闲娱乐设施，包括游乐场（运动场）、场地（球场）和游泳池以及一个提供艺术、手工艺品、俱乐部和社会活动的中心，建议面积大小为 32 英亩，若与学校相连的话为 20 英亩，位置应当距离每个家庭在 0.5 英里～1 英里之间。另一项标准是每 800 人口提供一座面积为 1 英亩的社区公园。

最后，城市范围的休闲娱乐区，它被描述成城市居住者逃离喧嚣城市、肮脏环境与拥挤交通的大公园（图 4.13）。但实现的前提是从 19 世纪起，就禁止机动车在大公园里通行。像中央公园和金门公园，提供了多种多样的活动与可行性，这不可能在小于 100 英亩的面积上得以实现，何况那里还应建有体育中心、高尔夫球和划艇等运动设施。1956 年加利福尼亚州的标准中认为一个 10 万人口的城市应有 883 英亩面积的城市公园，其中 21 英亩用作停车场。除了某些公园的特殊要求，每座城市都应该有高尔夫球场、露天剧院、动物园、植物园或者类似设施。

当然这些标准是由公园和休闲产业创造出来的抽象概念，或许没有考虑到在未来几年后娱乐方式发生的巨大变化，但总的来说还是有一定实践根据的。

自从 19 世纪以来，娱乐方式究竟发生了多大改变？工作时间的缩短和办公自动化的结果，与其说让蓝领工人精疲力竭，不如说让他们产生了厌倦。韦恩·理查德·威廉姆斯（Wayne Richard Williams, 1919—2007, 美国建筑师）观察到人们到了成人阶段，传统的休憩三角形模式被颠倒了个。[3]今天拥有最多闲暇时间的人群排序为：非技能型、半技能型和熟练技能型。因此，可能人们更多地需要消遣娱乐而不是休息，大多数人需要、也乐于寻找具有挑战性的和积极的消遣以及有意义的参与活动。威廉姆斯还认为对于儿童来说，整个城市都可以被当做游乐场、公园和教室，倡导公众交往，尤其是让儿童们进入城市中各种各样的作坊里，如面包坊、汽车修理厂等。这样的休憩被看做是生活的一个有机组成部分，而不仅仅是局限在游乐场的娱乐活动之中。

随着休闲娱乐被赋予新的概念，人口、工作和休闲模式也都需要随之改变，即使早在一百多年前设计

[2] *Guide for Planning Recreation Park in California* (Sacramento: State Printing Office,1956).

[3] Wayne R. Williams, *Recreation Places* (New York: Reinhold,1958).

图4.13
伦敦的海德公园。城市中的一块娱乐区域大到足以与城市分离开。

的成熟公园也面临着重生。因此对于景观专业中公园、娱乐部门和诸委员会之间的协作和社区参与而言，面临的主要机遇在于重新评估其在社会中的角色，从而创造新的发展模式，而不是仅限于历史的恢复重建。

推荐读物 SUGGESTED READINGS

Butler, George D., *Introduction to Community Recreation*, Ch. 5, "History of Municipal Recreation in the United States," Ch. 11, "City Planning for Recreation."

Chadwick, George F., *The Park and the Town*, Ch. 1, pp. 19-36, "The English Landscape Movement and the Public Park," Ch. 4, pp. 66-93, "Sir Joseph Paxton," Ch.9, pp. 163-220, "The American Park Movement."

Chadwick, George, *The Works of Sir Joseph Paxton*, Ch. 3, pp. 44-71, "Paxton and the Wider Landscape."

Cleveland, Horace W. S., *Landscape Architecture* (1872).

Cranz, Galen, *The Politics of Park Design*.

Creese, Walter, *The Search for Environment: The Garden City Before and After*.

Fabos, Julius, et al., *Frederick Law Olmsted*.

Fein, Albert, *Landscape into Cityscape*.

Fein, Albert, *Frederick Law Olmsted and the American Environmental Tradition*.

Giedeon, Sigfried, *Space, Time and Architecture*, pp. 618-626, "The Dominance of Greenery in London Squares," pp. 641-666, "The Transformation of Paris, 1853-68."

Heckscher, August, *Open Spaces*.

Jackson, J. B., *American Space*, pp. 211-219, "Central Park."

Kelley, Bruce, et al., *The Art of the Olmsted Landscape*.

Laurie, Michael, *Nature and City Planning in the 19th Century*, Laurie, Ian, (ed), "Nature in the Cities."

Meyerson, Martin, *Face of the Metropolis*, pp. 11-37, "The Changing Cityscale."

Mumford, Lewis, *The Brown Decades*, pp. 80-96.

Scott, Mel, *American City Planning*, Ch. 1., "The Spirit of Reform."

Reps, John W., *The Making of Urban American*, Ch. 12, "Cemeteries, Parks and Suburbs."

Tunnard, Christopher, *American Skyline*.

Udall, Stewart, *The Quiet Crisis*, pp. 159-172, "Cities in Trouble."

Zaitzevsky, Cynthia, *F. L. Olmsted and the Boston Park System*.

[译注 1] 在19世纪20年代，由于开设啤酒馆不需要任何执照，而出售烈性酒的商人们普遍感受到了来自啤酒馆的强大竞争压力。为回应这一竞争，英国的城市里开始出现酒吧（Gin Palaces），它们都是些漂亮、近乎奢华的店面。它们的主顾——产业革命诞生的工人阶级，在富丽堂皇的酒吧里暂时忘却了生活的苦痛挣扎。

[译注 2] 美洲最初并没有麻雀，人们为了治理1850年纽约中央公园出现的严重树木蠕虫病害，1851年将8对麻雀引进纽约布鲁克林，此后麻雀逐步遍及了整个美洲大陆。

住宅

HOUSING

第5章

当多重设置单独地块上的一套套独立建筑实体或者联排房屋、公寓或者公寓的组合体时，房屋被认为是住宅建筑。本章将论述在各种住宅体系中，用于公共或私人开放空间和单个住宅单元之间的关系。从花园作为房屋自身构成的布局中看到历史演变，正如庞培城那样（图2.10）；而其他一些情况都是在更大的景观中修建居所，如新城镇的组群式开发（cluster development）和计划单元开发（unit development）那样（图5.1）。我们必须从相反的方向反思这一概念及其所涉及的社会和生态条件。

中世纪的城市往往是大规模的集中住宅，有点像

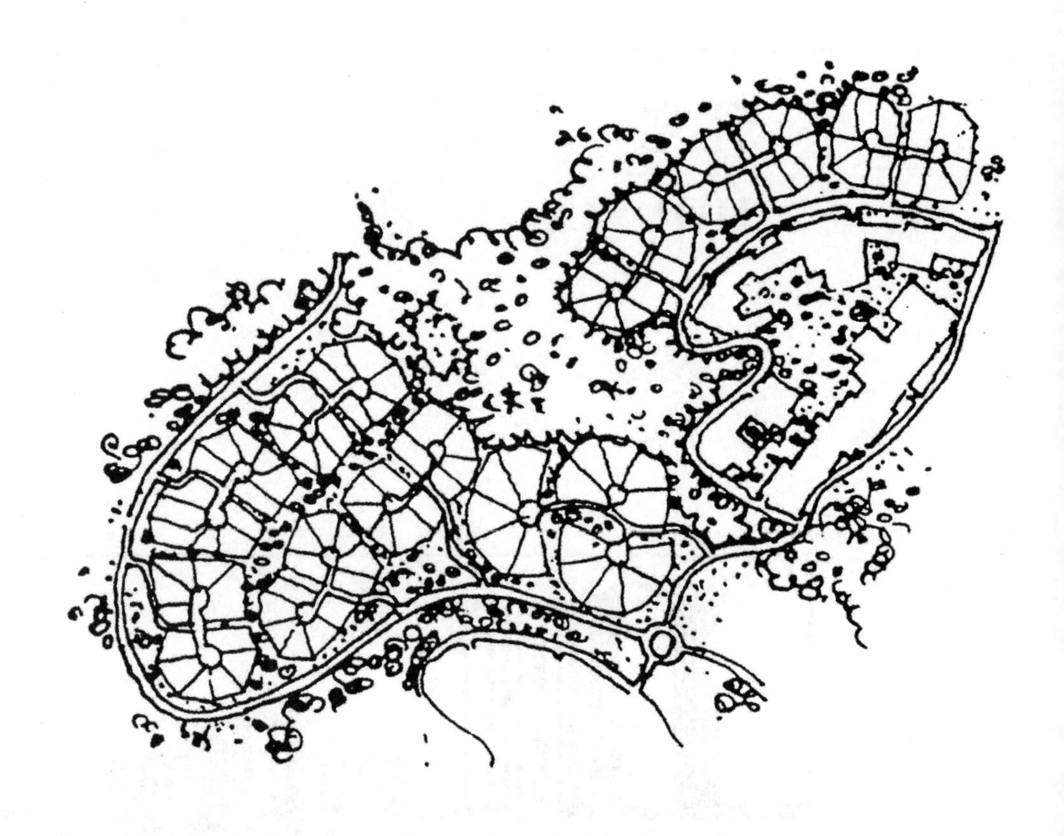

图5.1
1960 年的组群式开发。

保罗·索莱里（Paolo Soleri，1919—，美国建筑师）的"生态建筑"理论。[1]这些建筑凌乱，而且修建缓慢，开放的景观和农田包围了有机的城市体系，包括了与住宅单元密切相连的小庭院、公共街道和广场（图2.20）。

但在法国直到17世纪我们才发现：有意识地大规模规划与设计集合住宅可以影响城市形态。能够居住在巴黎的广场周边区域成为正在崛起的中产阶级的追求目标。而在17世纪，法国人的愿望是住在像凡尔赛宫那样的地方（图2.32和图2.33）。住房环绕城市广场修建，面向广场侧面的设计使其看起来像中等规模的宫殿。实际上，每一面是6个或8个4、5层的联排住宅。

伦敦住宅广场 THE LONDON SQUARE

这一概念在英国18和19世纪很盛行。在伦敦，广场修建在当做建筑立面的一侧（图5.2）。每排房屋的后面是一个私人花园，花园尽头总是通向马厩或胡同。住宅主入口是环绕广场的车道。中间是一个栅栏围合起来的花园，仅供周围居民使用，每家有一把打开园门的钥匙。在17世纪这些花园非常城市化，道路铺砌得平平整整，树木栽植得整整齐齐。

18世纪的广场花园是按照新流行的景观风格布局，从房屋的窗户向外可以看到令人耳目一新的景色。广场通过种植灌木、大树和采用庭园的形式，勾勒出城市的环境。中央仿佛天堂一样的花园用栅栏围合，与公众的活动分离开来，显然这是带有特权性质的。而这被框出来的、象征农村的花园，代表了城市对自然谨慎接受的态度。在伦敦的布卢姆斯伯瑞(Bloomsbury)，那里包括完全私密的住宅，只有后花园是私密的开放性住宅、城市街道以及非一般市民可以享受的半私密性中央花园等私密程度不等的城市模式得以发展。城市街区的中心发展成为一个花园，为周围联排房屋居民提供休憩，通过房屋后面一个非常小的私人花园就可到达，而房子的另一面临街。由于每个单元往往只有大约20英尺宽，因此这种住房体系达

[1] Paolo Soleri, *Arcology:The City in the Image of Man* (Cambridge, MIT Press, 1969).

图5.2
18 世纪伦敦的一座广场。

到了相当高的密度。与此同时，私人花园成为每栋房子的花园，而社区公园成为了整个街区的公园。

这种将自然延伸的想法丰富了城市生活元素，透过“新月式”或者“联排式”住宅的发展可以看到，这类形式所构成的景观要比小广场的景观更大，范围更广。摄政公园（图4.2）和巴斯（Bath）的新月楼对待自然的态度跟凡尔赛宫异曲同工。大自然最终被城市接受了，城市不再对自然感到恐惧或忧虑，也不再受围墙和城市规划的限制。巴斯的皇家新月楼（Royal Crescent）修建于1767年，是18世纪景观运动的产物（图5.3）。莱

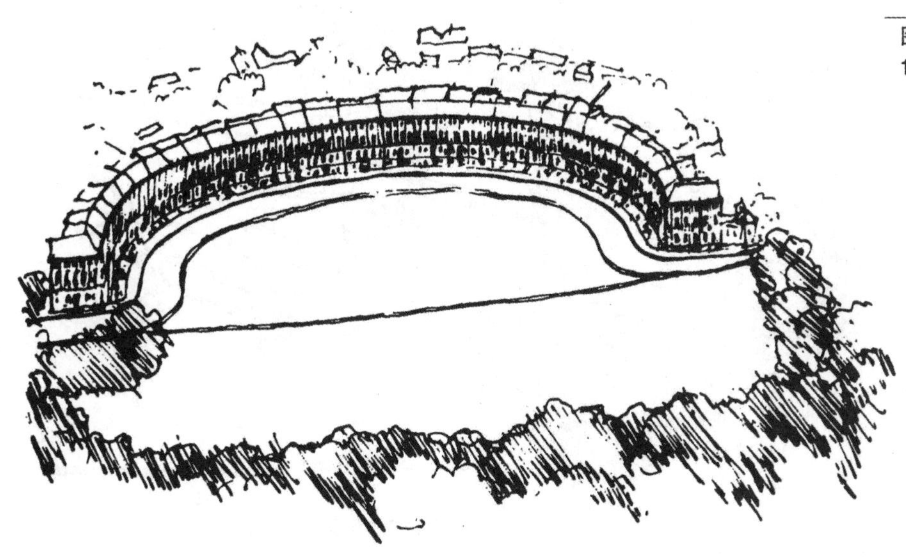

图5.3
1767 年巴斯的皇家新月楼。

斯顿（Lansdowne）新月式住宅起伏的自然形态更是顺应了新的精神或态度。这两个例子既反映了当时人们越来越多地喜爱自然景观，同时也是对公园和乡村景观的向往。环绕摄政公园的联排住宅因为周围的景观使其更为精致高雅，从而产生更高的价值。这使得住宅广场已经挤满了原有摄政公园的范围，并扩展为一个公园。

伦敦住宅广场的概念与美国东海岸城市发展的理念恰好吻合。威廉·佩恩（William Penn，1644—1718，英国地产实业家）设计的费城规划包含五个广场，其中四个完全为周围居民使用。萨凡纳的规划也是以住宅广场为基础。在巴尔的摩、纽约和波士顿都有住宅广场和联排住宅，但总的说来19世纪美国城市中的"伦敦式广场"并不是一个典型的元素。这或许缘于杰弗逊理想的影响，当时盛行乡村生活比城市生活更加宜人的想法。

浪漫郊区 THE ROMANTIC SUBURB

美国对于城市形态的主要贡献就是19世纪的浪漫郊区。这是在人们逃离工业城市状态的背景下形成的，从视觉和美学角度，在不断扩展的城市区域中与典型的网格状街道形成鲜明对比。19世纪下半叶，景观设计师和其他一些专业设计人员开始批评网格形式的规划布局，他们认为在平坦的地面上这种网格显得单调乏味，而在起伏的地表则非常丑陋。所以说带有投机风险的便捷城市往往是以牺牲自然风光为代价的。奥姆斯泰德、唐宁等人进一步发展了这种关于住宅用地规划的新概念，称为"浪漫郊区"。1852年亚历山大·杰克逊·戴维斯（Alexander Jackson Davis，1803—1892，美国建筑师）规划了新泽西一座郊区公园——卢埃林公园（Llewellyn Park）。公园大门是哥特式的，道路蜿蜒曲折，住宅场地位于树林和灌木丛中，同时还有一座中央景观公园。

另一个例子是坐落在芝加哥的滨河公园（Riverside），由弗雷德里克·劳·奥姆斯泰德于1869年设计（图5.4和图5.5）。沿着河流的线形公园将弯曲的道路与不规则形状的土地组织在一起，成为社区聚会的场所。这里没有伦敦住宅广场和摄政公园那样的联排住宅构成的建筑单元，从建筑角度的差别很小。建筑物或别墅

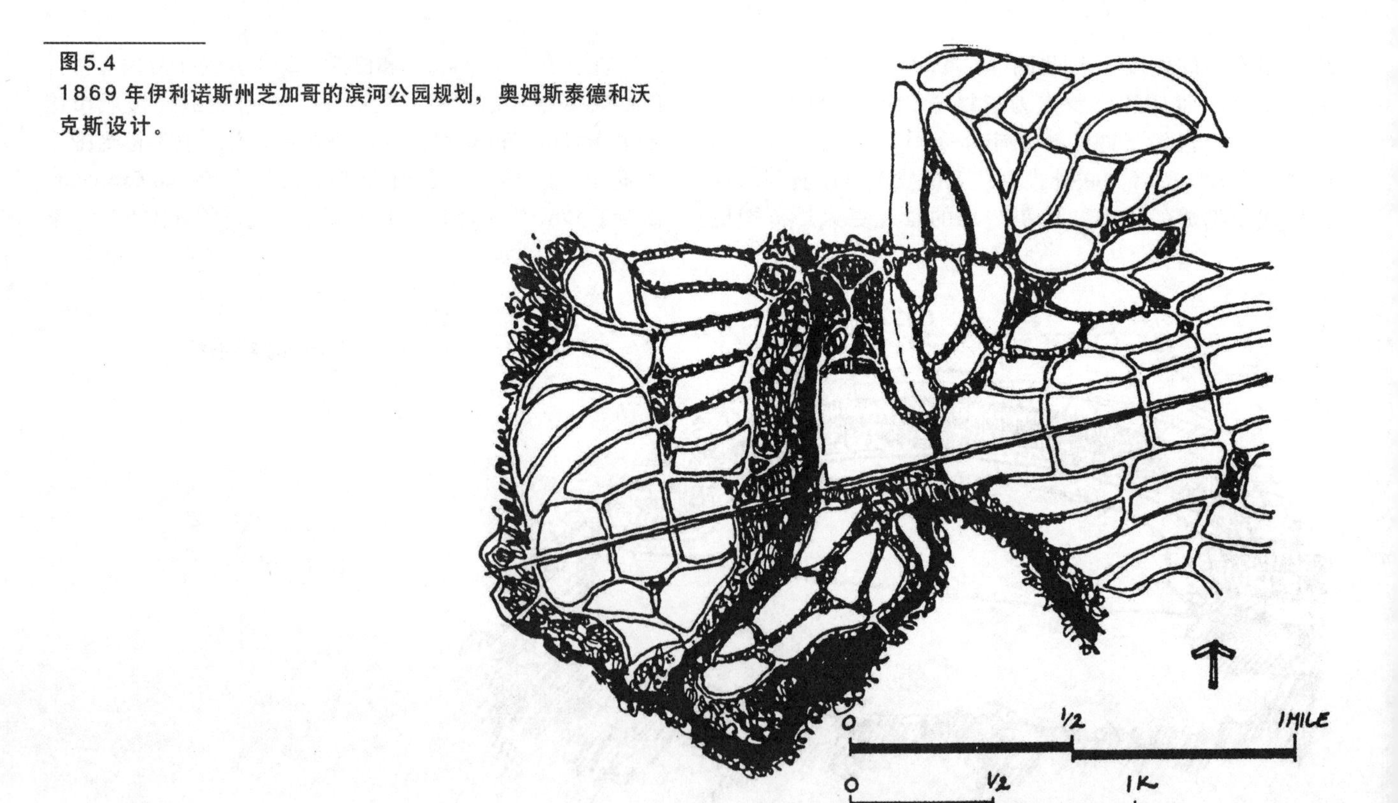

图5.4
1869年伊利诺斯州芝加哥的滨河公园规划，奥姆斯泰德和沃克斯设计。

图5.5
1869 年伊利诺斯州芝加哥的滨河公园规划。

被紧密相连的街道分割开来，跟周围环绕的绿色景观融合在一起。伴随植物的生长，从街道上看，住宅便成为了第二道风景。

这样的规划是根据传统住宅区在大小和形状上的变化要求产生的。它代表了一个连续的城市 / 公园 / 花园的新概念，也就是后来乔治 · F. 查德威克（George F. Chadwick）所谓的“城乡统一体”（urban-rural continuum）。[2] 从红外航空摄影照片中可以看到绿色矩阵在郊区和中心城市环境中的范围和大小。可以说浪漫郊区代表了 1852 年时居住环境最好的一种形式，至今也似乎没有太大的变化。除了一些市中心的时尚区域，美国价格最高的居住区具有类似的外形，而且大概还要加上高高的安全护栏。虽然这些郊区住宅是为富有的商人准备的，但浪漫郊区的构想可能而且以后也应用到花园城市、工业社区和新兴城镇规划理论中。

[2] George F. Chadwick, *The Park and the Town* (London: Architecture Press, 1966).

工业园区 THE COMPANY TOWN

19 世纪的欧洲和英格兰提出了工业园区的概念，是指工厂企业在工厂附近自己修建的住宅区。最初的设计是为满足资本家追逐利润的目标出发的，但后来看到工人们的健康和福利直接影响到生产效率，于是在 19 世纪末工业园区应运而生。也就是说大规模生产过程对工人产生的影响，可由那些有吸引力的住房、花园、社区设施及开放空间抵消。最早有代表性的实例在英国。

在利物浦的阳光港（Port Sunlight），利华公司（Lever）为解决肥皂厂工人的住宿修建了小镇。所选择的位置具有一个良好工业区应具备的所有特性：廉价土地、滨水码头、便捷交通和充足的劳动力供给。在利华公司获得的 52 英亩土地中，工厂占据 24 英亩，其余部分专门用于示范村建设。利华公司的梦想就是工人无需走到乡村去感受自然世界的美丽，而是美丽的大自然时时刻刻围绕着他们。靠近伯肯海德的阳光港同与之背靠背的利物浦贫民窟的房屋形成了鲜明对比。它结合了浪漫郊区的概念，拥有弯曲的道路、私人花园、公共公园、休闲区域和社区设施。这些住宅

图 5.6
1887 年阳光港的工人联排住房。

由著名设计师设计。十个或十个以上的单元聚集在一起，看起来像一座大庄园。它们取代了原来那些简陋寒酸的工人住宅，更像是坐落在公园中的豪华宅邸（图 5.6）。工厂位于住宅群后面，很容易靠步行到达。

1879 年吉百利兄弟（Cadbury brothers）将他们的巧克力工厂从伯明翰搬到了 4 英里以外的开放地带，并在伯恩维尔（Bourneville）建立了田园式村庄（图 5.7）。其目的就是为了防止投机性建设，为其主要的员工提

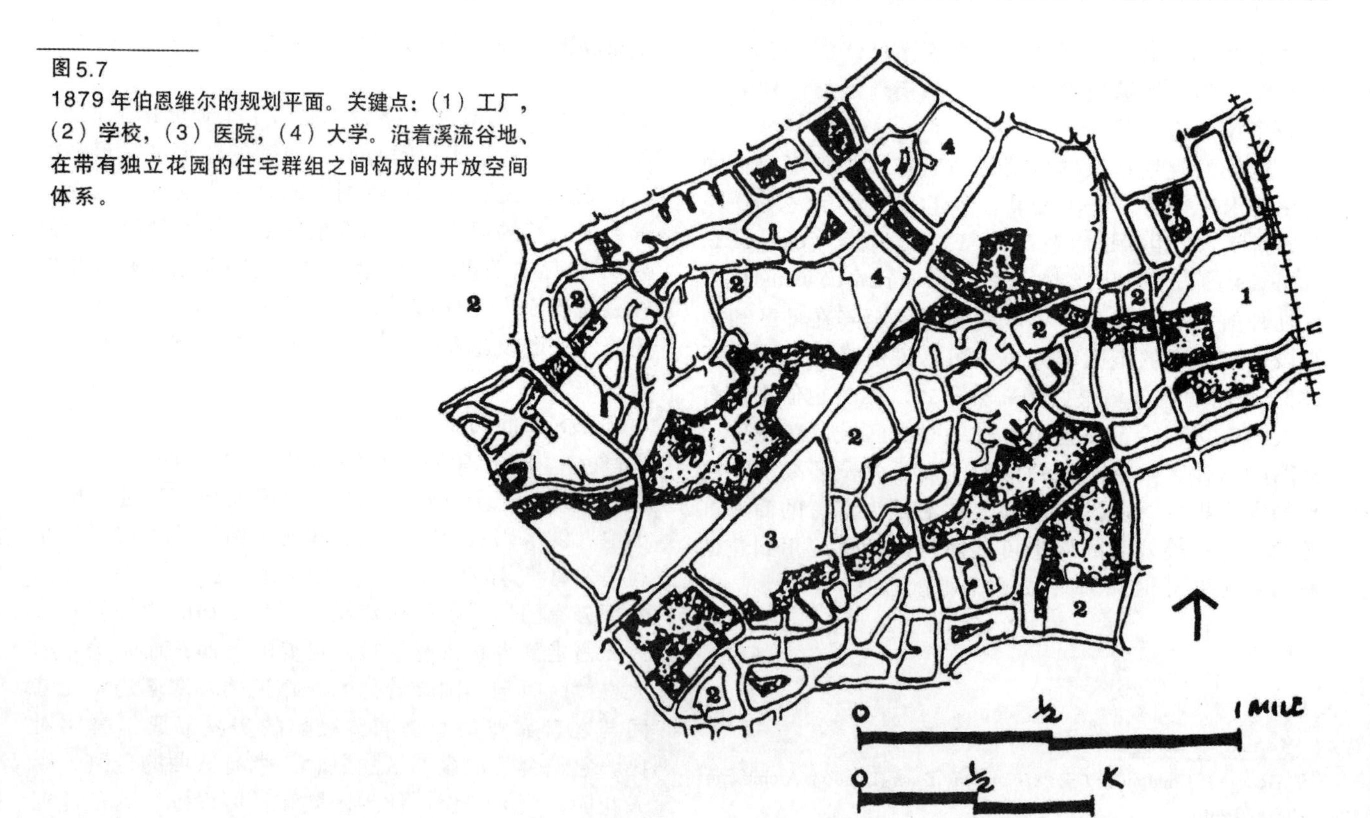

图 5.7
1879 年伯恩维尔的规划平面。关键点：（1）工厂，（2）学校，（3）医院，（4）大学。沿着溪流谷地、在带有独立花园的住宅群组之间构成的开放空间体系。

供住房。因此伯恩维尔与阳光港不同，不是严格意义上的工业园区。伯恩维尔案例中最有影响的是吉百利兄弟的理念——最自然、健康的休闲娱乐活动和花园有利于工人的身心健康。花园有助于降低城市密度，这本身也是对工业城市的改善。工厂周边120英亩的土地得到了开发，16英亩用于公共开放空间，包括乡村绿地、两座公园和两处游乐场，其中一座游乐场为12岁以下的儿童提供照料和看护。街道两侧规划、种植了树木，住宅成组团式(in groups)建设，外形引人注目并提供了1/4英亩的后花园。每座花园都已提前进行了布置、挖掘并种植了8棵果树（梨树、苹果树和李子树等）和12棵醋栗（gooseberry)，树上硕果累累。城镇建成后，据统计伯恩维尔的死亡率仅是全国其他地区的一半，儿童的平均身高也高于伯明翰儿童的平均水平。

经过这些试验后，随后的美国工业或企业园区建设反映出一些新的现象，但也有少数例外，由于缺少慈善资助，通常采用经济廉价的网格街道规划格局。伊利诺斯州的普尔曼（Pullman，1885）就属于这类规划的社区，住宅按照组团建设，同时配有公共建筑、学校以及带有湖泊的公园。印第安纳州的加里（Gary，1907）是一座钢铁城，主要依靠私人力量采用网格式布局规划街道，在企业附近建立了两座公园以及各种公共建筑。

花园城市 THE GARDEN CITY

这些慈善企业家为改善自己公司里工人生活条件的做法直接导致了花园城市运动。这是20世纪初非常有影响的概念，这一运动理念也源于浪漫郊区。花园城市的想法是由一名叫“埃比尼泽·霍华德”（Ebenezer Howard，1850—1928）的法院书记员于1898年提出的。[3]这一理论的经济基础是社区拥有土地，尽管在实际中这并不是必要条件。霍华德立志要废除罪恶的工业革命，跟利华和吉百利兄弟一样，他是一名改革者，希望消除贫民窟和拥挤肮脏的城市。他把城市构想成一系列同心圆，内部核心是处于公共用地内或公园中的市民中心，最外层环形部分将留作农用地和公共绿化带，这之间为住宅和工业区。图表是根据具体的地形条件、选址的交通状况等具体情况总结提炼而成。

这一概念在英格兰进行了两次尝试，建立了莱奇沃思（Letchworth，1908）和韦林（Wellwyn，1924）两座花园城市（图5.8）。莱奇沃思最初的设想是拥有3万人口，但在25年后以经济原因失败告终。韦林要好一些，因为到1924年，议会同意了将花园城市规划思想作为改善城市住房的方法，并且1921年的立法通过要求政府为新城市建设提供财政支持。莱奇沃思的失败促成了转变。开发公司着手设计规划一座面积2.4万英

图5.8
1924年的韦林田园城市。

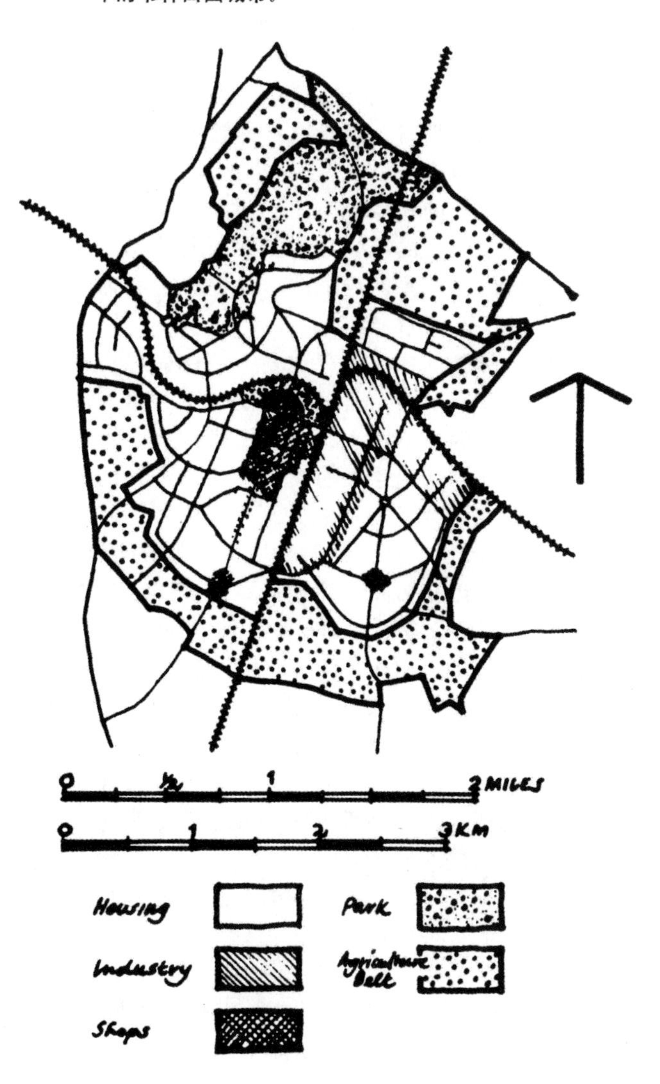

[3] Ebenezer Howard, *Garden Cities of Tomorrow* (London: S. Sonnenschein, 1902). (First published as *Tomorrow; A Peaceful Path to Real Reform*,1898.)

亩、能够容纳4万～5万居民的城镇，距离伦敦20英里，远离大城市。12年后，这里拥有了9000居民，2500间住宅和40余家企业，韦林的发展逐步步入正轨。浪漫郊区理念在工业城镇中成为潮流，工业园区逐渐扩展为大规模的花园城市。景观和绿化为大众生活提供了比以往更广泛的舞台背景，成为追求生活品质的象征。交通、铁路、电车、汽车等方面的改善大大促进了发展，使其成为典型的花园城市。

20世纪20年代，田园城市理念成为美国改善住宅条件的法宝。建筑师克拉伦斯·斯坦因（Clarence Stein，1882—1975）和亨利·莱特（Henry Wright，1878—1936）就是其中的两位推崇者。在他们的指导下纽约城市住宅公司（the City Housing Corporation of New York）1924年进行了一些新的尝试。这些新的形式能够提供传统街区只能在室内提供的公共绿色空间。新泽西州的瑞德伯恩（Radburn）施行了更大胆的创新（图5.9和图5.10）。1929年就已制定了社区规划，但不幸的是恰逢经济不景气而没有全部完成。尽管斯坦因和莱特坚信霍华德关于绿化带以及为工作与生活规划的考虑需要限制城镇规模的观点，但他们建立起来的瑞德伯恩并不是真正定义上的花园城市。在瑞德伯恩，他们认识到了传统街区体系的局限性，并提出了所谓“超级街区”（superblock）的理念。

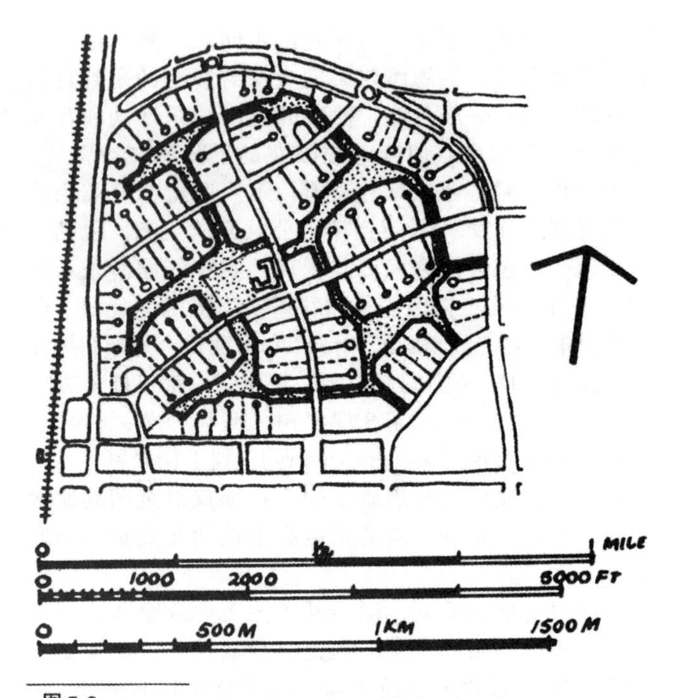

图5.9
1929年新泽西州的瑞德伯恩，由六个“超级街区”组成的社区。

尽管只部分完成了原有规划，瑞德伯恩用行动实践了一些适合于20世纪早期生活方式的社区发展新形式。这些住宅为中等收入的白领家庭设计，平面上改变了以往客厅与街道连接的关系，提供了新的流线方式；儿童安全受到了特别重视。一个典型的超级街区占地大约40英亩。高速公路将城镇与外界沟通起来，主干道路将临近街区相连并连接到高速路，二级公路环绕着超级街区。最后，胡同小巷通向由12～15座住宅组成的组群（cluster，有些是半独立的）。平均居住密度是4户／英亩，人行道路将私人花园从背后连接在一起，并贯通通向中央公园区。小路穿过这一区域，通过地下通道穿越二级公路，儿童可以通过无车辆的交通路线到达邻近的超级街区和服务范围为半英里范围的相邻街区的小学校。

该规划不仅从交通流线和行车通过性的角度反映了对于汽车的关注，而且也认识到车位，尤其是免费车位的重要。街道或者胡同小巷具有了某种服务功能（比如用于汽车修理、适合骑自行车的硬路面等），客厅的另一面朝向花园。因为这样的小巷里没有快速移动的车辆，孩子们在这里发现了更多的乐趣。公园包括社区设施、游泳池和游乐区。人们对住宅形式是满意的。包括所有业主在内的住房委员会负责养护、维修公园，提供和保证娱乐设施的运行。

尽管该系统优势明显，同时给人们带来了高质量的环境品质，但这种布局没有得到广泛推广。在匹兹堡的查塔姆村社区（Chatham Village）、格林贝尔特（Greenbelt）和马里兰州等地方也建立起类似这种模式的社区，但大多属于战时的住房和政府项目。房地产开发商更倾向于采用传统的、单个家庭的划分模式，这种划分方法比较容易处理，而公众几乎没有其他选择。

1941年瑞德伯恩的构想在洛杉矶鲍德温山（Baldwin Hills）的一处出租公寓得到实践。一块80英亩的超级街区拥有627个居住单元，居住密度为7.8户／英亩。严格规定：汽车必须放置在与住宅分开的车库内，以步道相连；停车位比例是每家三个，远远高于在瑞德伯恩的比例；每个住宅单元都有能通向中央“乡村式绿地”（village green）的小院子；绿地长半英里，宽度在50～250英尺之间。通过这种方式，尽管密度相当高，人们还是愉快地聚集到了一起。这是一种适合儿童的

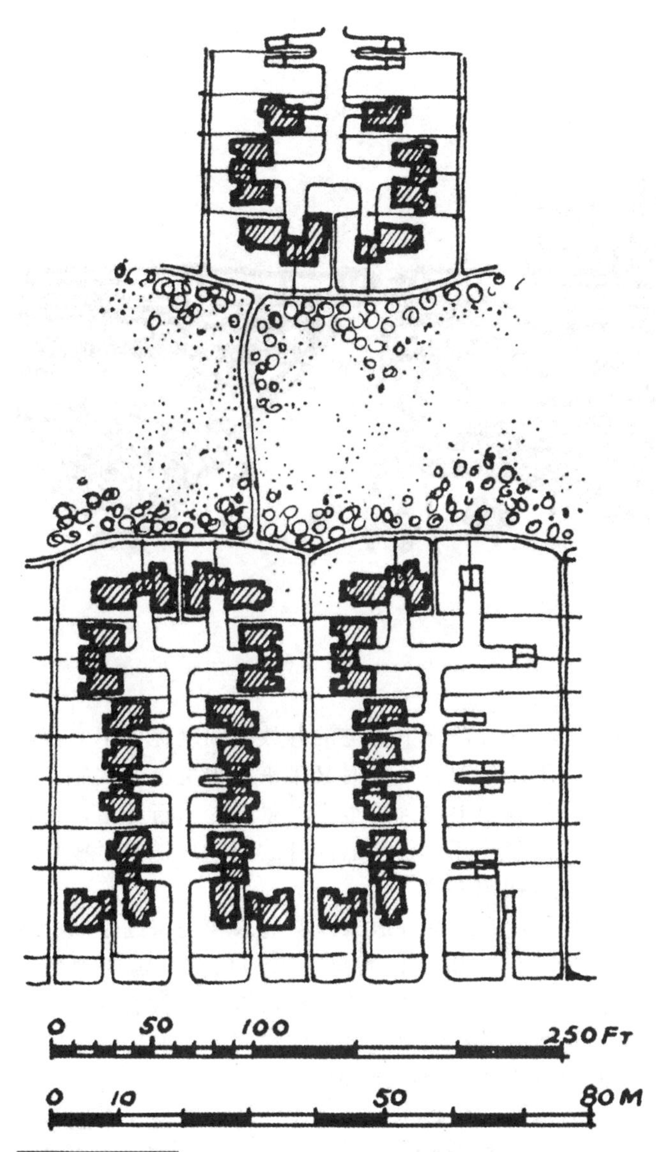

图5.10
1929年新泽西的瑞德伯恩，胡同小巷和中央绿化区域的关系。

理想规划，而且也非常适合需要隐居和安静生活的老年人或退休的人。

新兴城镇 NEW TOWNS

战争结束后的欧洲急需新住宅与重建。在英国，政府支持大规模的公共住房计划，跟欧洲其他国家一样，想通过这些计划，从外观形式上和数量上解决住房问题。这一计划的构思来源于两个方面：一个是勒·柯布西耶（Le Corbusier，1887—1965，瑞士建筑师）的“光辉城市”理念（Ville Radieuse concept），[4]提倡将高层建筑建设在景观公园之中（图5.11）；另一个是“瑞德伯恩规划”，紧凑的规划允许在住宅范围内提供公共休憩开放空间。不管采用哪种规划理念，新城镇中都有一个非常大的开放空间。通过比较该城市中人们所属的不同地区，每英亩10个家庭的密度是很低的。因为步行到学校和商店的距离很远，而被一些人讽刺地称之为“草原规划”（Prairie planning）。这种环境对于在温暖的伦敦东区成长起来的人格格不入，一定程度上新城镇的外观形式破坏或者阻碍了人们早已习惯的社交方式。

第二批新市镇建于20世纪50年代，试图针对这些批评意见做出调整。例如在坎伯诺尔德（Cumbernauld），规划了一座更加密集的城镇，其平均密度是之前尝试城镇的两倍（图5.12）。尽管密度高，还是包含了相当多的开放空间，但空间的规划分布发生了改变，大片区域、运动场和公园位于建筑物区域的周围，而不像斯蒂夫尼奇（Stevenage）那样位于其中。坎伯诺尔德更接近霍华德花园城市的规划理念。在城镇的中心，离最远的住宅步行都不超过10分钟（理论上在天气允许的情况下）。交通体系是从瑞德伯恩“超级街区”中衍生出来的，不需要交通信号灯或交通警察；实现了人车分流，不像在鲍德温山，人们往往被困于车流之中。尽管密度高，在布局中住宅区主要都是矮层的，拥有私人花园或小规模的开放空间，并且与绿化带相连。英国的新城镇规划包含有廉租公房，由于经济上的原因住房相对狭小，但布局新颖，并可以用于其他用途。

美国的新城镇建设规模很有限，而且是在私人融资基础上的。西弗吉尼亚州的雷斯顿（Reston）、马里兰州的哥伦比亚（Columbia）和南加州的欧文（Irvine）就是其中的三个例子。这些地方的新城镇都是私人投资的，并试图规划成花园城市，涵盖有住宅、工业和绿化带。

雷斯顿规划人口为7.5万人，修建有各种密度的多种住房类型，均朝向村镇中心。这座城镇似乎是针对体育爱好者而规划，有骑马场、水上运动场、游泳池、

[4] Charles Edouard Jeanneret-Gris, *The Radiant City* (New York: Orion Press, 1967). (First published in 1933 as La Ville Radieuse.)

图5.11
1933年光辉城市中的高层建筑概念。

垂钓区、划船区、高尔夫球场等。它的广告宣传册声称“在任何情况下，雷斯顿的居民只要走出家门，他们喜欢的一切休闲娱乐活动正在等候着他们的到来。”

图5.12
1958年英国的坎伯诺尔德（新城），英国。

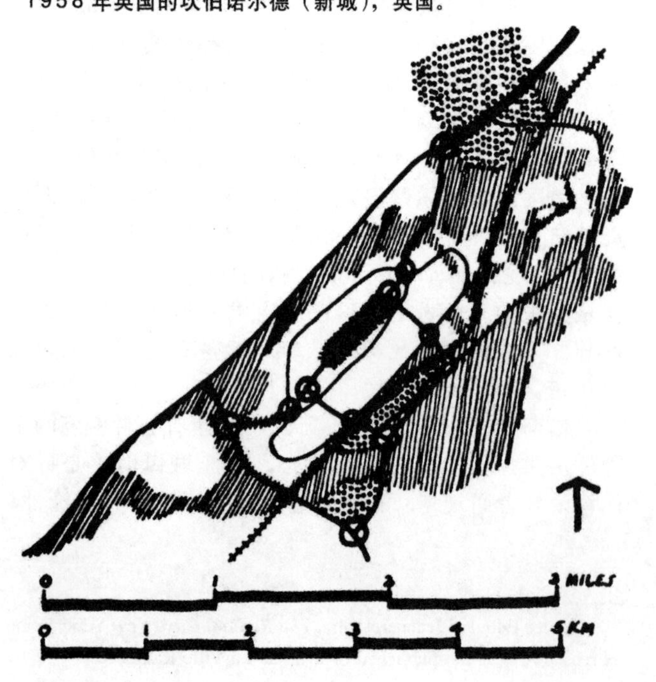

所以，在这种情况下住宅的开放空间既提供了一些具体的休闲娱乐功能，同时又带来了视觉上的美感。这也验证了规划中包含了很多的景观。人行步道、自行车道与公路分开，直接通向开放空间，并将学校与村镇中心连接起来。

尽管所有这些开放景观听起来像是家庭生活的理想环境，但在雷斯顿的每个家庭仍至少需要两部汽车。由于社区里有儿童在湖里被淹死，就涌现出安全问题。所以说景观上的舒适愉悦同样映射出社会问题以及对健康和安全的威胁。

靠近首都华盛顿的哥伦比亚特区就是一个这种类型的新城，规划到1980年时人口为10.5万（图5.13）。其中主城区建立在5英里×9英里的范围内，规划体系包含街区、村镇和城市中心。

“当我们驾车从城市中驶过，可以感受到不同于其他城市的特征，而且是特别突出的新感觉。突然降临的第一感觉就是这里没有像其他城市那样的几何形态特征，没有精准的道路网格，没有每隔400英尺就出现的90°道路交叉口。所有街道都是舒缓的曲线；大多数住宅都沿着椭圆形的胡同小巷而建；头顶上没有蛛网状的公用线路和线杆，而是全部埋于地下，也没有电视天线形成的森林。总之，这一切都消失了，只有笔直的、

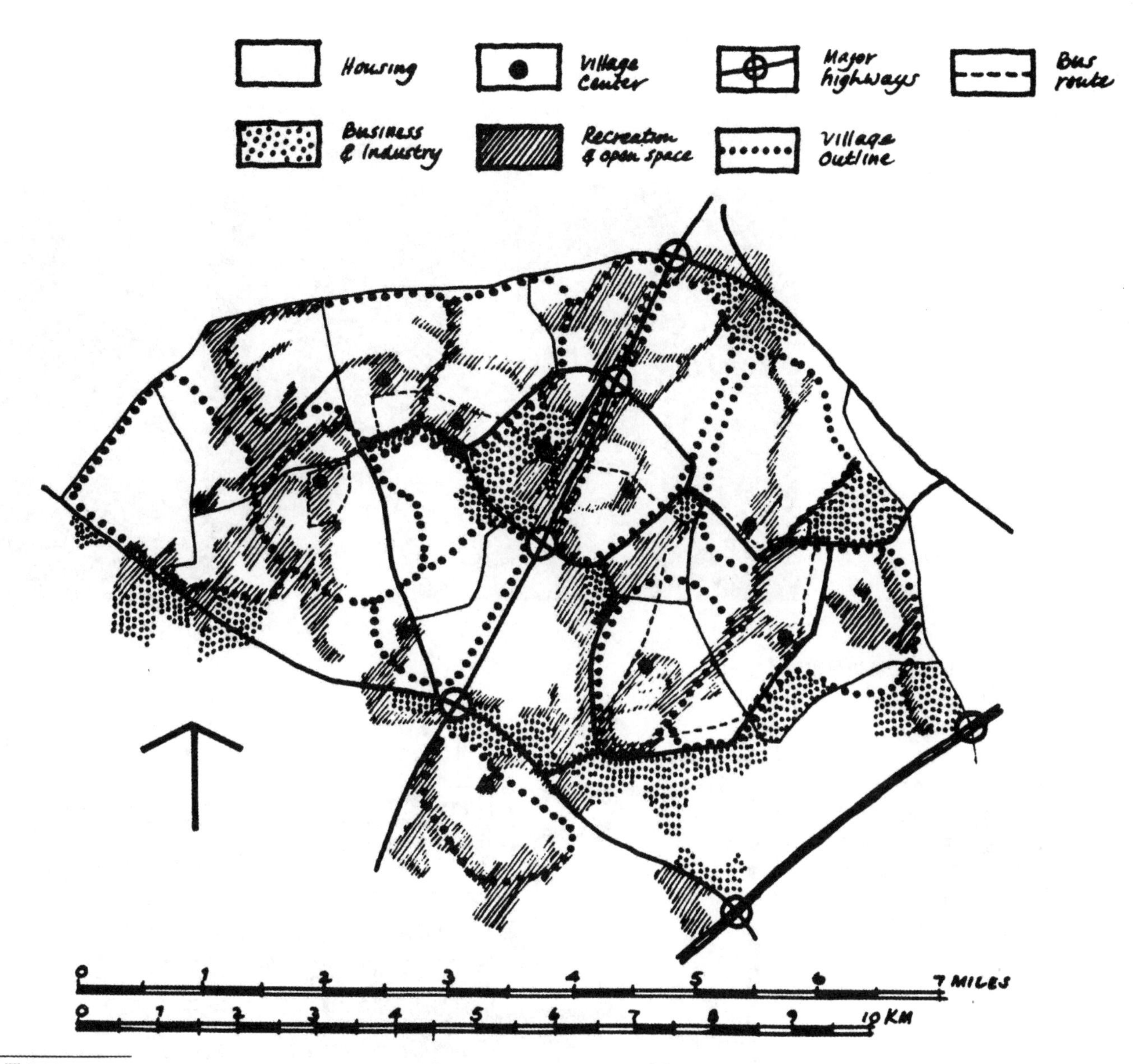

图5.13
1964年马里兰州哥伦比亚（新城）。

鲜明硬朗的边线划分出典型的居住社区；树叶落光的柳枝随风摇曳，伫立在那里的古老橡树和开阔的草坪呈现出一个温柔、宽阔、崭新的环境。”（图5.14）

《纽约时报》（*The New York Times*）的这段描述勾起人们对19世纪50年代浪漫郊区的回忆。尽管大部分的居民认为这就是“美国梦”的象征，但还是存在意想不到的社会问题。比如，这种临湖而建的开放式社区、餐馆和设施的使用者是谁以及如何使用等方面还不明确。

公寓开发项目中，周围的景观和设施通常由住房委员会提供并维护（图5.15），甚至住宅也是如此。也许这种规划模式与瑞德伯恩的“超级街区”存在一定的相似性，但生活方式很不同。在瑞德伯恩，居民按照传统的家庭方式生活，与志同道合的人生活在同一

图5.14
典型的雷斯顿和哥伦比亚新城景象。

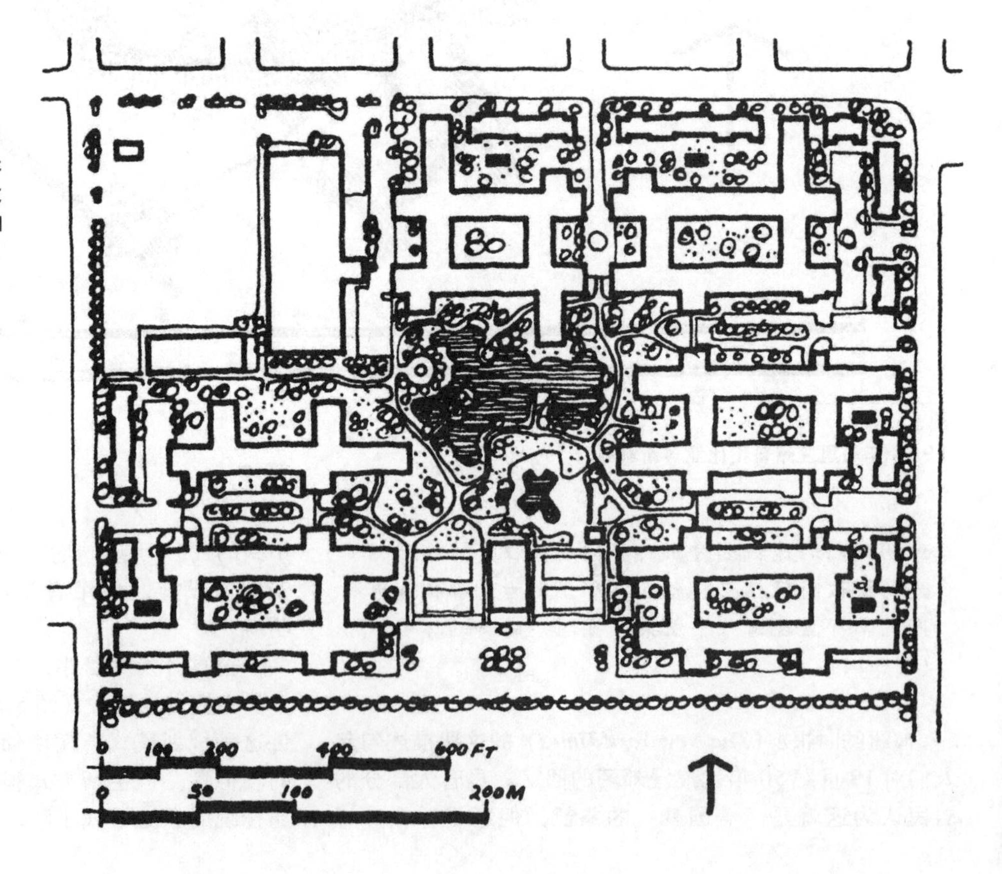

图5.15
加州的伍德莱克（Woodlake）。一座拥有大型中央公园和休闲设施的公寓综合体。建筑师是沃斯特、贝尔纳迪和埃蒙斯设计公司（Wurster, Bernardi and Emmons）。景观设计师劳伦斯·哈普林。

图5.16
丹麦的瑞德伯恩式住宅，提供了与传统划分方式相似密度或更低密度的私密空间与公共空间。

社区内；通常儿童不允许进入公寓；人们经常出去度周末，社区几乎没有了生气。这样的住宅经常被当做一种投资。

这一现象展现了一种理念上的根本改变，从象征自然封闭空间的罗马住宅，到城市广场和浪漫郊区，再到住宅周围环绕着的并渗透着景观元素的新兴城镇和组群式开发。

有两种方法用于提供紧邻住宅的大量开放性空间。一种方法是把建高层公寓楼腾出的土地，用于修建传统房屋和花园。这在一定程度上导致了邻里之间的分割以及社区与环境的分离。这种方法在某些方面是成功的，而在某些方面是不成功的，同时高层公共住宅开始与社会问题联系起来（图5.11）。

另外一种方法就是组群概念（the cluster concept），把住宅集中建筑在高密度地块中，可以完整地观看到景观，如果低密度地布置相同数量的住宅将会分割景观（图5.1）。这种组群系统可以像在公寓里用作社区设施一样，提供具有吸引力的景观和开放空间，或作新城镇中的行人骑车和骑马之用，或作为无拘束的儿童们的游戏场地。无论哪种方式都需有人出资维护和管理。这两种方法可能浪费土地，既没有考虑所需的不同开放空间，也没有考虑到更紧凑的规划所带来的真正价值，它应该是包括蓄水和防洪保护区在内大城市规划政策的一部分，作为一个系统与住宅区域开放空间部分联系在一起。

在斯堪的纳维亚半岛，土地备受珍视。在那里可以发现很多有私人花园和公共绿地住宅的例子（图5.16）。这些根本上都属于瑞德伯恩式规划，小花园通向公共草坪；用篱笆和栅栏保护私密性；公共和私人领域、家庭和社区之间有一个自由交通流线。规划结构紧凑，而且密度很高。

谈到尺度比例，庭院住宅带有封闭花园，这种带有罗马特色、极端私密的方法，其实是适合土地稀缺状况和社会复杂地区的一种经济实用且恰当合理的解决方法，但哪个地方不都是面临着这些问题吗？用来遮蔽风雨的私密阳台或露台是最小的户外单位，可以把植物种在花盆和窗外盒子里，并且人们还可以在那里晒太阳（图5.17）。所有住宅建筑至少都可以采取如

图5.17
阳台和窗边的“迷你小花园”。

此的规划建设方法。

本章没有讨论的典型细分问题，可能很快发生适应性的改变，并受到这里提及的住宅组团概念的影响。关注并增强社会的凝聚力，提供买得起的住房、适当的工作距离、高效的土地使用以及对农业用地的保护，可能导致在低密度郊区建满住宅，囊括了商店、办公室、公寓、公园等。

推荐读物 SUGGESTED READINGS

Chermayeff, Serge and Christopher Alexander, *Community and Privacy*.

Breckenfeld, Gurney, *Columbia and the New Cities*.

Creese, Walter L., *The Search for Environment: The Garden City Before and After*, pp. 108-143, "Neat and Clean at Port Sunlight and Bourneville," pp. 203-218, "The First Garden City of Letchworth," pp. 315-344, "The New Towns."

Howard, Ebenezer, *Garden Cities of Tomorrow*.

Reps, John W., *The Making of Urban America*, Ch. 15, "The Towns the Companies Built."

Stein, Clarence, *Towards New Towns for America*, pp. 37-74, Radburn.

景观规划

LANDSCAPE PLANNING

第6章

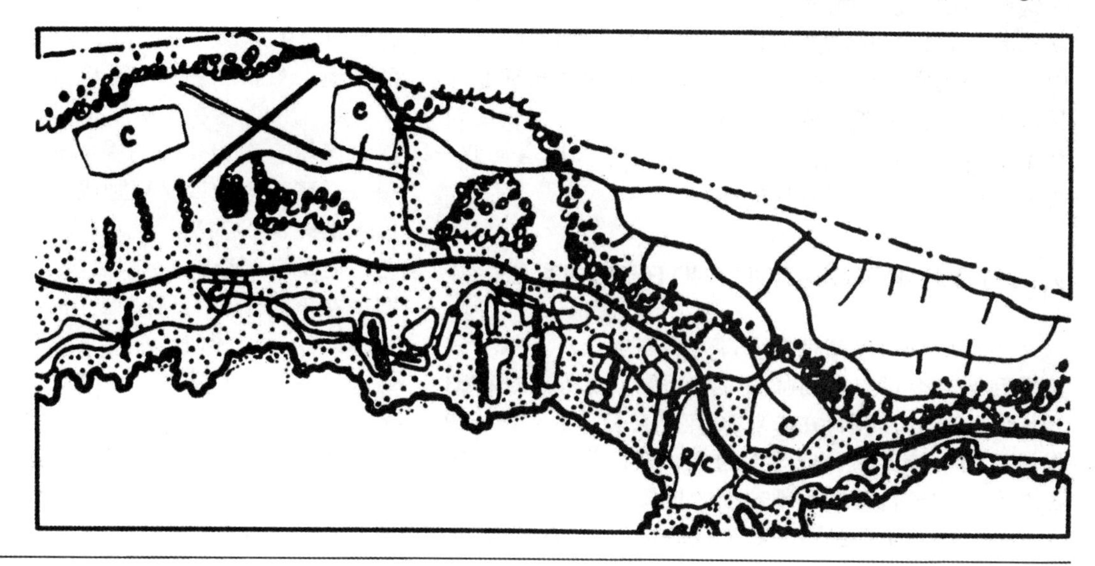

环境危机 ENVIRONMENTAL CRISIS

近几年来，社会公众对环境问题越发敏感和关注。生态与规划已成为家喻户晓的词汇，空气污染、水体污染、农业土地、核电站、有毒废料、公路和广告牌都是一些经常讨论的问题。有关这方面的文章也层出不穷，评选出来的以及属于名流望族的公众人物，也通过他们的影响力来支持生态建设。同时，建立了多个委员会和机构，制定了多项计划来调节、控制与美化环境。对于环境问题的公众关注度，从电视宣传中使用“环保”和“生态”等词语的频率就可以看出来。当然仅仅对环境问题产生这种广泛关注是不够的，专家们认为只有规定严格的限制条件，人类才有未来。比如，我们应该意识到，环境问题、污染问题和浪费资源，都是我们的社会为了追求利润，按照自己的意愿滥用土地导致的。地理学家菲利普·L.瓦格纳指出："只有我们愿意为美和生态付出某种程度上经济利益的牺牲，环境问题才会消失，才不会变得更糟。"[1]

尽管我们生活在同一个地球，但是各自属于不同类型的社会，都试图在自己的社会经济框架内和可利用的资源范围内解决自身的问题——这种方法的确可行，但是目光短浅。于是往往等出了问题，才开始着手解决，例如水体污染、空气污染、农业土壤枯竭、能源短缺以及粮食价格上涨等社会问题，也许我们能够在这些问题出现之前就及时采取行动加以制止。如果立法者、宣传机构以及工业设计工作室能够理解生活中的生态现实问题，并且开始关注人类的共同利益与长期生存，就可能避免出现很多潜在问题。那么规划将不是消极的过程而是一个积极的过程。话虽如此，我们现在却面对许多具体的冲突。

人口与资源 POPULATION AND RESOURCES

生活质量的提高带来人口的迅速增长，直接导致美国乃至当今世界所面临的环境问题。世界上现有约30～60亿人口，预计在未来30年将会翻一番。据一些权威机构估计，预计地球上的人口最终将稳定在150亿左右，如果合理利用地球上的资源是能够承载这些人口的，而在不久的将来我们面临的巨大威胁就是住房和食物供给问题。

影响人口预测结果的因素很多，这取决于研究者个人的观点和所处的地理位置。美国相对于亚洲国家拥有丰富的资源和相对缓慢的人口增长，而其消耗却是印度人平均消耗量的130倍。从世界范围考察，这显示了一种异常的失衡。但就其本身来讲，全球范围内各个技术先进的社会都存在各自的环境问题。

人口增长带来的影响表现有多种方式，而且很容易被理解。例如，有人曾经预测直到1990年，世界上超过一半的人口生活在10万人以上的城市中。1967年，赫尔曼·卡恩（Herman Kahn，1922—1983，美国未来学家）提出80%～90%的发达国家将在20世纪末实现城市化，欠发达国家的城市人口将每15年增加一倍。[2]

卡恩预测了"旧金山—圣迭戈太平洋大都市区"(San-San Pacific Megalopolis)的出现，是指以洛杉矶为核心，从圣迭戈到圣巴巴拉（Santa Barbara），并最终到旧金山的连续都市区域。在东海岸的波士顿至华盛顿之间出现了同样的都市区。雷斯顿（Reston）和哥伦比亚（Columbia）也是这一发展模式的实例。在欧洲，人口集中在英国东南部地区，围绕伦敦发展成一个大型集合都市，从曼彻斯特一直延伸到米兰。然而，由于存在人口集中现象，预计到2000年，美国人口只占据2%的土地，英格兰和威尔士也只占到16%。目前美国有一半的人口生活在距海岸50英里或1小时车程以内的滨海区域、墨西哥湾周围或五大湖区附近。原因很简单——那部分地区是更加吸引人们定居的地方，其原因包括经济、政治、地理等因素。这些地方已经城市化，还是可能继续吸引人们前来定居，造成人口增长，即使速度较前会有所降低。沿海区域总是特别有吸引力，纽约、洛杉矶、旧金山、伦敦、东京和巴黎仍将是人口密集的地方。

城市向周边土地的拓展受到限制，造成人口密度过度集中的问题，使得城市化进程加速非常普遍。例如，大洛杉矶地区面积为4000平方英里，目前人口900万，总平均密度为2250人/平方英里。相比之下，在加尔各答400平方英里的土地有700万人，平均密度为50000人/平方英里。曼哈顿的密度甚至更高，为68000人/平方英里，数值相差非常悬殊。并没有确切的数据证明，人口密度高代表不好，而数字低就代表更好。我们不能在没有进一步分析住宅类型、交通和空间分布之前，就将人口密度等同于环境质量。然而，有证据表明城市里某些环境不好的地方确会导致精神病发病率高以及诸如犯罪等社会问题的多发，同时还会引起当地人们心理和生理的健康问题。

城市扩张对住房、教育、娱乐设施、工业、商业中心和运输系统造成的影响是巨大的。供水、排污和废物处理等问题非常重要，而且往往涉及扩大的城市与内地其他地区之间的关系。此外，几乎无一例外世界上人口最密集的地区都是土壤最肥沃的地区（图6.1至图6.3）。这些土地城市化造成的土地流失必须引起

[1] Philip L. Wagner, *Constraints Necessary to Achieve the Quality of Life: The Geographer's Viewpoint*. Man and His Total Environment (Los Angeles: University of California Water Resources Center, 1967).

[2] Herman Kahn, *The Year 2000* (New York: Macmillan, 1967).

重视，并从全球粮食产量、供应量和消费量的角度对土地流失的影响进行相应的评估。可以通过动态方式反映统计数据，例如，据估计美国每年丧失100万英亩最好的农田，而英国损失沃土的速度为每天10英亩。

规划和政治 PLANNING AND POLITICS

不论住宅与增加人口的分布问题涉及了哪些规划概念，都要面临两个主要问题。首先，未城市化的地区还将继续有新的发展；其次，城市人口扩张与周边腹地的互动关系，将大大提高和增加对娱乐和资源的需求。还有就是对现有城市中心的重建与环境改造以及对高密度生活等一系列问题的广泛关注。

图6.1
在全世界土地最肥沃的耕地上，发生了修建住宅与农业耕种两种用途之争，加利福尼亚州，戴维斯（Davis）。

图6.2
1957年弗吉尼亚州华盛顿郊区的阿灵顿（Arlington），占用林地的景观。威廉·A．加尼特拍摄。

图6.3
1952 年加利福尼亚州南部的西科维纳（West Covina）。住宅区取代了橘园。威廉 · A．加尼特拍摄。

目前我们常见的人口比例、资源危机以及全球性资源浪费和环境混乱等问题，都使得以挽救人类生存为目的、采取综合性手段的规划行为势在必行。

有些问题的确要远远超过实际规划与设计。显然，设计师无法创造健康和美好社会所必需的社会与经济的稳定性。规划师和设计师的职责就是创造社会环境。为了鼓励、允许或者降低人类的意愿和需求，为了实现社会和文化的互动以及为实现经济的稳定、高效和人类的健康、舒适与幸福，在创造社会环境的过程中他们必须意识到环境管理内在的可能性。环境设计和规划离不开这些基本的社会因素。

芭芭拉·玛丽·沃德（Barbara Mary Ward，1914—1981，英国经济学家）在《人类的家园》（*The Home of Man*）一书中从政治和经济两方面对未来世界进行了研究，[3]涵盖了三个方面的内容：（1）人口的增加，（2）理想化的民主公正，（3）不断减少的资源。她认为：（1）人口增长问题应该也能够通过设计和谋划解决；（2）为穷人提供最低标准的基本住房应成为社会消除贫富差距的主要目标；（3）控制资源使用，有限的资源迫使我们设计可持续发展的环境。

对沃德来说，这些目标是可以通过政治决策实现的，比如通过资金（税收）和人力资源的适当分配，以获得（例如）人口稳定的条件、保护能源，并大量减少国防支出（她指出1976年全球此项支出达2.5万亿美元）。她主张采取计划经济，控制土地价格，防止投机行为，并将开发权与产权分离。另一方面，她主张国家对农田、土壤、水源、娱乐区、生态敏感地区与景观敏感地区均登记在册，简而言之，制定一项涉及土地使用、住房、公用事业、交通、工作、休闲、便捷与美化的国家计划。这样，人们可以舒适地生活在一个由现存城市框架结构改进而成的、全面的、有生气的城市社区里，这样的社区是经历史传承延续而来，而不是完全重新规划。退化的土地将得到恢复、被忽视的地区会变成运动场和冒险游乐场。游乐区将设立在城市边缘地带，粮食产地和消费市场之间将会建立更紧密的关系。而这一切会因国家而异。她的观点很简单，那就是一个统筹协调的政策；而这样一个政策有赖于国家的承诺，而不是依靠地方企业，最终将会产生公平而广泛的影响。

城市化和景观 URBANIZATION AND THE LANDSCAPE

不管是否是由于社会经济和政治因素导致了新城镇的建立，扩建现有城镇以满足人口增长或采用其他解决办法，选择适合城市化的土地，都依赖于对这一地区的脆弱性和其他使用价值的评估。景观脆弱性是指地质、土壤、坡度、气候、植被、野生动物和景观品质，由于某种程度上的失衡或其用途的改变导致的景观退化。景观退化的特征是过度的土壤侵蚀、河流淤积、山体滑坡、洪水和野生动物消亡（图6.4至图6.6）。此外，其他用途或更高价值使用类型的评估，则取决于对景观的定义和它作为一种资源的社会内涵。于是清洁的河流和蓄水层、稀有的植物和野生动物、高品质的农业土壤、历史名胜风景区，将因为它们的独特性、稀缺性和不可替代性受到保护，最终回馈社会（图6.7）。

显然，判断脆弱性与价值标准的决策能力依赖于对景观进化、环境基本要素以及基本自然过程与我们掌控的内部生态关系的理解。因此必须找到一种评价自然系统中变化要素的方法，使之成为土地使用政策和项目规划与设计中强有力的、利于管理的决定因素。

景观规划 LANDSCAPE PLANNING

“景观规划”一词的含义是什么，它跟社会规划与经济规划有何不同？布赖恩·哈克特（Brian Hackett，1911—1998，英国景观设计师）认为，景观规划师的角色应该是在景观心理学知识及其美学解读基础上配置与整合各类土地用途，最终达到景观发展的另一阶段。[4]英国景观设计师西尔维亚·克洛认为，景观规划是一个比土地用途规划更广泛的概念，因为它还包括外观、用途、娱乐和生产力等内容；她还认为，景观规划的作用还在于处理错综复杂的功能作用与居所的关系，将完全无法协调的用途分离出来，同时整合多种用途，把它们作为生活背景，将每一种特殊用途与景观整体联系起来。[5]伊恩·麦克哈格（Ian McHarg，1920

[3] Barbara Ward, *The Home of Man*, 1976.

[4] Brian Hackett, *Landscape Planning* (Newcastle: Oriel Press, 1971).

[5] Sylvia Crowe, The Need for Landscape Planning, in *Towards a New Relationship of Man and Nature in Temperate Lands* (Morges: IUCN, 1967).

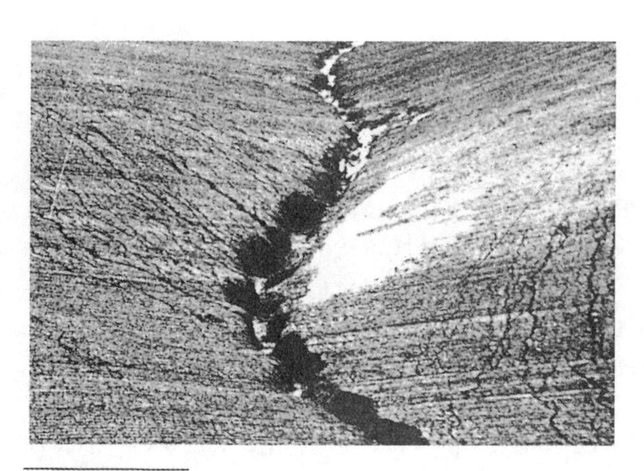

图6.4
土壤侵蚀。

图6.6
一年后的同一分洪渠，因为土地细分开发引起土壤侵蚀导致的淤塞。

图6.5
分洪渠道。

图6.7
高产的农业土地——有价值的社会稀缺资源。

—2001，美国景观设计师）对人类通过创造力（creativity）改变景观的行为提出了质疑。他认为，人类作为自然的一部分，在进化过程中需要具备创造性，但是这些创造力引起的改变应该尽量遵循自然法则和演进规律。他坚信，景观规划理论体系的基础是——自然，作为一个过程体现了人类在向大自然索取时面临的机遇与制约。[6]

景观规划包括：与研究相关的科学层面和以研究为基础的塑造成型层面，这两个层面最终导致了政策的出台。景观规划是为了满足人类需求的变化形势，按照生态原则对景观进行调整，以此来制定政策框架和行动方针。

这些观点描绘出景观规划的内容，其过程可分为四个阶段：（1）调查与分析；（2）评估；（3）政策或方案设计；（4）实施。

景观调查 The Landscape Survey

景观调查是对形成景观的实际状况及形成原因的评估。调查信息包括三项：景观的生态因素，人类、社会经济与文化因素以及反映前两项因素相互作用的视觉外观。

[6] Ian McHarg, *Design with Nature* (New York: Natural History Press, 1969).

图6.8
怀俄明州阿布萨罗卡山区(Absaroka Range)的山野景观类型。肖肖尼国家森林公园(Shoshone National Forest)。小罗伊·伯顿·利顿(Roy Burton Litton, Jr., 1918—2007，景观设计师)拍摄。

自然因素(Natural Factors)。这项调查首先是鉴定景观类型，可以通过生态和视觉品质进行界定。所有的土地不论是耕地或荒野，肯定都不是普通商品。每一处景观由于其形成过程、基本结构和不同的地理位置，都是独一无二的；每种景观类型或生态系统都是演化力量和实际状况的动态反映。因此沙漠与海滨不同，山区与沼泽地不同，诸如此类(图6.8至图6.10和图11.7)。每种基本类型的微环境都涉及不同的地质、土壤、方位、坡度、植被和人类的使用用途等因素(图6.11)。

而每项内容的细节分析则取决于研究的目的。如果这项研究的对象是一大片自然区域，需要针对某些用途的内在适应能力进行调查，就必须对所有的自然

图6.9
加利福尼亚州托马莱斯湾(Tomales Bay)的海岸线景观类型。加利福尼亚湾北岸背风处种满茂密的橡树。小罗伊·伯顿·利顿拍摄。

图6.10
泰勒河（Taylor Creek）的河岸草甸，埃尔多拉多国家森林公园（Eldorado National Forest），太浩湖（Lake Tahoe）。小罗伊·伯顿·利顿拍摄。

因素进行综合评估。

景观—生态因素调查必须包括历史—地质发展过程的描述，这一过程即景观基本形态的形成过程、各种地质构造的分布和裸露情况。必须确定地层的位置，还需对渗透性、含水性、稳定性和其他变化因素进行描述（图6.12）。断层线、塌方、河流切割和其他动态因素也必须加以记录和测绘。土壤是地质的一种延伸，尽管土壤并不一定分布在其形成的地方。因地质渊源、形成方式、风化过程和人类用途等因素的不同，土壤的构成各异。除了上面的因素，土质分类和命名还要根据土壤的稳定性、侵蚀性、收缩—膨胀能力和肥沃性等方面的特质加以描述。

水不仅是构成景观形态的重要组成元素，还是生命赖以生存的基础。它是重要的生态决定因素。此外，水还是环境中所有动态元素的连接要素。因此我们的分析必须反映出它来自何处、流向何方以及它在地上

图6.11
楠塔基特岛（Nantucket Island）景观类型和价值分布图（祖比（Zube），1966）。

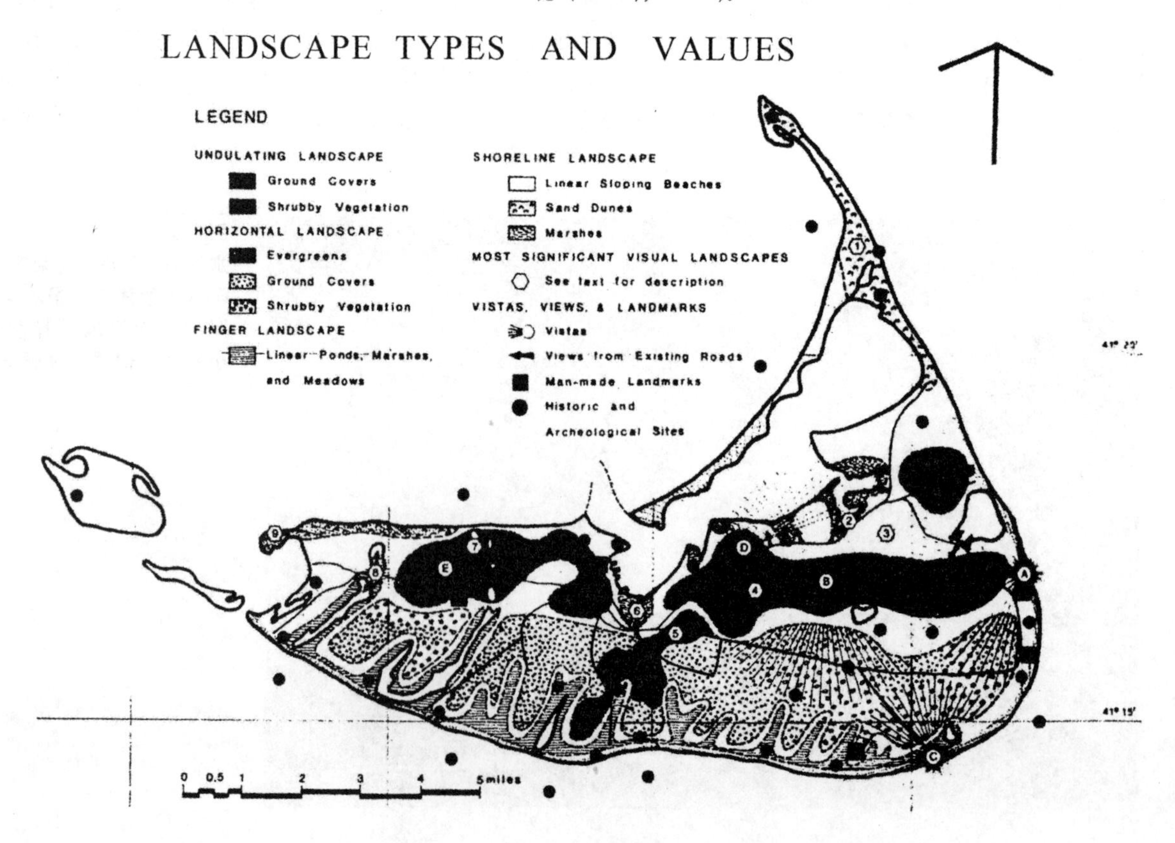

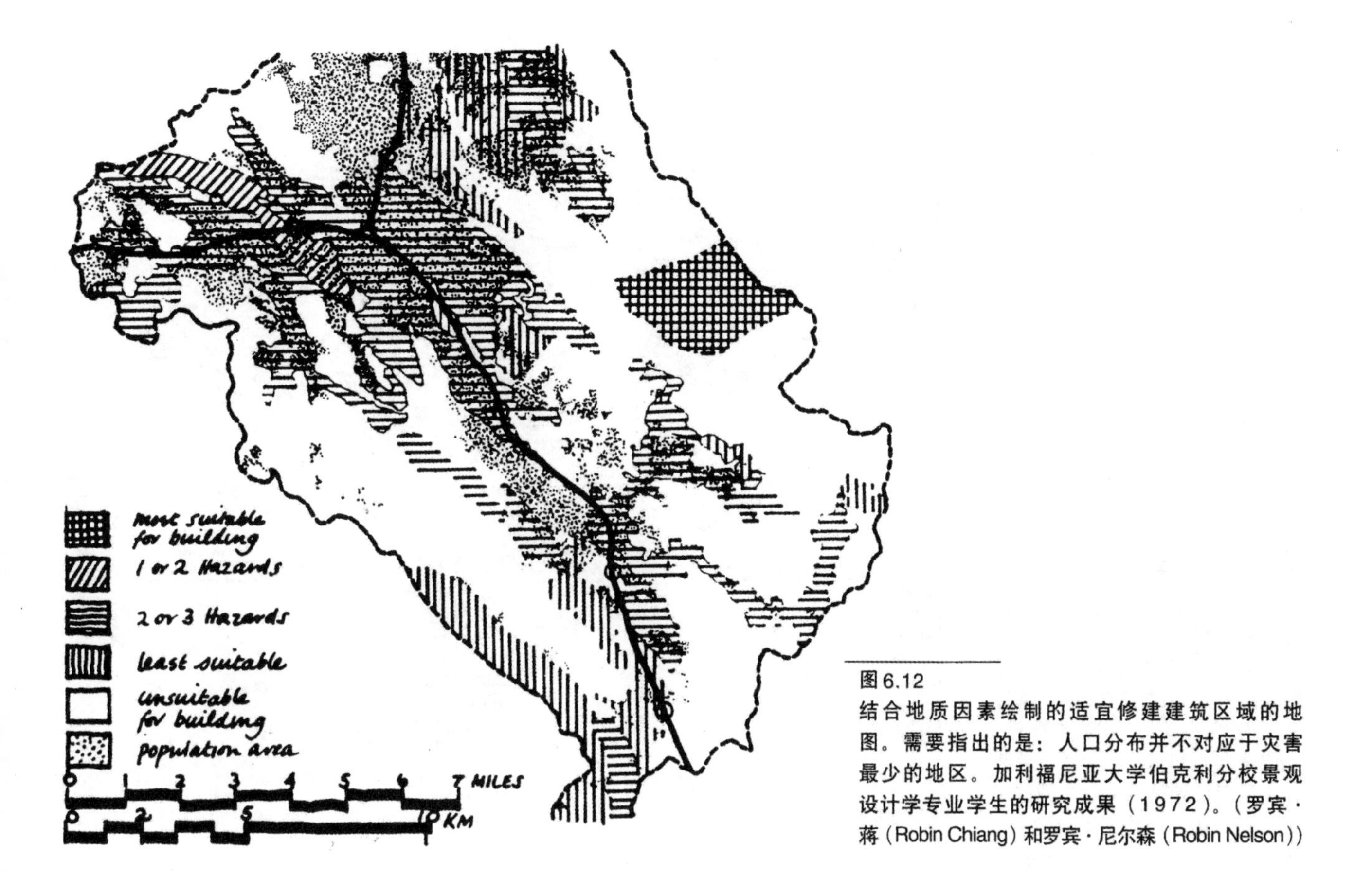

图 6.12
结合地质因素绘制的适宜修建建筑区域的地图。需要指出的是：人口分布并不对应于灾害最少的地区。加利福尼亚大学伯克利分校景观设计学专业学生的研究成果（1972）。（罗宾·蒋（Robin Chiang）和罗宾·尼尔森（Robin Nelson））

和地下的储存位置。气候负责陆地上的水量分配；温度、风和水共同组成了数百万年以来塑造景观的侵蚀元素。温度、水、土壤等各种可变元素又决定了植被的分布。自然景观中的各种植物及其分布是这些可变元素的指标。景观地形学还反映了其他一些因素，比如植被分布（海拔和坡度方向）、地质结构的稳定性和土壤（陡峭的斜坡）。野生动物的生存完全依赖于植被的数量和分布。所有这些数据必须汇总，测绘成图，这样便于研究它们之间的相互关系。对上述要素的数据实现数字化并绘制成图有助于加速评估进程。

社会因素（Social Factors）。调查中人的因素、社会经济因素和文化因素要视具体情况而定。源于居住与土地使用的人类文化印迹可能已经历了相当长的一段时期。因此，历史的关联、事件和里程碑应该和当前的土地与人口分布、定居点和工业一起记录下来。同时，土地所有权和政治管辖权在评估阶段也能提供有用的信息。这其中还包括在环境变化与保护、土地价值和买卖以及环保团体的活动等压力下反映出来的信息。

视觉品质（Visual Quality）。视觉分析列入基础数据调查中，其前提是定居点具备如诗如画的风景和地貌这些潜在的资源，可以根据其独一无二的特点和艺术家的审美原则进行评估。

正如我们在第 3 章中讲到的，自 19 世纪中叶，那些具有特殊视觉品质的地区因为其审美价值被辟为保护区，如美国的优胜美地（Yosemite）、黄石（Yellowstone）和英格兰的湖区（Lake District）。近年来，对视觉品质的关注已经延伸到了更普通的环境。自然风光会议（the Natural Beauty Conference）和1965年的《高速公路美化法令》（the Highway Beautification Act）都是在这种观念影响下的产物；并进而促成了更综合性的立法，如《国家环境政策法令》（the National Environmental Policy Act，1969）；1970 年加利福尼亚州、佛蒙特州和缅因州也制定了类似的州一级的法案。除了保护资源、减少

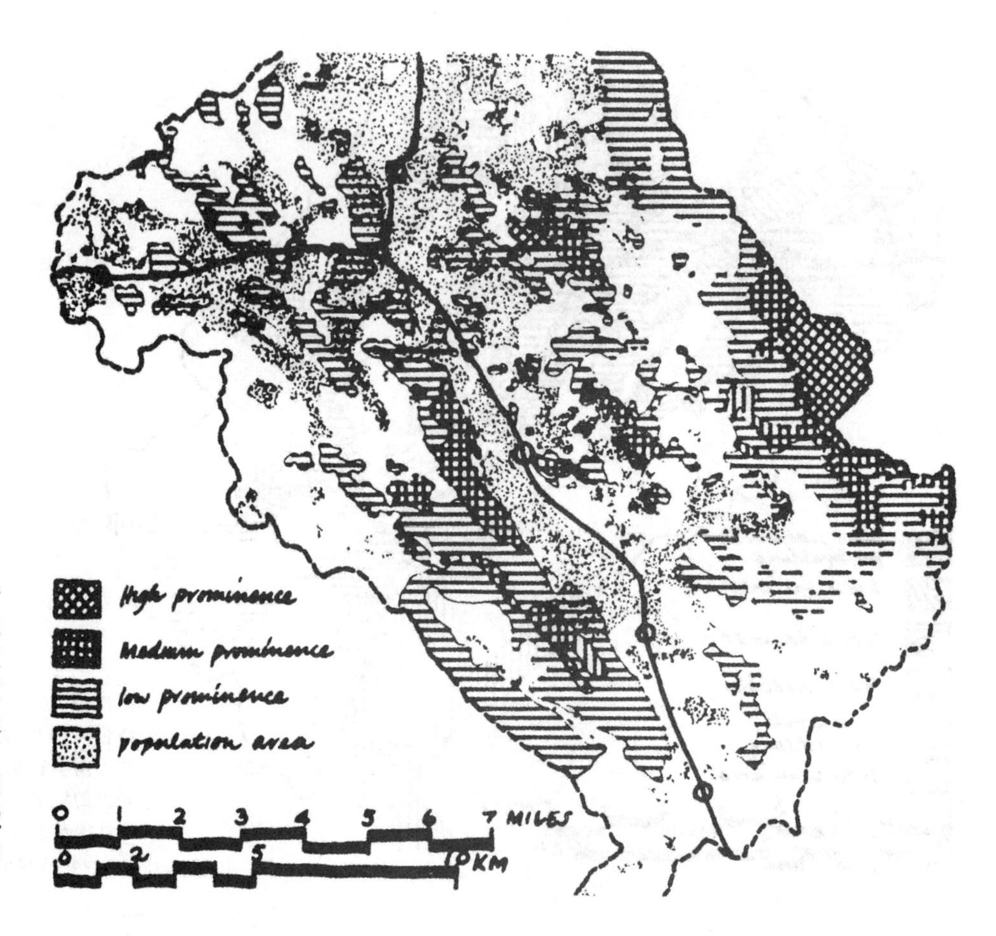

图6.13
分水岭处最主要功能的图解分析图。这一评估是由区域内10个采集点的分析汇总得出的。重点区域能在7～8个点观察到，中等区域能在3～4个点观看到，低等级区域只能在1～2个点看到。1972年加利福尼亚大学伯克利分校景观设计学专业学生的研究成果（布莱恩·林奇（Brian Lynch）和乔治·莱勒（George Lefler））。

损害，比如水土流失、乱砍滥伐、洪水、野生动物栖息地迁徙、空气和水体污染以及不利的社会和经济变化等，各项立法都将视觉质量作为环境影响评估过程需要考虑的一项因素（将在第128页进行讨论）。

《国家环境政策法令》和《加州环境质量法令》（California Environmental Quality Act），要求对无法量化的环境进行舒适度评估，同时对天然美景、自然环境和历史环境加以保护。这一规定带动了景观评估方法体系的发展，通过对景观评估，进而对以规划和保护为目的的景观进行描述与评价，列入环境影响评价（EIS, Environmental Impact Statements）和环境影响报告（EIR, Environmental Impact Reports）的内容。研究遵循两个主要方向，第一个方向涉及感知和偏好的研究，其中景观质量是通过人们对景观形象和类型的整体反应做出判断。研究结果显示出人们对景观的基本倾向——追求自然性、复杂性、独特性并且要有水体元素构成（福尔（Vohl））。[7]

第二个方向是利用描述性清单（descriptive inventories）作为反映景观的一种手段，然后再根据一套审美标准和专业判断对其进行评估。这种景观清单（landscape inventories）描述了土地的地貌、水体、植被、土地利用和居住模式。景观清单要么是从某一观察点出发，例如沿着一条公路、小径或溪流；要么是从地域和整体的角度，更多的是将保护风景名胜景观作为一个整体，而不是简单地从道路的视角。这两个方向都很重要，景观清单确定了前面提到的景观类型（第107页）。尽管视觉特性与生态特性相互依存，但比生态特性更直接。

描述景观的清单是客观的，包括典型特征和独特之处，通过照片、绘图和地图来表现。不管清单中的

[7] R. Viohl, Jr. *Landscape Evaluation* (Albany, N.Y.: New York State Sea Grant Institute, 1975).

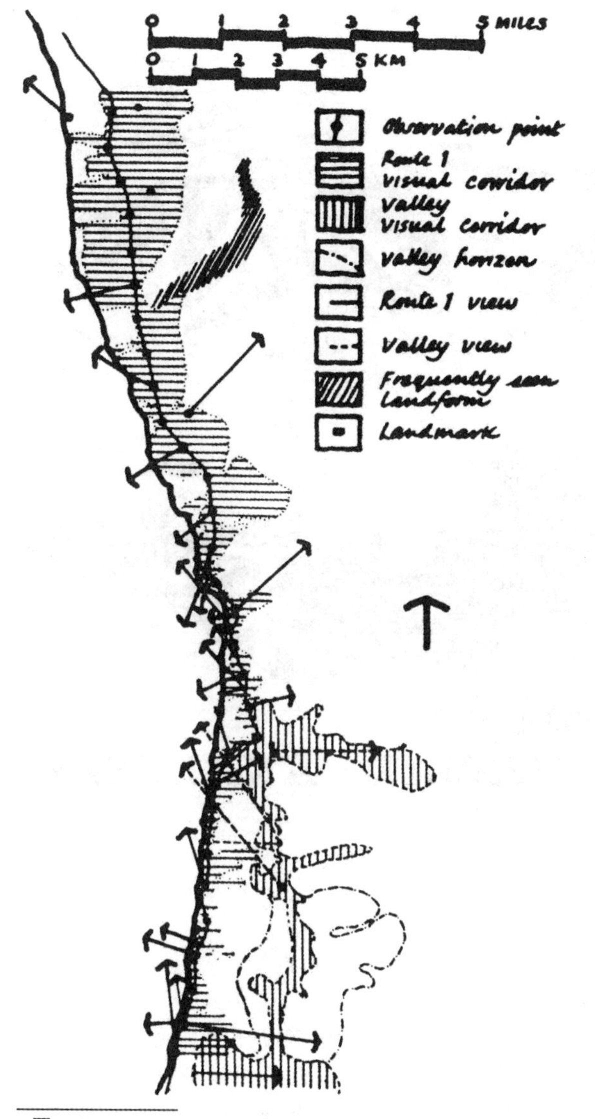

图6.14
在一条道路上沿固定宽度进行观测产生了视觉通廊的概念，并且提供了景观标注和不断变换的景观品质。1973 年加利福尼亚大学伯克利分校景观设计学专业学生的研究成果（米歇尔·诺克斯（Michael Knox）、史蒂夫·朗（Steve Lang）、布伦丹·多伊勒（Brendan Doyle））。

描述是线形的还是块状的，最基本地貌景观的单元都是由土地形式和植被界定。这些单元可大（其特点是土地的重叠，如山麓地区）可小（其特点是地形围合，如山谷），使用了主题景观、焦点景观、全景景观等名词术语（利顿（Litton））。[8]区域景观单元不一定是从任何一个点都可见的，因为它不是根据可见度来定义，而是由一个指定空间区域中相似的景观品质来定义的。一个线性的图解单元，既包括从具体的观察点可以看到的诸多土地，并且还可能包括一些相邻地区之外的不连续地区（图 6.13 至图 6.16）。

尽管美国林务局的可视化管理系统（Visual Management System，1974）[9] 与维持丰富多彩的景观目标紧密相关，但同样也包括风景资源和旅游资源，采用了两套景观品质评价手段——“多样化等级”（variety class）和“敏感度水平”（sensitivity level）。“多样化等级”将景观分为三类：独特性（distinctive）、共同性（common）以及最小性（minimal）。这些都用来衡量景观构成特征的独特条件，如土地形式、水体、植被等。运用航空照片和实地观察划分区域并绘图。第二种手段“敏感度水平”关系到人对景色品质（scenic quality）的感觉。从高使用率的地方，如主要观光道路、大型露营区和湖泊等地方观察景观获得基本数据。同样，还有三个由人们能看到的景观量来决定的重要性层级。这些区域跟“多样化等级”同时标注在地图上。通过这种方法最重要的景观区域被明确下来。虽然这种表现方式有些粗糙，但简单明确，还采用了传统美学标准的线条、形式、肌理质地和颜色。当然还有其他衡量景观品质的标准，比如生动难忘（memorability）、统一（unity）和变化（variety）、能见度（multiple visibility）、复杂性（complexity）和多样性（diversity），在这一复杂领域中运用了不同的评价体系。

另一种方法，根据 20 个风景元素（如植被、斜坡）排列视觉单元，作为生动性 / 独特性四个等级的特征之一，运用到以地貌为基础的 5 个景观特征中：（1）天际线（skyline），（2）轮廓（profile），（3）地面及水体形式（floor and water forms），（4）湖泊（lakes），（5）河流和溪涧（rivers and streams）。[10]

除了自然风光（natural scenery）之外，城镇和村庄的视觉品质、农业和景观遗产正变得越来越重要。随着社会进步，需要保护历史遗存不受商业发展的冲击。在这些元素中，时间、植被管理和真实性，使过程和目标变得日益复杂。

[8] R. B. Litton, *Forest Landscape Description and Inventories*, 1968.
[9] U.S. Forest Service, *The Visual Management System*, 1974.
[10] R. J. Tetlow and S.Sheppard, *Visual Resources of the NorthEast Coal Study Area*, 1976.

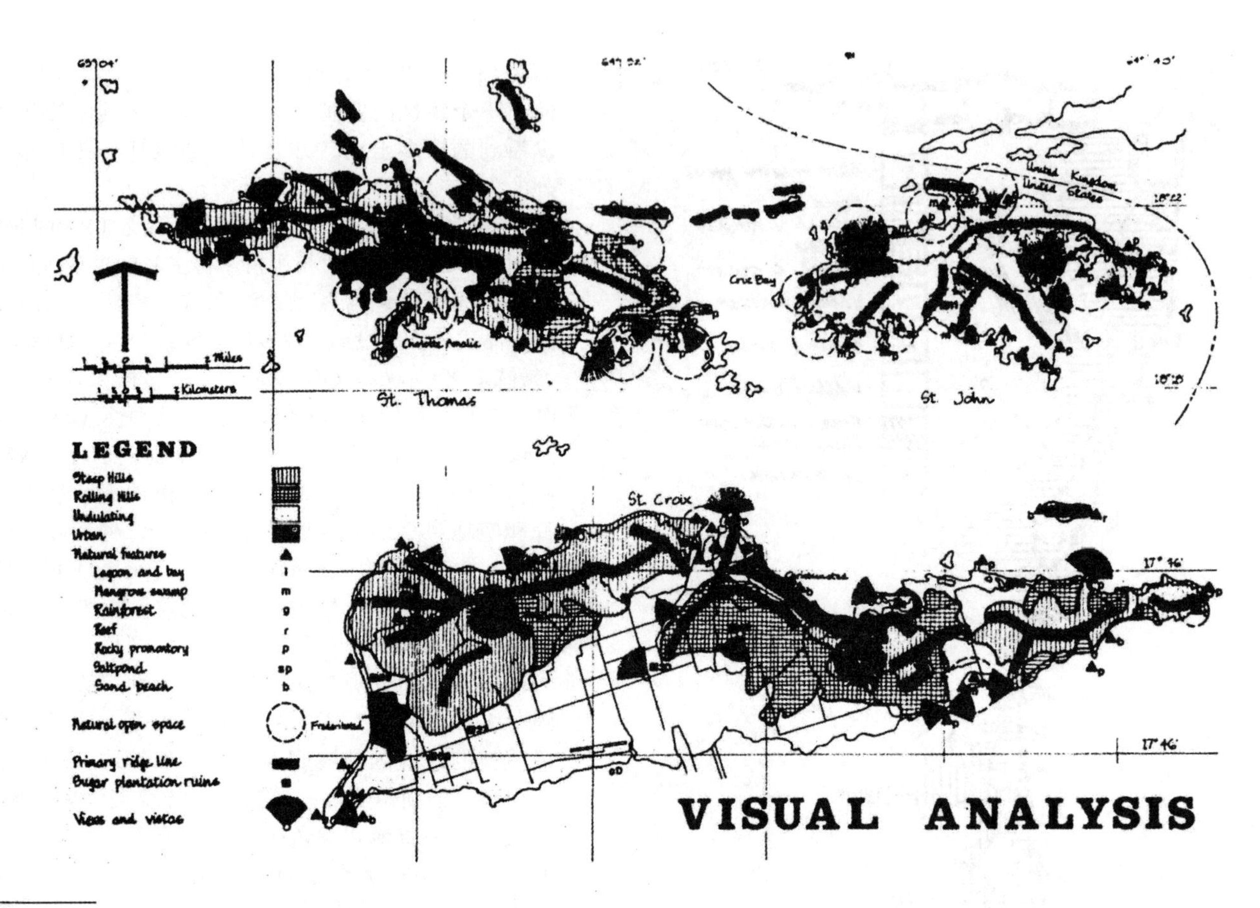

图6.15
维尔京群岛（Virgin Islands）的图解分析（祖比，1968）。

图6.16
采用等高线和剖面线计算从特殊点观察景观的可视度，也可以应用电脑程序来完成。

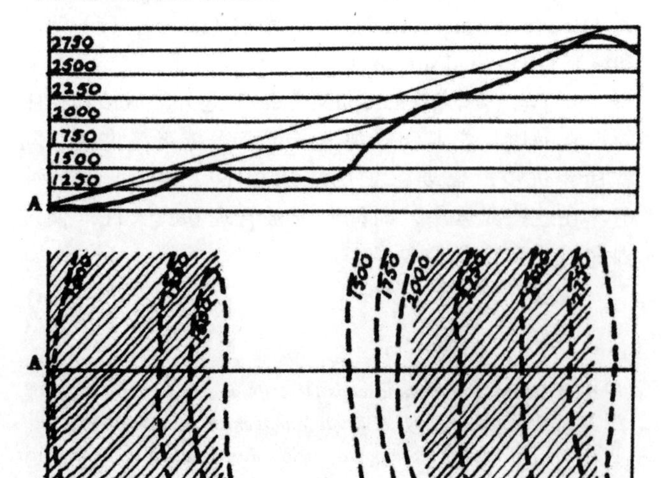

所有景观评价方法的基本目标都是确定它的品质和功能，并赋予它特征。因此，可以评估变化和发展带来的影响，从而预测制约条件、缓解手段或保护措施。改变景观脆弱性的措施，或者以最小影响推进发展的能力，往往成为景观评价的必要组成部分，尤其当可以选择改变的地点时，比如道路的线路或是滑雪场地。这些通常根据斜坡的坡度、植被格局、土地形式的复杂程度等决定。由于评价方法更加客观，视觉品质作为景观规划过程中的一个因素可能受到更多的重视。

那些景观点或景观带的照片和草图，是景观调查的重要组成部分，构成了原始数据。著名地标和所有视觉品质的基本要素以及其他信息都可以通过同样的方式绘制到地图上（图6.13至图6.16）。

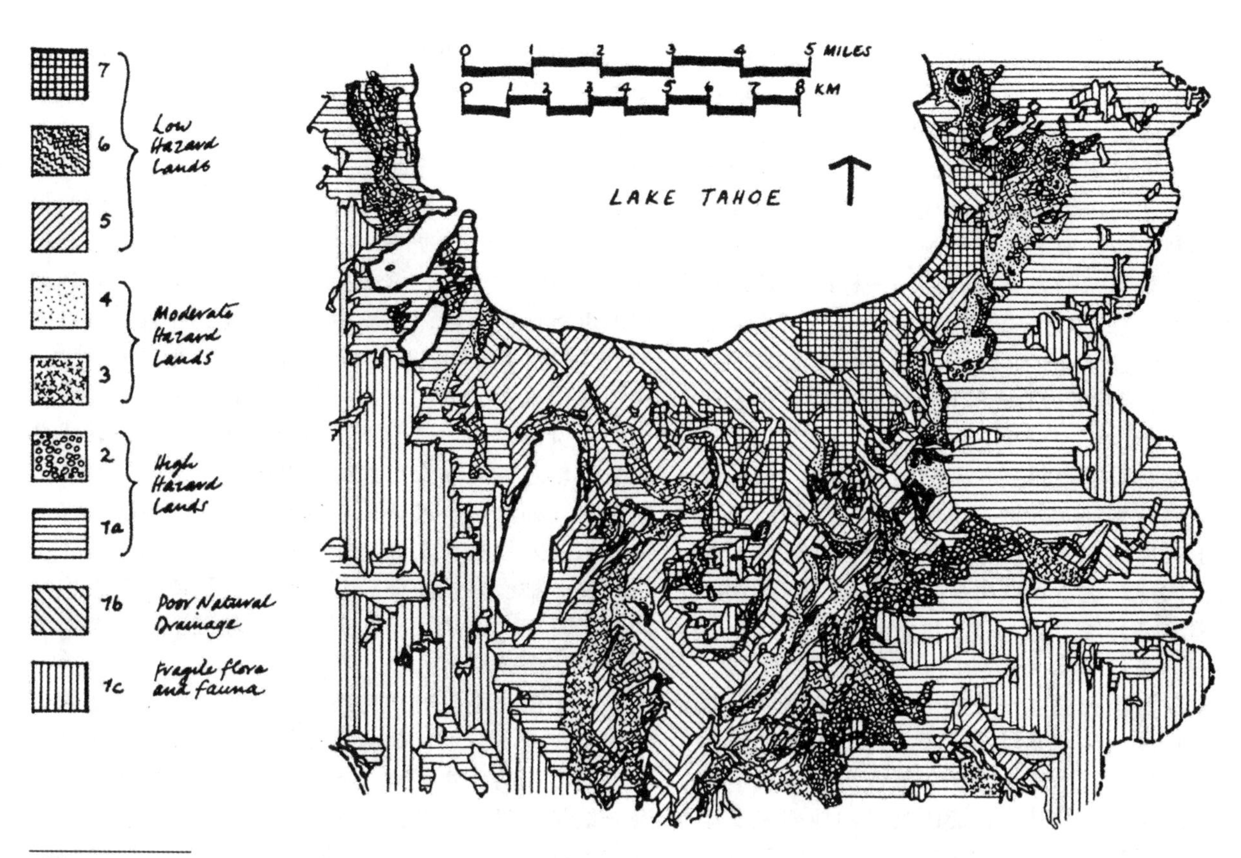

图6.17
太浩湖盆地（Lake Tahoe Basin），土地能力。美国林务局与太浩湖规划局（the Tahoe Regional Planning Agency）1971年合作绘制地图的一部分。图中用数字标示出了7种土地能力等级，目的是为了提高土地承受力，同时避免永久破坏。土地能力考虑到：（1）由于侵蚀及其他原因造成损坏的风险；（2）这种损坏随之而来的是对植被、沉降、洪水、野生动物和水质的影响。
土地能力是由洪水、山体滑坡、海啸、高地下水位、滞水土壤、脆弱的动植物物种群和易侵蚀土壤等灾害性因素的频率和程度决定的。1级地区代表了灾害发生频率最高、规模最大的区域；7级则代表这种灾害小到可以忽略。
这张地图在水文强度和地形条件下判断土地受损的危险程度，进而安排使用活动和使用强度。研究并非建议将在图中显示的区域实施开发。
最低等级的土地，其用途的承受力最低，包括坡度最陡（超过30°）、最容易遭受侵蚀、潜在径流量最高或者土壤排水能力最差、动植物物种群最脆弱。

评估 Evaluation

地理学家菲利普·L.瓦格纳建议应该从经济、美学和生态价值等方面对景观进行评估。[11]我们管理土地应该以优化生态适宜性和健康、提升视觉美感与增加就业机会为目标。换句话说，评估阶段应关注自然潜力与人类社会对经济和技术需求之间的平衡。因此，调查收集的信息资料必须依据现有的自然过程、土地的内在适宜性及环境变化给土地带来的压力等方面加以解释和评估。必须通过价值稀缺的程度、发展的局限、土地不同用途的选择以及对自然系统是否有影响等方面进行特征评估。

评估是对土地潜在用途和自然系统抗干扰的程度做出判断。因此，我们可以通过景观潜在的用途和这些用途的最佳标准，在允许的抗干扰范围内确定区

[11] Philip L.Wagner. *Constraints Necessary to Achieve the Quality of Life: The Geographer's Viewpoint*. Man and His Total Environment (Los Angeles: University of California Water Resources Center, 1967).

域。现在我们关注两个主要问题：首先就是要对这些土地用途界定最佳的景观标准；其次就是确定影响各类土地用途的景观类型。针对某一特定土地用途，根据这些因素，去实现各个等级的适宜性。当这种适宜性在某一点上达到极限，便逐渐成为某种社会价值职能和减小不利影响采取的缓解措施。数据的准确性当然是关键，而新技术的发展可能使一些标准过时或降低对环境损害程度的估计。"能力"（capability）通常是指对土地变化能力的科学评价，而"适宜性"（suitability）是指与能力有关的特殊用途标准及相关社会价值（图6.17）。

显然标准和影响是相互联系的两个问题，但是现在我们将它们分别加以分析。土地使用的标准一定程度上取决于具体的地理和文化背景。每个标准都从两个角度进行阐述：运营者或用户，还有公众。这些标准分为三类：（1）经济学，（2）健康和安全，（3）生态关系与视觉关系。因此最佳的农业用途将对土壤、坡地、排水、方位和通道设定标准。高速公路将对曲线和坡度有标准。住宅要对地质稳定性、污水处理和微气候制定标准。河岸滩涂容易滑坡或沉陷显然不适合修建住宅和学校；此外，地震断裂带和地震多发地区也不适合。尽管这些地区的居民常常对危险已经视而不见或听天由命，但是这些自然地质灾害还是会造成巨大的社会损失（图6.18）。一旦灾难袭来，修复道路和服务设施的费用通常还是由市民买单，也就是说造成社会的损失。核电站的建设比较特殊，人们广泛关注其稳固的基础。

居住房屋应该选择最适宜的微气候区。冬季湖泊的蓄热效应、大风降温作用以及植被都是可以利用的最佳户外生活环境，至少能够将调控热冷的成本降至最低。相反，在温带气候区由于其坡度地形或朝向，一整年都很少受到阳光直射，特别在冬季，为了健康生存要花费更多的采暖费，因此从节约能源的角度反而不适合人类居住。从经济学角度看，这类地区将会增加建设成本，却不会吸引开发商，除非在位置或景观上有所补偿。要对房屋方位制定一些特殊标准来确保视觉质量。

适宜性只是表明在任意区域内同时出现的一部分或大部分的积极因素。当然土地可能有多种用途，而且这些用途可能是兼容的，各类土地用途可能属于进化过程的一部分。

影响问题通常涉及土地用途的改变对环境的影响以及对包括肥沃的土壤、纯净的水源、矿藏和独特的美景等不可再生资源产生的影响，但是这类影响很难界定。影响可能只是简单地失去这些资源。此外，对资源的定义可能已经改变，还应包括栖息地：支持生态群落食物链的土壤和植被以及控制损害农作物的害虫。因此，弗兰克·弗雷泽·达林（Frank Fraser Darling, 1903—1979，英国生态学家）指出，欠开发的景观和林地没有任何用途，环境中极为重要的并且是具有生产意义的要素不能轻易忽视。[12]如果从环境及其过程的宏观整体来看，景观中的一些要素看起来似乎没有任何使用价值。一般情况下，当人类通过刻意设计或是无意识地忽视而改变自然生态系统时，会使这些系统简单化（如农业）或缺损，因此失去了整体质量来抵抗外来的入侵物种。经济作物的生产和自然生态区之间存在一种潜在的冲突，特别是大面积或主要农作物的生产区域。复杂性和丰富性是合理健全的生态景观必不可少的属性。

水土流失是影响住房建设、公路建设和林业的主要因素之一。陡坡、缺少植被的土地以及高度侵蚀的土壤是影响的变量因素，施工技术和施工机械属于社会—经济变量，这些因素相互作用造成的过度磨损会导致土壤流失和植被破坏，河流的淤塞引发洪水泛滥。

化粪池的污水处理可能引发河流和地下水的污染。因此，水质取决于污水处理系统，而污水处理系统的能力和服务范围又受到社区发展的制约。

对自然地表的大范围覆盖增加了净流量，如果排水管线系统不足或者缺乏就会导致洪水泛滥。如果雨水由雨水管排出或者雨水受阻无法渗透到土壤中，地下水位可能会因此降低，影响树木和植被的生长，有些甚至可能会因为缺水死掉。通过水井过度开采地下水也会导致类似的后果，而且还可能产生地层下沉。填湖或是造湖都会引起微气候的变化，地形的变化会引起气温和风发生改变。例如，如果旧金山湾（San Francisco Bay）整个被建筑填满，圣何塞（San Jose）的温度将会显著升高，因为根据现有法律，作为建筑的一项基本必备条件必须安装空调，它不属于奢侈品。这听上去好像只是增加了建设成本，但是背后还牵扯电力生产链上的一系列问题。每一环节都会涉及在一定范围内对资源和环境不利的生态问题。

[12] Fraser Darling. *New Scientist*, April 16,1970.

(a)

(b)

图6.18
(a) 和 (b) 圣安地列斯断层 (the San Andreas fault) 穿过图中右上角的湖泊延伸到前面的太平洋。通过这张照片可以看到地壳运动的证据，高速公路已经无限期关闭。忽视危险存在的实例，在断层带上实施土地细分、建设学校和其他构筑物，在尚未发生巨大地震的情况下就出现了如此危险的情况。照片 (a) 由威廉·A.加尼特1958年拍摄；(b) 由吉恩·斯坦因 (Jean Stein) 1973年拍摄。

这种影响始终是存在的，只是其破坏的范围或程度不同而已，它取决于从生态和社会角度，土地的用途是否适宜。景观规划的评估需与景观用途相结合，用途标准就是以造成的影响最小为准。

政策和实施 Policy and Implementation

评估结果最终可能成为制定区域政策、决定小规模的设计与规划影响因素的基础。政策的执行需要经民主程序批准并执行的法律措施，形式包括分区方法、绩效标准、建筑法规和条例，为实现共同利益减少了发展潜能的补偿方式。尽管这里不对这项内容进行详细论述，但是这个阶段却是至关重要的，因为如果没有这个阶段，那么一切对生态的关注、分析和评估都将是徒劳的。越来越多的专业人士正在逐渐步入这一研究领域，试图协调发生的冲突或是不必要的对立。

接下来的案例是在现实高度复杂的条件下，极为简化的景观规划过程。对东洛锡安的研究是对刚才讲述方法的一种理论漫谈。也许将来有一天，决策的价值判断和标准不会获得任何立法机构批准。这将是在环境质量和资源保护的背景下，对当代人和未来的子孙造福。

案例研究 1　东洛锡安地区

东洛锡安（East Lothian）是位于英国苏格兰的一个面积约416平方英里的行政区（郡），地处爱丁堡市东郊，人口为50万。如果你住在纽约或洛杉矶，可能觉得东洛锡安很小，但在爱丁堡，从总体规模上看，东洛锡安是人口密集中心，其带状工业区向西延伸到格拉斯哥。研究的范围大体位于泰恩河流域（the Tyne River），泰恩河起源于南部高地，向北流入北海。泰恩河流域的边界与东洛锡安郡的边界不完全一致，因此规划还包括相邻郡的一部分地区，而并非只是东洛锡安。此外，不属于流域内的沿海地区也包括在规划范围内，因为带有明显的地形关系和受人欢迎的海滨休闲活动。所有这些条件都属于典型特征，在世界其他地区会出现一些区域性差别。

除了评估适合这块土地上各种可能的用途外，研究的主要目标之一是明确可以作为娱乐性乡村公园的用地。这些地方可以为爱丁堡居民，甚至格拉斯哥的居民提供休闲娱乐活动和社会休假的场所。乡村公园的构思是源于设计一个有吸引力的景观场所，设置具有健身及航海设备、汽车修理等服务设施的建筑物；一些场所接近日常生活环境，又与日常生活环境保持有距离，也就是说，坐落于人口核心区的腹地。

除了休闲娱乐，该区域可能的用途还包括：三种类型的住宅（密度）、工业（由于农业就业率下降而产生的剩余劳动力）、林业（涉及一项增加本土木材产量的国家政策）、高速公路（连接南部的主要交通线路，由于地形原因，必须通过该区域）和农业（土地的传统用途，由于良好的土壤和气候适合种植小麦和马铃薯）。因此土地的用途可以分为六种：农业、住房、工业、林业、公路和娱乐。

这项研究并没有为该郡及附近流域的未来提供发展规划。其目标是调研所有可能的用途，考察该地区的景观类型，并提出最佳的土地利用建议。这就为不同用途提供了一定量的土地，这些建议是基于最大化开发土地潜力的初衷。因此，如果在建立了推动产业发展政策的某一阶段，根据优化标准已经确定了最适合发展产业的土地，那么可以从可行性、规模等角度针对有关细节进行研究。可以根据前文所述的土地能力和适宜性，对任何土地用途的需求进行评估，给立法者和市民多种未来的选择可能性。在了解了如果一块最适合某种用途的土地被挪作他用的结果是将失去什么之后，就可以公开做出决策。

调查和分析从视觉印象开始。根据地形、土地用途、植被格局的不同及其独立性或独特特征，该地域被分为6个基本景观单元：(1) 沿海区；(2) 沿海平原；(3) 发挥分割作用的山脊区域；(4) 山谷本身；(5) 起伏的丘陵地带；(6) 高地沼泽（图6.19）。沿海地带，作为具有吸引力并深受欢迎的娱乐用地，根据其不同的边缘条件，分为沙滩、岩石、沼泽等（图6.20）。沿海平原平坦、广阔，土壤肥沃；因为平坦，所以适合农耕，至少在地形上，也适合用作建筑物和拖车（大篷

注：图6.19至图6.34

东洛锡安地区的研究是由爱丁堡大学景观设计专业研究生在1969—1970年间进行的，人员包括：鲍尔德（Bauld）、弗劳（Filor）、黑斯廷（Hasting）、达索（Desau）、赖斯（Rice）、希哈比（Shihabi）、史密斯（Smith）等诸位先生和詹姆斯小姐（Miss James）。

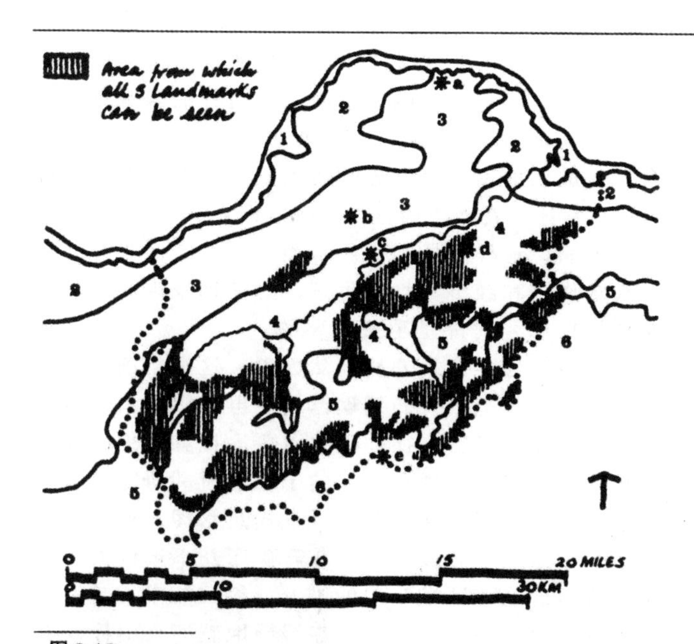

图6.19
东洛锡安地区图解分析研究。（1）沿海区；（2）沿海平原；（3）特拉内特山脊（Tranent ridge）；（4）泰恩河谷（Tyne valley）；（5）山麓；（6）高沼地；（a）伯威克劳（Berwick Law，火山栓）；（b）霍普顿纪念碑（Hopeton monument）（c）教堂塔楼；（d）特拉普兰劳（Traprain Law，火山栓）；（e）拉默劳（Lammer Law）。

我们可以很容易地从地图中获取社会文化因素。由小学生们对每个地块某年的具体用途所作的记录，对土地利用信息进行了补充。地图编制包括林地、草地、小麦和马铃薯种植等总体情况。与历史地图相比较，可以看出林地数量上的变化，18、19世纪林地面积大幅增加，但随后在开拓大地块的潮流下，砍伐了部分林地。现有的景观包括种植防风林、灌木篱以及乡村庄园里的植物园。景观的多样和丰富被认为是一种生态财富，而且也是视觉品质的重要组成部分。

景观正在大量用于跟小市镇和村庄联系在一起的各种形式的农业。而且还有相当数量的历史和考古遗

车）停车场用地（图6.21）。山脊地区树木繁茂，可以俯瞰沿海和沼泽（图6.22）。山谷包括一些历史纪念碑、古战场、乡村住宅、所有有价值的娱乐休闲资源（图6.23）。山麓地带，地形多起伏，是北眺的制高点，主要用于发展养羊业（图6.24）。高沼地荒凉、寒冷，几乎都是林带，一般没有成片的林木覆盖（图6.25）。

在这一框架内确定了一些显著的地标：火山栓，独特的地形可以从方圆几英里范围内都看得见；山顶的纪念碑；城内一所教堂的尖顶（图6.26）。这些被选定为本地区的显著标志，在地图上也标示出其位置。那些能立即看见这些地标的区域也被绘制出来（图6.19）。结果很明显，哪些区域能看到全景，在选择风景路线、确定乡村公园和野餐区位置时，这些信息非常有价值。

图解分析表明，高品质的景观大多处于地平线以上。天际线被作为一个区域绘制出来，以便在使用土地时得到保护，因为在很大程度上天际线将决定其特征的改变，同时会增加一些特殊需求以维持现状（图6.27）。

图6.20
景观类型1：海岸。

图6.21
景观类型2：沿海平原。

图6.22
景观类型3：山脊。

图6.23
景观类型4：山谷。

图6.24
景观类型5：山麓。

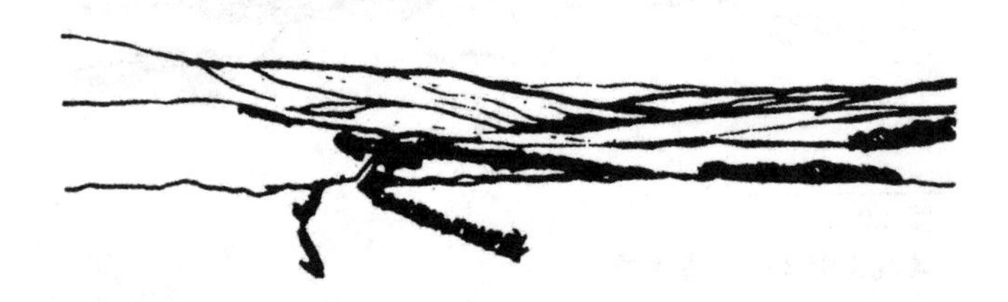

图6.25
景观类型6：高沼地。

址遍布整个地区，代表着数百年来的定居生活历史和使用历程，具有巨大的旅游潜力。这样的景观是一个人性化的景观，其魅力在于城镇和乡村的对比与结合；这成为适用于全世界的典型景观。城里来的居民喜欢去村庄，在河中钓鱼，在海边野餐，在山区远足；另一方面，这样的景观也会承担一部生产性职能，负责粮食作物和经济作物的生产。这两种景观共存的现象对城镇和乡村都是至关重要的。

从地质考察开始分析自然因素，这样之前在景观基本区域划分上出现的错误已经不再有影响。区域内有经济价值的矿物也往往不再重要，比如某地的煤矿已经荒弃，只剩下周边下沉的土地；毗邻研究区域的大型石灰岩矿床还在被开采，以满足水泥工业的未来需求。但是这些区域内的石灰石矿床并不被认为具有潜在价值；从该区域开采的唯一材料可能就是铺路石了，事实上这种采石活动正在缓慢地破坏火山栓。在这些案例中，地质分析对决定该地的土地使用性质并没有太大意义，而且这里的所有地层相对稳定。

但事实证明坡度的研究更为重要（图6.28）。超过25%的斜坡就不适合修筑任何建筑物。测绘斜坡与制定住房和建筑的标准密切相关。这些都涉及建设成本以及由于建设可能造成的土地过度侵蚀。因此，根据选定的标准，高密度住宅和工业厂房应建在坡度小于2.5%的最平坦土地上，中等密度的住宅应建在坡度小于10%的缓坡上，低密度住宅区中的单体建筑可以建在坡度小于25%的斜坡上。不同坡度等级的斜坡图反映了在中、高密度的住宅和工业区中的限制条件。

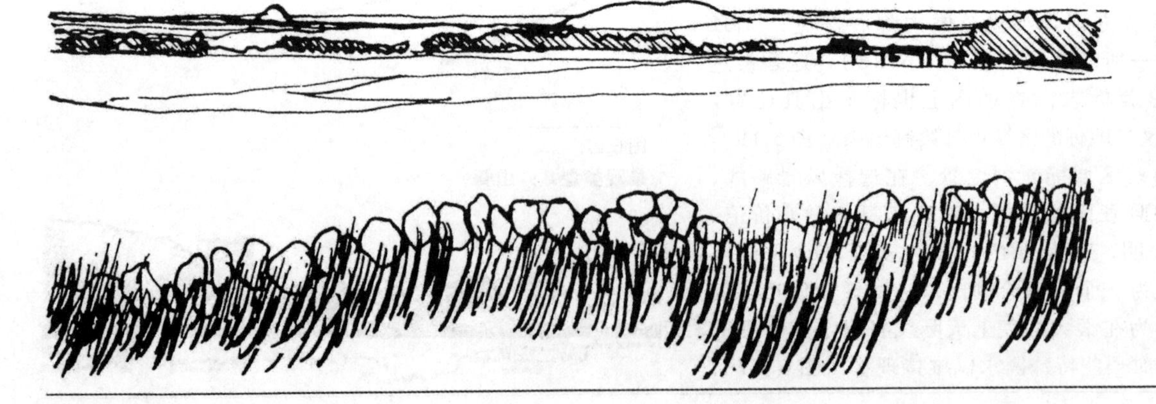

图6.26
东洛锡安地区研究，从海滨到山麓景观类型总图，标示出突出的地形地标。

气候研究表明区域内的降雨量和分布变化。随着土地高程的增加，降雨量也随之增加（达40英寸）。沿海地区的年日照时数是全国最高的地区之一，降雨量很少（仅25英寸）。寒冷的东风和海雾也是沿海气候类型的特点。在为不同地区选择林业栽植品种的评估过程中，降雨量以及其他数据变得特别重要。

土壤研究是根据土地农业生产的能力评定土壤等级。这不仅包括土壤类型，还涉及其他相关的价值，包括土地的坡度、方位、风力和降水。于是，农业价值评价标准分为从1类（最好）至7类（城市化）。好的农业土地是一种宝贵资源，应该尽可能多地保留用于农业生产，这一观点被广为接受。农业部通常是准备诉诸立法以维护1、2类土地，并在此基础上将所有的1、2类土地指定用于农业生产。保护农业用地是第一位的，其他的都可以置于次要地位。这样，就获得了适宜农业生产发展的土地分布图（图6.29）。

土地是否适合种植经济型林木有赖于土地坡度（方便种植）、降水量（不同品种的植物最适宜需水量不同）、土壤（不同物种在不同类型的土壤上生长旺盛程度不同）以及海拔（寒冷的温度会影响某些物种的生长）等因素。完整显示斜坡、海拔、降水和土壤等数据的地图，用于生成本区域内发展几种经济林木品种的适宜性分析图，包括榉木、落叶松、欧洲赤松和挪威云杉（图6.30）。

高速公路网的标准已经确定。从经济角度来看，高速公路不应建在坡度超过2.5%的斜坡上，还应避免河流和河滩。从农田保护的角度出发，高速公路不应跨越1、2类农业用地。它不应该通过现有的居民点，并应避免经过风景名胜区和历史古迹。许多应用标准是基于降低建设成本的考虑。在路线选择上，还是应该避开那些距离虽短但高建设成本的小片区域。将各种限制条件叠加在一起，便反映出表明路线应遵循最小施工阻力原则（图6.31）。但是，我们发现如果限制条件的额外成本与破坏农业用地的成本相同，这可能意味着要失去高品质的农业用地并破坏农场。如果保护农业用地是唯一的限制条件，可能提出的更长远或成本更高方案的理由就是，比较短期的现金成本损失，不可再生资源的长期损失更重要。

水文地图标示出分水岭、集水蓄水区以及河流、溪水的滩地，水体的污染程度等级也标注出来。这些数据对娱乐活动的适宜性研究和高速公路路网规划都

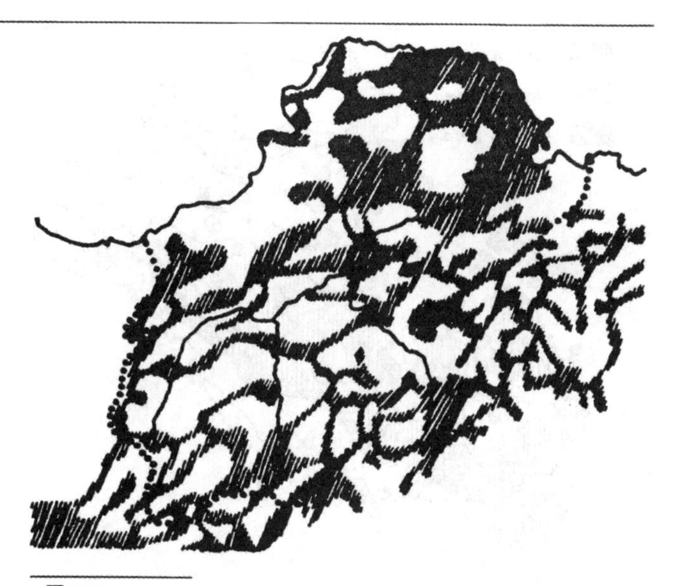

图6.27
东洛锡安地区研究：天际线区域。

图6.28
东洛锡安地区研究：坡度分析。

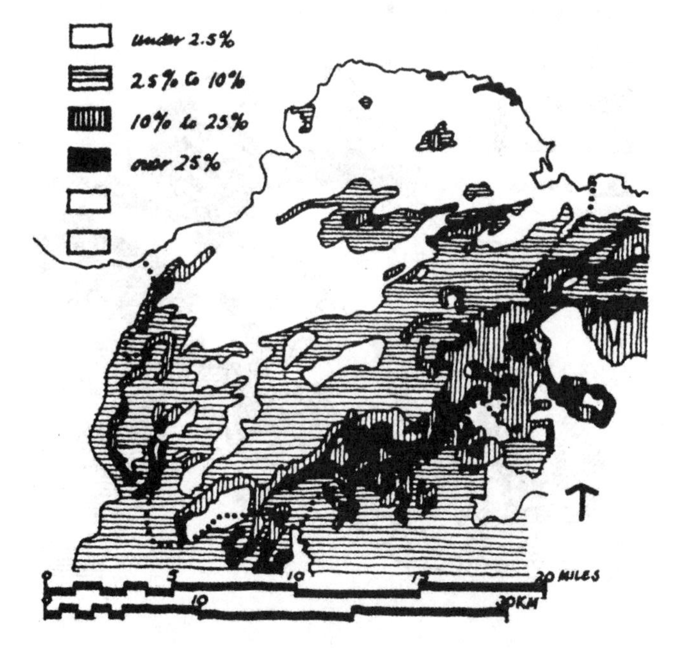

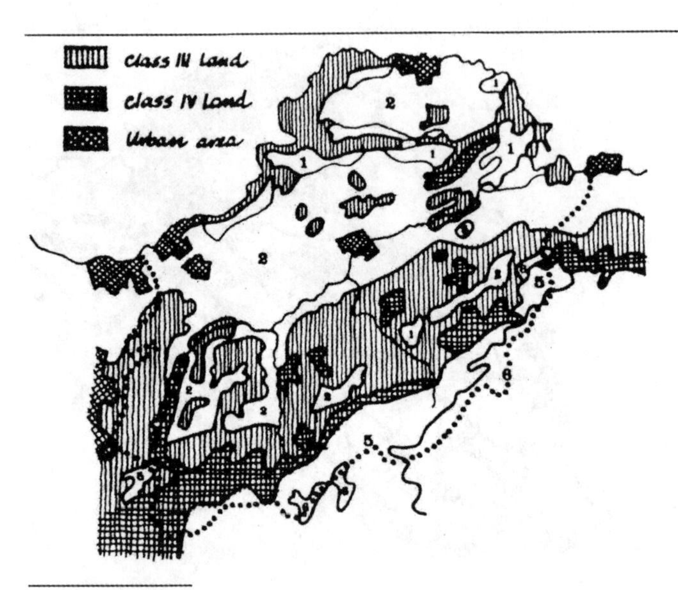

图6.29
东洛锡安地区研究：农业发展的适宜性。(1) 1 类土地，(2) 2 类土地，(5) 5 类土地，(6) 6 类土地。

图6.30
东洛锡安地区研究：发展林业的适宜性。

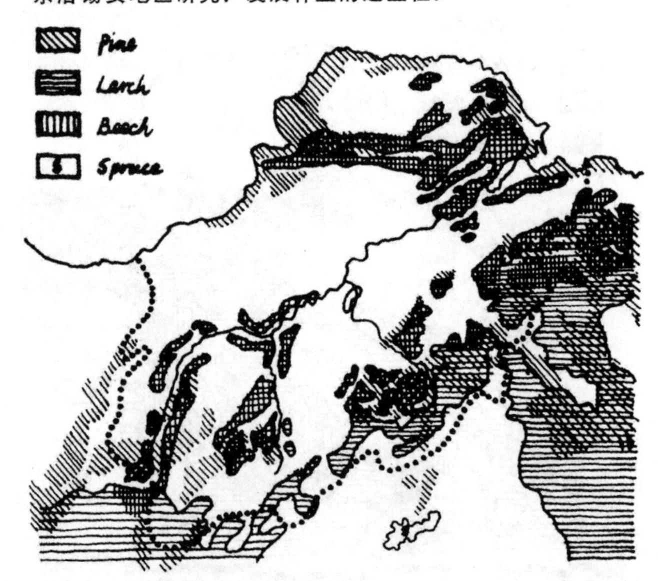

是有帮助的。自然栖息地被划分出来。植被和栖息地，随着土地利用、地形和自然环境的改变而改变。在这一区域内可以看到生活在这些栖息地上的各种植物和动物：湿地、海岸、河口、河流、农田、草原、山地、沼泽地等。栖息地的多样性促成了丰富的植被和野生动物物种。

除 1、2 类的农业用地和天际线上所能看到范围以外的所有土地都可以用来进行住房和工业用地的适宜性研究（图6.32）。允许坡度在2.5% 以下的坡地上实施高密度的城镇拓展和公共房屋扩建项目（每英亩20套），但前提是那里没有林地。同样的土地，还可以考虑适宜发展工业，但附近要修建有主要公路和铁路作为附加条件。坡度低于10% 的非农用良田、林地和天际线区域，适用于中等密度的住宅建设（每英亩4～5套）。低密度住宅建设适用于除天际线区域以外的几乎所有土地。1 类和 2 类土地允许建设农舍或农场工人住房。除了天际线区域和坡度超过25% 坡地，任何地方都能建住宅。在很多情况下，最好将住宅建在林地内并与周围环境融为一体。从地图上可以看出，农村被低密度住宅覆盖，但是住宅只允许建在农场中或面积开阔的区域内。

从住宅和工业的综合分析图中，可以显示出在标准规范内最适合每种功能的区域以及同一块土地上其他可行的、有竞争力的用途。从视觉角度来看，评价一个地区是否适合开发工业，需要考察从周围的景观环境中能否看到工业厂房，应该相对避免看到厂房（图6.32）。

评定自然景观的等级是通过开发休闲娱乐的适宜性来衡量，即在一个 1 公里长的正方形网格内所拥有的休闲娱乐构成要素的数量（图6.33）。这些要素包括林地、水体、建筑或历史风貌和现有的娱乐设施；另外，农业价值较低的地块在评价中被认定为是附加的正值。正方形网格内拥有娱乐要素比重大的至少是值得考虑开发娱乐功能的地块。比较完善的评定方法是通过正方形地块内每种要素的数量与权重之间的关系进行衡量。于是便产生了更加灵敏、更加明确的地理分布图，明确地界定出拥有良好娱乐发展机会的地块。

通过将所有适应性分析图叠加，形成反映所有功能的综合图。一些区域具备的使用功能有可供多种使用功能的选择，例如，娱乐和混合型农业，低密度住宅、娱乐和混合型农业，低密度住宅、娱乐和林业。但是，根据实际情况选定的标准和决策的价值取向会导致一些非常小的矛盾。标准和价值评定方法的变化，会产生不同结论的地图而且可能会出现更多的矛盾。综合分析图本身并不重要。我们应当认识到，这类研究不是对未来的计划，而是一项对土地的评估，明确一些土地的潜在用途，为规划提供基础数据。地图中标注出的一些评估结果并不很容易被人理解，当制定区域详细规划时，这些结果可以帮助设计者和公众了解规划的利弊得失。对任何一块土地的使用用途来说，其采用的评价准则可能有所不同，对自然因素数据的解读也可能有所不同。但系统显示了如果坚持贯彻和应用这些准则和解读，将来可能发生的情况以及公共部门可能获得的收益。

对娱乐休闲的适宜性进行研究的目的是为了给乡村公园选择适合的场地，在地图上划定娱乐节点。从这些节点的所在区域可以看到地标性的景物，并与河流、人行步道和历史遗址等景象特征协调一致地结合在一起。建议将乡村公园选建在有多条视线汇集的区域，或是在低密度住宅适宜区内（以允许容纳结构物），并与获得最高评估分值的适宜开发休闲娱乐的方块区域密切相关（图6.34）。这是一个能很快将最具可能性区域重点聚集的综合体系。修建一处或多处乡村公园，取决于需求、地方政策和可用资金。当然，这些区域或节点必须经过详细分析最终确定选址，但没有必要去调查具备最高潜力区域以外的地块。在其他情况下，假如能够通过设计和种植植物创造出景观品质，那么可以将废弃或再利用的土地用于修建乡村公园。

对于景区线路的选择，建议综合现有的路网、优美的风景区和历史古迹来考虑。还提出来了“保护性廊道”（conservation corridor）的概念，包括将林地、绿篱和河流连接起来作为季节性迁移野生动物保护区域以及在乡村格局内猎取食物等活动。

在土地私有制前提下讨论大区域规划似乎还有些理想化。因为相关的政治参与流程还没有建立起来。通过这一流程制度劝说土地所有者相信，他们的土地应以一定方式为了某种共同利益和长远的社会效益服务，然后他们将会得到公共资金的补偿以弥补相应的损失。然而迄今为止，这种制度还不完善也没有广泛推广。英国和其他欧洲国家的规划法律，也许比美国更适合这一策略，但是成本过高，而且大多对公共利益的定义常常比较模糊。

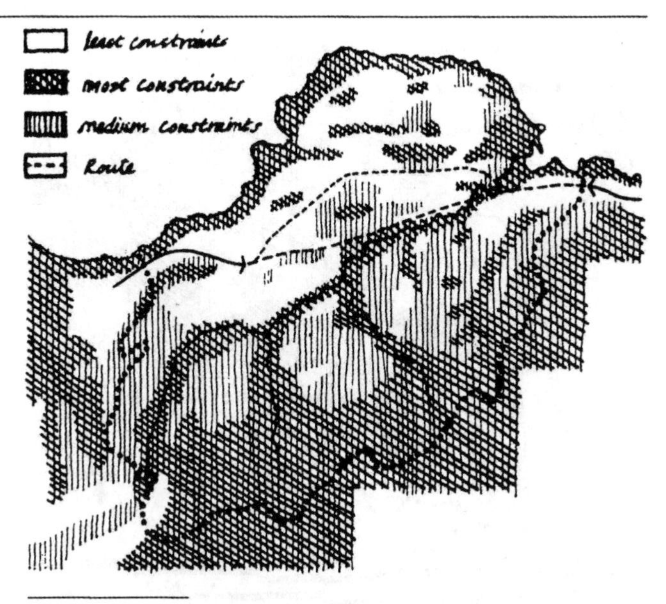

图6.31
东洛锡安地区研究：高速公路路线。

图6.32
东洛锡安地区研究：开发住宅、发展工业的适宜性。

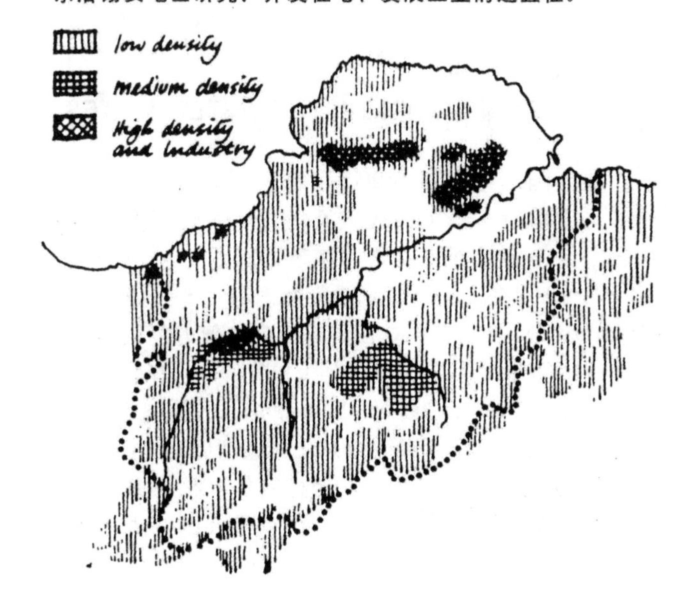

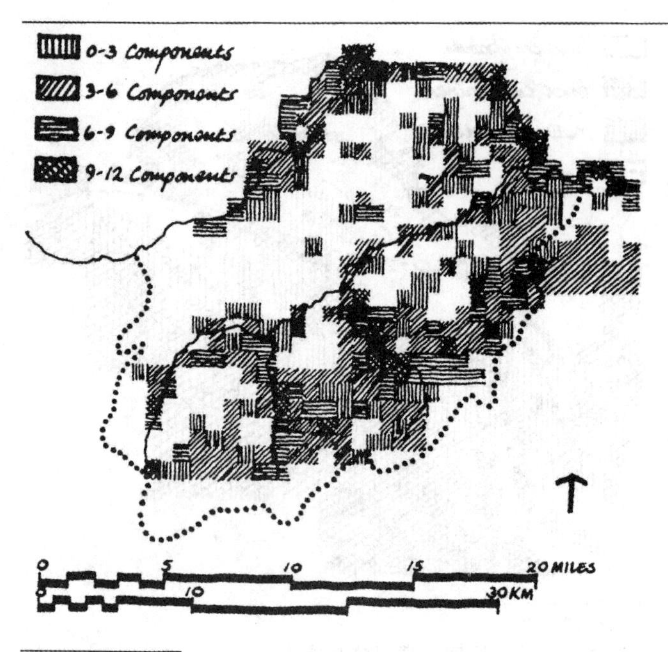

图6.33
东洛锡安地区研究：开发休闲娱乐的适宜性。

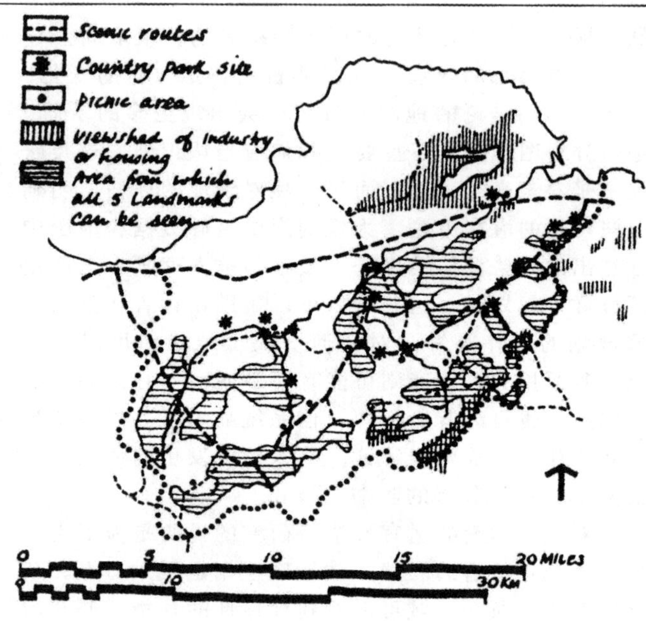

图6.34
东洛锡安地区研究：包括乡村公园、风景线和野餐区在内的开发休闲娱乐可行性分析图。

美国的景观规划
LANDSCAPE PLANNING IN THE UNITED STATES

在美国，许多规划和规划研究都试图将景观规划原则与土地投机行为的现实及特定的景观开发实践联系起来。有些是对城市未来拓展的关注（明尼阿波利斯，[13]~[15]巴尔的摩，[9]圣克鲁斯山脉（Santa Cruz Mountains）[10]），有些是在具有景观价值的度假景区内控制住房和休闲娱乐的开发（太浩湖[16]），有些是对岛屿的关注（夏威夷，[17]贞女（the Virgins），[18]楠塔基特[19]），还有对休闲游憩资源保护的关注（威斯康星州[20]）。在任何情况下这些原则基本上是相同的：根据其独特性和影响力调查资源和景观类型。有些会因实力不足暂时停滞，有的则集中在社会经济压力下与其他功能相结合，并提出县区和城市拓展的最佳形式。

实施这些计划有两个困难。首先是使行政单位与自然区域规划单位配合；第二个困难属于迫在眉睫的，却总是不受欢迎的话题，因为土地所有者的赔偿愿望与长期共同的利益相冲突。在这样一个系统中，以潜在的土地使用者为导向，他们是不是应该以追求

[13] Wallance McHarg Roberts, and Todd, *An Ecological Study for the Twin Cities Metropolitan Area* (Metropolitan Council of the Twin Cities, 1969).

[14] Wallance, McHarg, Associates, *Plan for the Valleys* (Philadephia,1963).

[15] Tito Patri, David Steatifield, and Tom Ingmire, *Early Warning System* (Berkeley: University of California, Department of Landscape Architecture, 1970).

[16] U.S. Forest Service (in cooperation with the Tahoe Regional Planning Agency), *Land Capabilities and Land Use Plan* (U.S. Department of Agriculture, 1970).

[17] Eckbo, Dean, Austin,and Williams, and Muroda, Tanaka and Itagaki, Inc., *A General Plan for the Island Kauai* (Honolulu: State of Hawaii, 1970).

[18] Ervin H. Zube, *The Islands* (Amherst: University of Massachusetts, Department of Landscape Achitecture, 1968).

[19] Ervin H. Zube, *An Inventory and Interpretation of Selected Resources of Island of Nantucket* (Cambridge: University of Massachusetts, 1966).

[20] Philip H. Lewis, *The Outdoor Recreation Plan* (Wisconsin Department of Resource Development).

宏观的共同利益为发展方向，似乎取决于社会政治变革和观念的开启。现在，最需要的但更难以接受的想法，是在一定情况下，将在公众利益和成本控制范围内，减少对沿海地区和湖泊的开发。

案例研究2　海洋牧场

海洋牧场（Sea Ranch）在加利福尼亚州北海岸，距旧金山3.5小时的车程，位于旧金山休闲娱乐区域的腹地。开发商早在1965年就提出沿16英里长的海岸线及相关海岸范围内建设第二住宅社区的方案。该建设项目方案对经济密度提出要求，那就是要满足现有对度假房屋的需求；与此同时，景观还必须要保持良好的视觉观赏性和生态性。劳伦斯·哈普林设计公司(Lawrence Halprin and Associates)在生态研究的基础上，对土地用途和适宜的建筑形式提出了规划建议。有人认为，这些规划建议将会提升景观而不是破坏自然景观，但如果不加控制地任由其发展，沿海岸地区将会不可避免地遭到破坏。

调查与分析已经完成，解读了由这种新的土地用途带来的变化以及对第二套住宅的本质，尤其是在这种情况下，由气候引致的密度标准、建筑物位置、土地用途及养护原则。

景观包括3个区域：海滩和由岩石或悬崖构成的海岸线、海岸台地或抬升的沙滩、后面山坡上的林地(图6.35)。早在50年前为服务农业生产的目的，在海岸台地种植了大果柏树防风林。放牧活动一般都在台地的草地上，但这些草地后来由于过度放牧而消失了。由于过去50年严格执行消防管理措施，山坡上覆盖着混合针叶林（主要是主教松树（Bishop pine)），还有厚厚的灌木丛，但也因此增加了火灾的危险系数。

在这个案例中由于没有考虑修建大型结构物的基础，所以并不特别涉及土壤和地质研究，只反映出一些小的限制条件，比如一些土壤侵蚀地区和沼泽地自然被认为是不适合进行建设的地方。

气候研究对土地开发的形式和布局有重大影响。在加州北部海岸，人们直觉上认为夏季多雾并且有持续的强风，冬季降雨量大，气候具有一定的不确定性。研究试图验证实际气候的恶劣程度。这会不会影响到人们购买那里的土地呢？如果气候条件不利，那么如何在设计与规划时减少或补偿这种不利影响？分析结果显示，实际上这部分海岸上的雾气并不比其他地方的多。经过一年多的空中监测显示，从海洋方向移来的雾气最终只是到达海洋牧场一带，这至少是个有趣的发现。

温度受太阳、雾、风等综合效应的影响。放射状图表表示了全年获得的热量。春季和秋季的太阳辐射量很高，夏季的气温只是相对高了一点儿。建筑上，设计师认为针对这种情况建议采用天窗和大面积采光窗，以此获得更多的热量。这样将会节省取暖的费用，并确保房屋的温暖，即使这种房子只是在周末使用。

现有的防护林带提供了避风区域。在背风面区域，风速最多可以减小50%（图6.36）。风向、风力和

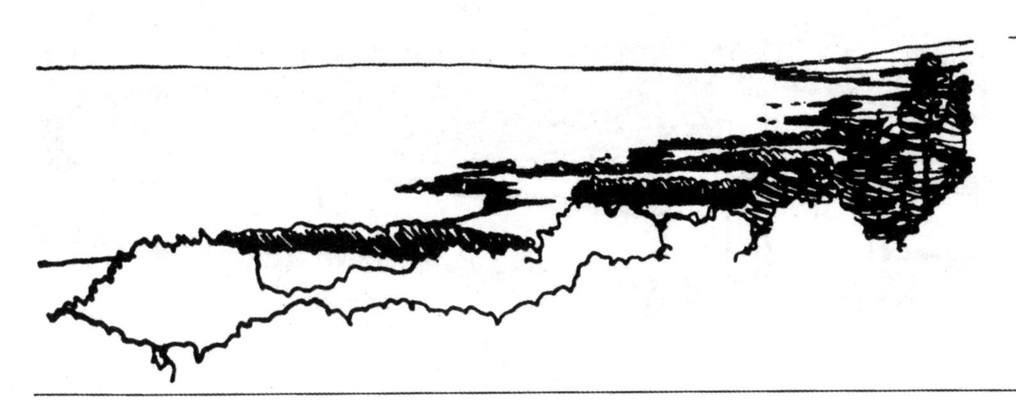

图6.35
海洋牧场：展现了景观海滨、海岸台地和山坡林地等基本构成元素。

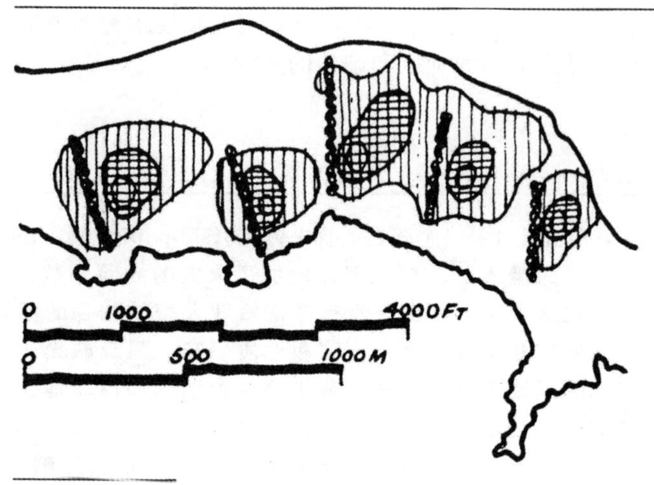

图6.36
海洋牧场：海岸台地的防风林所提供的避风示意图（还可参见图10.10）。

可供避风区域的研究表明，一年中60%的风是西北向，超过每小时12英里的速度，这时候在室外行走都很困难。避风区域对海滨住宅是至关重要的因素。有人提议，将建筑朝向南方，户外区域和停车场都建在建筑物的背风面。风吹柏树的形象为约瑟夫·埃谢瑞克(Joseph Esherick，1914—1998，美国建筑师，他1967年曾在海洋牧场修建了六座示范住宅）的示范住宅提供了灵感。单面斜屋顶可以转移风向，而且建议修建带翼剖面的围栏提供避风空地和花园（图6.37）。

维克多·奥尔加伊（Victor Olgay，1910—1970，美国建筑师）的生物气候变化表（Olgay's Bioclimatic Chart）用来编制生物气候的需求表。[21]将海洋牧场当时的温度、湿度和日照时间与奥尔加伊的理想气候图表进行比较；气温在50°F～80°F，湿度范围在40%～70%之间。一天或一年当中任何时间的差异被转换成维持人体舒适度需要的降温量或加热量。通过额外加热来保持舒适（温暖），比如增添衣服，这样能更好地感受原本就存在的气候状况。衣服从衬衫和短裤到大衣根据一年四季和一天早晚的变化。这是用生动的方式来描述气候。结论是气候是适宜的（尽管不是很温暖），可以舒适地进行户外活动，有充足的新鲜空气而且绝对没有雾气——是一个理想的度假地。风能和太阳能辐射是气候中两个最重要的因素，要对其中一个加以防护，对另一个进行收集。

1965年就已经制定好了规划（图6.38和图6.39）。目标是实现在相对较高的人口密度内建立宜居的环境和度假型的生活方式。该方案包括公寓用地——群组单元共同组合成一个更大的结构，跟独立式住宅相比减少了土地占用。这使得大面积的开放空间与经济合理的住宅数量保持一致。这是用来维持景观的方法之一。该方案需要独栋住宅地块，因为这是主要的需求，包括餐厅、村中心、酒店、娱乐中心、高尔夫球场和简易飞机跑道。它的目的是作为一个村庄或社区加以规划，并不仅仅是一小块的细分土地。需要考虑保护景观品质以及复制自然元素的需求，规划建议将住宅沿现有灌木篱修建，使住房获得庇护，而且也相对不

[21] Victor Olgay, *Design with Climate* (Princeton, N. J.: Princeton University Press, 1963).

图6.37
海洋牧场：约瑟夫·埃谢瑞克设计的示范住宅。

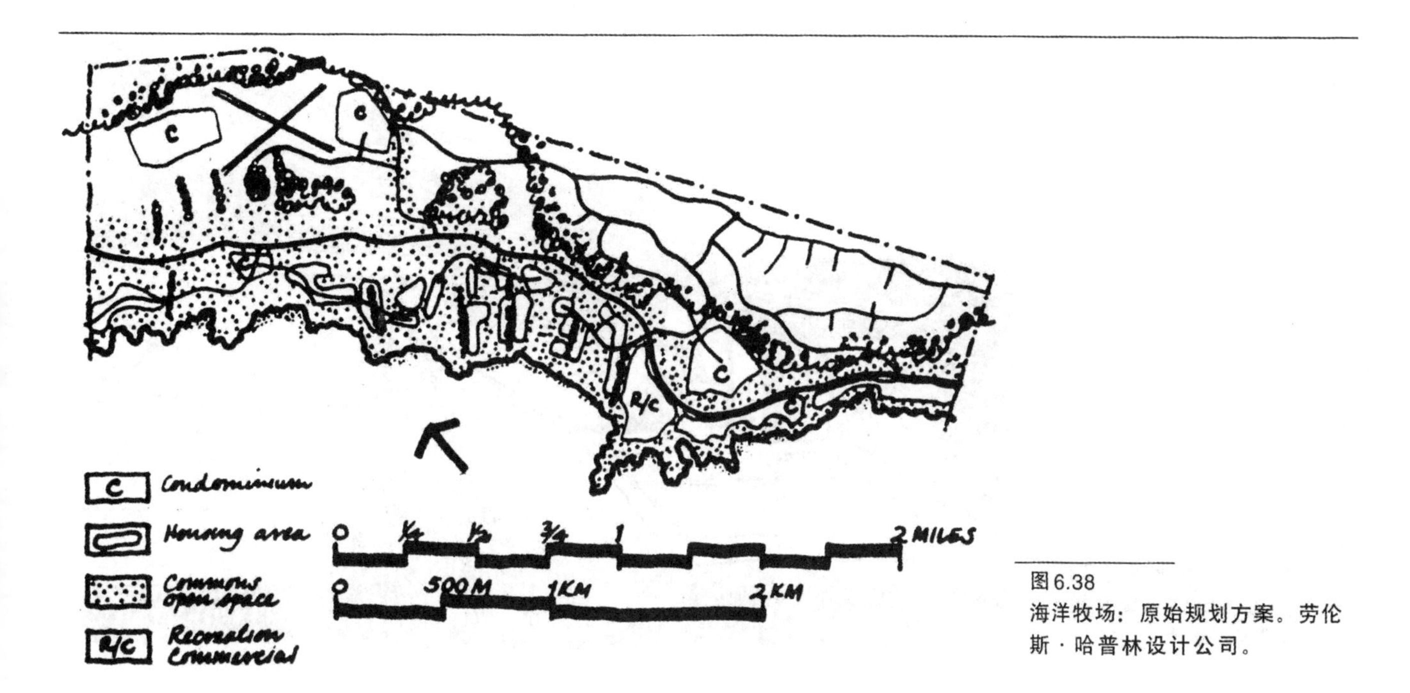

图6.38
海洋牧场：原始规划方案。劳伦斯·哈普林设计公司。

太显眼。但是带状区域之间的草地被指定为开放空间。引入新的植栽，创造拥有庇护的区域。规划将大部分住宅修建于针叶林中（清除了灌木丛）。山坡上的景色非常壮观，建筑密度和建筑法规就是为了使林木覆盖率基本保持完整。

埃谢瑞克示范区和摩尔/特恩布尔事务所（Moore/Turnbull，查尔斯·摩尔（Charles Moore，1925—1993，美国建筑师），威廉·特恩布尔（William Turnbull，1935—1997，美国建筑师））设计的公寓，展示了一种适宜景观和天气的建筑类型。娱乐中心也是设计用于抵消风力的不良影响；出于防风目的，修筑了护堤以及下沉式的游泳池和网球场（图6.40）；从高层的台地由楼梯通向海滩。

海洋牧场是一项生态研究案例，针对的是单一所有制下大面积的土地规划研究。研究结果对建筑产生了一定的影响，反映了景观对建筑场地分布起到的决定性作用，而在生态方面特殊的影响还没有明确。

所有制的种类有很多种：第一种是拥有全部所有权（属于私有财产），包括围栏内的房屋和土地；第二种是私人限制使用的土地，即在个人拥有的房屋和带围栏的花园外面的土地，但它的用途仅限于自然植被；第三种是全体业主拥有的公用地，由全体业主出资管理。建筑质量由设计审查委员会控制。

图6.39
海洋牧场：详细开发规划中可以看到草地和通向海滩的道路入口。

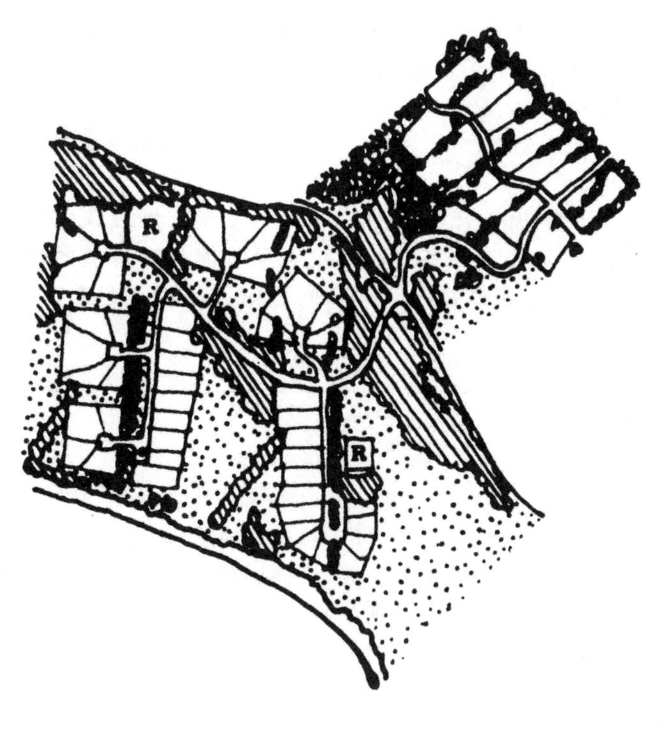

图6.40
海滨牧场：设计上采用了保护措施的休闲娱乐综合楼。MLTW事务所设计。

规划初衷是否得以贯彻取决于对它的管理。对规划和政策的解读会因为人事变动而产生变化。这种情况是景观建筑的普遍特点。景观规划就是对未来的规划进行定义描述，因此如果想实现规划目标，需要持续性的管控。与其他规划一样，海洋牧场的计划也经历过修改。

从规划的另一个层面上讲，海洋牧场项目是有争议的。

在该项目开始启动前，对于海岸土地应该是私有，还是属于公有的所有权之争可能是有价值的讨论。当时加利福尼亚州1300英里长的海岸线中只有300英里向公众开放，这也是一个向公众开放的较大规划案例。如果在1965年就存在对海岸全面研究的话，这些土地可能会根据1972年《海岸规划法令》（Coast Planning Act）的规定被认定属于风景名胜和生态资源，以公众用途、娱乐、休闲、保护或风景区实施管理。现实的情况是，当委员会完成规划的同时，所有建筑工程已经中止，由此引起了相当多的诉讼官司，主要关注于通往海滩的公共道路以及从公路上看到的视线景象。即使如此，这个项目的规划与设计决策方式跟自然过程紧密结合，尤其在气候方面，使得该项目仍令人很感兴趣。

案例研究3 山谷

山谷区域的规划建议，在位于不断扩展的城市发展腹地——巴尔的摩方圆60平方英里的范围内，在《设计结合自然》[22]中有过介绍。一批对景观长期充满感情的土地所有人决定，他们应尽量控制经济增长和变化，这样既可以不破坏美丽的风景遗产，又能满足对住房的硬性需求。若将研究的区域范围从政治上划分，其中包括两条溪流、山谷和之间的高原地区。

伊恩·麦克哈格（Ian McHarg，1920—2001，美国景观设计师）和戴维·华莱士（David Wallace，1917—2004，美国景观设计师）通过研究感受到了美丽的风景并且用照片捕捉了常规划分程序中的变化。人们接受了住宅作为整个区域目标的一部分可以而且应该坐落于景观之中的观点；但认为开发应该受到控制以避免损失舒适性。人们相信，通过土壤及水资源保护指导原则可以找到最合适的土地开发方式，并确保自然风景的

[22] Ian McHarg, *Design with Nature* (New York: Natural History Press, 1969).

美丽。人们还存在争议的是，有规划的增长将会因为有利可图而导致无节制地增长。规划的实现将会是公共部门和私营部门之间的一次合作，也就是说，土地所有者的良好意愿将需要得到地方条例和区域分区法规的支持。

这项研究许多涉及改变的举措、区域内的住房成本以及合适的人口规模，主张保护的观点能够避免破坏自然景观，而且从景观规划技术的角度来看最重要的是确保了提升自然景观。

对地质和地貌特征，包括坡度、植被、滩涂、河流和溪涧、土壤类型和地形，都进行了研究。两类资源的值最高，即水体资源和土壤资源以及对它们的保护。如果土地上的开发建设由于污染或过度侵蚀会产生不利影响，就要排除在这些地区修建住宅的考虑。在山谷透水的石灰岩地质下发现了大量地下水资源（或含水层）。这说明溪流和河漫滩是跟地下资源紧密联系在一起的，然后通过水井提供饮用水，与研究区域以外为水库供水的河流系统联系在一起。由于化粪池或者污水管道的泄漏会在一定程度上对这种水源构成潜在污染，滩涂、山谷底部以及河流两侧各200英尺宽的狭长地带都认定不适合修建任何住宅。因此，地下水补给区也被排除在外，以保证水源质量。

两山谷之间高地上的土地在地质方面的透水性较差，因此从这一点上来看适合开发住宅。山谷之间的坡地和高地在土壤侵蚀的影响下具备了各种地质条件。山谷或山坡两侧大面积地覆盖着森林或落叶林。山坡陡峭的倾斜程度不同，最陡的陡坡朝北。坡度大于25%的斜坡无论有无林木覆盖都容易遭受土壤侵蚀，不做任何使用（根据美国农业部水土保护局的建议）。在土壤保护方面，林木覆盖率是很重要的，通过大面积的林木绿化来防止雨水侵蚀并通过根系稳固土壤。因此，坡度低于25%、有林木覆盖的坡地其住宅密度标准为1座住宅/3英亩。这将确保建设的住宅和修建的道路对森林和土壤侵蚀只产生有限的影响。坡度低于25%、没有林木植被的土地将禁止开发，至少要等到这些地区种植的森林和树木达到一定的成熟度。部分高地被森林覆盖，这些地区的密度标准仅限于1座住宅/英亩。这样就确保了维护这些还不是很茂盛的森林。高地上其他地方的建设密度不受限制，只要有市场即可，甚至是位于城市中战略要地的高层公寓塔楼，只有低矮的地面绿化覆盖。

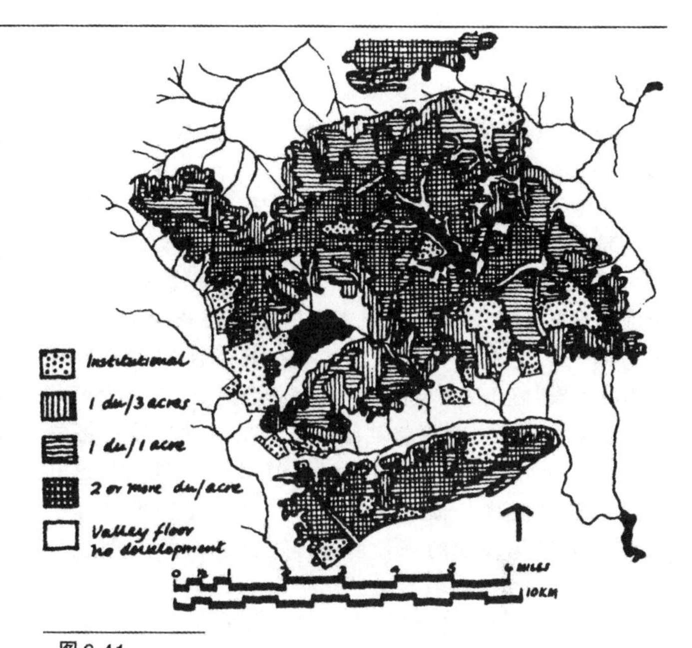

图6.41
1963年华莱士—麦克哈格设计公司所做山谷规划分区图。

图6.42
山谷规划：项目中分区原则的应用。基于的林赛·罗伯逊（Lindsay Robertson）和纳伦德拉·居内加（Narendra Juneja）的研究。

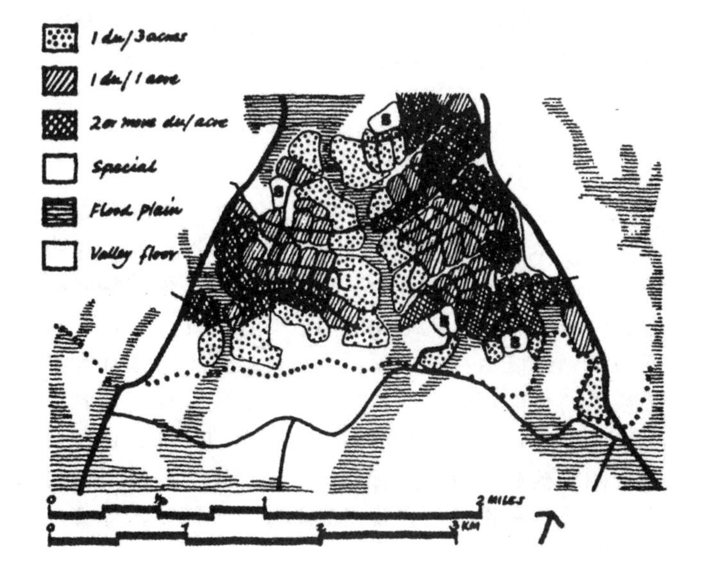

密度／居住区分区规划是在运用水质标准和土壤保护这些原则时提出来的（图6.41）。规划中，在小村子、村庄和小镇中心设置了购物及文化节点；规划了两个湖泊，作为水土保持计划的一部分，山谷只留给农业、休闲娱乐和公共机构使用。从中可以看出赋予这一地域独特魅力特质的重要景点在规划过程中或多或少都受到了保护。住宅规划的用地面积比按照传统土地划分标准和划分方法所需用的土地要减少4500英亩。同时，至关重要的景观特征得到了保护。据预测到2000年，在1.7万英亩的土地上将会提供2.7万套新住宅（根据规划）。建议修建组群式住宅。地势较高区域的住宅平均密度水平为1套／英亩至4套／英亩。这几乎是无控制的增长模式下密度的两倍。住房类型和密度变化不仅是规划的一种手段，而且还是构建理想的多样化社区的一种综合方法。

建议由非营利性组织来管控开发行为，并负责分配从土地获得的现金收益，以免土地使用受到限制的所有者蒙受损失。此外，在县一级还需要一些新的分区，例如：林木坡地的分区面积标准为3英亩，山谷地带的分区面积标准为25英亩以及自然资源分区，比如河流两岸各200英尺以内禁止建筑。这类大规模分区也意味着直接卷入到房地产开发商的运作中。住宅密度的自然地貌特征和标准能够为任何规模的区域规划提供依据。景观或场地的分析可以揭示最佳建设方案，并确定哪些地区需要加以保护（图6.42）。

这是一项针对经济开发与规划的长期方案，涉及众多的土地所有者，而且他们中大多数人还是大土地所有者，因此有一个共同的目标：竭力维持该地区美丽的自然风光，希望在开发过程中以及开发完成后能保持原状。尽管这只是一种特殊的情况，但作为一项案例研究，它清晰地反映出在对自然进程的理解和环境保护基础上规划出的结果。

景观规划和环境影响 LANDSCAPE PLANNING AND ENVIRONMENTAL IMPACT

景观规划可以被看做是在某种目的指导下，为特定土地确定最适合用途的一种积极进程；同时还是为了防止生态破坏或自然资源（例如良好的农业土壤和洁净水源）浪费，朝消极方向发展的进程。规划这一措施最适合在各级政府（地方／县／州）层面实施，需要获得地方土地开发用途政策的支持以及必要的资源补偿（图6.43）。

不论景观规划是否是指导土地使用与土地开发的规划运作体系，它更重要的是对项目基地及详细生态关系的影响。此类项目的影响评估更多是依据翔实的数据，而不单单是土地的使用政策。因此，即使在合适的规划地区内，一个项目也可能遇到不可预知和无法接受的负面影响。这就需要特殊的设计或技术解决方法；如果这种影响注定是不能接受的，那么该项目就可能要被放弃或者另行选址。这种影响评估过程是优秀场地规划设计的主要组成部分，也需要法律加以规范与保护。

1969年颁布的《国家环境政策法令》要求所有联邦机构和在联邦政府注册的特定行业，对其每一项新的开发项目或意向都提交一份对环境影响的详细报告。该法令指导这些机构“利用系统的跨学科方法，在规划和对人类环境产生影响的决策中，综合运用自然科学、社会科学以及环境设计艺术”；责成这些机构开发技术性方法以考量在影响评估中涵盖目前无法量化的环境舒适度和价值标准。

除了对一般性的环境影响加以阐述外，每份报告还须详尽说明方案实施对环境产生的任何负面影响。报告必须探索多套行动方案，其中包括“零项目”的方案（译者注：指在没有具体项目情况下的预案）。报告必须阐明资源将会损失的程度，并要求说明环境的短期用途与长期生产率的维护与改善之间的关系。

加利福尼亚州政府将上述国家立法的目的与意图加以延展，1970年成为州一级的《加州环境质量法令》。这需要所有州立机构编制环境影响报告，尤其值得一提的是加利福尼亚州高等法院对“麦莫斯盟友”（the Friends of Mammoth）[责编注]一案的判例，要求私人开发商对所进行的具有重大影响的项目需要提供环境影响报告。所有这些都是有争议的，因为有人认为这些开发商拥有当地建筑许可证，事实上都是获得了政府批准的。

两项法令的目的和要求基本上是相同的。然而，加州的法令还包括了一个附加要求，就是要对项目导致的人口增长程度进行评估。

主要的困难在于评估影响所采用的方法。评估通

图6.43
油罐场、钢铁厂、细分地块、购物中心与海岸线和咸水沼泽等自然资源糟糕地布置在一处。三个林木掩盖的半岛原本是规划为输送钢材的港口。全球市场的变化挽救了它们遭受破坏的命运，环保组织的努力避免了这些半岛不恰当地用于商业投机用途。目前它们是区域公园体系的一部分。景观规划的目标就是利用土地决策的机会，采纳最适合土地的使用方式，同时不损失独特、珍贵的自然资源与舒适的环境。威廉·A.加尼特1966年拍摄。

过网状表格的矩阵形式，把环境内发生的活动列在一份清单中，而这些活动可能是项目的一部分内容或是结果，把可能会受到活动影响的现有环境因素及条件也列在清单中。

由于项目过程是漫长的，其中包括营建活动以及最终的项目成果。列举十类可能出现的影响形式：废物处理、化学处理、意外事件、交通运输系统、资源再生、加工工业、资源开发、土地改造、构建和对现有生态系统的调整。

将现有影响因素分为三类：自然因素、文化因素和生态关系。第一类涉及土壤、水、大气、生物资源和自然景观的演变过程。第二类是土地使用、所有权、税收、人口分布、农业生产力，还包括交通运输、环境变化的压力以及诸如生活方式、舒适度、娱乐和隐私权等社会因素。最后一类是生态关系，涉及食物链、植物演替、富营养化作用（eutrophication）[译注1] 和野生动物栖息地。

矩阵涉及两组信息资料：一组为考察项目中的环境活动，另一组是交叉核对项目活动对现有因素产生的影响。第三阶段是对影响程度的评估，分低度、中等和显著三个等级。

一旦影响报告书完成后，它将与该项目一起通过机构的例行审查程序。如果是私人开发项目，则由专门的规划委员会审查。此外，在最后的决策之前还要举行公开的听证会。

总体上讲，环境影响报告的概念非常好，但是涵盖哪些内容以及如何组织内容仍有待阐明；另外，这个报告由谁负责编写还需要审议。决策机构需要编写报告或安排提出项目建议。最后一点就是，单个项目的影响报告程序绝不能凌驾于长期规划，因为我们在长期规划中可以看到一定区域范围内一系列项目累积的影响效果。在履行《国家环境政策法令》这一目标上，有两个相辅相成的关键点："建立并维持人与自然和谐生存的环境，满足社会和经济要求以及当前和未来美国人民的需求"。

推荐读物 SUGGESTED READINGS

Anderson, Paul F., *Regional Landscape Analysis*.

Bates, Marston, *The Forest and the Sea*, esp. pp. 246-262, "Man's Place in Nature."

Bates, Marston, *Man in Nature*, esp. pp. 94-104, "Ecology and Economics."

Belknap, Raymond, and John Furtado, *Three Approaches to Environmental Resource Analysis*.

Canter, Larry, *Environmental Impact Assessment*.

Colvin, Brenda, *Land and Landscape*, Ch. 17, pp. 254-258, "The Living Landscape."

Crowe, Sylvia, *Landscape of Power*.

Crowe, Sylvia, *Landscape of Roads*.

Crowe, Sylvia, *Tomorrow's Landscape*.

Darling F. Fraser, *Wilderness and Plenty*.

Darling F. Fraser and John P. Milton, eds., *Future Environments for North America*.

Dasmann, Raymond, *Environmental Conservation*.

Dickert, Thomas, ed., *Environmental Impact Assessment*.

Elsner, Gary, and Richard Smardon, eds., *Our National Landscape, A Conference on Applied Techniques for Analysis and Management of the Visual Resource*. 1979. U.S.D.A. Forest Service. Pacific Southwest Forest Range Station, Berkeley, California.

Fabos, Julius, et al., *Model for Landscape Resource Assessment*.

Fairbrother, Nan, *New Lives, New Landscapes*.

Forest Service, U.S. Department of Agriculture, *National Forest Landscape Management*, Vol. 2, Ch. 1, "The Visual Management System." Agriculture Handbook Number 462, 1974.

Hackett, Brian. *Landscape Planning*.

International Union for Conservation of Nature and Natural Resources, *Towards a New Relationship Between Man and Nature in Temperate Lands*, 1967.

Lassey, William, *Planning in Rural Environments*.

Lewis, Philip H., *Regional Design for Human Impact*.

Litton, R. Burton, "Aesthetic Dimensions in the Landscape," in *Natural Environments*, by John Krutilla, Johns Hopkins University Press, Baltimore, 1972.

Litton, R. Burton, *Forest Landscape Description and Inventories — A Basis for Land Planning and Design*. Pacific Southwest Forest and Range Experiment Station, Berkeley, California, 1968.

Litton, R. Burton, "Landscape and Aesthetic Quality."

Lovejoy, Derek, ed., *Land Use and Landscape Planning*, 2nd edition.

Marsh, William, *Environmental Analysis for Land Use Site Planning*.

McHarg, Ian, *Design with Nature*, pp. 7-17, "Sea and Survival," pp. 79-93, "A Response to Values," pp. 127-151, "The River Basin."

McHarg, Ian, "Ecological Determinism," in *Future Environments for North America*, Frank Darling, ed., 1966.

Odum, Eugene P., *Fundamentals of Ecology*, pp. 419-447, "Applied Ecology."

Ortolano, Leonard, *Environmental Planning and Decision Making*.

Patri, Tito, David C. Streatfield and Thomas J. Ingmire, *Early Warning System*.

Progressive Architecture, May 1966, "Sea Ranch."

Rau, John, *Environmental Impact Analysis Handbook*.

Sears, Paul B., *Life and Environment*.

Sears, Paul B., *Where There Is Life*, esp. pp. 214-216, "Reading the

Landscape."

Simonds, John O., *Earthscape —A Manual of Environmental Planning.*

Tetlow, R. J., and S. Sheppard, *Visual Resources of the Northeast Coal Study Area*, 1977.

Thomas, William L., ed., *Man's Role in Changing the Face of the Earth*, pp. 453-469, "Environmental Changes through Forces Independent of Man," by Richard J. Russell; pp. 471-481, "The Process of Environmental Change by Man," by Paul B. Sears.

Twiss, Robert, David Streatfield, and Marin County Planning Department, *Nicassio: Hidden Valley in Transition.* San Rafael, California, 1969.

Way, Douglas S., *Terrain Analysis.*

Whyte, William H., *The Last Landscape.*

Zube, Ervin H., ed., *An Inventory and Interpretation of Selected Resources of the Island of Nantucket.*

Zube, Ervin H., ed., *The Islands: Selected Resources of the United States Virgin Islands*, 1968.

Zube, Ervin H., et al., *Landscape Assessment.* Dowden, Hutchinson and Ross, Stroudsburg, Pennsylvania, 1975.

[责编注] 1972年麦莫斯湖（Mammoth Lakes）附近数百名居民集体向州最高法院提起诉讼，控告县政府对麦莫斯湖的开发破坏，州最高法院最终裁决公共与私人开发项目均需根据《加州环境质量法》提交环境影响报告。

[译注1] 水体中氮、磷等营养物质的富集以及有机物质的作用，造成藻类大量繁殖，水中溶解氧不断消耗，水质逐渐恶化，鱼类大量死亡的现象。

场地规划

SITE PLANNING

第7章

了解区域范围内的景观，是进行较小规模场地规划和详细景观设计的一个基本先决条件。第6章我们讲述了场地与大的生态系统之间的关系以及评估发展对环境影响的重要性。相反，在区域土地用途总体规划中有许多土地用途标准是建立在对场地规划中施工与平整土地技术以及场地规划和社区形式最优化标准的理解基础之上。

场地分析及说明

SITE ANALYSIS AND INTERPRETATION

对于房地产运营商来说，建设场地是一块土地，拥有法律界定的尺寸和边线、坡度以及间或具有的明显与众不同的特征。尽管每块土地在地图上或细分平面布置图上看起来很类似，但在实际上每块土地都是不同的（图7.1）。当人们认识了那些在位置、地形、形状和舒适度上的差异后，将导致土地的价值或高或低。那些与主要交通路线相连，并且和劳动力资源密切相关的土地，显然适合工业建设开发。能够俯瞰河流远景、位于河中的岛屿，靠近水体及水上运动，它与普通城市中平坦土地上的某一地块是截然不同的，它的价格也会据此而定。每块土地和社区会根据它们的环境条件而命名——“千橡城”（Thousand Oaks）、“孤松市”（Lone Pine）、“红树岸”（Redwood Shores）等——细心的开发商会很小心地避免毁坏这些反映住宅和地块成本价值的地貌特征。

项目规划（学校、土地分区、大学校园等）与适合施建场地的匹配是场地分析的一项功能。施建场地的选择或许是针对同一项预设规划经过对几块适宜场地的比较分析而决定的。重要元素包括：根据设计用途确定的区域内施建场地的位置、场地的通达性、与商业、工业、交通设施等的关系。其他将考虑的内容包括：满足拟议规划的土地能力，也就是哪块施建场地最能满足规划要求。

通常施建场地分析的实施就是决定哪块土地最合适开展建设。这样筹划直接反映施建场地设施以及区域、社会及生态背景的能力。

无论施建场地与规划怎样结合，在规划与设计之前都需要着手进行进一步的分析。详细程度取决于规划的特点（简单或复杂）以及施建场地的类型（城市或农村）。施建场地特征的明细和说明以及与毗邻土地的联系将为建筑形态提供决定因素、限制条件和建筑物的各种选位机会以及环境条件的保护。

在施建场地分析中有两组重要因素：一是通过参考区域特点确立的要素，二是具体场地独特的要素。区域因素包括气候、植被带、社会组织和传统、当地政府的法令、历史背景、周边的公园和游乐场以及排污设施、水源和其他服务设施。所有这些对施建场地以及应该如何处理都有一定的影响。

针对一块特定场地的场地分析包括两个阶段。第一阶段是调研阶段，在此阶段所有与场地相关的数据、地图和其他信息全部组合在一起并以相同的比例尺加以绘制。第二阶段是场地评估阶段，在此阶段视觉价值和关系、感觉以及心情都记录下来。当指明施建场地需求的详细规划制定完毕，并且包含了其他土地用途的面积和需求，场地规划就可以开始了。场地规划中的大多数考虑都具有经济意义。就开发成本而言，

图7.1
具有独特特征和关系的场地。

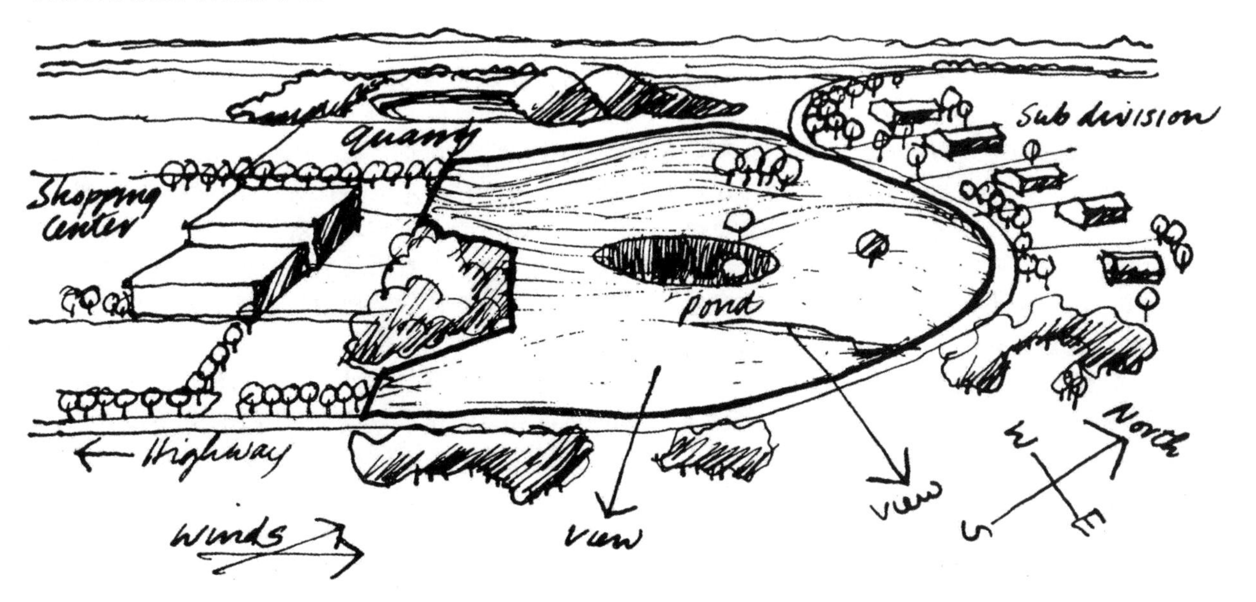

场地规划应在不牺牲原有景观独有特征的情况下保证效率。场地规划的分析与评估直接从这些方面来考虑。

场地分析中的数据分类与景观勘查的数据分类相似，但信息资料更具体，对其解读要与设计项目联系在一起。地质和土壤、地形和斜坡、排水系统、植被、野生动植物、局部微气候、人工特征和现有用途、视觉特征和关系、法律法规、历史关联性都是典型的资料收集项目。

地质情况 Geology

地下的地质构造形成了看得到的土地形态——地形。就建筑物的地基而言，施建场地范围内和施建场地之间接近地表的地质承受力差别变化很大。坚硬的顽石最大能承受每平方英尺60吨的力量，而松散饱和的砂土—黏土的承受能力只有每平方英尺1吨。因此，我们需要在大型建筑的规划和选址前就对施建场地上各种不同地质、土壤条件的位置和深度有所了解。

地表以下物质的开挖难易程度与开发成本有关，并有可能影响规划安排。表面排水也与地下的地质状况有关。蓄水层的存在将限制化粪池的使用，需要避免其他物质对地表水的污染。地质构造的稳固性也很重要。地质情况的描述对土地稳固性的评估很重要。陡峭的斜坡和岩石类型、地形上的斜坡以及与相关地层的关系可能致使一个地区遭受滑坡或坍塌。这类区域不适合建设。

土壤 Soil

土壤分布图是由不同土壤拼接构成的，每块土壤的属性在场地规划中都具有重要意义。土壤是地质构造的延伸。土壤常常是地下岩石的直接产物，但不一定都是。在场地规划中，土壤是与土地稳固性、地基适宜性、易挖掘性、抗侵蚀危害能力、排水状况及植物生长相关的重要因素。

坡地的稳固性是土壤类型的一个因素，与地质地层相关。土壤的承受能力取决于土壤类型，并且它也是轻型建筑物选址的一项决定因素。在特定气候下，某些黏土的收缩—膨胀系数是决定建筑物地基和选址的一重要因素。

另一项经济因素可能是土壤的可使用性及其开挖的难易程度。沙土比壤土重而且不易使用。一些土壤比其他类型的土壤更容易遭受侵蚀。这一因素是由土壤的质地、土地的倾斜程度以及植被覆盖情况决定的。对土壤可蚀性的了解将决定地表是否稳固，如果是可蚀性土壤，需要采取什么样的措施或控制手段以防止过度侵蚀。土壤的差异还体现在另一方面。不同的质地和结构使一些土壤比另外一些土壤的排水性更好。在暴雨中，沙土地迅速将雨水排出，而黏土地会因排水困难很快被淹没，以致雨水白白流失而不是被吸收。因此地表预期的径流量将因土壤而异。所以排水状况与土壤类型有关。

最后，土壤类型将决定哪些植被能够生长良好，哪些不好生长。柳树和杨树在潮湿的黏土上将生长茂盛，杜鹃科的植物适合酸性土壤，等等。从位置来看，表层土壤对植被的生长最为重要。它富含有机物质，而且有更开敞的结构，有助于植物根茎的生长发育、吸收水分和矿物质，并有助于植被呼吸。也许需要千百年的时间才能达到这种质地与肥沃的条件。好的土壤是一种很容易、而且很快会遭到摧毁的资源。

水位层是饱和土壤之下的那一层。它最接近下层土地的表面。地下水位的波动具有季节性，如果水位高，地层将需要特殊的防水和构造处理。与海水相连的高地下水位含有盐分，尤其对植被的生长有重要影响。大部分植被的根茎在盐水中不宜生长（盐沼类型的植物除外）。在海岸附近、咸水河口和海湾等处经填土开发的土地经常会碰到这类问题。在这种情况下，树木可能只能种植在架高的花槽或水密容器中。

地形 Topography

对于施建场地的表面，地形或许是评估中的最重要因素。我们已经看到了在基础地质和缓慢的自然侵蚀过程作用下形成了土地和坡地、山谷、山脊和丘陵。如果我们对现存景观的特征有一定程度的敏感度，这些地貌特点可能在决定场地规划的组织中具有相当的影响力。从视觉上看，地貌和土地形式对景观特质很重要。计划强调这一特质的场地规划方案必须明确了解土地结构和类型以便能够在原有方案主旨的基础上进行各种修改调整。此外，地形测量将标示出排水不畅的区域和自然排水渠道。同样也能显示出景色优美的地点以及施建场地范围内外从任何选定视点可以看到或看不到的基地部分。

土地不同区块的使用方式是土地坡度或土地可变更难易程度的功能之一。建筑物经济合理的规划和选址安排也会受到坡度的影响。总的来说，建筑物的成本会随着坡度的抬高而增加。现有斜坡指示出在没有进行土地平整时，道路和步道可行的最小坡度。依据坡度将土地分类的场地图是单独考虑坡度因素进行场地规划的快捷途径。在此类坡度地图中所采用的坡度级别将取决于正在考虑的土地用途以及为每种用途可选用的最大允许坡度。低于4%的坡度看起来似乎很平坦，排水性能很好，适合各种用途，例如修建建筑物和运动场地。4%～10%之间的坡度可以通过小幅的修整用于修建道路和步道。由于经济原因，6%的坡度是修建高密度住宅的最大坡度。大于10%的坡度被认定为属于地势陡峭，在没有进行土地平整的前提下不适合修建道路和步道，它最适宜用作免费的游乐场地以及种植植物。15%的坡度是车道的最大限度，25%的坡度是适合机器修剪草坪的最大限度。为了控制侵蚀，25%的坡度可能是能够实施土地调整的最陡坡度。地貌还决定了施建场地的自然排水模式。如果这些自然排水模式继续保持运行，除非对整个施建场地重新改造，否则建筑物和构筑物应当避开自然洼地。

植被 Vegetation

场地分析的下一个方面是植被。根本上是要记录土地上现存的植物、它们的成熟度和健康状况以及决定一些特别的树木和灌木是否要保存的重要因素。现有植被可以为邻近土地的使用提供保护，而对植被的保护或许因此会对噪声、空气污染物或不雅的景色形成一个缓冲区。植被的潜在火灾危险对于新建筑物的规划也是一个重要因素。对现有植被侵蚀的控制能力对保持土地表面的稳固性是极为重要的。现有植被和地貌类型可能对确定施建场地的特质和空间关系非常重要。植被也为场地土壤和微气候的自然特征提供了相应的信息线索。在大的施建场地，斜坡之间的不同位置或许就存在不同的植被，这可能是现有湿度、温度、太阳辐射、风力等诸因素的一个反映。施建场地上生长状态良好的植物为场地规划和设计中选择新植栽提供了指示。

野生动物 Wildlife

与植被相联系的是野生动物群。应当在包括昆虫、鸟类和哺乳动物的更大范围内考量施建场地的位置和植被，尤其在现有植被迁移或被改变之前的农村环境下。

气候 Climate

每一施建场地都有与所属地区相同的大气候。这些气候因素对建筑、场地规划和设计有广泛的影响。例如，针对过多的降雨或长时间的高温和阳光照射，建议需要修建有遮盖的人行道提供遮阴；霜冻和大雪的气候环境表明街道和人行道的坡度应该降至最小。

施建场地特有的微气候由大气候的各种变化组成。它是由地貌、植物、植被、暴露状况、海拔高度以及施建场地与大型水体和高大建筑物的关系产生的。我们并不是总能掌握微气候的信息，至少需要一年以上的精确测量。倘若时间不够，一些微气候的影响可以通过观察推断出来。显示风切变现象的植物表明了盛行风向及其在施建场地的影响。坡度的方向和暴露程度可以用来推断温度和光照条件，而且植被的自然分布也可能证实这一点。工业污染、灰尘和噪声的来源可以具体确定下来。

此外，由建筑物和树木产生的阴凉造成了微气候温度上的变化。暴露还是遮蔽是施建场地需要记录的条件状况。这些因素在设计中是重要的，因为很有可能将它们用作改善其影响效果的必要步骤。在此情况下，微气候是一个重要的因素，并且其适用范围扩展到户外区域。在总体并不理想的气候环境中，选择并使用植物材料创造出更适宜的微气候，这是在场地规划范畴中的设计反应。第10章将更详细地论述气候在场地规划和环境设计中的影响。

现有特征 Existing Features

施建场地上通常存在既有特征或已被使用的建筑物。建筑物、道路、排污系统、地下管网、电缆、从公路到达施建场地的道路和场地上所有其他反映过去和现在使用情况的无生命属性的特征，这些是施建场地未来的基础数据，能够构成规划的一部分内容。

社会因素 Social Factors

与此相关的一系列细节是施建场地的影响因素，但它们是无形的，例如包括建筑法规与发展规章，当然或许在城市与城市之间或者州郡与州郡之间上述内

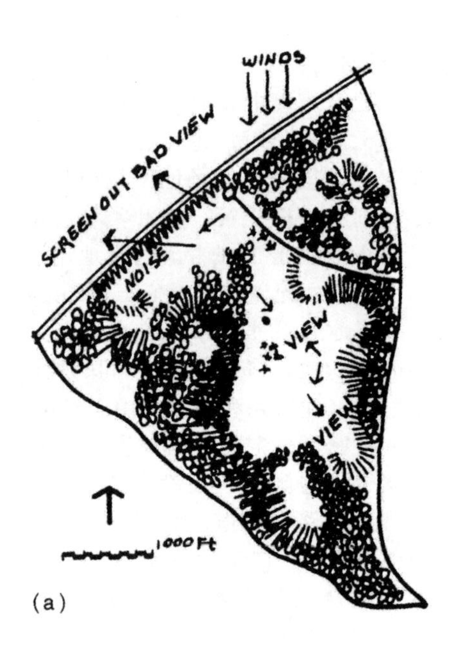

(a)

图7.2
场地规划过程中，开发规划需要适应于土地面积，有效发挥效能，同时表达场地特色。接下来的插图代表了这一过程的四个阶段，插图内容是由戴维斯·盖茨（Davis Gates）针对一所有5000名学生的大学所做的场地规划。（a）场地，即条件、特征、与周边的关系；（b）依据可开发土地所做的场地评估；（c）用于拓展的场地规划需求；（1）第一阶段；（2）第二阶段；（P）停车场；（S）服务区；（d）场地规划。

容有所不同。可能还会有其他法律问题，比如道路的所有权和通行权。对于这些问题，还应当考虑到可能会影响材质的选择或土地设计的历史关联或传统。该施建场地本身就可能具有区域重要性。

另外，还要对受场地规划方案影响的人类生活方式及其他问题进行关注。规划场地或许已经有一定的人口或由项目产生的新人口。在任何情况下，由经济学家制定的规划目标可能不符合普通大众的需求和愿望。规划本身可能需要分析和讨论，最尽责的景观设计师将接受这一挑战。

视觉品质 Visual Quality

最后，这里应当有一个图解分析，记录具有吸引力的景色和景观，并且应当剔除掉邻近的地区。土壤的颜色和现有植被、光和影的典型模式、天空和云朵、阳光的强烈程度以及景观的空间特点都是值得记录的因素。最成功的设计将是对这些特征最敏感的设计。其意图包含双重特点：首先，在场地内制订计划建立令人视觉愉悦的关系；其次，设计项目和谐融入周边环境之中。

所有这些有关场地的尺寸与特征——岩石和土壤、由上述二者所形成的地形、植被以及野生动物、气候和微气候、人造设施、法律法规、视觉特征和历史联系构成了施建场地分析。它是一整套复杂的信息，包括有形的和无形的、不同类型的主体与客体，并且强调依赖施建场地，即城市、郊区或乡村的环境。同时，还有用于开发施建场地的复杂规划，是将这两类（规划项目与人和环境）汇集到一起并解决两者之间的矛盾冲突，这一过程被称为“场地规划”（图7.2）。

场地规划 SITE PLANNING

场地规划可能会被认为是改造施建场地以适应规划方案，同时根据施建场地调整规划方案的折中方法。在景观设计师与规划师的合作中，景观设计师从项目一开始就参与其中是非常重要的。规划和施建场地或许被认为是两种不同的力量：一方面施建场地试图努力表现其本身的独特性；另一方面规划方案中的各种用途也有它们自身一种通用的塑形过程。

场地规划是一个过程，在这一过程中规划所需的条件已经提供并确定，而且在相互之间以及与外界均得以联系起来，场地规划富有想象力，对场地分析的含义敏感，而且对场地的破坏最小（如果该场地具有自身属性）。规划结果必须不仅是可行，而且要易于维护和服务，并且能够吸引人的注意（不是令人乏味）乐于进入。规划及其具体表现对施建场地自然条件的削

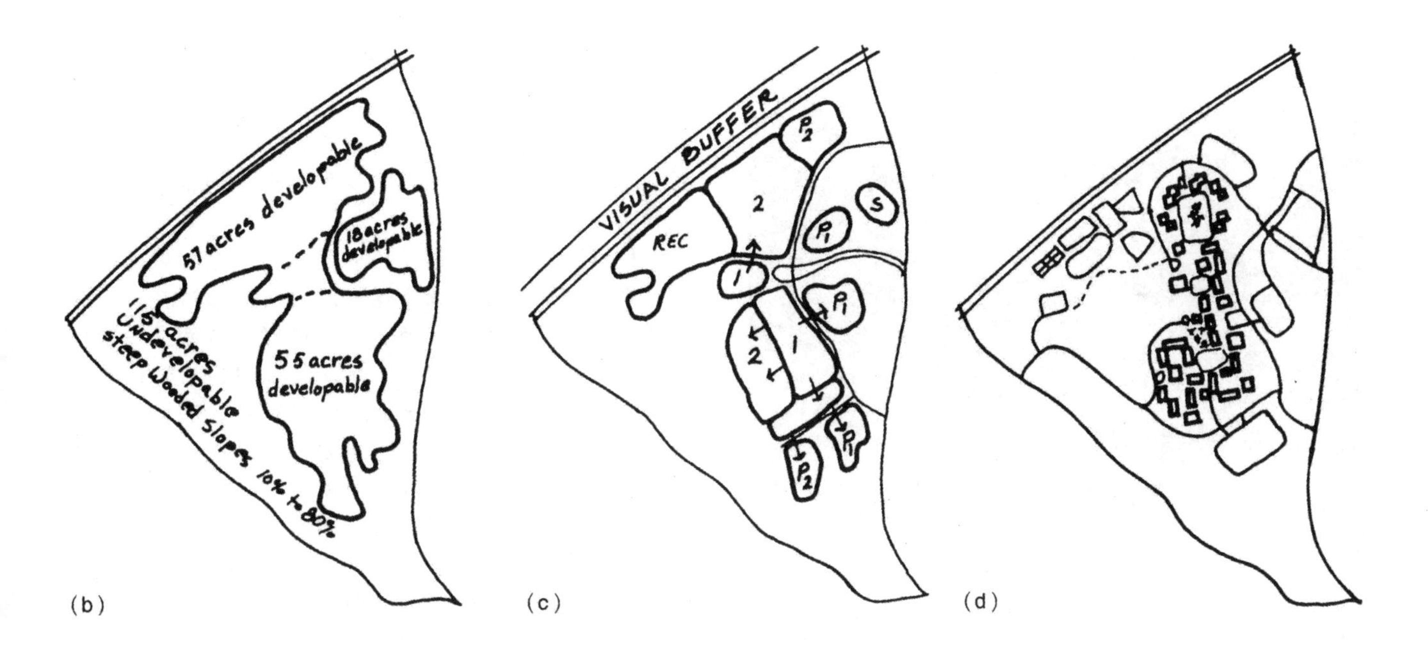

减度很大程度上依赖于施建场地首先是否拥有此类条件，其次规划方案是否对于可用的土地有过高的期望。第三可能是哲学上的问题，即设计师是否应当强调从规划方案中产生的模式来全面重塑施建场地（图7.3）？另外一方面，设计师是否应当以几近宗教性的态度来看待土地，将结构和布局完全建立在全面保护施建场地原有特质基础之上（图7.4）？在此，中庸的立场是最常见，也是最适当的。施建场地与规划方案应当结合起来运作，以便产生任何单独一方都无法展现的品质。规划方案与施建场地的相互作用将产生土地用途计划。这将表明规划方案可以具体落实到场地上，揭示出存在一个循环系统将使用区域与建筑物相连接，并且反映了项目如何与周围环境切实联系起来。

规划方案中每一项都有一套评估标准。最特殊的是游乐场地和庭院。要求的面积、表面、方位和微气候都是客观的。对于其他户外土地用途，例如野餐区域、花园和公共广场等的评估标准更灵活一些。但是可以先确定最佳尺寸、形状和气候，然后提供。规划方案中所确定的这些设施的位置是为了划分场地特质的功能，落实评估标准以及方案要求的各种效率及服务之间的关系。除了联系规划中的各种元素，最好从互不兼容的角度来考虑各种独立用途。动线可能有多种类型，例如汽车、自行车和行人。这些动线的方向性涉及功能与经济学领域的问题。

在场地规划中，我们随后涉及的是在单一综合性场地范围内以及开发—改造方案中建筑物与户外空间的图案式连接，各种元素和区域都针对空间需要和功能进行布置、分配。这一过程的基础是解决各种矛盾冲突。当两种功能、需要、用途或系统发生对立时就

图7.3
科罗拉多州的空军学院（Air Force Academy），在这个项目中是规划方案产生了形式。

图7.4
小弗兰克·劳埃德·赖特（Frank Lloyd Wright, Jr., 1890—1978，美国景观设计师）设计的住宅围绕树木而建，并与树木相融合。

会产生矛盾。矛盾或许早已存在于环境之中，或可能在把一套系统施加于另一套系统时产生。因此，或许可以说设计的问题仅在有矛盾冲突时存在。特定问题或矛盾冲突之间的相互关系产生于一种解决方案影响另一种解决方案之时。

场地规划中的问题或矛盾冲突源于两个主要考察区域及其相互作用的网络。首先我们拥有了建筑物或土地使用在设计上或实际上的功能。这些可以称为"人为因素"（human factors）。范围可以是一个四、五口人的家庭、他们的住所和花园空间，或者是一个拥有数千学生、各种建筑物及空间需求的专科学校或综合性学校校园。第二个考察区域是特定的场地或景观以及它与相邻土地用途的关系和它在斜坡、土壤、植被、微气候等方面独有的特质等。这些可以称作"土地因素"（land factors），土地因素涵盖的范围从荒芜的海岸到城市街区，特征十分广泛。

矛盾冲突可能完全存在于人为因素当中。例如，在两个不同群体共同居住的地方，老年人期望安静、清净的户外空间，这很可能与青少年喜爱体育运动、嘈杂音乐、喧闹聚集、自发性强的特质相矛盾。矛盾冲突或者可以在人为因素和土地因素之间产生。例如，暴露于强烈夏季盛行风之中的施建场地就与人们户外休闲活动的舒适度水平产生冲突。此外，矛盾冲突可能存在于或完全起始于区域内的土地因素中。例如，我们通常认为土壤的过度侵蚀或土地滑坡是因一系列自然因素相互作用而产生的冲突，包括坡度、植被和降水量。

另外一个简单的例子可以显示问题之间可能的相互关系。解决暴露于风中这一难题可以通过在适当的位置种植由植物组成的遮蔽物或栅栏，从而在一定程度上加以解决。但如果一个优美的风景也恰好位于盛行风的方向，如海洋牧场（见第123页），我们将成功地在怡人的场所中消除这一重要特质。最初，将这些需求或问题汇集起来，我们可以通过结合玻璃幕墙解决这个问题，在挡住盛行风的同时又保留了美丽的风景。尽管这可能不是唯一的解决方式（图7.5）。这只是组织设计过程中的一个简单方法，在形式产生过程中把所有方面都加以考虑，从先入为主和主观臆断的观念束缚中解放出来。

在这个阶段，场地规划和细节设计开始相互作用和结合。场地规划一旦构成，最终必须贯彻执行。而且从中可以看到，在细节层面解决矛盾冲突的可能性影响着场地规划的构成。这便是第8章的主题。

以下实例将展示如何在场地规划过程中操控场地和规划方案以及项目整体概念与过程相结合的方式。

图7.5
挡风玻璃既可遮风挡雨，又维持了视野景观。

案例研究1　山麓学院

山麓学院（Foothill Junior College）是一所两年制的社区学院，拥有3500名学生，同时也是城市与文化活动中心。山麓学院是1959年由建筑师坎波（Kump）、马斯滕（Marsten）和赫德（Hurd）与景观设计师佐佐木（Sasaki）和沃克（Walker）一起设计。设计师们面对的是面积122英亩，位于加利福尼亚洛斯·阿尔托斯山脉（Los Altos）朝东的山麓区域。从地形上看，施建场地包括两座被山谷分开的小山丘。周边景观由一个碗状结构构成，后来从果园和农业用地过渡到近郊的住宅开发（图7.6）。

除了详细描绘教室、实验室、图书馆、剧院、体育馆、运动场、学生会馆和行政办公楼等建筑方案外，董事会还阐述了总的概念性设计原则：规划应当是与区域背景和传统相联系的解决方案，而且应避免僵化的形式或明显的几何模式，应创造一种宁静庄严而且吻合高等学校温文尔雅的氛围。

在施建场地和规划的限制性约束条件中，存在许多可能的基本解决方案。如果对地形加以平整，填平了土地，那么学院以及其数量可观的停车设施都可以坐落在平地上。另一方面，停车场可以位于中央位置较高的区域，建筑物在其下方环绕四周，或者正好相反。后一种规划方案被选中，称为“卫城”规划（acropolis）。两座山丘中较大的一座用于学院和其他建筑，体育馆配置在较小的土丘上（图7.7）。

规划很简洁：一个作为入口的环形路将四个停车场和一个访客到达点连接起来；停车场的行人通道沿着山边的小径向上，在几个位置穿过外墙与内部步道系统相连，通向每座建筑物或目的地。停车场和建筑物之间的距离基本相等而且不是太远。小路通向“卫

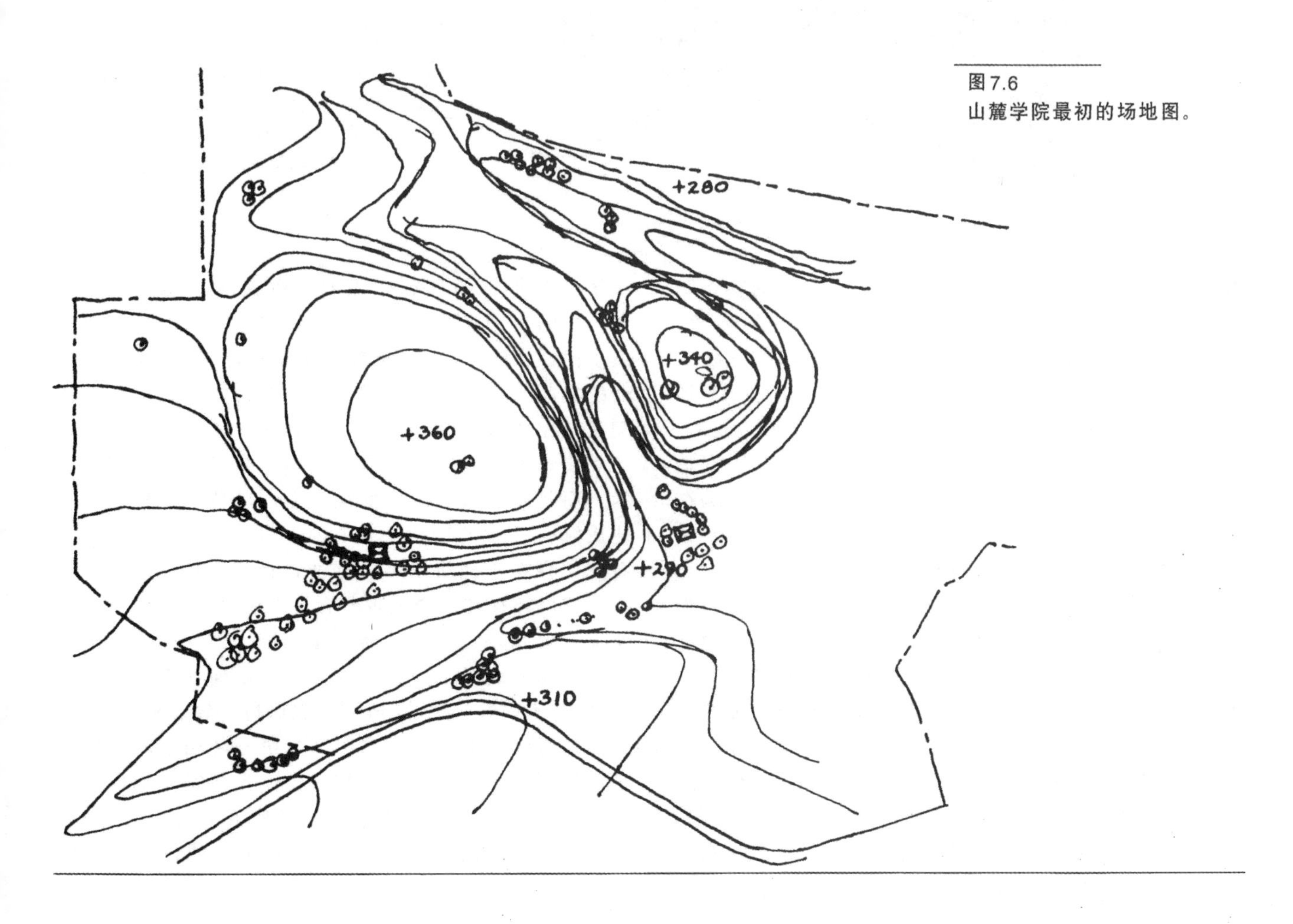

图7.6
山麓学院最初的场地图。

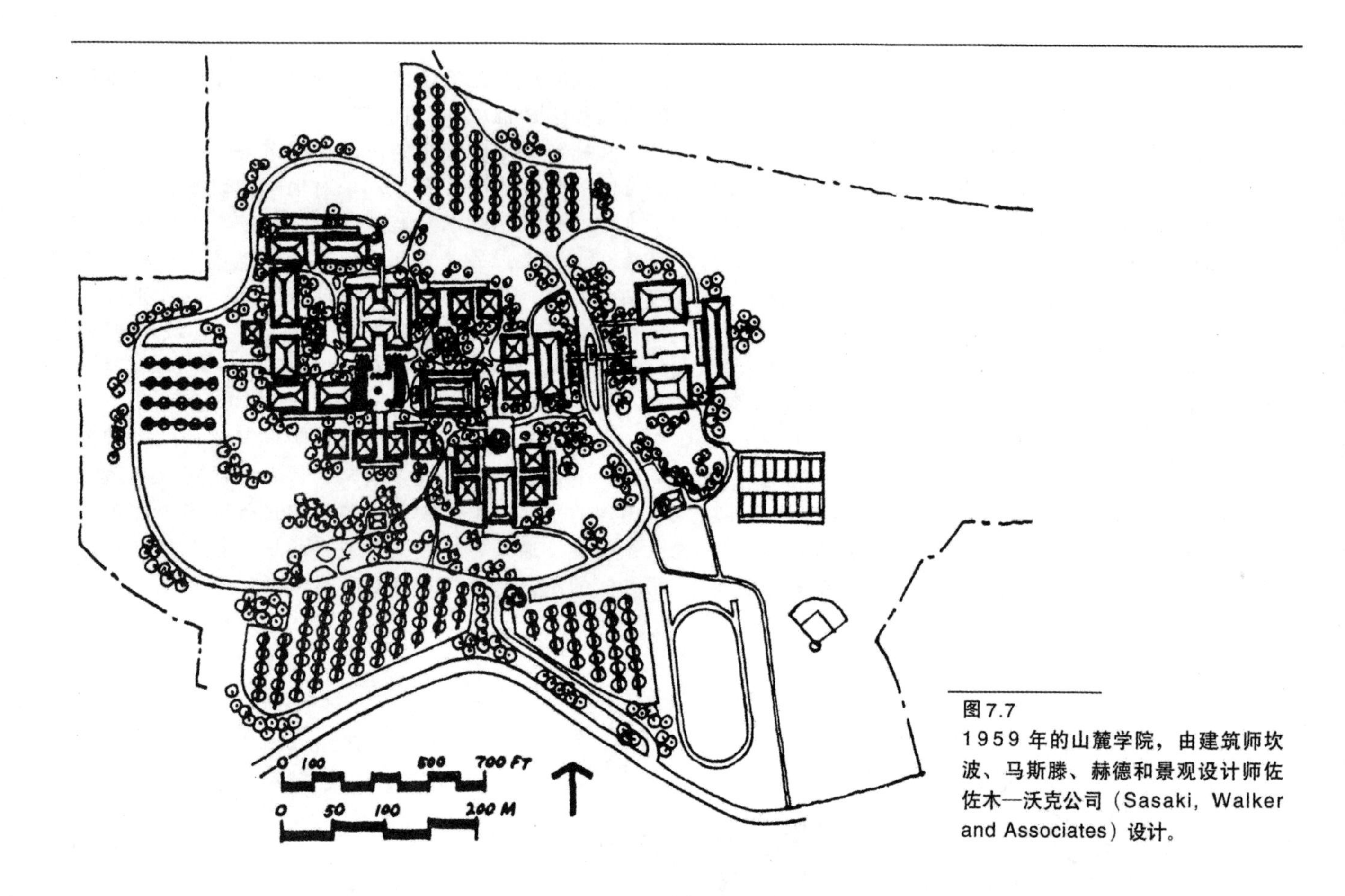

图7.7
1959年的山麓学院，由建筑师坎波、马斯滕、赫德和景观设计师佐佐木—沃克公司（Sasaki, Walker and Associates）设计。

城”边缘用于服务目的。建筑物在中心、外周环绕服务路线的场地规划类型最适合此类施建场地的环境。汽车与行人之间的一个主要矛盾冲突通过相连学院区域与体育馆的桥获得了解决。其他的可以通过停车场外缘设置的环形道路来避免。

由于山丘太小不够容纳图纸中安排的建筑物，运来了30万立方码的土方作为平整土地之用，从而为结构物与结构物之间预想的开放空间提供了大约30英亩的平坦区域。项目评论家评价该项目成功地进行了土地平整，对原有土地的限制条件加以改造。为适应学校的功能，单层建筑物围绕在中央公共用地或绿地周围呈群组式布置。特殊建筑物，如图书馆和剧院，尺寸较大但设计类似。单层建筑物在尺度上与周围的住宅品质相关。教学单元根据学院的学科，诸如科学、人文科学、艺术等环绕在小庭院周围。学生会馆位于通向体育馆的桥的尽头，靠近访客入口。

建筑为木制框架。屋顶覆盖红木片，屋顶轮廓形成了学院独特的形态和强烈的辨识性。屋顶出檐很宽，为防止阳光和雨水进入环绕建筑物周围的通道提供了保护（图7.8）。通道由覆盖在服务管道上面可移动的混凝土板构成。用做教职员办公室、长而低的砖砌建筑位于教室建筑后面，形成了“卫城”的外墙。

建筑物的位置不仅取决于功能的考虑与便利的因素，而且要从审美概念的观点出发。建筑师把复杂描述成统一之中的变化，统一存在于建筑物的形态中，而变化存在于建筑物不拘谨的设计规划中。

这里还存在一个景观概念（图7.9）。它认知并强调了五个区域。第一区为边缘地带，是连接毗邻土地及其用途的边界区域。在这里，无论何处都可以利用（有时并不大），建议与既有植栽保持一致，种植桉树、天然橡树或各类果树。第二区与第一区相连，包括停车场和环路。此处建议种植果树作为往返大学校园所需大型停车场的衬托背景。建议种植小尺寸的树木，目的是协助阻挡校园与停车场之间的视线，而且有助

(a)

(b)

图7.8
(a) 山麓学院，第四区，由大卫·阿伯加斯特 (David Arbegast) 1966年拍摄；(b) 山麓学院，第四区。彼得·柯斯特里金 (Peter Kostrikin) 1973年拍摄。

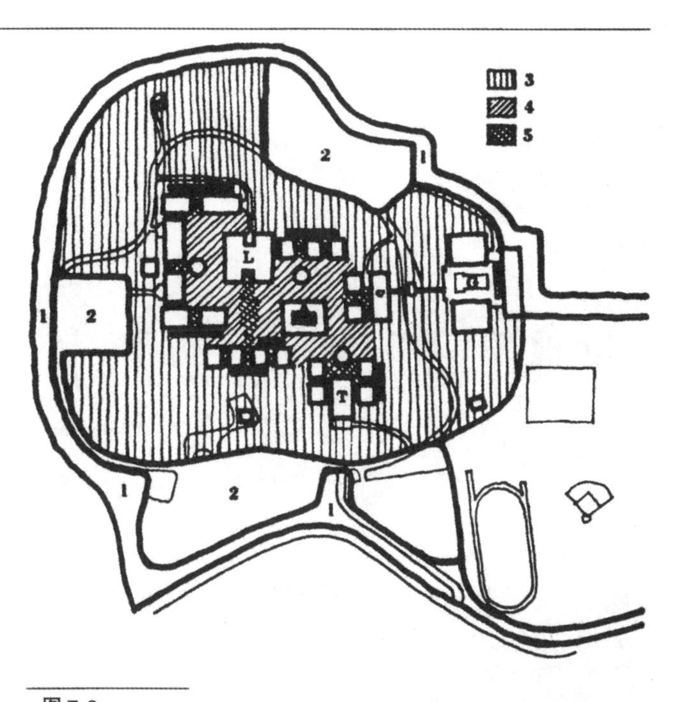

图7.9
山麓学院概念示意图，第一区为边缘地带；第二区为停车场；第三区为自然山坡；第四区为中央开放区；第五区为庭院。

图7.10
山麓学院，第三区。边缘外侧融入周围景观。彼得·柯斯特里金拍摄。

于调和与周围环境的开发。不幸的是，预算删减和维护问题导致这一重要元素被省略。第三区，专为行人考虑，包括从环路内侧山坡的天然草坪一直向上到"卫城"外部边缘。此处建议维护草坪和场地上原有天然橡树的自然品质。这里将不设置灌溉设施，而且这一建议也被认为与夏季棕色的山丘和稀疏的植被这一大型景观内涵相联系从而产生共鸣（图7.10）。

第四区是组团式建筑围合中的主要开放空间（图7.8和图7.11）。这很大程度在视觉上与周围环境分离开来，但却可以向西远眺海岸。此处的概念从根本上需

(a)

(b)

图7.11
（a）山麓学院，第四区。大卫·阿伯加斯特1966年拍摄。
（b）山麓学院，第四区。彼得·柯斯特里金1973年拍摄。

要封闭的、丰富而绿色的景观，是无法从外面看到的，与其他三个区域相比更能象征性地代表山麓景观。本区域的其他设计需求包括：供学生非正式使用的动线系统与开放空间。与干燥的第三区相反，这片中央区域地形起伏，种满了遮阴树木，如同绿洲般充满绿意而且品质丰富，成为了大学校园最值得回忆的景观风貌。最后一区由位于建筑物之间的私密性庭院构成。运用特殊的铺面和装饰性植物使其在细节和品质上获得提高，赋予每一处各自的特性（图7.12）。

山麓学院是场地规划的一个典型实例。这里有详细而明确的需求规划，包括学生和教室的数量、设施和停车场地。选择的施建场地的大小和位置是适合的。施建场地周围的社区关心建筑的品质及其可能产生的影响，再有地产的可能价值。提出的理性、高效的场地规划表达了学院的规划意图，同时还与周围环境和社会关注热点相互呼应。

图7.12
（a）山麓学院，第五区。大卫·阿伯加斯特1966年拍摄。
（b）山麓学院，第五区。彼得·柯斯特里金1973年拍摄。

(a)

(b)

案例研究2　乡村之家

随着20世纪70年代能源危机的爆发，人们对美国家庭能源的过度消耗和成本的上升日益关注，导致产生了场地规划评估和建筑节能设计。一个社区的场地规划可以通过各种方式影响能源消耗，如降低汽车的便利性，增加自行车或步行需求，或者通过使用隔热材料和适当的建筑物朝向减少空间加热和制冷需求。早期研究（戴维斯（Davis））[1]展示了在隔热材料和朝向的作用下，公寓室内温度的显著差别。在夏季，朝西的高层公寓内温度达到99°F，朝南的低层公寓内温度为75°F，温度差异一目了然。同样在冬季，南向房间的温度在55°F～70°F范围之间，与之相比，北向、东向或西向房间的温度在48°F～58°F范围之间。这些十分简单的发现，很早就在“原始”文明中得到了认同，如果认真严肃地加以应用，将为社区规划和建筑形态提供一个强有力的组织构架。

除了朝向以及在住宅建设中使用高级隔热材料之外，其他减少热量损耗的措施包括：通过采用共用墙体和简单的建筑外形减少墙体外表面，在暴露于东向和西向的墙面采用浅色调，夏季窗户采取外部遮阴（见第196页）。由此可见，这种对太阳能的考虑将与传统建筑规范以及附属条例所要求的退台、侧院等内容相冲突。严格遵循日照方向使社区形态构成了不对称的新外观，也催生了收集与阻隔阳光的新型建筑。

位于加州戴维斯的乡村之家（Village Homes）（图7.13）是一块商业区域，不仅反映了如果采用节省能源的房屋朝向和住宅设计时会发生什么，而且也展现了汽车使用的减少、强烈的社区意识、水资源保护和粮食生产用地。戴维斯的年降水量大约为20英寸，冬季最低温度30°F，夏季最高温100°F。

自1972年，这个面积70英亩的社区设计用于容纳大约200套居住单元，平均密度为3户／英亩（比瑞德伯恩略少一点，见第94页）。所有房屋均为南北朝向，很多使用了太阳能收集板，所有房屋都可以享受室内冬暖夏凉的好处。汽车通道是20～24英尺宽的小巷，而且封闭的庭院会面向街道。后面是步道和自行车道，而且跟汽车道呈合适的角度。园林的面积有限，蔬菜

图7.13
加利福尼亚州戴维斯的乡村之家平面图，由迈克尔·科尔伯特（Michael Corbett）于1972年设计。沿东边种植杏树，其他的低矮果树和葡萄园穿插种植在房屋之间。小巷尽头有车辆出入口。在住宅、社区活动中心、公园和戴维斯镇之间，有步道和自行车道作为便利通道。关键点：（1）公共用地；（2）社区活动中心；（3）果园；（4）社区公园。

[1] Hammond, John, et al., A Strategy for Energy Conservation and Solar Utilization Ordinance for the City of Davis, California, 1974.

图7.14
乡村之家的景象向我们展现了公共绿地空间以及伸展在住宅与蔬菜园和水果园之间的小径。

和果树占主要地位（图7.14和图1.9）。公共性植栽为固有品种或耐旱品种，对地面进行了平整，通过渗漏池收集雨水并滤流到地下水位（实现零径流）(见第228页)。社区拥有12英亩的土地，开发成为公共用地和社区中心、葡萄园、果园和步道小径。一个小的商业中心，包括合作经营的食品店、烘焙店和其他服务设施。有便利的步道和自行车道，进而帮助减少使用汽车。为了实施此设计，需要制定一些新的城市条例。

案例研究3 伊利诺斯州的橡树园

1965年，位于芝加哥老城郊、拥有62000人口的橡树园（Oak Park）社区作为一个区域购物中心正面临着衰败。这是由交通拥堵、停车位不充足以及新建购物中心偏远，缺乏竞争所致。1970年，橡树园举行了一次规划研究。在分析了人口、历史和零售行为模式以及车辆交通和行人活动之后，报告结论是：首先中心周围居民的生活需要与零售商店之间更好地配合。这意味着，与区域性大众市场竞争是不适合的，商店应专注于高收入产品和与社区现状相关的便利商品市场。其次，明确了行人、汽车和卡车之间以及穿越性交通与区域性交通之间的矛盾。第三，中心区缺乏识别形象和焦点。

于是产生了一项城市设计概念，该概念的核心是在两条商业街辟设行人专用区，后部基础设施通向商店和其他建筑物，在轻松的步行距离范围内即可到达的停车空间。社区采纳了此项提案（图7.15），遴选由芝加哥景观设计师乔·卡尔（Joe Karr）负责将此规划概念发展成为实质方案。

业主计划书

业主提供给景观设计师的计划书要求：有一条步行街提供在商店之间的自由活动，有可以享受阳光和阴凉的场所，有夜晚照明，有便利的停车场所和出入通道，拥有鲜明的特色吸引购物者并重新激活旧城市中心的活力。简而言之，他们要求“一条林荫道”，也就是在20世纪60、70年代开始在城镇中使用的一个名词。

开发规划

“一条林荫道”基本规划概念是通过设计师调查各类可能使用者（购物者、小孩、老人、商人、职员和办公人员）的特征、他们预期的需求和行为（从一侧穿向另一侧、坐下来愉悦地享受阳光或阴凉的场

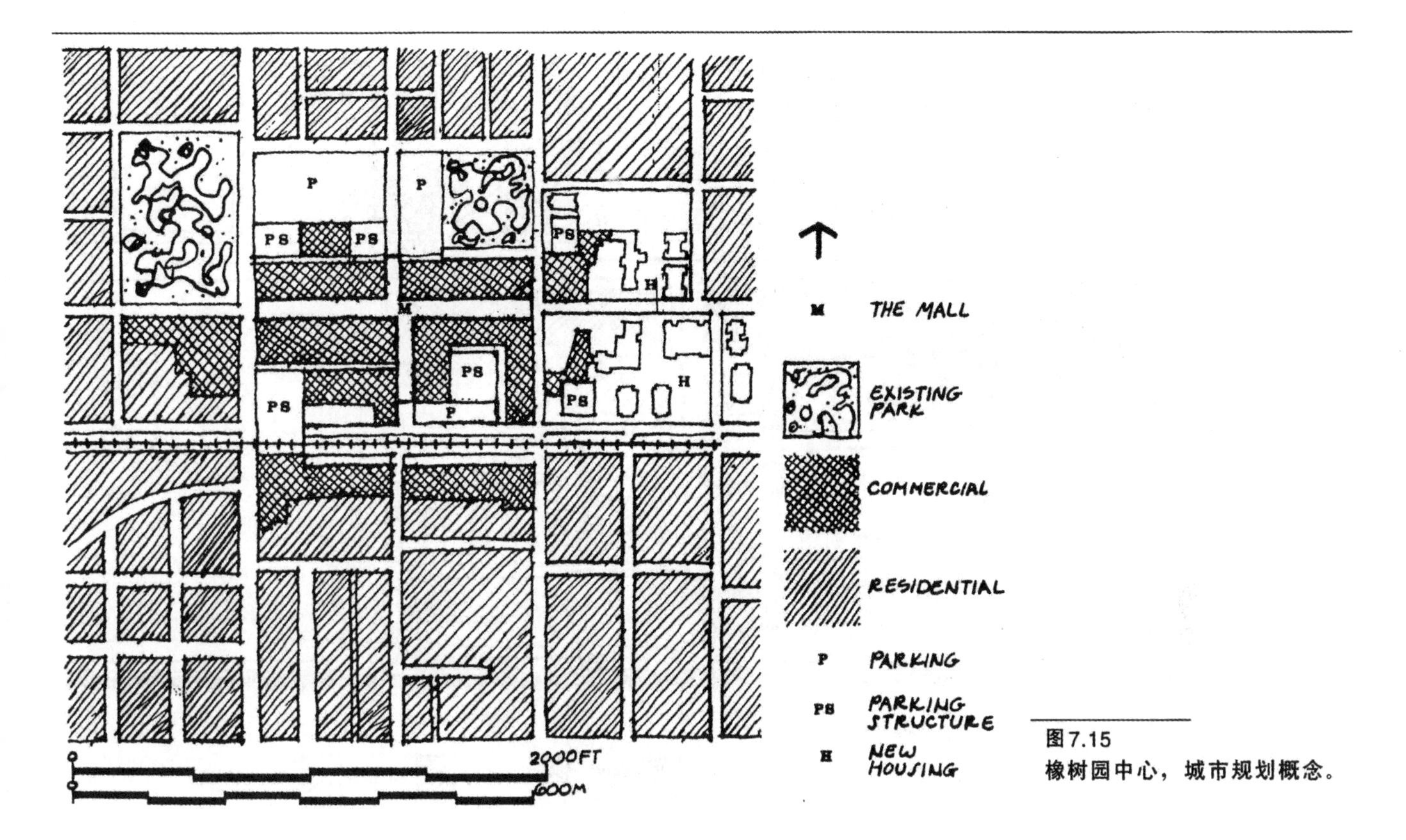

图7.15
橡树园中心，城市规划概念。

所、自行车停车场、有遮蔽的巴士候车区、可以悠闲行动和活动的宽敞铺面区、电话亭、邮箱和赋予辨识性的独特特征）所获得的诸多细节信息提出的。其他规划要求来自于实际问题，最重要的就是消防车辆进入建筑物前部的需要。这需要一条与主干街道相连、24 英尺宽、连续的通道，尽管没必要一定是笔直的。其他的功能要求包括照明、垃圾箱，并且易于维护与清洁。

一些与规划相关、但不太具体的问题包括：在把多样化的建筑风格和建筑物高度结合在一起的同时，需要将林荫道统一整合为城镇中可以识别的单元；由于这条街道不再只是街道，所以需要以人性化尺度开发原为交通用途的街道空间，使其产生公共广场的感觉，甚至像一座花园。结合上述需求，认知抵消空间直线特性的必要，使其看起来不是狭长的一条。建议通过行人的移动使其看起来更像一个集市，人们游走其间，享受周遭环境，品味各色人流，消磨时光。

施建场地分析和评估（图7.16）

背景

设计方案中的两条正交街道差不多是位于中心商业区的中心。南北向街道与通勤站相连；东西向街道通向主要巴士路线。附近既有的和规划土地用途包括商业、住宅、汽车停车场及两座公园。作为一片城市基地，几乎没有重要的生态进程可以确定。区域天气统计数据显示炎热夏季的温度最高达到100°F，而寒冷冬季的最低温度为零下25°F，全年的年降水量为30～33英寸，并且在12月至来年3月的任何时间内将近有20～25英寸的潜在降雪量。周围街区的情况欠佳，致使林荫大道项目被业主视为振兴整个城市区域的起点。除了住宅区之外仍保持着良好的状态，街道两旁是成龄的树木。这一背景研究确定了行人的主要出入通道和目的地。气候的总体情况将会影响未来使用，所以需要加以改进，再有指出了地表径流的排水能力和清雪需求。它也暗示出了可以影响周围环境品质的强烈印象，这一点将是有利的。

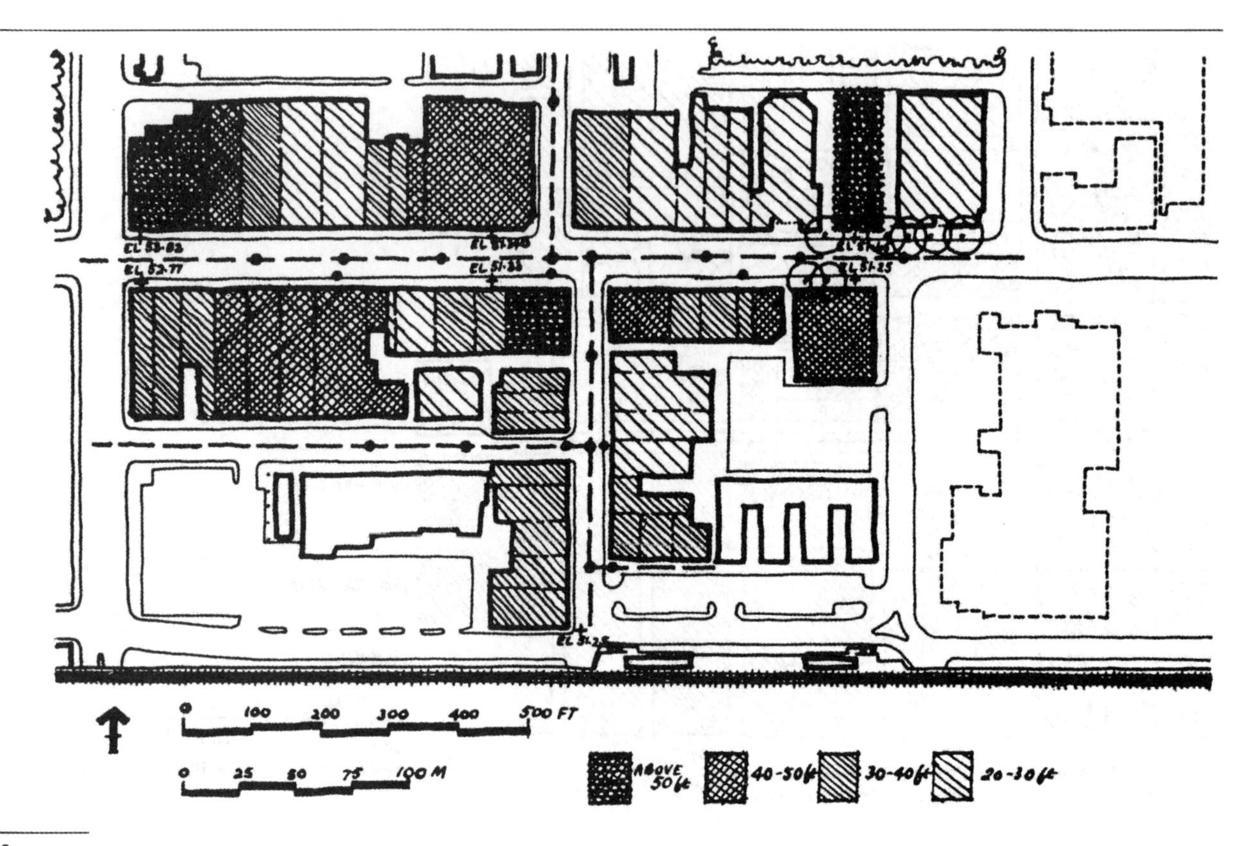

图 7.16
橡树园中心，场地分析。

地质和土壤

规划没有必要对地基材质进行地质研究。现有土壤是排水性能很差的黏土。这一项目关于地表以下的基础信息是在路权范围内公共设施的定位和尺寸。

地形

施建场地基本上是平坦的，仅在街道和交叉口处有缓坡。由于不存在大的斜坡，关键信息包括：精确的海拔标高、表面排水设计的必要性和新铺设的路面必须与商店和其他结构物的入口保持一致。

植被

这里现在只有少量的行道树。早先在 19 世纪 20 年代，街道狭窄，两旁种满了用于遮阴的树木。与美国其他城市类似，广泛种植了榆树、枫树、菩提树、皂荚树、红橡树和针叶橡树。

微气候

就施建场地而言，通过对总体数据的解读，反映出需要必要的户外防雨雪遮蔽设施，比如在公交巴士站。阳光的角度和阴影的形态表明东—西向街道将在一整天和一整年中接受到最多的阳光，南—北向街道在夏季几乎没有建筑物的正午阴影（图 7.17 和图 7.18）。建筑物的尺寸和形态不会产生重要的涡旋和气流情况。夏季，凉爽的微风从东南或西南方向的湖面吹来；冬季，夹杂着严寒的暴风雪从西北刮来（寒风中温度最低达零下 83°F）。这项研究的意义包括：落叶树木的使用及妥当的安排配置，在夏季为林荫道提供阴凉但又不会阻挡冬日的阳光。夏季早晚阳光造成的商店内温度过高的问题可以通过建筑物的位置和高度加以抵消。

视觉和实体调查

设计者回顾了城镇的历史，认为应当通过施建场地或单个建筑物把它表现出来。历史性建筑或在某些方面重要的建筑物均加以记录。对主要的建筑材料、颜色和街道整体品质进行了评估，发现了大量各种各

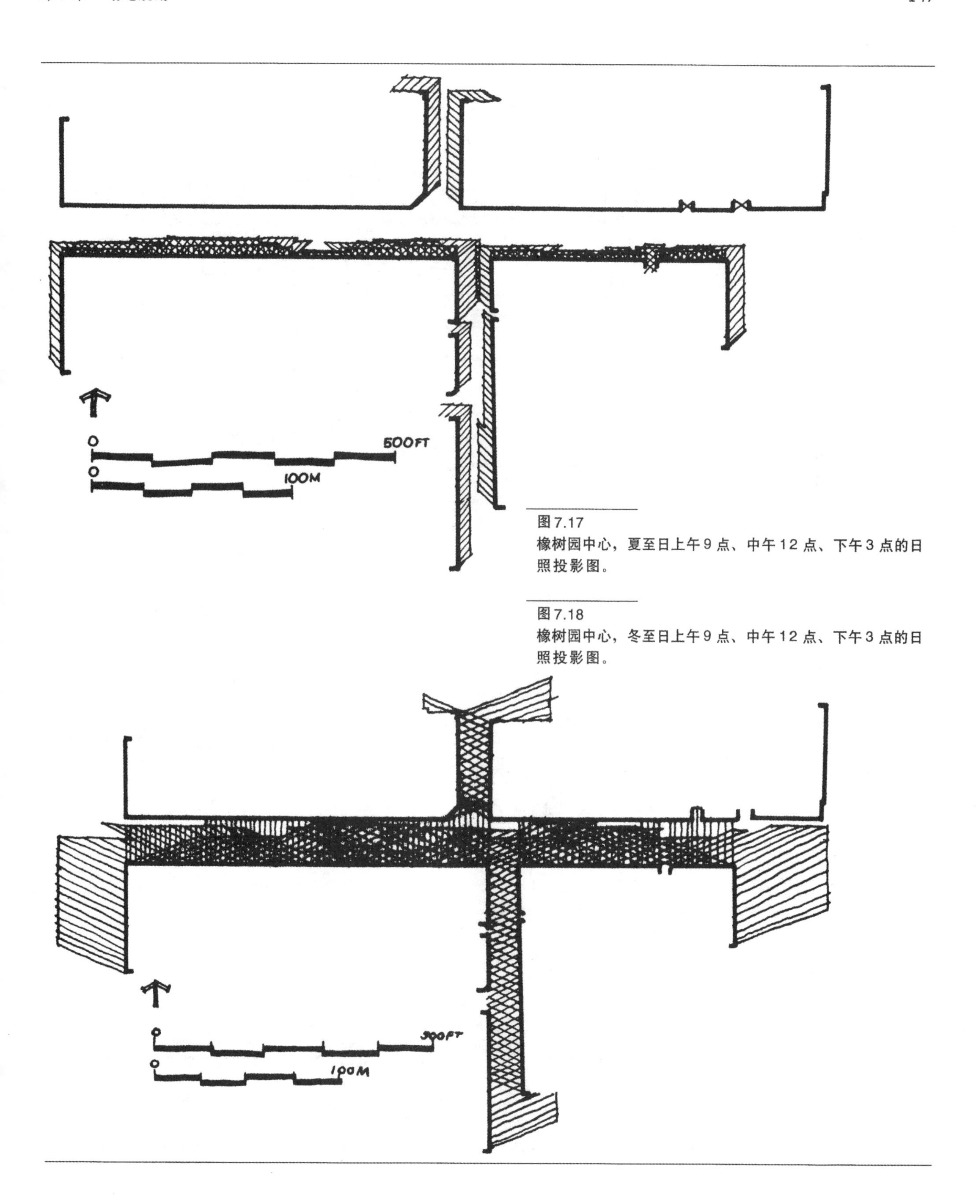

图 7.17
橡树园中心，夏至日上午 9 点、中午 12 点、下午 3 点的日照投影图。

图 7.18
橡树园中心，冬至日上午 9 点、中午 12 点、下午 3 点的日照投影图。

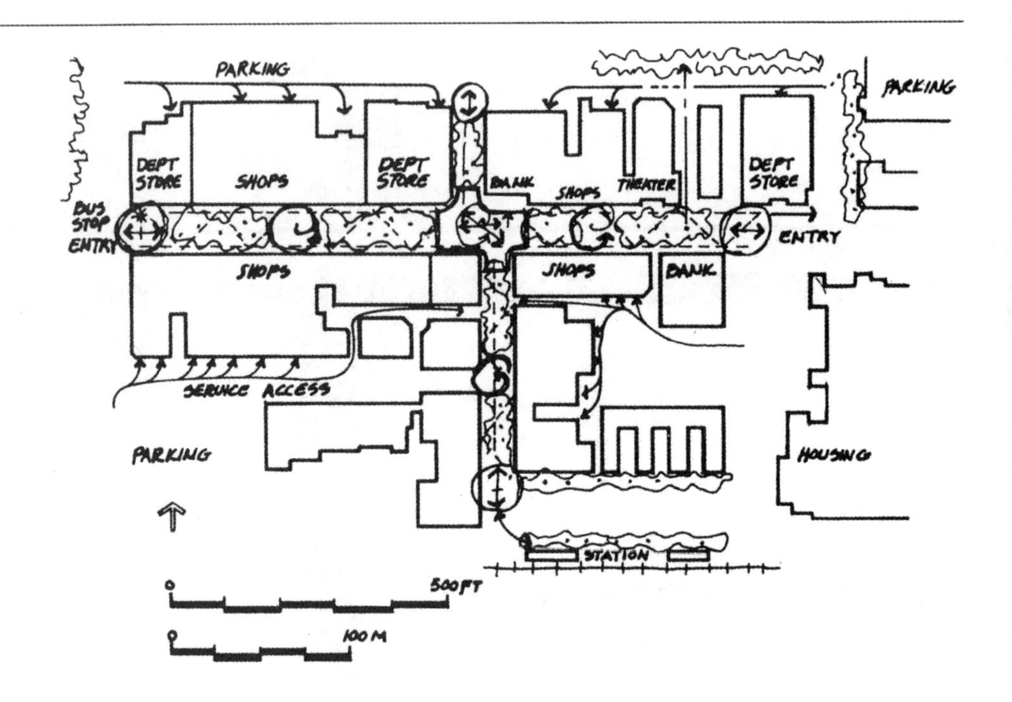

图7.19
橡树园中心，概念性初步设计。

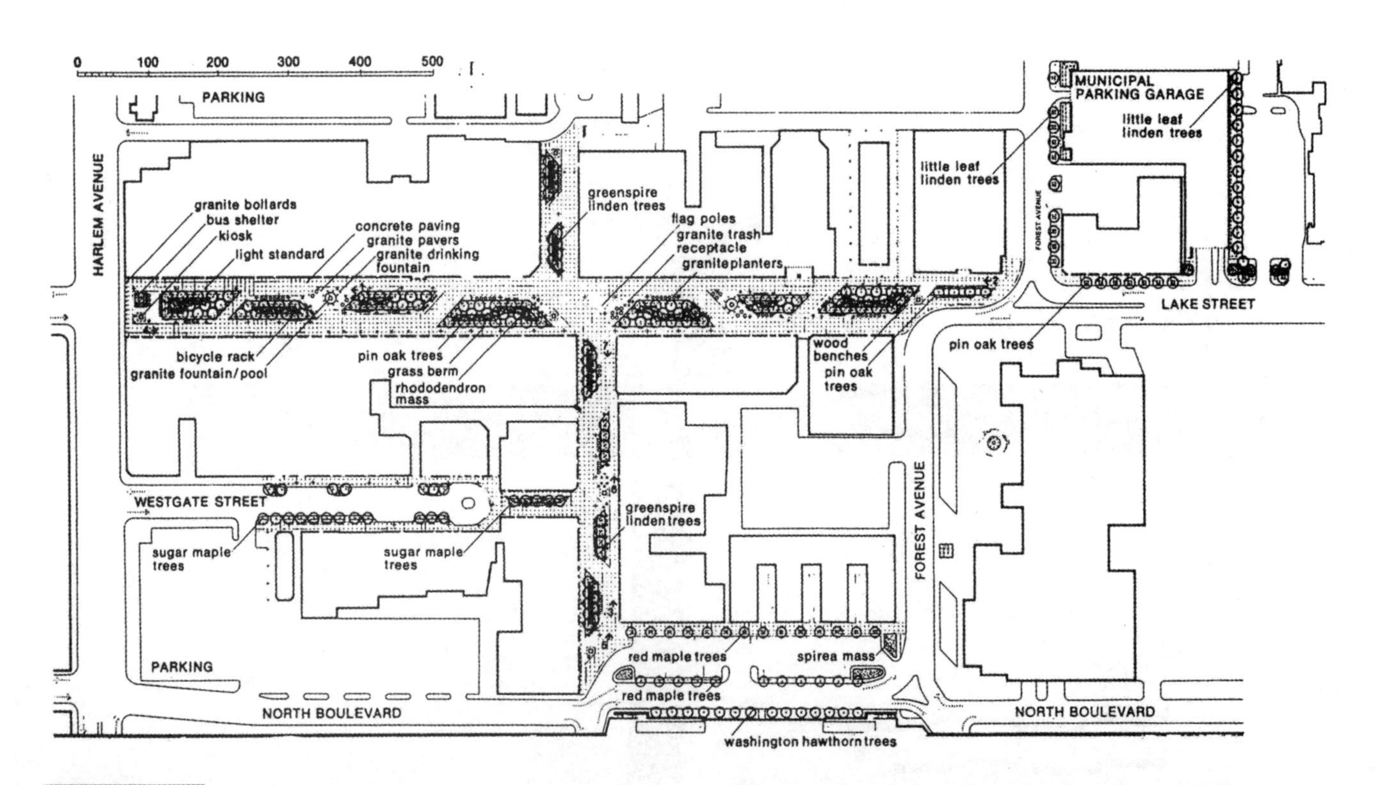

图7.20
橡树园中心最终平面图，伊利诺斯州，由景观设计师乔·卡尔1970年设计。统一并且宽敞的铺装路面为人流和救急车辆流提供了通道。信息资讯亭位于入口位置。群植树木在夏季提供了树荫，错落的种植方式打破了线性空间。喷泉和休息区域构成了区域中心和林荫道上各个分中心的焦点和特征。

样的建筑物和建筑类型。建筑物的高度为2或3层；主要街道宽81英尺，长1100英尺；交叉街道宽51英尺，长700英尺。施建场地内的景象和从施建场地向外眺望的视野都进行了规划，通向街道末端的远景最为重要。

综述（图7.19）

规划方案与施建场地综合到了一起，施建场地的所有限制条件和可能性都会根据规划需求加以考察发掘。另外，包括占主导地位的软、硬设计要素、完全封闭的林荫道都根据形象、用途和成本进行了比较和评估。这些概念性设计方案都采纳了业主的建议。最后，由大片紧密种植的遮阴落叶树形成的绿色幕墙和树下种植的杜鹃花形成的一条完全绿色的林荫大道逐渐成为了最适合的方案（图7.20和图7.21）。这种阴凉和花园式的形象与城镇公园式的特质相匹配。同时，通过建筑物的封闭围绕，转移交通功能，这一区域变得独特起来。除了树木，地面上一块块矩阵式排布的6英尺×6英尺方格铺砌面构成各种动线，将区域和建筑统一起来。两条人行道交叉处的中心区竖立了一座特别的喷泉、还有座位和花槽，并且沿林荫道设立了其他的子空间。在这些地方，人们可以徘徊逗留，欣赏音乐会、时装秀或其他活动（图7.22）。街头特有的景物，如长椅、防护柱、饮水喷泉和垃圾箱都由当地一个采石场废弃的花岗岩柱制成，成本低廉但样式新颖。路灯、旗杆和其他附属设施均由青铜制成。这些细节连贯而精细的设计有助于形成项目形象和辨识特征，实现了该区域场所感这一主要目的。林荫道的成本很低，原因是软性铺砌面的比例很高。在1975年，该项目每平方英尺的费用是6.5美元，比当时大多数类似的林荫道项目便宜了大约35%。这一项目低于预算，因此得以顺利进行。在头4年的运作中，零售销售记录一直保持增长的纪录，而且作为一个城市与社区中心也保持了其受欢迎的程度。

图7.21
橡树园中心规划示意图反映出的与主要人流相关的具有亲密特质的子中心。

图7.22
橡树园商业街，1976 年项目最终完成的实景，景观设计师乔·卡尔。

推荐读物 SUGGESTED READINGS

场地规划

Alexander, Christopher, *Notes on the Synthesis of Form*.

Alexander, Christopher, *A Pattern Language*.

Baker, Geoffrey H., and Bruno Funaro, *Parking*, p. 164, "Parking Layout and Dimensions."

Booth, Norman, *Basic Elements of Landscape Design*, Ch. 3, "Buildings," Ch. 7, "Design Process."

Corbett, Michael, *A Better Place to Live; New Deigns for Tomorrow's Communities*.

Cullen, Gordon, *Townscape*, pp. 121-127, "Legs and Wheels," pp. 17-55, "Serial Vision."

De Chiara, J., *Site Planning Standards*.

Dober, Richard P., *Campus Planning*.

Eckbo, Garrett, *Landscape for Living*, pp. 71-73, "Approach."

Eckbo, Garrett, *Urban Landscape Design*, pp. 7-33, "Elements of Space Organization."

Halprin, Lawrence, *Notebooks*, 1959-71.

Land Design Research, Inc., *Cost Effective Site Planning*.

Lynch, Kevin, *Site Planning*, 3rd edition.

Mazria, E., *The Passive Solar Energy Book*, Ch. IV, pp. 66-104.

Ritter, Paul, *Planning for Man and Motor*.

Rubenstein, Harvey, *A Guide to Site and Environmental Planning*, 2nd edition.

Rutledge, Albert, *Anatomy of a Park*.

Simonds, John O., *Landscape Architecture*, pp. 44-53, "Site Analysis," pp. 20-77, "Site Structure Unity," pp. 67-69, "Site Structure Plan Development," pp. 173-183, "Structures in the Landscape," pp. 190-193, "Arrangement of Buildings," Ch. 5, p. 145, "Circulation."

Temko, Allen, *Architectural Forum*, "Foothills Campus is a Community in Itself." February 1962.

Untermann, Richard, *Site Planning for Cluster Housing*.

Weddle, A. E., ed., *Techniques of Landscape Architecture*, pp. 1-32, "Site Planning," by Sylvia Crowe; pp. 43-54, "Site Survey and Appreciation," by Norman Clarke.

城市设计

Appleyard, Donald, *Liveable Streets*.

Bacon, Edmund, *Design of Cities*.

Brainbella, Roberto, and Longo, G. *For Pedestrians Only —Planning, Design and Management of Traffic Free Zones*.

Cutler, Lawrence, and Cutler, S. *Recycling Cities for People —The Urban Design Process*.

Halprin, Lawrence, *Cities*.

Krier, R., *Open Space*.

Laurie, Ian, ed., *Nature in Cities*.

Lynch, Kevin, *A Theory of Good City Form*.

Rubenstein, Harvey M., *Central City Malls*.

Rudofsky, Bernard, *Streets for People*.

Taylor, Lisa, *Urban Open Spaces*.

Wiedenhoft, Ronald, *Cities for People*.

设计

DESIGN

第8章

正如我们看到的，景观设计是场地规划的拓展，包含在场地规划过程当中。景观设计包括设计要素、材料与植被的选择以及这些要素的组合，并将它们作为场地规划中已明确问题的解决办法。然而，场地规划标明了使用区域和交通流线，细部景观设计处理的是外表面、边缘和节点、连接不同垂直高度的台阶和坡道、铺面及排水，全部决策必须在项目开始建设与栽植之间的时间段内完成（图 8.1）。

如果想要解决场地规划实践中遇到的细部设计问题，对景观设计水平的认知是基础。景观设计过程可以赋予场地规划中的图面空间以特定的品质，它也是对景观设计学加以讨论或批评的另一个层面。它应该是理性的，而且是富有想象力的。设计成功的标准是一种自然而然的感觉——从最初的环境演进而来的视觉舒适感。

视觉关系 VISUAL RELATIONSHIPS

除了材料、尺寸以及细部的专业术语，景观设计还与视觉关系有关。设计者要有掌控视觉、触觉及其他感官体验的能力。

在设计的最后阶段，形式与外形、各个元素的相对尺寸及其顺序关系、诸元素的颜色与质地、光—影变幻共同结合打造了项目的最终效果。除了满足功能需求、人的需求和生态标准以外，最终的定性体验取决于设计者对于美学和感知的理解。

景观设计师处理设计的视觉组织方式会根据环境背景的变化而变化。设计的背景范畴既包括景观中的“荒野”或者自然（与城市的距离或远或近），这里主要是肥沃的农业土地、田野、农场等；又包括城郊的住宅区、花园、街道、公园和商业中心，这里是作为人们的居住地设计并组织起来的；最后还包括城市中心，包含带铺面的、林立的高楼，在这里自然仅仅是象征性地引入。

图8.1
加利福尼亚州波莫纳学院（Pomona College），景观设计师拉尔夫·康奈尔（Ralph Cornell）。

在第一种环境范围内以及部分第二种环境范围里，很可能是通过运用本地植物构造地面形式来遮蔽建筑物和设施，将事物融入环境当中更适宜发展。从生态和视觉两方面了解自然的本质，是以自然为主导或者农业模式为主导的环境中设计成功的关键，是不能忽视的重要特征。

在其他两种主要的环境范围里，由于环境更加建筑化和工程化，而且亲眼看到的自然景象越来越少（随着你逐渐接近市中心），所以开放空间或建筑物的尺度和比例、颜色、质地以及植被和硬质铺面的形态、树木的类型、大小和位置——所有这些元素之间的美学关系成为决定环境质量的要素。因此在这里，如果必要因素没有融入自然，景观设计师必须理解这些变化因素是如何相互关联的，它们怎样结合构成可以诱导、帮助、培养人类的行为、理解和感情的感知环境。

视觉上，可以使空间看起来更大。感知的空间会受到设计的影响。蓝色能从视觉上产生退后的感觉，肌理质地细小的植被也可以增加距离感。隐藏场地边界、采用对角线或曲线，可以在非常有限的环境里提高空间感。托马斯·多利弗·丘奇设计的小城市花园通过熟练地采用以上设计技法获得了很好的效果（图2.61）。当然也可能通过设计实现相反的效果，操控色彩、肌理质地和边缘，从视觉上缩小大空间的空间感。

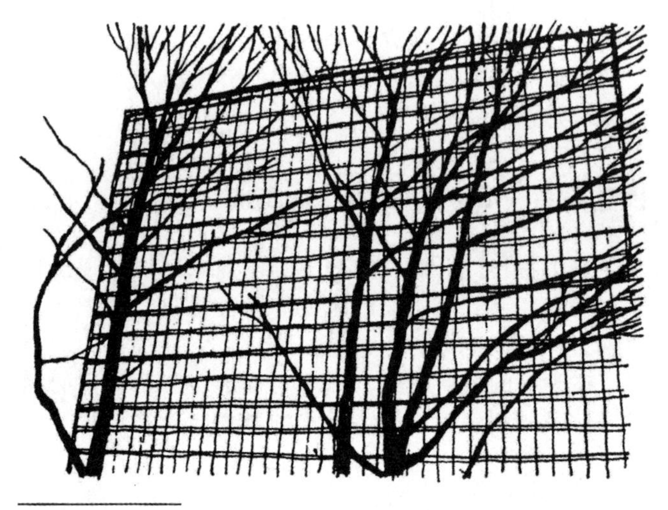

图8.2
树木与大尺度建筑物和街道上行人个体之间的关系。

最重要的视觉关系是“尺度”（scale），这是一个很难理解并被长期滥用的术语。它关注的是事物的相对大小。如果从远处，比如从布鲁克林（Brooklyn）和斯塔腾岛（Staten Island）遥望，曼哈顿的天际线是一个让人愉悦的视觉景象。建筑物之间的“尺度”关系协调；

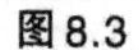

图8.3
（a）（b）反映了树木在调整尺度关系上的作用。

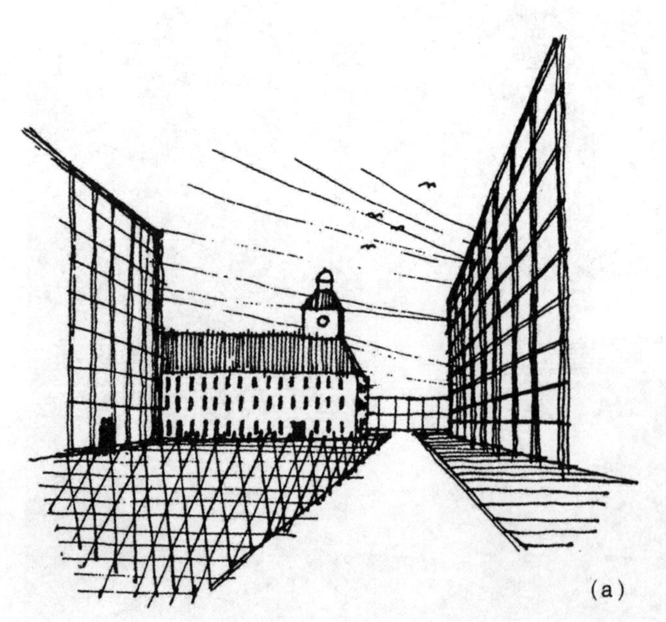

(a)

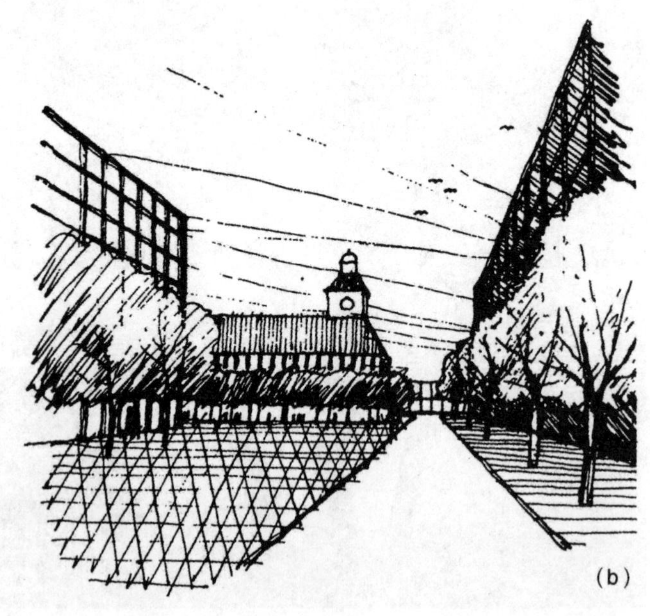

(b)

但我们如果从人行道上感受一下，这些建筑物与人的尺度是不协调的。伦敦广场上建筑物的尺度非常人性化（图5.2），与它们环绕的开放空间相比，这些建筑物并不过分高大。门和窗户的尺度改变了建筑立面，使建筑物与人的体验更加协调，并把人们的注意力吸引到细节上。南美棚户区的尺度比较诡异，也许对居住者来说是舒适合理的。那里的房子差不多都是围绕家族而建，几乎精准地符合人体尺度，满足人的基本需求，但是没有巨大的尺度。

通常景观设计的任务是为了创造从人的体验到环境重大要素的转换。这一点也适用于城市景观和自然景观，在城市中更为重要。针对这一目的，树木具有独特的属性——当在较远的距离时，它们就成为相对较大的元素；而靠近观察时，它们则分解成一个由树枝、嫩枝、叶子和幼芽相互联系构成的系统。这一特性使树木成功完成了出色的尺度转换，同时与人和大的结构物保持良好的尺度关系。这样围绕高大建筑物栽植的树木被认为是实现了从建筑群体到单人个体的尺度过渡（图8.2和图8.3）。

另一个层面上，尺度关系可能涉及尺寸、空间和人类之间的适宜和谐。在私人花园中，人的尺度是通过住宅界定的，避免了由于空间过度分割造成花园看起来很小，人们相对显得过于庞大的现象。另一方面，在儿童花园中，在成年人眼里很凌乱的环境，孩子看来也许觉得很满意。因此在给孩子们的设计中，我们也许要刻意减小每样物品的尺寸。用儿童的视角来设计操场和小型儿童游乐场非常重要。迪斯尼乐园的大小就是正常尺度的2/3，这也是它深受孩子们喜爱的原因。

平面图设计 SOURCES OF PLAN FORM

正如景观规划和场地规划那样，景观设计中的外形与造型源于场地的限制条件和内在潜力以及对设计问题的明确定义。

边界 Boundaries

景观设计中形式的基本来源便是场地自身的外形轮廓，这个轮廓是由边界线和地形共同确定的（图7.1）。形式对场地产生的影响也会超出边界线，因此场地规划必须表现并能够处理好场地的调整变动，因为这些变动往往是针对外力做出的反应，特别是气候、风景、

图8.4
坐息比座椅的含义更深刻。鲍伯·萨巴蒂尼（Bob Sabbatini）拍摄。

毗邻的建筑物以及土地的用途。因此场地的边缘区域属于双重设计项目，它必须与外部相联系，同时其内部的边缘必须与场地规划的特征相联系，并成为场地规划的一部分。从高效利用空间这个角度来说，运动场、停车场、建筑物和道路的排列与定位很可能要同场地边界线、主斜坡及脊线平行，除非有特殊的自然地理原因或者是很强的设计要求，例如追求最佳朝向（图7.6）。

用途和功能 Use and Function

在更大的框架内，我们必须根据场地规划来设计空间或区域以满足项目规划的各种要求。

那么设计中形式的第二个来源，是对功能或用途的评估。要了解项目方案要求的含义就需要进行调查研究。比如我们要设计一个安静的坐息之所，我们必须从分析“坐息”着手，而不是从座椅开始（图8.4）。也就是说，我们要在独特的背景条件下，明确并调查要解决的问题。座椅和长凳是在特定环境下对解决坐息需求所做的特定解决方法。然而，还有不用座椅就地而坐的可能，对座位和坐息区域的设计并不像想象的那么简单。在某些特定的环境里，喷泉的台阶和边

图8.5
台阶作为座椅。

图8.8
用盒子做游戏。鲍伯·萨巴蒂尼拍摄。

图8.6
喷泉边缘作为座椅。

图8.9
儿童游戏场。1957年罗伊斯顿，汉纳玛托，梅斯和贝克设计公司（Royston, Hanamato, Mayes & Beck）设计。

图8.7
座椅附近有景物可供观赏。

图8.10
游戏“七大洋船长”（Captains of the Seven Seas）。

缘也可能成为某些特定人群的座位（图8.5和图8.6）。即使只是稍坐片刻，大多数人也会觉得没有靠背的长凳不舒服，然而这类长凳可以从多个方向就座，针对具体情况有的地方就需要这样的座椅（图8.7）。同样，如果要设计一座游戏运动场，我们要从分析游戏活动开始，而不仅仅是操场，要认识到年龄、文化等多种变化因素（图8.8至图8.11）。我们必须问问自己在孩子们的想象范围内，要为他们设计什么样的活动项目。运动场的设计必须清楚地反映出站在孩子的角度理解他们对安全的基本需求、身体锻炼和运动的需要，同时还要为发现和挑战创造便利。无论是提供还是便利何种用途，我们都必须为未来的发展留有足够的提高空间，三维形式与二维形态都应该来自于对用途的分析。

动线 Circulation

动线，除连接不同的场所和设施外，实际上也可以定义、区分各个区域并划分出其中一些地区的外形。在景观设计中，行人的运动很关键；也就是说，在何种条件下，你如何从一个地方移动到另一个地方？什么时候直的动线是最好的？往往是人们急于在两个已知固定点之间移动时，会选择最短的距离，大学校园里是能看到这种现象的最好地方之一（图8.12）。

动线宽度和路径表面是由任何时段可能穿过特定线路的人数决定的。动线是指人潮在两个主要地点之间移动，比如足球场与停车区域、车站和办公大楼入口，道路应该足够宽阔、笔直，鲜有弯路，以便人们的行动更方便、快捷。这一类型的动线需求应该加以满足。在相同环境下，如果需要将直线路径转向起到保护某个区域的作用，比如城市广场或公园；在景观设计中必须设计某一元素或某个“危险物”，以便引起匆匆而过的行人注意（图8.13）。高度的变化、池塘、湖泊、土地塑形都可能用来实现这个目的（图8.14）。除了在使用区域发挥引导作用，动线线路可能仅仅出于美观或者是为了提供另外一种体验而变化。因此如果动线的交通功能是缓慢的，如在公园或植物园中悠闲地漫步或是驻足，那么路径设计就应该尽量蜿蜒曲折、狭窄，提供人们停留、静坐或是聚集的扩展空间。

路径究竟应该多宽？我们应该在现有的城市或者校园中加以调研，从而发现哪一点的路段拥挤。伊丽莎白·比兹利（Elizabeth Beazley）建议：两英尺宽的道

图8.11
篮球架，朋友们把侧院变作公园。

图8.12
在欠缺重要的直接路径的情况下，穿过植物的小径。彼得·柯斯特里金拍摄。

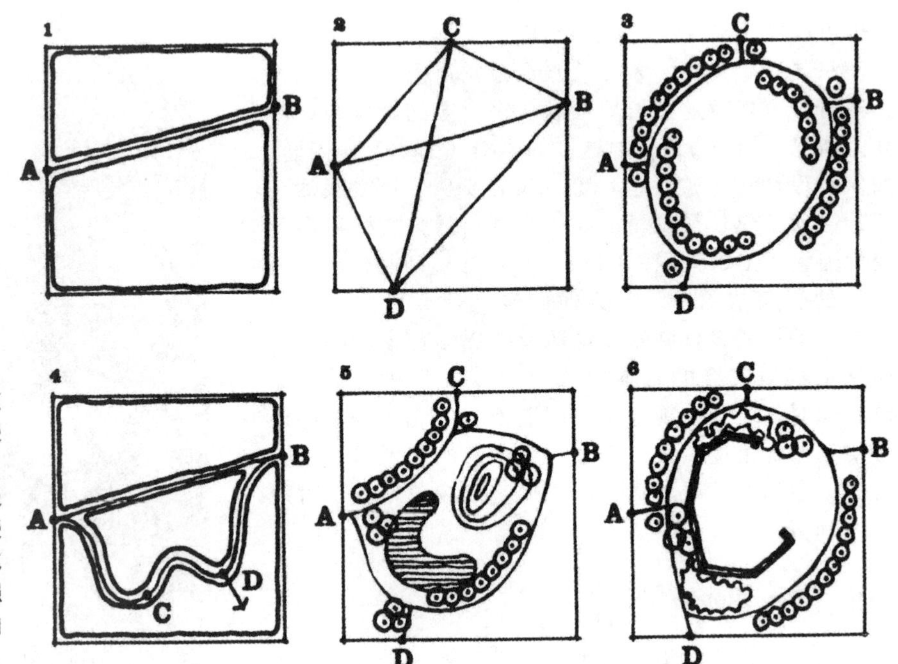

图8.13
A、B 两点间最直接的线路是一条直线，如图（1）。能够连接起所有入口或通道的人行动线方案，如图（2）。公园中漫步性质的路径动线可能是蜿蜒迂回的，将各个景点都联系起来。路线长度不是会引起人们反感的问题，事实上变得受人欢迎，如图（4）。线路是由直线演化而成，只要不过于曲折即可采纳；若强调了植栽，便是最成功的设计（3）。由阻隔物而形成的路径，如图（5）、图（6）。

路即可以通过独轮手推车或婴儿推车，前提是道路两旁没有篱笆，也没有障碍物。[1]然而，这已经是最小限度了，无法允许双向交通。一条 7 英尺宽的小路，可以允许一辆婴儿推车和行人并行通过。在购物中心或者人流很密集的地方，路宽最少为 20 英尺。购物街的人行道应该大约要 12 英尺宽（图 8.15 至图 8.17）。机动车动线要根据用途和使用频率来确定，而且如果可能的话要与人行道分开。

不论是动线、汽车和行人都意味着移动，所以必然与环境的变化紧密联系在一起，沿着路线出现了感官体验与环境。因此重要的是认识到促成连续体验的流线设计，即便是直线线路也可产生连续体验。在这方面，我们可以从 18 世纪的景观园林中学到很多经验。人行道的设计可能包含很多要素，例如位置、特征、封闭围合、多样变化以及神秘感。

图8.14
途经的线路与景观形态相关，因此看起来更合理。

地形 Topography

土地的形态有其固有的形状以及与形状和物料安息角有关的合理范围与外形。不管地形起伏幅度有多大，都要符合交通流线、铺设区域和使用区域的轮廓（图 7.7 和图 7.8），因此土地的等高线可以标示出适宜的外形轮廓。

[1] Elizabeth Beazley, *Design and Detail of the Space between Buildings* (London: Architectural Press, 1960).

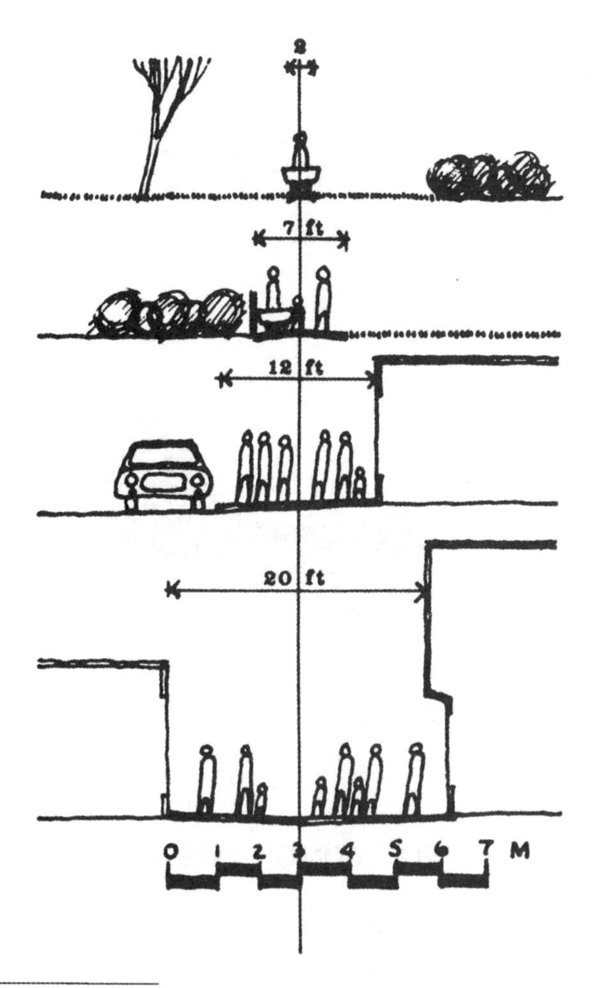

图8.15
人行步道的宽度与用途息息相关。

图8.16
宽度大约6英尺的路径。

建筑 Architecture

建筑也会对区域形态产生影响。将建筑物构想的线条投射入景观当中。当它们与其他造型因素有关时，应该加以采纳。这些原则适用于自然性质的场地或完全由人工创造的都市中的场地。

材料 Materials

另一种界定外形的方式是通过使用的材料，例如沥青、草皮、灌浇混凝土等流动材料，也就是说，这些材料可以塑造成各种不同的形状。就混凝土而言，伸缩接缝位置可以设计成图案，但表面看起来都是一样的；边缘部分是随意的，并由所考虑的条件而不是材料所决定。相对而言，红砖和地砖有固定的单位形状，尽管时常见到这些形状被切割破坏。预先浇制好的材料与切割的石块不一样，后者需要更大的岩层和岩床以便切割成任何形状。砖块和混凝土铺路砖都是预先定制好的，可以保持单体的完整性。因此使用这些材料铺面的轮廓应该是矩形的，或是能够反映这些单元的形状特征。如要取得铺面的曲线效果可以运用铺面单位逐渐退移的方法，同时采用种植草皮和植物来获得曲线形状。

维护 Maintenance

最后，维护是特定形状演化过程中一项很重要的元素。在公共景观上常用的大型割草机械很难割除狭窄的、尖角状地块上的草皮。如此狭窄的区域可能被

图8.17
哥本哈根的购物街。

图8.18
自然元素定义的空间，亚利桑那州慕尔托峡谷（Canyon del Muerto）。小罗伊·伯顿·利顿拍摄。

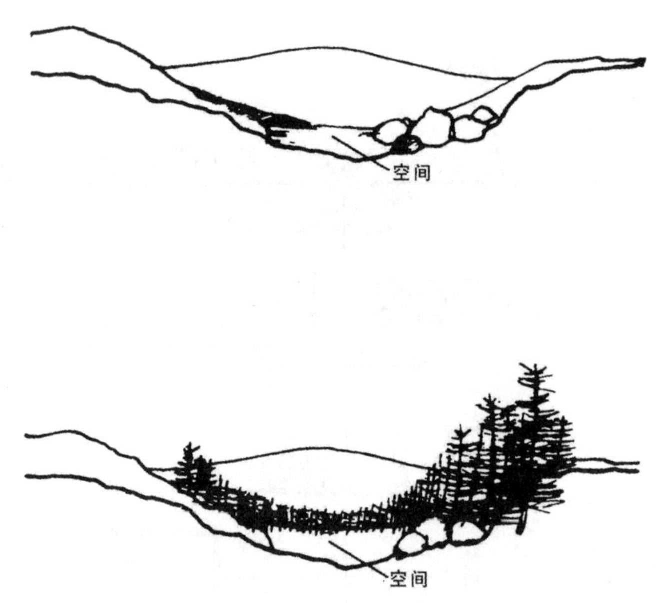

图8.19
两种自然围合的空间类型。

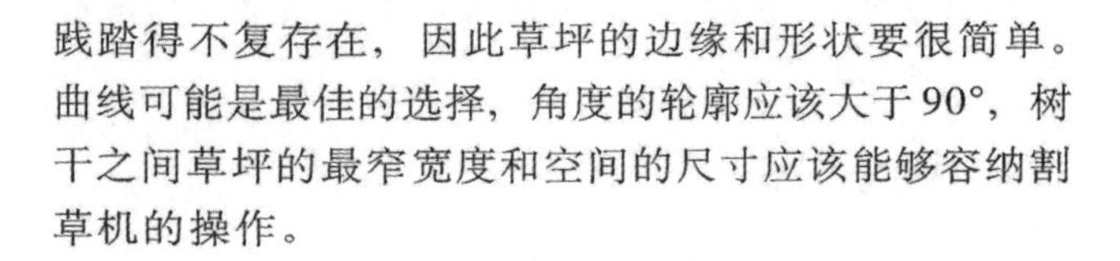

践踏得不复存在，因此草坪的边缘和形状要很简单。曲线可能是最佳的选择，角度的轮廓应该大于90°，树干之间草坪的最窄宽度和空间的尺寸应该能够容纳割草机的操作。

空间界定 SPATIAL DEFINITION

景观设计产生了三维空间，定义空间的方式产生了一系列的空间品质。空间完全可以通过自然材料、土地形态和植被来定义。一个寸草不生的山谷或洼地所具有的空间特性，是由光线、阴影和天际线强调出来的形态。森林中的空地则完全是通过植被定义出来的空间，这些空间不仅是由自然来定义，而且也是自然进化的结果（图8.18和图8.19）。可以通过更为自主的设计方式，利用自然材料人工打造出类似的空间围合（图11.15、图11.25和图11.26）。空间也可以完全由人工的、缺乏生气的材料、建筑物、铺面以及草坪打造出来。但是，景观设计大多涉及的是由自然材料与人工材料结合而成的空间。重要的一点是需要认识到植被和土地类型与建筑和墙体一样用来界定空间（图8.20）。

材料的选择 SELECTION OF MATERIALS

前文已经提及铺面材料的类型可能影响区域外形。现在，我们进一步探讨表面的差异，考量一下材料的选择及其在设计中的组合。

变化的概念 Concept of Variation

挑选、组合以及改变铺面材料应该遵循一定的逻辑规律，这一点看起来很合理。为什么所有的硬质表面不能使用沥青呢？改变表面铺装增加了多样性可能是充足的理由，但是这种变化应该与用途要素或者与涉及用途方面的交流有关。传统意义上，铺面材料的使用方式是：材质的任何变化都反映了用途、功能或者水平上的变化，也就是说，设计上的变化就是为了强调一些东西。古老的城市处处体现着这样的传统，台阶是用白色大理石制成的，踏步台面上的黑色花岗岩强调了台阶的造型，同时避免了视觉上的混淆（图8.21）。在古欧洲遗留下来的铺满粗糙鹅卵石的街道上，我们仍然可以从花岗岩铺面上找到车轮摩擦出的两行光滑的痕迹，车轮既可以顺畅地通过，同时马蹄与鹅卵石之间又可以产生很好的抓地力。

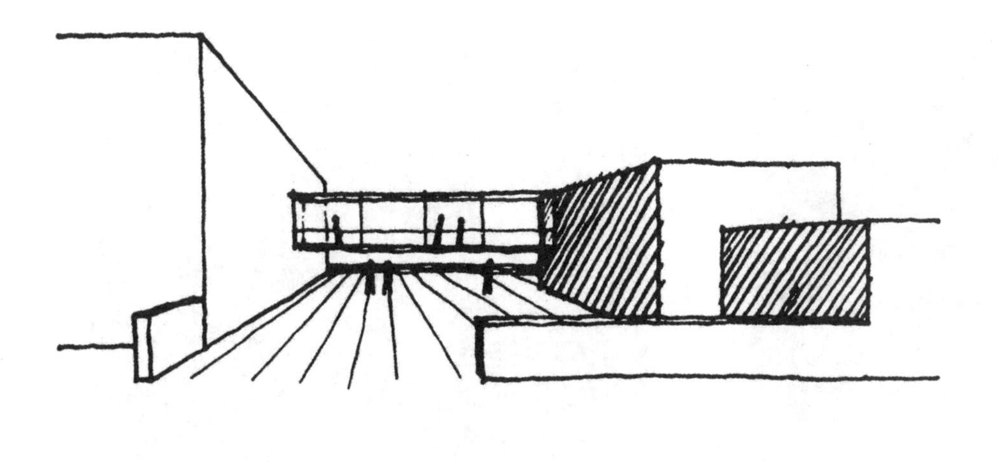

图8.20
建筑和植被界定的空间。

图8.21
结构材料上的变化强调了造型。

图8.22
表面材质的变化标示出过街斑马线。

图 8.23
与建筑概念相关的铺砌图案。

图 8.24
带有方向性的铺地图案用于明确的动线，鹅卵石铺面用于轻松随意的用途。

铺地材料上的差异，尤其是质地和颜色上的差别，会设置在池塘边缘和斑马线、边缘石等需要警示的地方，（比如为盲人）标示出危险或者障碍物，区分出互不兼容的用途（图 8.22）。因此，由于此项原因通过改变材料，从而出现了多样性、图案和视觉趣味。当交通类型发生改变，道路表面也应随之改变。例如，草坪和混凝土是两种完全不同的表面，具有完全不同的

图 8.25
铺地图案将风格各异的建筑统一在一起。锡耶纳的坎波广场（Plazza del Campo，又名“市集广场”）。查尔斯·拉普（Charles Rapp）拍摄。

交通用途；沥青和混凝土路面提示了畅通无阻的快速运动；然而碎石表面则暗示着随意的悠闲漫步或是驻足停留（图8.23）。在十字路口用砖铺设人行横道，是为了强调这些区域是行人的活动区，标示出机动车区域和人行区域（图8.22）。表面的变化也暗示着运动的方向，材料的质地或者铺砌砖块的线形排布和伸缩接缝都可以强调出方向（图8.24）。铺地图案被认为是环境信息的传达，如果我们想要传达的信息很明确又不过分沉闷，了解环境中的这些线索至关重要。

铺地图案也可以作为一种设计技巧，用来把建筑物中的各个元素连接到一起，来强调某个雕塑或对象；通过这种做法将各个图案联系起来，并在某种程度上遮盖了那些不愿示人的构件，例如排水口。成功的铺地图案应该源于并加强当地固有的特征，并使建筑物和其间的空间形成明确的关系；另外，铺地图案也可以使一组形态各异的建筑物在整体上实现统一。在罗马的卡比多利欧广场（Campidoglio），铺地是一个大概念的组成部分，鲜明地与米开朗琪罗同时设计出的广场总体构成紧密相连（图8.23）。相对而言，在中世纪锡耶纳（Sienna，意大利城市）的集市上，铺砌地面将不同高度、风格迥异的建筑群统一在一起（图8.25）。

这也有可能影响到铺地材料的尺度关系。铺地材料由小尺寸、但可识别的单元组成，可以铺出质地细腻的表面（图8.26）。铺地材料的组成单位很容易与人体尺寸联系起来。而浇灌混凝土并没有细小的、可以识别的单元，而是由伸缩接缝勾勒出一个单元模块的尺度（图8.27）。这些接缝之间的间隔，都能够体现混凝土厚度的功能特点，无论它是否进行过加固。越厚，越坚固，单元模块可能越大。因此我们也通过小单元，比如鹅卵石或砖块来铺设大面积的路面，或者我们也可以采用20英尺×20英尺的混凝土模块单元铺设，或是采用根本没有可识别性的沥青表面。这样我们眼睛所见到的图案或者是大的，或是简单的，抑或是小尺度、富有细腻质感的。我们可以把这两者结合起来，在建筑物周围采用较大的、易感知的铺地图案，同时图案中的小铺装单元则与人的体验紧密结合在一起（图8.28）。

相同的铺地材料单元由于不同的铺砌方式，能够提供不同的表面品质。接缝很宽的混凝土砖块之间如果种上草，就会比在同样的砖块间使用水泥接缝展现出更为乡村、轻松的表面，这种表面更适合人潮涌动的人行道或者带轮子的儿童玩具（图8.29，还可参见

图8.26
花岗岩砖块，坚硬耐磨的材料提供了良好的质感。

图8.27
浇灌混凝土可以铺成任何形状，并利用伸缩缝构成图案。

图8.28
群组排布的砖块构成更大的单元（还可参见图8.4）。特立尼达·儒亚雷斯（Trinidad Juarez）拍摄。

图8.29
结合草地接缝的预制混凝土板（还可参见图8.16）。

图8.30
外露骨料的水泥铺面。特立尼达·儒亚雷斯拍摄。

图8.17)。尺寸小但坚韧的材料，例如带开放接缝的花岗岩石块或者空心混凝土框架里可以种上草，像对待草坪一样加以维护，便能产生另一种外观的铺面；这种“草坪”可以用作停车区域，也可以承受消防车辆的重量。另一方面，也可能形成相反的效果——表面看起来像草坪，但其实是塑胶的。这一点对于体育运动来讲也许比较实用，但作为一种现代创新手法还不容易被接受。事实上塑胶草坪更多的是解决由短期经济原因造成的问题，而不是为了满足人的某种感受。

标准的铺地表面有多种样式和用途。材料的最终选择是由设计用途、维护需求、耐用系数、成本和视觉效果决定的。

铺地材料的类型 Types of Paving Materials

沥青是最便宜、也是最常见的硬质表面。它广泛应用于道路、小径、操场、庭院以及停车场。它非常耐用，大约十年才需重铺一次。[2]跟它相比起来，花岗岩可以维持得更久，但获取与铺装的成本比较大。沥青是流动材料，可以覆盖住不美观的地方，沥青铺起来简单，并可承载机动车、卡车及人的活动荷载。

碎石是另一种相对比较便宜的流动材料(图8.23)，然而它并不一定适合一般的人行活动区域。当然这也取决于铺设方法以及碎石的大小，从风化的花岗岩碎块到小卵石大小不等。前者可以被压实构成光滑的硬质表面；小卵石不便于行走，也不适合自行车和带轮子的儿童玩具。但是作为非行走用的表面，大块的碎石铺面透水性很好，可以使雨水直接流回土地，而且

图8.31
砖块铺地，人字形图案。特立尼达·儒亚雷斯拍摄。

养护要求很低。

根据厚度、质量和运输距离，灌浇混凝土的成本往往是沥青的2～4倍。它同时也是流体材料，可以浇灌成任何形状(图8.27)。伸缩接缝要经得住温度引起的很多变化，这也是厚度与强度的功能特点之一，并用于防止表面开裂。铺地的空间越大，对混凝土的厚度和强度的要求越高。表面的重量也要加以考虑，它也是决定强度要求的因素之一。对所有这些变化要素的掌控，最终形成了不同视觉图案的表面。伸缩接缝

图8.32
砖块铺地。特立尼达·儒亚雷斯拍摄。

[2] Elizabeth Beazley, *Design and Detail of the Space between Buildings* (London: Architectural Press, 1960).

图 8.33
石阶。

可能采用木材、沥青或者钢材，材质有的可能一目了然，也有的几乎看不出来。灌浇混凝土的表面可能由于抛光和骨料原因发生变化（图 8.30）。用酸性物质冲刷或清洗将露出骨料的质地和颜色，这是由骨料的性质决定的。另一方面，表面冲刷完毕，可能形成带有方向性的纹理特征。这种工艺特别适用于寒冷气候条件下坡道的防滑表面。

混凝土铺面砖在外观上与灌浇混凝土相似，但由于是预先特别制作出来的，所以尺寸相对较小（图 8.17）。它们也可能有纹理和色彩上的变化，因此可以铺装成不同的图案。接缝处可开可合，它们有单元造型，所以会影响到铺地区域的边缘和外形。

砖块由于产地不同有多种色彩，可以铺装成传统的排列图案（图 8.31 和图 8.32）。它们的相对成本大概是沥青的 6～8 倍；砖块可以直接干式铺设，也可以用水泥灌浆。如果采用干式直接铺设，雨水会流回到下面的土壤和植物根部。如果想作为坚固的表面，铺砖面就要和其他不渗水的硬质表面一样需要排水系统。在发生骚乱时，没有用水泥灌浆的砖块甚至会成为示威者手中的武器！冬季，在寒冷的气候条件下砖块会出现“隆起”现象，带来养护方面的问题。最近出现了一种新的人造合成材料，这种合成材料的表面看起来像砖，但实际只有 1 英寸厚；在购买和安装方面比真砖便宜得多。从远处看上去效果非常令人满意，但是和塑料草坪一样，凑近看，它的真实特征显露无遗——完全是合成的，没有任何变化，并且无法像真砖那样随着时间的推移具备优雅的韵味。

切磨石材非常昂贵，现在仅仅用于特殊场合或者传统特色的场所（图 8.33），它的成本高达沥青的 12 倍，然而它的寿命却是无限的。石材常被视为“花园风格的”材料，广泛用于市区广场和街道等地方，在这些地方耐久性比短期的经济因素更为重要（当然，铺路工人的收入却少得可怜）。

木材是花园风格的铺地材料，在美国的加利福尼亚非常流行，因为那里的气候相对干燥，而且当地盛产木材（图 8.34）。将木材应用在花园起源于它在航海方面的功用：制作甲板、支柱、浮桥等。木材路面的成本大约是沥青的 8～10 倍，当然也要取决于建筑构造和数量。可以从山腰铺设木板将水平区域延伸作为平台；在平坦的地方，可以搭建类似舞台的木板平台。但是木材和土地之间的连接部分非常敏感，尽管在加工木材的过程中使用了防腐剂，然而正确的做法是避免木材与土壤直接接触。这一目的可以采取很多种方式实现，如在地表使用混凝土墩或使用钢箍把木材和水泥紧固一起。木板之间留有空隙可以排水，木板块也可当做砖块使用，尽管效果会吸引人，但寿命有限。

草是最廉价的表面材料。虽然草坪需要定期养护，然而从草坪的数量、平整土地的数量以及其他运作成本的角度考虑，草坪还是比沥青便宜。当然它的使用还要取决于区域的坡度以及养护的条件。

沙土是另一种可供步行与孩子玩耍的表面材料（图 8.9），它的使用随意、轻松，但因为沙土本身松散的特性需要进行管控，因此对沙土边缘区域的处理构成了设计上的难题。

连接 Connections

各种材料和表面之间的接缝和边缘是设计中的重要环节。接缝常常被认为是线性的，通常非常显而易见，所以它们应该是对设计的补充，起到连接用途而不是分割的作用，它们应该把整体设计中的各组成部分和表面连接起来。从保养的角度考虑，软表面和硬表面接合的地方尤其重要。让草坪和植被相互融合的经典处理方法是用至少 1 英尺宽的铺砌带把它们分开（或连接），草丛至少高于割草带 1～2 英寸（图 8.35）。这些规定可以在不破坏植被或灌木的情况下便于割

图8.34
木质平台在坡地上延伸了水平面，并且保留了原有树木。加利福尼亚的多内尔花园(Donnell Garden)。景观设计师托马斯·多利弗·丘奇设计。罗戴尔·帕特里奇（Rondal Partridge）拍摄。

图8.35
表面与其他元素的接合部位是细部设计的重要方面。植被与草皮。

图8.36
建筑与草皮。

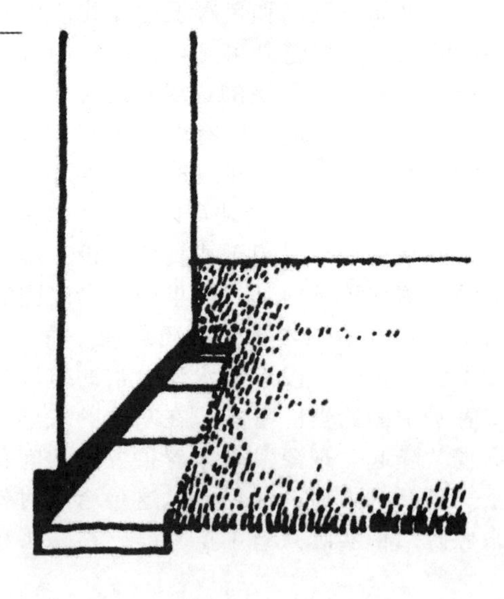

草，使它们可以自由生长，同时遮盖住土壤的边缘。另一个重要的位置是草地跟墙体或建筑的衔接处，草坪必须与墙体相隔1～2英尺，这样割草机便能够割到草坪的边缘（图8.36）。否则，建筑物周围的草坪边缘常常会参差不齐。草坪和建筑之间的地方可以铺地，为建筑物提供一个坚实的平整面；或者在低于草坪的两英寸处铺设沙砾石层。如果用植物作为建筑物和草坪之间的过渡，在植被和建筑物之间要保留空间，以便于养护或者清洁窗户等。

墙体 Walls

水平表面只是景观空间构成中的一个侧面。墙体可以采用多种材质——玻璃、砖块、水泥和木材，除了用作建筑物的墙体，同样的建筑材料也可加以延长或者当做独立墙体、挡土墙和围栏，从而构成室外空间，墙体材料的选择应该和它们的用途紧密相关。

水体 Water

水体是另一个重要的景观材料。它与铺地和植被相结合，给场地规划中的空间提供细部和质感，它是自然和景观设计学中的基本组成部分。自然界中，我们可以在山间溪流中看到水，它依循着地势坡度，夹杂着新汇入的河水一起迅速翻滚奔涌（图8.37），最终形成瀑布，并因空气的注入呈现出白色的雾气。它的颜色还根据天空、水深以及水面特质的不同而变化。在地势较低的地方，水流平缓，水声静寂，有时河水转瞬而逝，明确地反映出周围的环境。我们本能地都知道水是液体，除非冰冻成为固态。例如一座湖泊，由于地形原因湖水形成了非常清晰的边缘；如果水面是

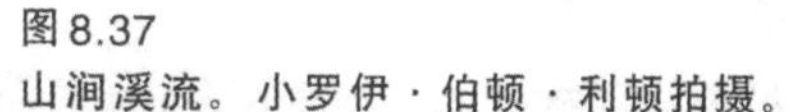

图8.37
山涧溪流。小罗伊·伯顿·利顿拍摄。

图8.38
平静的暗色水面在阳光下呈现出完美的反射倒影。

图8.39
反射倒影受到了光线和风的影响。彼得·柯斯特里金拍摄。

静止的，它会映射出天空（图11.6）。风力和潮汐的力量造就了海洋中的波浪和潮涌，在重力和光线的作用下，水在自然界中呈现出无数种形式。

将人类的智慧融入自然现象当中。先是通过自然压力，随后是人工手段，使用泡沫喷头将水喷入空气中并采用各种形式使水回流土地，这些做法就是为了愉悦观赏者，并吸引人们的注意力。在人类历史上，水有着重要的象征意义，各种文化都钟爱水在炎热季节里的降温作用，摩尔式、印度式和波斯式花园便是体现这种态度的应用实例。水体所具备的反射性质非常有趣。水体的表面必须异常平静，池底要深，颜色要很暗（图8.38和图8.39），从任一点看到的倒影都可以通过几何原理计算出来。因为水体能映出天空，黑暗封闭庭院中的小池塘可以用来增加光亮。在炎热的天气，水还可以起到冷却作用，把水喷射到空气中可以降低温度。通过对喷泉编程，可以使水流随着音乐变

图8.40
以水体作为视觉焦点。

图8.41
俄勒冈州波特兰市的瀑布。景观设计师劳伦斯·哈普林设计公司设计。保罗·瑞安（Paul Ryan）拍摄。

化产生特殊的视觉效果。跌落和流淌的水声（像餐馆里的背景音乐）也可以用来遮盖噪声，通过设计创造出另一种环境特征，纽约佩利公园（Paley Park）是最佳的设计案例。城市和公园出现了饮用水点，成人和孩子们可以通过多种方式获得饮用水。

当然水体也拥有很多消遣用途，这一点在这里只能简单述及。比如划船和垂钓需要广阔的水域（图4.13和图8.10），针对游泳和滑冰则有特殊的要求。游泳池底部会以浅色喷涂或铺装，这样就可以看到水池底部，不会产生反射倒影。我们还观察到：对大多数人来说，人们默认为穿着衣服的时候，都不想被水打湿身体。因此从这种态度上来看，水被视为是“障碍物”，用来控制动线（图8.14）。两点之间在视觉上保持连续性，却不能直接到达，比如一座水池把一家餐馆与人行道隔开（参见第230页）。水由于其所具有的独特性，至少在城市中扮演着视觉焦点的角色。广场上的喷泉成为了约会的地点（图8.40）。因此在俄勒冈州的波特兰（Portland），劳伦斯·哈普林设计公司设计的瀑布象征着山间溪流，同时具有独特的风格和都市色彩，夏季吸引了成百上千的人群去观赏，成为各个阶层人群的焦点。水体是区域景观地标，赋予城市局部区域独特的品质（图8.41和图8.42）。

设计水景时，最关键的部分之一是水池的边缘。在自然界，水流向最低处，永远保持水平，所以人工水池的边缘必须是水平的，除非我们需要设计出视觉错觉，错觉中的水体看起来是向上流的，但很少有人会这么玩儿技巧吧！水体的边缘通常要很精细，从而在视觉上突出出来。水体和土地之间的连接处是演进过程中非常奇妙而且重要的区域，一直吸引着我们。我们在水体边缘上所做的处理与其形式以及选用的材料密切相关（图8.43）。

图8.42
加利福尼亚高山区域（High Sierras）的瀑布。小罗伊·伯顿·利顿拍摄。

图8.43
根据水体特质以及预期的水体与人的关系，水体与土地的交汇处可以采取多种形式。

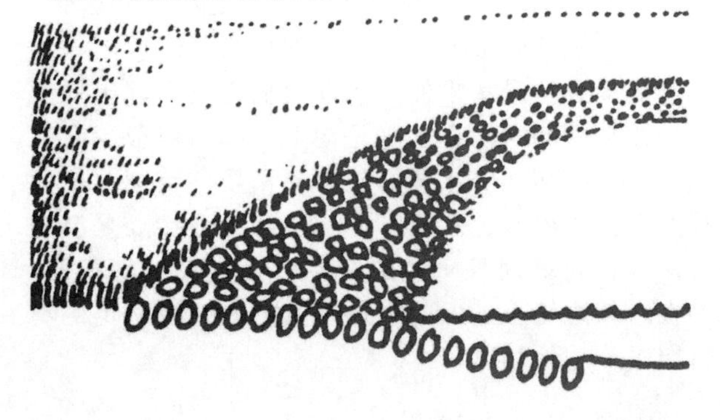

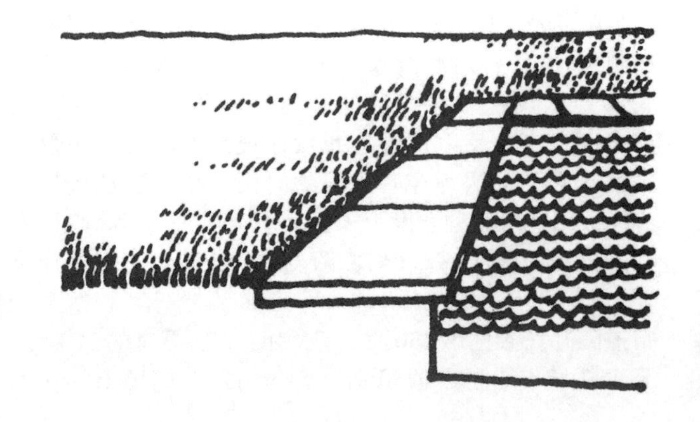

小结 SUMMARY

总之，景观设计是一个复杂的、充满变数的选择过程。它是场地规划中界定的一系列问题的解决方案：动线或移动、表面处理、座位的设置和形式以及满足任何单一目标或多个目标的形式与空间。它赋予水体和土地以形式以及如何选用材料。景观设计是一个依赖生活体验和社会行为的理性过程，同时也依赖于对材料、技术以及养护的理解，它要求具备创造性的设计能力，从分析问题及形式的决定因素中创造出新的、富有创新性的形式。一项设计若只适用于在一块特定场地施建，与场地建立起亲和性，并提出了明确的规划方案，那么可以认定这项设计就是成功的。依托这些因素的设计是顺应环境的成长与进步。成功的设计既能表达出对使用者的体贴，同时也会传递出对用途的感受与理解。它无论是过去，还是未来；无论从视觉角度，还是从历史角度，都会展现出和周围环境的关系。

推荐读物 SUGGESTED READINGS

Ashihara, Y., *Exterior Design in Architecture*.
Beazley, Elizabeth, *Design and Detail of the Space between Buildings*.
Beazley, Elizabeth, *Designed for Recreation*.
Booth, Norman, *Basic Elements of Landscape Design*, Ch. 4, "Pavement," Ch. 5, "Site Structures," Ch. 6, "Water."
Brookes, John, *Room Outside*.
Ching, F., *Architecture: Form, Space and Order*.
Church, Thomas D., *Gardens are for People*.
Clay, Grady, ed., *Water and the Landscape*.
Crowe, Sylvia, *Garden Design*, Part II, "Principles of Design," Part III, "Materials of Design."
Downing, Michael, *Landscape Construction*, Ch. 4, "Surfacing," Ch. 5, "Simple Structures," Ch. 6; "Water Features."
Eckbo, Garrett, *Landscape for Living*, Ch. XIII, "Structural Elements Out of Doors."
Halprin, Lawrence, *Cities*.
Hannebaum, Leroy, *Landscape Design*.
Jellicoe, Susan, and Geoffrey Jellicoe, *Water*.
Kassler, Elizabeth B., *Modern Gardens and the Landscape*.
Marlow, O. C., *Outdoor Design —Handbook for the Architect and Planner*.
Pile, John, *Design*.
Shepheard, Peter, *Gardens*.
Shepheard, Peter, *Modern Gardens*.
Tandy, Clifford, *Handbook of Urban Landscape*.
Tunnard, Christopher, *Gardens in the Modern Landscape*.
Weddle, A. E., ed., *Techniques of Landscape Architecture*, Ch. 5, "Hard Surfaces," by T. Cochrane; Ch. 7, "Outdoor Fittings and Furniture."

景观设计中的人为因素
HUMAN FACTORS IN LANDSCAPE ARCHITECTURE

第9章

伊丽莎白·鲍尔·凯斯勒认为，良好的规划与设计将是一个既尊重自然特质，又尊重人的天性过程的产物。[1]迄今为止，我们已经在区域景观规划和场地规划中强调了自然的限制条件和机遇。在住宅、休闲娱乐设施以及使用区域的标准中已大量假设了人的需要。在这一章中，我们会考虑社会和心理学理论、行为研究和社会参与对切实可行决策的影响，以及在各种规模的景观设计中如何推动适于人类使用形式的发展。

20世纪60年代兴起了以社区参与以及努力实现设

[1] Elizabeth B. Kassler, *Modern Gardens and the Landscape* (New York: Doubleday, 1964).

计形式与使用者之间更佳契合为特点的运动。在1961年的《美国大城市的生与死》(*The Death and Life of Great American Cities*)一书中，简·雅各布斯(Jane Jacobs, 1916—2006，美国作家）批判了纽约住宅求高、求大的发展方向，忽略了街道属于环境的一部分。她认为，这样的设计没有保留公共空间，罔顾人身安全，缺乏亲切感。相反地，她认为格林威治村（Greenwich Village）的形式、尺度和街道生活有益于形成更健康的社会环境。换句话说，她将社会弊端与环境的物质形态联系起来。此外，她还暗示，那些设计师（通常是白人中产阶级）的感官与价值观念往往与他们设计服务的对象格格不入。

同样在20世纪60年代，“自助”观念（self-help concept）兴起。社区民众团体团结起来，在热心公益的专业人士和学生们的协助下，共同改变社区邻里的物质环境，如清理空地、建设操场、种植树木等，诸如此类（图9.1）。虽然其本身并不一定能解决重大问题，但这一过程会以这样或那样的方式向参与者揭示各种相关的关系以及人口中特定人群的好恶、偏爱和特别需要。

由此，基于对人类需要、环境知觉和行为科学的认知，强调物质环境设计与消费者之间更密切联系的新阶段开始逐渐确立。自那时起，相关学者开展了对重要课题的研究，出版了大量涉及环境和行为问题的学术专著。

在本章中，我们要考察的是社会学和心理学理论、行为研究以及社区参与是如何促成重大决策并推动景观设计适合人类用途形式的发展。

在设计过程中，两个重要的关注领域都受到这一方法的影响——方案规划和几何形状。在第7章中，将场地的规划方案描述为具有通用形式的一系列用途。在同一章中，场地规划被视为在场地和区域分析中（第136页），根据彼此与限制条件和开发机遇的相互关系，安排这些用途的过程。在第8章中，提出了（在边界区域以及地形的限制条件下）规划方案（第155页）所规定用途中的形状与形式的起源。严格地从社会意义上讲，规划方案与几何形状是基本的输入条件和产出结果。我们的目标是在正确的场所、以正确的方式获得正确的成果。

此外规划必须包含适当，反映用户需求和态度的内容。几何形状不仅要提供那些想要实现的目标，也必须安排并确定一个实现预期用途并且满足公众参与和发展的途径和方式。规划方案和几何形状的某些方面是标准的、具有普遍意义的。体育场地和设施、健康和安全的基本标准，不受地方或文化差异的影响。特别与年龄有关的其他行为形式，会反复出现在大多数社会和文化中，例如在天气炎热的时候找一个凉爽的地方，休闲、游戏、划船出行、闲聊等。由历史、社会与文化传统、极端气候等引起的其他各方面的内容和形式，在每一种情况下都是独一无二的。

图9.1
在“自助式”项目中，使用者和设计之间的直接关系。

对于设计师来说，最重要的问题是“谁是委托人或谁是使用者”。这个问题能够或应该在何种程度上影响设计的形式与内容难以预料。托马斯·丘奇（第56页）把使用者的需求作为形式和内容（结合技术和艺术）的主要源泉。花园设计师与客户所形成的一对一关系有可能是一种最佳的关系。或许，唯一更好的状况是为自己做设计。但是，真正的难题是不知名的公众、上班族和其他那些不住在这里但来此造访的人。即使是比如业主委员会、董事会、区域改善团体、某某公园之友等类似组织，往往浓缩为只代表一个代言人的利益与偏好，很可能无法真正代表所有人。问题在于，我们为谁而设计？

通常有两种基本方法来解答这个问题。一是通过观察研究人群的行为或对某一社区成员或与一个特定群体成员的直接探讨。另一种方法是了解行为或感知的一般原则或普遍原理。

社会分析 SOCIAL ANALYSIS

问卷 Questionnaires

多种成熟的方法可以帮助设计师更加了解公众的需要和客户的态度。一种收集信息的方法是调查表或态度问卷调查。这些形式成功与否取决于备选项和问题的措辞，像“你对某某事怎么看待？”或“你喜欢哪类环境？”之类的问题尽量避免。由于大多数公众不知道所有的可能性，所以他们的回答受限于其既往的经验和想象力，或是被给出的选项所局限。态度调查存在多种变量和难度，正日益复杂，用于验证熟悉情况的设计师或规划师所做的睿智假设或直观猜测（图9.2）。

图9.2
儿童笔下的理想公园，包括游泳池、泛舟湖、棒球场、秋千、树木、草地和停车场。

提供了关于设施、公园以及游乐场实际使用状况的问卷调查可能更有价值。这种性质的研究至少告诉我们现有的设施如何使用以及不同年龄段的人为了休闲娱乐或是体验目的所能承受的行程距离。通过访谈方式考量景观或城市特色的重要程度，或许是凯文·林奇（Kevin Lynch, 1918—1984, 美国城市规划学者）[2]所谓的对大多数人而言的“想象力”（imageability）。

还可采用问卷方式进行建成后的评价或用户研究。这种分析提供了对于具体环境有用的信息和评价。在这种情况下，针对受访者生活或使用的环境所提出的问题获得解答，这些问题是受访者感兴趣而且是有能力、有资格回答的问题。数项研究是关于住宅居住者在住宅开发中的反应或用途模式而做，研究结果与建筑师的原始预期大不相同，与真实的使用状况也完全相左。尽管不大可能从这些特殊案例中获得一般性的规律，但是关于使用者一系列反馈信息的研究可能揭示一些对今后类似设计项目有帮助的模式以及可能出现的问题。克里斯托弗·亚历山大（Christopher Alexander, 1936—, 美国建筑理论家）所谓产生空间形式的一种技巧就是基于对以往同一问题的批判性分析来改进设计的一种概念。[3]

观察 Observation

在特定用途领域或活动区域内运用直接行为观察反映出另一层面上的信息。例如，维尔·霍尔（Vere Hole）对伦敦的儿童活动场地进行了研究，[4]测算了孩子们能集中注意力的时间以及儿童所需求的环境，这些活动和特点最受人瞩目，为未来的设计工作提供了宝贵的总体信息。特定案例研究结果的细节及其用途仅局限于一定范围，因为研究伦敦儿童游戏行为的结果，除了身体成长与锻炼身体的固有基本需求，其他的结果不一定适用于洛杉矶。在公园和公众开放空间通过系统的方法对人们实施观察，可以了解人们使用与误用环境的方式，就是这种方式使诸如喷泉和长椅等元素的设计与安排产生了特殊的行为模式。建成后的评价可以图面方式记录行为（图9.3）。威廉·霍林斯沃思·怀特（William Hollingsworth Whyte, 1917—1999, 美国都市研究者）隐蔽拍摄的照片不仅表现了发生在城市开放空间中的各种各样的活动，也展示了设计的成功与失败。他的发现不仅用于修订纽约开放空间分区条例，而且是中心城区设计的重要指导方针。修订的条例详细阐述了座椅的数量、尺寸、树木植栽、零售空间、照明、通道以及维护。[5]

即使现场没有人观察，垃圾、废弃的小路、涂鸦或其他蛛丝马迹也会泄露天机，显示出用途模式或对环境不满的迹象。

[2] Kevin Lynch, *The Image of the City* (Cambridge: MIT Press, 1960).
[3] Christopher Alexander, *A Pattern Language*.
[4] W.Vere Hole, *Children's Play on Housing Estates* (London: H.M.S.O., 1966).
[5] William H. Whyte, *The Social Life of Small Open Spaces*.

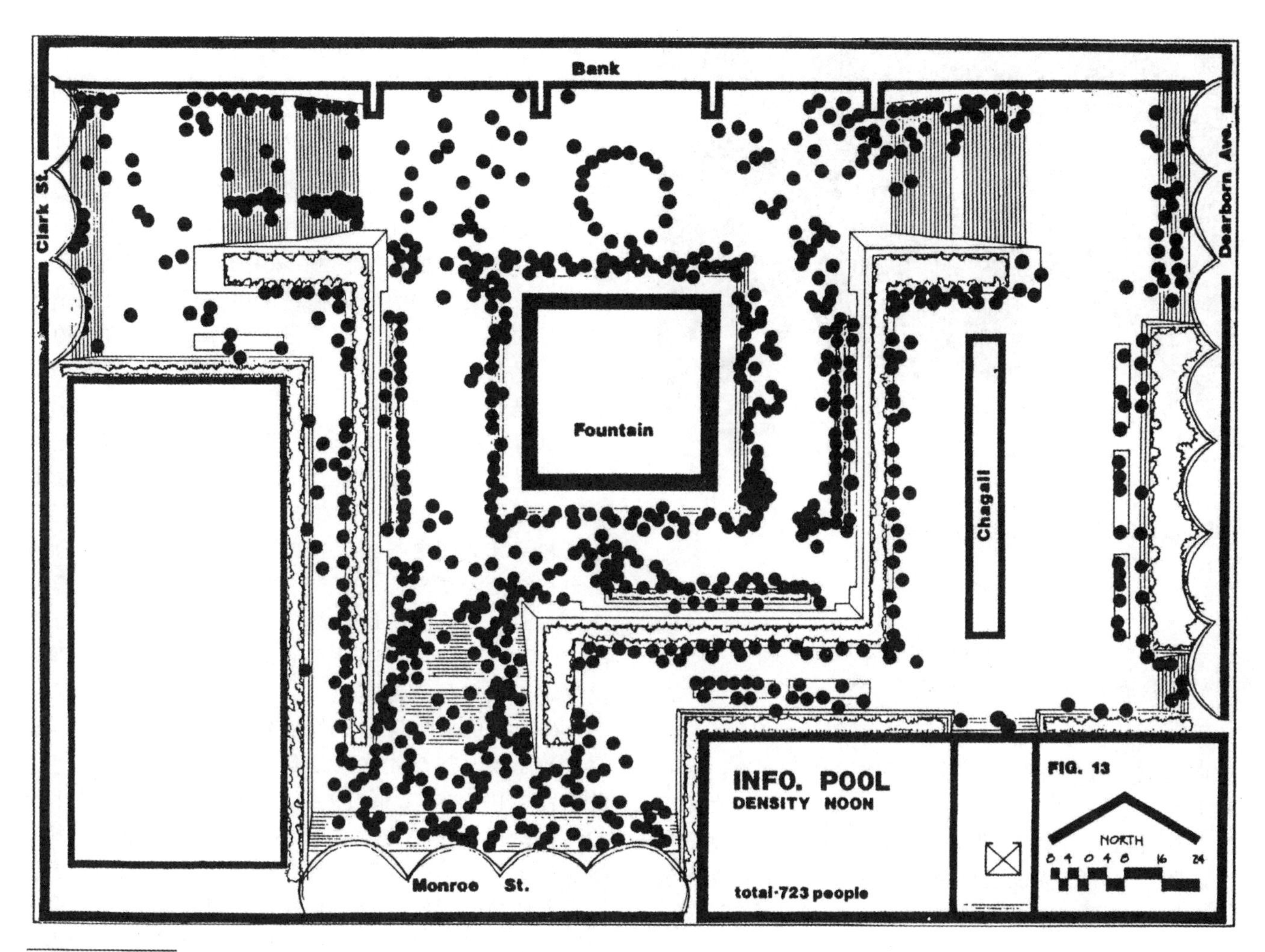

图9.3
图面显示了城市广场中的人数以及他们在某一特殊时刻的所在位置。这是伊利诺斯州芝加哥第一国家银行广场（First National Bank Plaza）在建成后进行的实验性研究中的一张社会行为观察图。本研究1975年由伊利诺斯大学景观设计系实施，由阿尔伯特·J. 拉特利奇教授（Professor Albert J. Rutledge）负责指导。

公众参与和研讨会
Community Participation and Workshops

还有另外一个途径，使我们可以尝试设计出符合使用者需要与愿望的形式。近年来，在设计和规划过程中实现公众参与已成为城市更新和邻近区域发展的特点，而且往往纳入法律规定。这种集体协作的渊源可以追溯到很久以前那些需要一个人以上或一个家庭才能完成的工作，如收获作物或搭建谷仓。前面已经提到过公众参与的最早形式，往往涉及建筑物和具有特定效益的实际参与，但这并不重要（图9.4）。公众参与现在往往限于规划方案阶段且常常包含了讨论会，讨论会已经被描述为新英格兰城镇会议（New England town meeting）[译注1] 的现代版本。

“参与过程是新的体验、崭新的环境，有时令人愉悦，有时是像艰苦工作……常引发一系列重要决定，例如你们的社区是否应该成立自己的规划委员会以及如何成立，你们如何看待邻里关系，如何解决你们社区存在问题，采取何种必要的物质环境变化使你们的社区变得更好，还有许

图9.4
公众项目便利了群体社会互动和交往。

多其他公众决策及问题的解决方案都取决于你希望市政府怎样为你们规划。"[6]

我们的目标是要使社区成员对于社区未来的发展方向达成一致的意见。该议题可大可小，讨论可能持续1天，甚至1年，参加者的人数少则12个，多则可能包括社区的所有人——时间的长短和参与程度取决于议题本身、目标以及可利用的时间。一天时间足够举办树立环保意识的专题讨论会，而涉及城镇未来、问题界定、规划开发以及出台备选方案可能需要一年的时间。

讨论会的结构可能根据环境状况而有所不同。然而，劳伦斯·哈普林建议，应该在一开始就实现如下两个重要目标。首先，参与者应该了解他们生活环境的真实情况——这引出并促成了第二个目标，即发展出共同语境，使问题更加明确，解决更加容易。人们必须学习沟通的艺术，这需要积极倾听并真实表达感受。[7]

建议举办研讨会的场地应该宽敞而且方便，如一处类似空旷卖场的公共场地，而不是某人家里、俱乐部或是教堂中，这些地方可能影响与会者的人数或者观点的自由表达。与会者的人数非常重要，不应受到限制，从而拥有充足的空间供媒体使用，各种意见和建议得以表达并实现共享。

一旦这个过程启动，一位协调人或过程的领导者需要开始以环保意识为起点的规划活动。此后，会议将围绕这些议题，让参与者使用最适合自己的任何媒介，表达并分享他们的想法。其中经常使用彩色纸笔、模型和录像之类的媒介。在讨论中，用录音机记录下与会者的思想交流与互动会很有帮助。需以协商的方式选出一个指导委员会，任何决策都应是协商取得一致而不是通过投票表决。

研讨会有时会因为无法保证社会各阶层的普遍参与而遭受批评。将人们聚在一起可能是开研讨会最困难的一环。最重要的是，选举出的官员、当地政府公务员和专家共同参与到议题讨论中。最终，讨论会的决定和结论需要向公众宣布，并与市政府或地方管理部门沟通。理论上，最终结果应该是强烈表达了公众需求，而且这些需求正是政治家、规划者与设计师要优先做出回应处理的问题。

研讨会的概念导致人们建立他们自己的环境、公园、游乐场，甚至住宅，或是至少参与到所谓的"自助项目"中（图9.1和图9.4）。在这种形势下，设计者的角色是提供选择方案，最终促进选择方案的实施。尽管在每个具体的实例中这一独特的过程有助于更好地理解环境的偏好以及适宜性，也就是说，对于设计者以及参与者而言，与潜在用户的共事经验本身便具有教育意义。此外，项目更趋向于反映明确的需求以及使用者的兴趣所在。解决方案的灵活性体现在对未来那些具有不同需求与偏好的用户的考虑。

所有这些试图更贴近消费者的方法都冒着提供错误信息的风险。调查问卷可能会相当局限，因为在特定时间和环境下获得的数据信息也许在数年之后就没什么意义了。在观察结果的研究和研讨会上，我们必须注意到人们在特定环境下所具有的强大适应性。这种适应性事实上引导我们去发现令人满意甚至是钟爱的环境，过去从客观上讲这类环境曾被认为是不理想的或不友善的环境。随着态度的转变，人也在改变，生活在不断前进，人们某个时候的需求可能与长期目标或他人需求相抵触。因此，尽管一些在此所描述的技术是设计信息宝贵的潜在价值源泉，但也必须谨慎地使用，并且保持怀疑态度对结论加以检验，其结果是否具有启迪意义。

[6] Lawrence Halprin and Jim Burns, *Taking Part*.

[7] Lawrence Halprin and Jim Burns, *Taking Part*.

行为与环境 BEHAVIOR AND ENVIRONMENT

针对社会因素与设计之间关系的研究和探讨需要熟悉行为和感知的科学研究。因此，有必要建立一个知识框架，通过它设计和规划决策将与社会学和人类心理学的基本原则建立起联系。为了阐明这种关系，我们可以根据场地规划和环境问题的细节及可变因素，解答充当共同基础或最低标准和要求的总体特性问题。

人类行为与非人类环境之间的相互作用是一个双向过程。一方面，环境对个人有明确的影响，我们的反应可能是去适应强加的外界条件。另一方面，我们不断地操纵或选择周围的物质环境，努力使生活从物质上和心理上都更加舒适（图9.5）。

行为是两套主要变量系统之间复杂的相互作用的结果。首先是会影响个人的周围环境；其次是个人的内在状况，其中包括两部分内容，即与人体生物机制相关的生理要素和与文化背景、动机、个人经历以及人的基本需求有关的心理要素。因此，在设计中我们要关注三个相互关联的个人元素类别：身体的、生理的和心理的。

身体因素 Physical Factors

第一组元素是影响到人的外形和尺寸与环境细节之间的明显关系，对人体平均尺度、常见姿势、运动

图9.5
强烈的社会需求与传统行为有时会抵消环境影响。照片鸣谢加利福尼亚大学伯克利分校班克罗夫特图书馆。

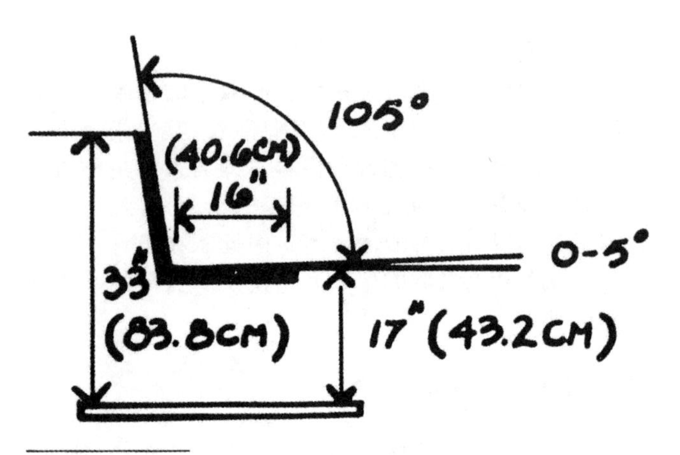

图9.6
座椅的最佳尺寸，依据亨利·德雷福斯（Henry Dreyfuss，1904—1972，**美国工业设计师**）1967**年出版的《人体尺度》**（*The Measure of Man*）。

及成长的分析，要作为建筑各组成部分和景观中细部设计尺寸的基础。门必须足够高，使人们不必弯腰就能通过；座位尺寸必须合宜，倾角舒适；踏步尺寸取自人体基本的运动模式（图9.6）；坡道倾角和扶手高度源于使用者的身体外形与运动特点。纯粹通过视觉观察考量的设计细部可能满足，也有可能无法满足使用者的要求。勒·柯布西埃的模数系统是源于人体的一套在视觉上令人感到愉悦的比例和尺度。因此从理论上说，他的设计将美感与令人满意的功能联系起来（图9.7）。[8]特殊情况下，也可能会与常规尺寸与标准相背离。例如，在涉及儿童时，环境必须有利于他们的成长、身体发育——肌肉成长和运动能力的提高，同时运动场地的规格、自动饮水机等，也必须适合儿童的使用和需要。还要考虑针对长者以及残疾人的需要对标准进行调整。很明显，这样我们可以根据使用者的形式与形状建成适于工作与休闲娱乐的建筑与户外环境。

生理因素 Physiological Factors

人的生理需求相对比较容易描述。它们是人体内在的生物状况与周围环境互动的结果。人们需要食物、空气、水和运动以及对过热和过冷的防护。健康或病态可能被视为是一个生物体适应环境挑战成功或失败的表现。[9]个体通过这一过程将内在环境保持一个接近稳定的状态是所谓的“动态平衡”（homeostasis）。这个过程从本质上讲是天生的并且是无意识的，引起肌体和腺体的运作。流汗、发抖和睡眠是身体对环境条件反应的例证。

对环境的调整加速了动态平衡过程。在社会发展中，如果没有修建遮蔽物、不使用与操控防火墙，动态平衡已经很难或者说根本无法维持。动态平衡也可能导致迁移到条件更加舒适的地方。

因此，在理论上人类生理像人类的外形一样，需要轻松地精确阐明。这类需要可以通过提供营养食品、清洁空气以及充足与纯净的饮用水得到满足，除了在一个可高效控制冷热的环境中减少疾病的发生，还要提供遮风挡雨的环境，同时也要提供在清新的空气与明媚的阳光下锻炼的机会。维克多·奥尔加伊（Victor Olgay，1910—1970，美国建筑师）提出了在人体舒适度范围内温、湿度的高低限度，建议了从动态

[8] Charles Edouard Jeanneret-Gris, *The Modular*, 2nd edition (Cambridge: Harvard University Press, 1954).

[9] René Dubos, *Man Adapting* (New Haven: Yale University Press, 1965).

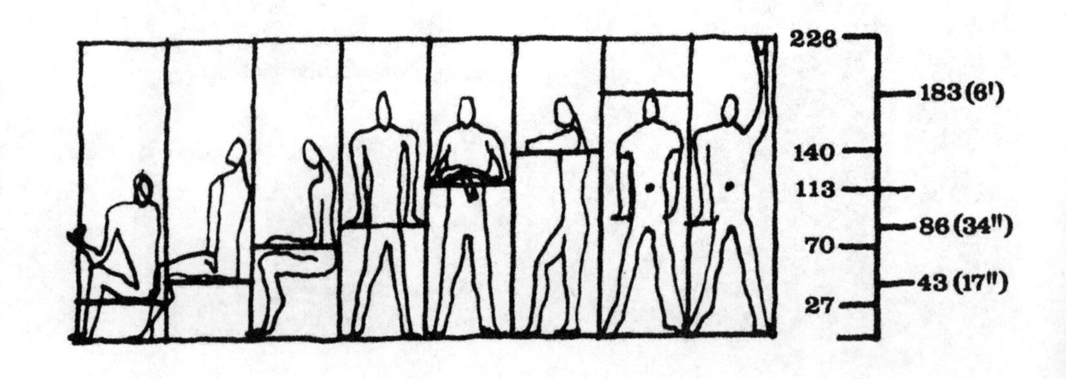

图9.7
勒·柯布西埃1948年提出的一系列模数尺寸（单位：厘米）。来源于人体尺度的数据与“黄金分割”原则密切相关。

平衡、人类舒适性和宜居性角度而言最佳的生存环境。[10]对设计产生的诸多影响将在接下来的篇章中进行讨论。

一项半生理需求（semiphysiological need）是自我保护和避免痛苦的需要。这是避免人身伤亡的自我保护手段。行为上的表现在很大程度上是本能的，碰到过热的物体，手会自动缩回，为防备危险我们会采取预防措施。显然，险恶和不明确的环境可能导致忧虑与紧张，这种状态也会对人产生损害。因此，我们寻求有一定人身安全保证的环境。城市管理机构负有为市民提供安全环境的责任，由此诞生了一系列规章与设计上的规范，比如：泳池周围需设置围栏，桥梁与台阶要加装安全扶手等，上述规章都是安全需要以及防止坠落伤害的法定规范。

心理因素 Psychological Factors

健康不仅仅是没有疾病或不虚弱而已。世界卫生组织把“健康”定义为涵盖了身体、心理和社会等方面均健康良好的状态。因此，我们来看看环境设计中第三个人的因素：人的心理和社会需要、行为模式与趋势。这是三组人的因素中最难界定的一个，它与环境的形式相联系。然而，我们迄今还不了解环境为何令人不悦或不堪使用，我们是否会为了满足一些需求而想要改变环境？如果我们希望规划和设计出能敏感反映出人类状态的环境，那必须找到一种方法来解释并说明我们自己的心理和情感需求。

人的心理需求及对环境的感知会由于年龄、社会阶层、文化背景、既往经验、动机目的以及日常的个人习惯等原因而不同。这些因素会影响并区分出个体与群体不同的需求结构。其结果是，孩子的需求明显与青少年或成年人的有所不同。即使关于同样的需要，外在的行为也很可能会有所不同。尽管在明确定义多种需求时存在诸多变数和困难，我们可以基于观察到的行为、经验依据和社会分析将内在需求分为几大类。实际上，我们心理上的需要或是在某些时候出现，或是在其他时间出现，而且并不总是同时出现。有时候，一些需要比其他需要来得强烈，我们的需求结构会受到特定情况的影响而改变。[11]

人的内在基本状况可大致归为五种动机和心理需求：（1）社会的，（2）稳定化的，（3）个人的，（4）自我表现的，（5）改善丰富的。当然，在它们之间不可避免地会存在重叠和潜在冲突。

社会需求（Social Needs）。第一类的社会需求，包括了个人对社会交往的需要、对组群隶属关系的需要以及对友谊和爱的需要。伴随着这些需求还有更多细微的需求，这些需求由其他需求维系，需要由其他人提供保护。同一家庭和同一群体明显是这些需要的表现。整个社会在很大程度上是围绕着这些基本需要组织起来的，而且这些行为特征可在公共舞厅、海滩、老年人俱乐部、退伍军人协会等处看到。因此很明显，如果环境对人们有意义，而且设计的目的不违背这些社会需求的实现，就应该具有亲近社会的形式，从而将人们聚集在一起，旨在吸引人们建立起社会关系，或至少使之成为可能。波特兰瀑布广场吸引了广大市民，有助于满足此类需求（图8.41）。因此，自助式项目或社区项目的特点也可以将人们聚集在一起共同参与（图9.1和图9.4）。在详细的层次上，公园座椅的设计和分组可产生或抑制社会互动（图9.8）。

稳定需求（Stabilizing Needs）。第二类需求称为“稳定需求”。我们有一种需要逃离恐惧、焦虑和危险的需求。我们需要有明确的方向，有必要发展并拥有一种明确的生活哲学，需要安排和组织环境，希望通过民主过程对生活形式和内涵发表观点。我们有操纵自己所处环境的内在需要——正如前文提及的那样，不仅仅是通过完善物质条件来满足我们的生理需求，并且也满足一些标志着深层次的需要，即依据象征性的、高度抽象的冲动形成并塑造环境。自主式规划的概念（advocacy planning，即自助与自觉）在一定程度上反映了在涉及自身环境中通过参与决策获得稳定的愿望。在自助项目中，没有利用的荒废土地通过当地土地使用者的力量、激情和艺术性的创造而转化塑造。这导致了一种设计活动形式，它不仅能满足人们对稳定和基本安全的需要，而且还能够导致一种全新的设计过程。其他设计的影响包括想象能力、使空间摆脱模糊的秩序以及选择铺面暗示空间和用途的信息。还有很多其他方法赋予设计熟悉感与安全感，并

[10] Victor Olgay, *Design with Climate* (Princeton, N.J.: Princeton University Press, 1963).

[11] Peggy Long Peterson, "The Id and the Image," *Landmark '66* (Berkeley: University of California, Department of Landscape Architecture, 1966).

图9.8
加利福尼亚弗雷斯诺（Fresno）阴影中的座椅便于社会交流。埃克伯，迪安，奥斯汀与威廉姆斯景观设计事务所（Eckbo，Dean，Austin and Williams）设计。

提供参与的机会。

个人需求(Individual Needs)。第三类被描述为个人需求。它在一定程度上与自我表现的需要相重合。在这里，我们把人们在自我认识体验和发展中的需要看做是特定时期的需要，也就是进一步对隐私的需要。在环境中，人们通常会对个人决策、个人身份与个人独特性有强烈的要求，而与此相关的是能够选择或决策人生。

在当今的城市环境中，私密的可能性变得越发渺茫，野营者和背包客大量涌入荒野或遥远的风景区寻找与世隔绝感并寻求与大自然的心灵交流。环境设计应使私密性成为真实的可能。尽管建筑经济学缩小了房屋的尺寸，其他误导和时尚的观念导致了更为开放的规划，但还是在一座建筑物里最容易获得私密性，然而这种可能现在也变得转瞬即逝。我们同样还可以通过设计室外环境，创造出不容易被市民接近与直接使用的领域来取得私密性。小休息区可位于人烟稀少的路上，或是通过高度差从流线道路上分离开来(图12.13)。在任一环境下所提供的选择，都应该允许个人去表达个性与身份。因此，流线应该提供选择。在合理的范围内，我们应该做我们想做的。但是我们必须要谨慎，因为个人的表达不会反过来影响生活与私密性，也不会等同于社会中其他人身份和个性的需要。由此可见，在个人表达需要和社会需要之间存在着潜在的冲突。

自我表现（Self-expression）。自我表现是由多种需要组成的，包括自我宣扬和展示的需要以及统治和权力的需要；在领域概念的影响下，还有针对环境的需要；另外是针对成绩与成就的需要；威望的需要以及受人尊重的需要。罗伯特·阿特里（Robert Ardrey，1908—1980，美国剧作家）称之为“地位”需要，这与领域的需要有关。[12]“和左邻右舍比排场、比阔气”（keep up with the Joneses）这种现象在城郊区域异常明显，它是“地位”需要的显著表现。如果能妥善理解，便能够在较少浪费的情况下实现满足（图9.9）。

已经有人建议，对所属领地的防卫是包括人类在内的所有动物自我表现的一种形式。领地权属的概念

[12] Robert Ardrey, *The Territorial Imperative* (New York: Atheneum, 1966).

图9.9
1965年加利福尼亚州的萨克拉门托。威廉·A.加尼特拍摄。

图9.10
带刺铁丝网和警示牌是领地权的实体表现。

不仅可以从我们围绕房子或院子修建的围墙和篱笆中看出（图9.10）；它同样也可以在其他一些领域被感知得到，比如说，我们在公共海滩上或宿营地所立的标识，标明了进入这一区域将有侵犯他人权益的危险(图9.11)。大多数涉及人类领域概念的证据来源于对动物行为的研究。[13] 领地的范围和位置会随着物种、交配活动、季节变化以及环境中可获得食物量的多少而变化。领地权属确保了适当的空间距离并且防止了对家庭所依靠环境的过度开发。这样，通过调节密度，领地权属就确保了物种的繁衍。

领域性被认为是人类三个基本驱动力之一，其他两个是地位和性欲。[14]就像其他动物一样，宣示领地归属权以便和同类伙伴保持一定距离，也被认为是纯粹人类生物本能的需要，尽管人类的表达方式可能会与动物的表达方式有所不同并且会受到文化条件的制约。[15]判定非法侵入的法律条款以及对私有财产合法地位的规定是人类对领域要求的清晰表现。[16]我们也十分清楚“势力范围”的概念，即群体组织成员感到安全、而侵入者感到敌意的一片区域。[17]

空间／领域和动物生存之间存在着明确的关系。由于我们不会高度依赖周围的环境，因此它并不是我

图9.11
优胜美地国家公园的领地权。布鲁斯·戴维森（Bruce Davidson）拍摄。

(b)

图9.12
(a)委内瑞拉的海滨景色。人们之间的距离比在斯堪的纳维亚的距离近。(b)适合离群索居的海滩。(a)由弗朗西斯·维欧利(Francis Violich)拍摄。

们关注的重点。但是我们必须对空间和行为的关系提起兴趣来。实际观察表明了空间的限制条件或拥挤不堪会给人们带来压力。另一方面，如果空间或距离过大就会限制人们的交谈和使用。[18]第二个重要方面是不同文化背景和国籍的人在空间体系和个人空间方面表现出的差异。对这一事实的敏感性可能导致对同一设施或使用区域产生不同的设计标准，这取决于区域的变化。一个受人欢迎的公共场所或海滩的拥挤限度从文化角度会充满个人空间或领地的观念。一片游憩区的承载能力，既包含景观的承受功能，又包含使用者对拥挤的容忍能力(图9.12)。[19]

是不是存在这样的可能——个人空间太少会导致心理上的崩溃或反社会的行为？使用老鼠在人工环境中进行试验，同时假定试验用的食物不作为一个试验环境内的要素，试验显示出过于拥挤的环境会导致严重的生理反应和不自然的行为。[20]过度拥挤导致老鼠群体的混乱并最终酿成群体崩溃。尽管有理论说城市贫民窟过于拥挤的状况决定了其居民的心理和生理的健康状况，但是人类人口数量受文化和社会因素的影响是如此之大以至于城市中人口的拥挤问题远比动物群体数量泛滥的问题要复杂得多。因此，我们不能定论“城市中高密度居住是不理想的”以及“我们在消除负面影响的同时无法设计出强调大都市生活和人群高度集中的城市形式”。[21]换句话说，郊区的居住形式和低密度居住并非就是最好的。研究表明，纽约人普遍存在精神健康问题，但没有针对城郊或中西部农场的类似研究，供我们发现类似或其他问题。

另一种自我表现的形式是游戏玩耍(图9.13)。因此，我们必须确保环境所提供的玩耍的可能性是一个一般性的概念而不仅仅是提供游戏和运动的场地。城市应该为想象行为提供可能性与多样性。坎伯诺尔德(Cumbernauld，苏格兰地名)的人行步道系统通过卵石和其他特色材料扩大了效果，儿童和成人将它们想象成山脉、板凳或藏身之地。

丰富需求(Enrichment Needs)。人类最后一组需要被称为是充实丰富的需要。人(尤其是儿童)具有渴

[13] Konrad Lorenz, *Studies in Animal and Human Behavior*, translated by Robert Martin (Cambridge: Harvard University Press, 1970).
[14] Robert Ardrey, *The Territorial Imperative* (New York: Atheneum, 1966).
[15] René Dubos, *Man Adapting* (New Haven: Yale University Press, 1965).
[16] Edward T.Hall, *The Hidden Dimension* (New York: Doubleday, 1966).
[17] Robert Sommer, *Personal Space* (Englewood Cliffs, N.J.: Prentice-Hall, 1969).
[18] E.g., “West Side Story.”
[19] Edward T.Hall, *The Hidden Dimension* (New York: Doubleday, 1966).
[20] John B.Calhoun, “The Role of Space in Animal Sociology,” *Journal of Social Issues*, XXII (4) (October 1966).
[21] Christopher Alexander, *The City as a Mechanism for Sustaining Human Contact* (Berkeley: University of California, Center for Planning and Development Research, 1966).

(a)

(b)

图9.13
(a)(b)是两种不同的游戏玩耍方式，它们满足了自我表现的需要。(b)由罗伯特·萨巴蒂尼(Robert Sabbatini)拍摄。

求知识的欲望。与此相关的是自我实现与个人创造力的需要，而且人似乎对美和审美体验有着强烈的需求。尽管人们的能力和相对的实现满足感有各种形式，但人们都有着非常明确的创造性冲动，由此导致了不同质量水平的作品。因此，即使我们都是艺术家，但是有些人确实比其他人更伟大。一些深受大众喜爱的世界自然美景奇观，例如亚利桑那大峡谷景区(图1.13)、优胜美地国家公园(图3.10)、黄石国家公园、英国的湖区和西部高地，尽管人们去这些自然名胜旅行的行为明显反映了前面所提及的一些其他要求，但是它们受欢迎的程度却引发思考，说明我们的确对视觉美感有很强烈的需要。人类丰富的需求看起来是对环境信息了解以便对所看到东西的理解更加深刻。此外，环境本身不仅应有其内在的美，因为这只是人类的基本需求，而且它也应该以一定的形式为创造性提供可能性，比如说操控环境或是仅仅提供一些开放空间或游憩计划使个人能从事艺术、雕塑、园艺或戏剧的活动。

在设计中，丰富可以等同于复杂性。可以在原始岩画中以及20世纪70年代的超级平面艺术(super-graphics)[责编注]中窥见人类装饰环境的持续性本能需要。19世纪30年代的现代主义建筑理论和之后的经济大萧条抑制了我们的装饰欲望。到了19世纪60、70年代的单坡顶建筑体现了对古典主义装饰的兴趣，同时传统的复杂农舍庭院也开始复兴，在这样的院落里水果、蔬菜和花卉相结合，展现了对这种需要的崭新直观理解。在这里，与钟爱生态自然环境复杂性观点一致的是人工环境的多样性和复杂性。

在考察了人类需求概况之后，必须意识到我们对这些需求过分敏感与自觉的危险，因为它们是我们总体意识的一部分。改进并采取特殊设计形式以满足或实现这些需要，将会导致出现失望和冲突的危险。这里我并不是建议设计应该满足人类情感需要的任何一个具体方面。恰恰相反，这里仅仅是提议在设计过程中应当确定一些基本的需求，而这些需求是可以由环境中的构成元素合理满足的，并且能确保设计的几何安排布置不会妨碍实现这些需求。并且如果可能的话，任何一处环境设计——包括建筑、开放空间、公园或是街道——都应该在很好地理解人类个性复杂性的基础上形成。此外，我们还要牢记物质环境只是更大过程的一个组成部分。它是我们与他人以及社会环境交流的场所。

一个由克里斯托弗·亚历山大提出的关于邻里居住形式的理论例证，阐述了当放弃预想的空间设计而将重点放到行为因素上的时候，会出现的意想不到的可能性(图9.14)。[22]这项未完成的研究，实际上是一个

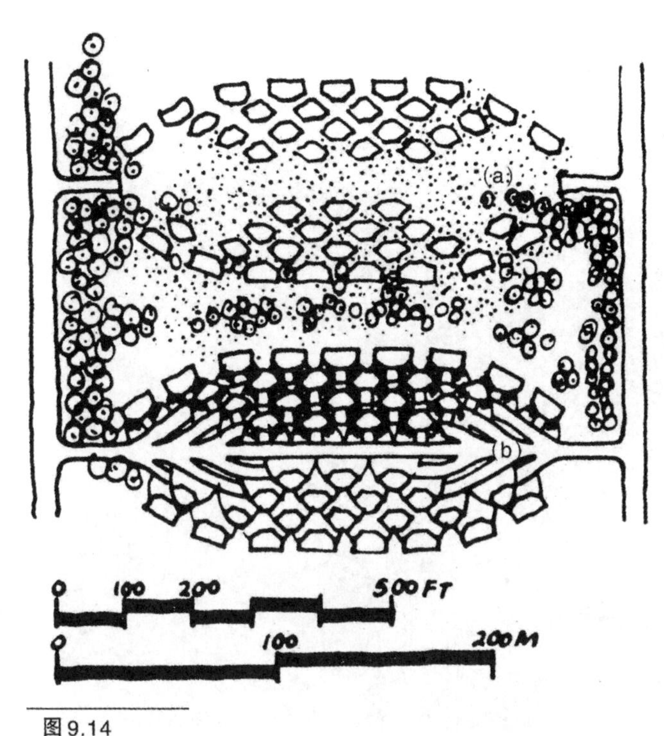

图9.14
克里斯托弗·亚历山大理论上反映邻居关系的两种平面图。（a）私人庭院与山坡公园联系起来。（b）内部道路系统与住宅。

图表，它把重点集中在人们对频繁亲密社会交流的需求上。亚历山大认为，当代社会趋向于限制这类需求。这种设计形式可以轻松通达高速公路网络，在日益盛行机动车的郊区为潜在到访者的通行提供了便利。一个组群中住家的数量是建立在可能性研究基础之上的，它要确保有足够数量的同龄儿童以组成共同玩耍的群体。山上是一座公园，在那里儿童可以远离道路，无忧无虑地玩耍。每座住宅都拥有私密性，这个思路强调了郊区居住生活的优越性并且消除了人们不喜欢的特性和品质。尽管这种解决办法可能存在争议，但它却强调了对社会因素进行分析，然后产生形式的优秀范例，这一概念可以结合其他更精确的数据应用于环境的各个方面。

环境感知与行为
Environmental Perception and Behavior

行为，是由个人与其他人（社会环境）以及与环境（物质环境）相互作用而引发的。第一，环境设计师必须对环境的组织结构及其对人的影响感兴趣。第二，与第一点紧密相关，即我们必须理解环境被人感知的方式。第三，我们必须关注由社会因素和物质条件构成环境的一般行为的反应。

实验表明，物质环境刺激的变化对正常的价值取向，甚至人类精神上的平衡都是必要的。实际上尽管没有意识到环境对我们的影响，但是我们对环境的敏感性、对环境状况的适应能力以及反应能力的确可导致一些特别的行为。这种可能性强调了环境设计者手中的能力。人们已经证实了室内家具的摆放对社会交往和行为造成的影响。[23]而且也有人认为建筑物的规划布置可以使人产生陌生感的环境状况。例如，在开放式设计的住宅（the open plan house）里很少有私密性，而在高层公寓里人们很少与地面有实质上的交流。[24]当然这些论断并不是建立在人类基本生存条件之上的，毫无疑问它只是相对于环境对人精神上所造成的压力或不适的感觉而言的。这样，为了某种目的，我们就可以通过环境设计把人们聚集在一起，比如说露天剧场；或是产生一种社会关系，比如公园里的座椅安排。换句话说，设计可以防止或阻碍这种可能性。

环境影响人类行为的另一种方式被认为是场所本身所包含的意义。教堂、墓地、图书馆这些地方，在我们了解这些建筑和场所的规则、含义以及它们所象征的意义之后，就可以产生一些特定的行为。各种景观类型也可导致特定的行为反应。这正是18世纪景观园林的一个重要方面。在这里，景观的配置、变幻莫测的景色，以及体验的深化发展，其中包括以雕像、寺庙、石窟和其他建筑形式引入寓言与神化隐喻，都是为了引发庄严、愉悦、悲伤、美丽、恐惧、敬畏等特定反应——当然不是一蹴而就的，而是循序渐进的过程。因此，对18世纪状况的充分了解和反应需要有很高的文化知识水平和理解能力（图2.43）。

[22] Christopher Alexander, *The City as a Mechanism for Sustaining Human Contact* (Berkeley: University of California, Center for Planning and Development Research, 1966).

[23] Robert Sommer, *Personal Space* (Englewood Cliffs, N.J.: Prentice-Hall, 1969).

[24] Humphry Osmond, "Function as the Basis of Psychiatric Ward Design" (sociopetal and sociofugal buildings), in *Environmental Psychology: Man and His Physical Setting*, edited by Harold M. Proshansky, William H.Ittelson, and Leanne G.Rivlin (New York: Holt, Rinehart & Winston, 1970).

图9.15
画家选择并强调那些吸引他的东西。

对视知觉机制理解的价值是不言而喻的。了解眼睛的工作方式以及它是如何把视网膜上不断变换的光线图形转化成视觉世界之后，设计者在设计时可能会尽量消除这种容易分散注意力的障碍。例如我们180°的视野范围夸大了运动感；隧道或通道两侧墙面间的距离会随着我们运动感的增强，产生间距逐渐缩小的感觉。如果道路两侧种植着规则排列的树木或桥下的支柱十分接近道路时，司机在驾驶通过时往往会放慢行车速度。颜色的感知与对比可以用来阐释环境信息和领域概念，就像斑马线指示出了一片安全的区域。最后，如同错视画（trompe l'oeil）一样，通过透视原理以及颜色和比例的运用，我们就可以使各个区域营造出比实际情况或大或小或宽的错觉。

但是感知过程远比单纯用眼睛观察要复杂得多。通过它，人们选择、组织并把对环境的知觉刺激阐释成一个有意义的、紧密相连的图像世界。随着经历体验从孤立简单的形式延伸向环境意识复杂的相互作用，感觉印象逐渐变成人的感知。由于被感知的环境通常包括非常多的事物和感觉刺激，以至于一般情况下，行为很少会对整个环境的影响都有所反应，而只是对一些经过感知选择后的特定元素有所反应。直接体验来自于环境中的感觉冲动与个人倾向和心态，它影响了过程的选择与组织，并赋予结果以意义。[25]

环境象征和环境意义的选择过程与归属过程以及情感对环境状况反应的发展，明显地会因人而异。这种情况使被感知的事物和行为变得异常复杂以至于不可能归纳出一个普遍的原则规律。尽管一般的模式和原则是可以辨识的，但是一个人所看的只是他（她）想看到或搜寻的。因此，我们可以拿一幅风景画或城市景象的绘画与同一处景点的照片进行对比，从而发现画家在取景时的选择与关注的重点（图9.15）。一个很好的例子是在加利福尼亚州威尼斯（Venice）海滨栈道旁一座建筑上的一副壁画。画家绘出了在那个地点他所看到的场景，但画面里的场景铺满了雪，这在实际

[25] Bernard Berelson, *Human Behavior* (New York: Harcourt, Brace and World, 1966).

图9.16
加利福尼亚州威尼斯的壁画。

图9.17
加利福尼亚州威尼斯。

情况当中是不会也不可能发生的。这只是画家本人的幻想（图9.16和图9.17）。另一个例子是托马斯·黑尔（Thomas Hill，1829—1908，美国画家）19世纪绘制的优胜美地峡谷，画面中峡谷的两侧以及山峰的起伏都被夸大了，这反映了托马斯个人对情景的感知，而不是他实际所看到的状况（图9.18和图9.19）。

以往的经验和学习条件影响了我们所看到的东西以及我们阐述它们的方式。个人动机或个人追求兴趣、愿望、满足特殊的需求很明显会在任何时候影响到我们的感知行为。在《纽约客》（*New Yorker*）上的一幅漫画中，一对自称“暴发户”的夫妇在一家家具店里看到一盏充满异国情调的鸟形灯，他们问售货员这里是否还有更加华丽的灯具。这个故事说明，这对夫妇只是想按照适合他们所希望采取的生活方式来选择灯具。尽管“暴发户”这个词在创造之初，包含令人不屑与厌恶的意思。另一种情况下，20世纪中期的年轻人可能会认为泰姬陵（Taj Mahal）很普通，其历史与建筑意义，仅仅是来源于不同的观察视角。对于他们来说，这可能是一种社会形态的物质表现，无法引起他们的共鸣；或者仅仅是他们在喜马拉雅山脚下向宗教大师学习沉思和追求心灵满足过程中的偶然事件。换句话说，我们可以把他们的态度简单看做是一种与主流相偏离的看法。不管怎么讲，这两个例子都反映出了被以往的经验、知识、年龄、社会经济阶层以及当事人的个人动机所制约的感知范围或者至少是赋予了事物或环境以意义。对一些符号的识别，如十字、红色交通信号灯同样也取决于以往所学的知识。

图9.18
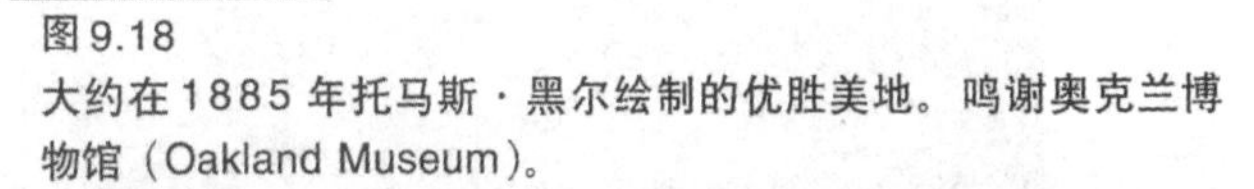
大约在1885年托马斯·黑尔绘制的优胜美地。鸣谢奥克兰博物馆（Oakland Museum）。

图9.19
优胜美地。小罗伊·伯顿·利顿拍摄。

另一项决定感知的因素或从环境刺激因素中筛选出来的是刺激的强度或特质。也就是说，一个环境中的元素或物体由于其自身的形状、颜色、对比或象征性而异常突出，以至于它很容易被大家辨识和选择。尽管其含义或它所引发的行为反应会因人而异。

在某些西方文化里，不同经济能力和社会地位的人群看待住宅的方式是不同的。[26]经济水平较低的人群通常把房子看做是提供安全防护的“避风港”。中等收入的人群趋向于把房子看做是一种需要照看和改善的财产。而高收入的人群往往会把它看做是另一种类型的旅店。

不同感知和行为的另一个例子可以从对待树木的不同看法中体现出来。在历史上，树木被视为孕育宗教和信仰的象征。而今天，孩子们把它当成是一个挑战，当做一种游戏的元素。因此，随之而来的行为就是爬树（图9.20）。另一方面根据情况的不同，一位少年可能会仅仅把树木看做是能提供阴凉的地方并且是独一无二的场地，作为一个能吸引同龄朋友一起聚会的地方，他或许还会把自己的名字刻在上面。一个路

[26] Clare Cooper, *The House as a Symbol of Self* (Berkeley: University of California Center for Planning and Development Research, Working Paper No.120).

过的成年人可能仅仅把树木当做是身旁一种愉悦的元素并且会把它和环境质量、价值属性联系在一起。一个开发商会把他土地上的树木看做是好的卖点，因而努力保护它们免遭损伤，甚至会给树木后面的土地命名。另一方面，老年人可能把秋天的落叶和日益衰弱的四肢联系到一起，因此他们会有对树木进行修剪或伐倒的冲动。一个精神病患者可能认为树木具有人性，并与它结成朋友。而一个道路清洁工对落叶的问题会有他自己的想法。

审美满足 AESTHETIC SATISFACTION

对于景观设计来说，另一个关于人与周围环境交流的有趣理论是审美满足。人们已经指出，审美享受的需要仅仅是将视觉感知提升到更高档次的需要。任何状况下必备的根本要素就是包含有令人意想不到东西的形式，这似乎就是我们所称的"美"的核心。[27]其解释如下，我们对世界的理解和享受是建立在两个互补的基本神经反应原则之上的：即对新奇、变化、刺激的反应以及重复或图案的反应。因此，当思维在寻求规律或是图案的同时，我们的感知系统也自相矛盾地需要变化和新奇的信息。

图9.20
对儿童而言，树木是游乐场，也是一种挑战。小罗伊·伯顿·利顿拍摄。

大脑，作为图案收集并感知图案的系统，可以被看做是在需求与消化信息，就像胃消化食物一样。有人认为，由于大脑的这种感知过程在人类物种进化和生存过程中十分重要，因此它仍然将对我们今天的生活有很大的影响。更近一步说，人们在审美时感到愉悦的一个主要方面可能与大脑有效地工作有关，也就是说，大脑筛选感知印象中的图案并且搜索其中的新奇内容。这样，如果说变幻和图案是感知的基础的话，那么它们一定会在审美享受中发挥很大的作用。审美满足、视觉上的美感，或许可以被看做是不断变幻的图案流或是一个包含有令人意想不到变化的图案。对于一面砖墙，由于其类似单元的重复而构成了一个图案。然而变幻或变化会在不同尺度下发生。在砖的尺度上，纹理可能会成为变化的元素；而在墙的尺度上，窗户则成了变化的元素（图9.21）。同样的概念也适用于一片蕨类植物的叶片，但前提是它需要有一个重复的可识别的结构以及微小的变化。由于其中清晰的图案和意想不到的变化之间的对比从而使它们看起来都非常具有吸引力。

小结 SUMMARY

在这一章，我尝试着向大家展示人类特征、人类需要以及内在动机。第二，我试图指出环境应被看做是刺激的来源以及行为的决定性因素。第三，我努力阐明感知的机制、影响它的变化因素以及感知和行为的关系。环境设计的一个主要目的是建立起一个发展框架，在没有社会冲突的前提下促进而不是阻碍个人需要的实现。

不论设计者是否已经意识到，这里讨论的例证和概念指出了设计者所拥有的影响人类行为的潜力。我

[27] S.R.Maddi and D.W.Fiske, *Functions of Varied Experience* (Homewood, Ill.: Dorsey Press,1961).

图9.21
美的实质是图案中包含有变化。彼得·柯斯特里金拍摄。

们在过去的设计中，常常倾向于依赖个人设计的经验和概念，而不对人类行为模式进行调查和研究，认识到所有人的感知、行为和满足感是不同的，并且不可能与设计者有相似的口味。我们似乎已经陷入一种状态，在这种状态下我们会根据住宅、公园、城镇广场等来预想我们的环境形式，而不是把它当做一个问题来陈述。[28]但是这样阻碍了从其他角度寻求解决办法，而更多的是满足特定人群的需要，环境就是为他们设计的。当然，这不一定意味着所有的东西都必须是推倒重来的。放诸四海皆准的概念并不是"包治百病"的灵丹妙药。

罗伯特·索默（Robert Sommer，美国心理学家）建议，设计应当被视为对空间的围合与开发。在这样的空间里，一些活动能够非常舒适有效地发生和进行，在这里，形式不仅要追随功能，还要在各方面促进它。在这里，建筑师和景观设计师个人情感的表达必须要服从于当前建筑或景观的功能。[29]如果这些都能十分清楚地读解，那么空间和环境因素的设计与安排应该能够满足使用者的需要；但是如果它们不能清楚地读解或是模棱两可的时候，那么就要求设计具有适当的灵活性和选择性。

推荐读物 SUGGESTED READINGS

娱乐

American Academy of Political and Social Science, *Recreation in the Age of Automation.*

De Grazia, Sebastian, *Of Time, Work and Leisure.*

Friedberg, M. Paul, *Play and Interplay.*

U. S. Outdoor Recreation Resources Review Commission, *Reports*, 1962.

Ward, C., *The Child in the City.*

Williams, Wayne, *Recreation Places*, pp. 235-247, "Planning for Recreation."

Wurman, R. S., and Katz, J., *The Nature of Recreation.*

物理环境与社会行为

Alexander, Christopher, *The City as a Mechanism for Sustaining Human Contact.*

Alexander, Christopher, Sara Ishikawa, and Murray Silverstein, *A Pattern Language.*

Ardrey, Robert, *African Genesis.*

Ardrey, Robert, *The Territorial Imperative.*

Chermayeff, Sergius, and Christopher Alexander, *Community and Privacy.*

Cooper, Clare C., *Easter Hill Village: Some Social Implications of Design.*

Craik, Kenneth, "Environmental Psychology," in *New Directions in Psychology*, Vol. IV.

Department of the Environment, *The Estate Outside the Dwelling — Reactions of Residents to Aspects of Housing Layout.*

Dubos, René, *Man Adapting.*

Dubos, René, *So Human An Animal.*

Gans, Herbert J., *The Levittowners.*

Goffman, Erving, *Behavior in Public Places.*

Hall, Edward T., *The Hidden Dimension.*

Hall Edward T., *The Silent Language.*

[28] Raymond G.Studer and David Stea, "Architectural Programming, Environmental Design and Human Behavior," *Journal of Social Issues*, XXII(4) (October 1966).

[29] Robert Sommer, *Personal Space* (Englewood Cliffs, N.J.: Prentice-Hall, 1969).

Halprin, L., and Burns J., *Taking Part.*
Hester, R., *Neighborhood Space*, 2nd edition.
Ittleson, W. H., et al., *An Introduction to Environmental Psychology.*
Jacobs, Jane, *Death and Life of Great American Cities.*
Kaplan, S., and Kaplan, R., *Humanspace: Environments for People.*
Lanmark 71, "User Feedback Studies."
Lang, J., et al., *Designing with Human Behavior: The Behavioral Basis for Design.*
Lynch, Kevin, *What Time Is This Place?*
Maddi, S. R., and D. W. Fiske, *Functions of Varied Experience.*
Newman, Oscar, *Defensible Space.*
Perin, Constance, *With Man in Mind.*
Peterson, Peggy Long, "The Id and the Image," *Landmark* '66.
Porteous, J. D., *Environment and Behavior: Planning and Everyday Life.*
Proshansky, H. M., ed., *Environmental Psychology.*
Rapoport, Amos, *House Form and Culture.*
Shepard, Paul, *Man in the Landscape.*
Skinner, B. F., *Science and Human Behavior.*
Sommer, Robert, *Design Awareness.*
Sommer, Robert, *Personal Space.*
Taylor, (Lord) Steven J. L., and Sidney Chave, *Mental Health and the Environment.*
Tuan, Yi-Fu, *Topophilia.*
Whyte, William H., *The Organization Man.*
Whyte, William H., *The Social Life of Small Urban Spaces.*

[译注1] 新英格兰城镇会议是美国17世纪以来民主管理地方事务的一种形式，居民们齐聚一堂共同商讨、决定本地区的政策、措施及地方预算等重大事务。

[责编注] 在空间设计中利用平面印刷的手法，把插图、标志信号、图像成倍扩大化、外表化、社会化。大胆运用色彩，其色彩之浓重有时远远超过人们习惯上能接受的程度。色彩丰富、色块图形变化自由，又可以与照明巧妙地结合起来，包括在室内运用霓虹灯，使室内具有通透变化的空间效果。

气候与微气候

CLIMATE AND MICROCLIMATE

第10章

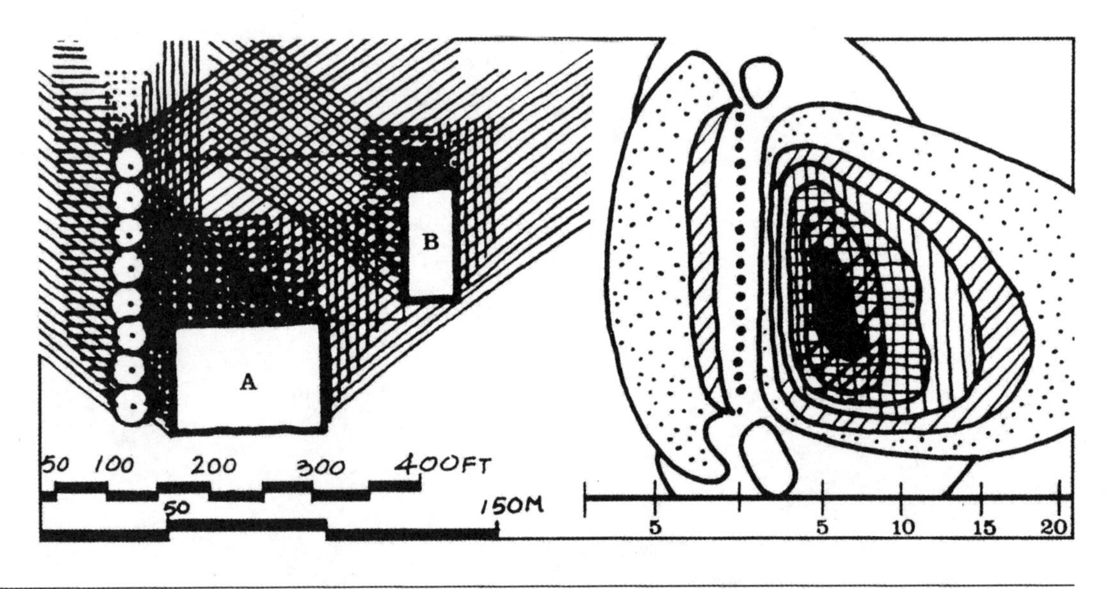

这一章主要探讨景观设计学的两个设计要素——气候与微气候。我们将根据气候和微气候对加州海洋牧场的决定作用对其进行研究。此外，我们将调查研究如何利用独创微气候及其对开放空间用途的影响进行设计。

气候 CLIMATE

气候是多种变化因素相互作用的结果，这些变化因素包括温度、水蒸气、风力、太阳辐射以及降水。气候与地形、植被和水一样，也是环境的重要组成部分。人类最适宜的理想气候是：洁净的空气、50°F～80°F的气温、40%～75%的湿度、空气既不能停滞沉闷也不能大风肆虐，并且要免受降雨的侵袭。[1]就像第9章曾讨论过的那样，人类总是寻找最适宜居住的地域，而这也是几个世纪以来建筑和景观设计主要考虑的问题。

近几年，我们可以通过机械设备改变不利气候对我们的影响，比如能够为沙漠或极地的建筑提供充沛的冷热能量，然而这样做的成本是很高的，可能会影响社会上大多数群体的利益。此外，对电力的强烈需求本身就会造成资源枯竭并对环境产生潜在的威胁。在很多地方，想要创造一个完全人工的环境看起来是一个很理想的目标，很多购物中心的实例证明了这一目标是可以实现的。但是完全人工环境只能保持在有限的区域范围内。城区中心的烟雾及空气污染仍然是一个问题。巨大的穹顶建筑以及在沙漠地区人工降雨造成的大范围气候改变都给生态环境带来了一定的影响，但这种影响现在仍未定论。除此之外，我们无法证实一个我们可以完全掌控的、不受变化影响的气候，对我们的生理、心理健康是否有益。设计结合气候而不是与气候对立的态度，这样才更为合理。遵循这种方式施建与种植，充分利用气候的有利面，预见并改善不利面。建筑物内外的温度和气流可以通过朝向、基地选址、施工技术以及植被加以调整改变。

建筑的回应 Architectural Response

过去设计居所至少要能够抵消气候中的部分不利因素，以获得健康舒适的环境。在地球的炎热潮湿地带，通风非常重要。在潮湿的热带地区，建在木桩上的游廊小屋可以发挥防雨功效，同时又保证空气在建筑结构上下流通。在南卡罗来纳的查尔斯顿（Charleston），游廊以及遮阴门廊朝向盛行风的方向。很多前门廊因此成为侧廊（图10.1）。在炎热且阳光充足的地方，例如意大利、地中海和南加州，隔热与阴凉是首要考虑的因素。在北非城镇，我们发现那里的街道很窄可以防止太阳光照射进去（图10.2）。古罗马的房屋没有窗户、墙壁很厚，而且有内部庭院和拱廊，这些拱廊提供了通向室内的阴凉走道（图2.10）。希腊及罗马的市场，在通向公共区域的步道上有很多柱廊提供阴凉以遮蔽太阳直射。在加利福尼亚，厚厚的土砖墙和游廊也起到同样的作用。所有造访过意大利的游客都知道即使是炎炎夏日拥有厚砖石墙壁的教堂仍然凉爽宜人。在寒冷和炎热地带，保持舒适感的关键是隔绝。中欧传统房屋的墙壁越来越厚，这与中欧远离大西洋暖流有一定关系，厚墙壁是为了阻隔低温。在挪威以及其他一些地方，建筑结构多为厚石墙、木墙和草屋顶，这种设计是为了隔绝寒冷潮湿的冬季气候（图10.3）。意大利潘塔里卡（Pantalica）和西西里岛上

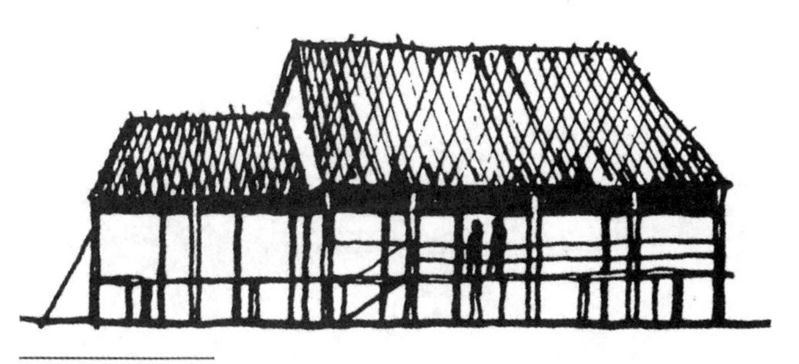

图10.1
在潮湿的热带地区，结合了通风与遮蔽功能的游廊式小屋。

图10.2
北非城镇鸟瞰图，狭窄的街道造成了很多阴影。

[1] Helmut Landsberg, "The Weather in the Streets," *Landscape*, 9 (1) (Autumn 1959).

图10.3
带草屋顶的石屋可以隔绝寒冷的气候。

图10.4
停车场给市区造成了高温。

图10.5
沙漠般的反光停车场致使城市温度升高。

具有3000年历史的古老洞穴、中国北部的窑洞都证明了隔绝调节温度的作用。[2]

气候与城市 Climate and the City

现代城市的建筑设计与住宅设计往往会忽略气候。位于中心城区的“大峡谷”往往缺少日照，但非常通风。在一些时段，空气的自然流通被打乱，实际上自然通风对改善环境发挥了积极作用。据称，由于存在一些大型建筑物，底特律的平均风速减慢了一半。人们砍掉了最需要的树荫，建造停车场对城市造成了反光的效果以及沙漠化的高温（图10.4）。由于修建了城市，所以风速会下降，从而导致温度上升。原因就在于高吸热比例的地表以及通风不畅（图10.5）。

气候与景观 Climate and the Landscape

另一方面，自然环境能够起到稳定气温、减少极端气候的作用。在自然景观中，植物扮演了“吸收剂”的角色，吸收光和热还有声音，这些都是显而易见的。水汽蒸发到大气中，因此降低或稳定了温度。与混凝土等无机材料相比，有机材料表面能够反射更少的热量。夏天城市温度就会比乡村高出10°F左右。

绿化区到达哪种程度就会被喻为“城市绿肺”（lungs of the city）呢？——大多数据显示：不仅仅依靠大的城市公园，而且利用绿色植被能够释放氧气的特点，来吸收城市中由供热装置等排放产生的二氧化碳，其重要意义和价值无法计算。[3]埃里克·库恩（Eric Kuhn）引用卡米罗·西提（Camillo Sitte，1843—1903，奥地利建筑师）的观点：一块3英亩的林地，可以吸收二氧化碳的含量相当于4个成年人在呼吸、做饭和供热过程中产生的二氧化碳量。马丁·瓦格纳（Martin Wagner，1885—1957，德国建筑师）认为要想显著改善柏林的空气质量，需要300万英亩的绿地（旧金山的金门公园占地为1000英亩）。[4]如果城市树木的数量太少不足以通过光合作用改善氧气供给，但它们也可以

[2] Bernard Rudofsky, *Architecture Without Architects*, 1965.

[3] Eric Kuhn, "Planning the City's Climate," *Landscape*, 8 (3) (Spring 1959).

[4] Eric Kuhn, "Planning the City's Climate," *Landscape*, 8 (3) (Spring 1959).

实现其他很多重要的微气候功能，例如吸附尘土和噪声、防风或者保证空气流通以及温度调节作用。

气象数据 Climate Data

有关各州、县天气的气象综合数据往往唾手可得。作为规划人员或者设计者而非气象学家，我们关心的是气温的最大、最小值，降雨量及降水分布，盛行风的方向、风力和频率，日照天数，雾，降雪和霜等。还有，在相当长的一段时期内记载的在多数地点导致洪水的极端气候条件或其他由气候引发的灾害。因此，一个地区准确的气候状况可以通过该地数据及整体气象数据描画出来。

在屋顶设计和房屋施工中，能够预计的最大降雪量和最大风速非常重要。在景观方面，能够预计的最大降雨量在排水系统与下水管线设计中是很关键的因素。空气制冷能力以及由高温和潮湿引起的不舒适感的程度，将影响室内外设计、遮阴设计、步道和防风植栽等。对于景观设计中的植物选择，必须充分考虑温度、风力、降雨及光照等气候条件。

微气候 MICROCLIMATE

底特律的气候模式不同于洛杉矶的气候模式、伦敦的也不同于罗马的，气候模式有多种类型或者是微气候。“微气候”是指研究区域范围，而并不一定指气候差异大小，这种差异可能在临近区域内比较大。与区域气候数据不同，微气候信息并不容易获得。当地气象局的数据也许有用，不过这些数据多用于天气预报，是在相对不受干扰的地方，如机场进行采集的。风速、风向、气温变化、降雨、雾以及光照可能需要通过特殊方法才能获取（例如在海洋牧场），或者如果幸运，当地居民可能对这些数据已经记录了几年时间。根据测量的重要性，我们可以通过在自然环境以及由建筑、铺地、墙体和植物构成的人工环境中了解微气候区域的成因，从而得到直观的结论。

微气候的决定因素 Determinants of Microclimate

在景观方面，地势是微气候的主要决定因素。夜晚冷空气下降到最低点，夜间峡谷中的气温会比山坡低 10°F 左右，湿度则高出 20%；此外，清晨山谷会形成雾，不是修建主干道的理想地点。当冷空气的自由

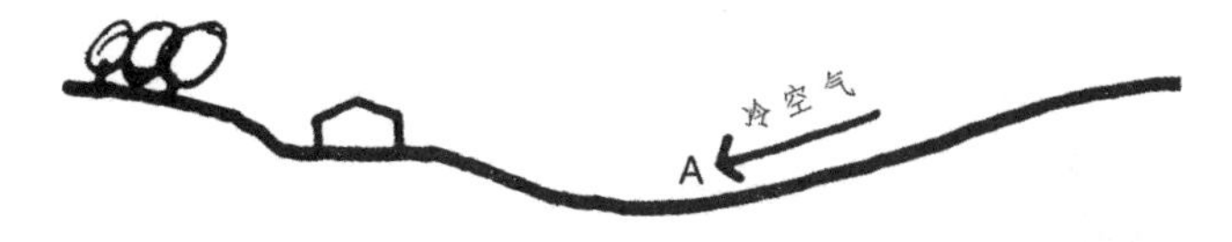

图 10.6
夜晚，低点 A 处的温度比坡顶低 10°F 左右，白天则正好相反。

流通被树木或建筑物阻挡，在高处可能形成霜穴（frost pocket，或译为“霜袋地”）。而白天的情况正好相反，谷底比风吹的山脊温暖，而湿度更低。因此山脊和山谷地势凸显了温度的两个极端，谷底和霜袋地相对不适合居住，这一点可用于解释室内供暖成本和户外舒适度。住宅选址最好是在南向坡地的半山腰，对北半球来讲这个位置在很多地区都是最好的居住环境（图 10.6）。

水同样有供暖及制冷的功用。湖泊、海洋背风一侧的陆地是冬暖夏凉，温度类型也会影响湿度状况。水域规模越大，对微气候的影响就越大。在温暖的季节，湖滨和海滨得益于白天从水体吹向陆地的风，这种风是大范围冷热空气交换的一部分，发挥着冷却的作用（图 10.7）。

在芝加哥，夏季天气最炎热的时候，从密歇根湖吹来的微风能够将所谓“黄金海岸”（Gold Coast）边缘的最高气温降低 10°F 左右，但在离湖岸大于 0.5 英里的内陆地区，很难感受到这种冷却效果。除了湖畔美丽的风光，黄金海岸还由于这种原因而得名（图 10.7）。[5]

在多伦多一个晴朗的冬夜，测量结果显示随着测量点从湖面转移至 7 英里以外陆地上海拔 200 英尺以上的地方，温度会逐渐下降，中间会穿越高地，温差达到 30°F（湖面零上 15°F，内陆零下 15°F）。因此，即使在同一座城市温差也会很大。如果仅仅是考虑气候因素进行规划选址，毫无疑问会与根据交通网络或房地产运营是不同的，比如多伦多的规划好像与气候环境完全不同。[6]

土壤的变化也可以小幅影响气温，干燥的土壤（沙土、砂砾等）温度较高、湿度较低；湿润的土壤主要是在排水性差的沼泽地黏土，往往是温度低、湿度

[5] *Architectural Forum*, 86 (March 1947).

[6] *Architectural Forum*, 86 (March 1947).

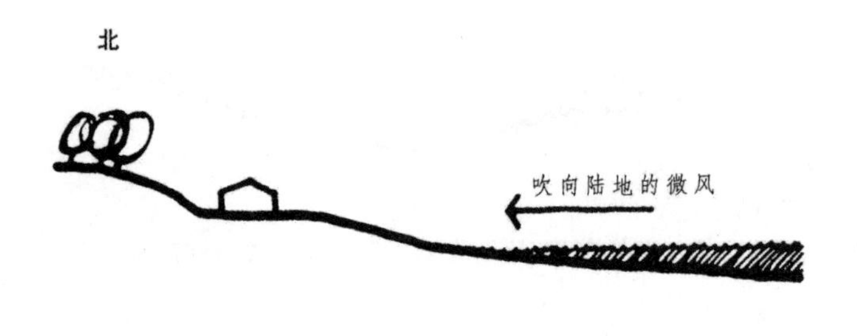

图 10.7
水滨的土地能够享受到夏季凉爽的清风以及冬季温暖的气温。

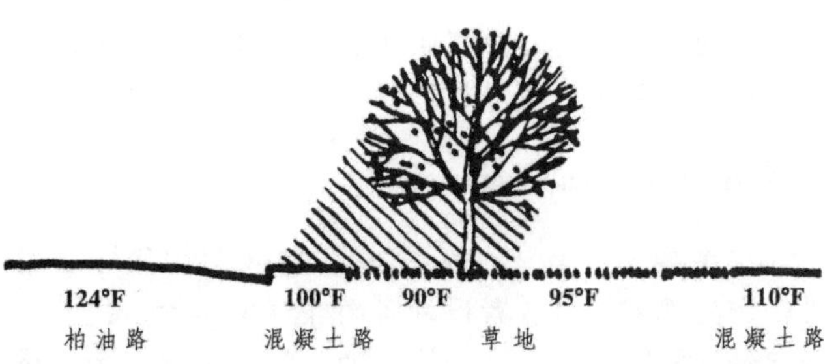

图 10.8
地表温度能够根据表面以及暴露程度的不同而变化。

高，尽管它们数量少，但在特定情况下，例如为房屋选址，所带来的差别仍然很大。

植物和自然植被能很好地指示微气候。例如，同一城市中某种植物的花期随着栽种地点的不同而变化，这就是由于光照和遮挡情况不同造成的。通过一些地点上风力吹拂下树木的形状，可以判断出当地受强风影响的程度及风向。夜间森林内的温度往往比毗邻的空地要高，而白天则更为凉爽。我们往往能在降雨较多或向北的山坡，找到那些在潮湿凉爽的环境中生长的植物，可以推断这样的地方往往更为湿润和凉爽（图 11.4）。

太阳和影子 Sun and Shade

太阳大概是最恒定的气候元素。除非阴天，否则太阳永远挂在天空，它的影响及四季变化都是可预测的。随着纬度和季节的不同，太阳所带来的影响也变化多端，这一点也导致了太阳光的强度和光线照射地球角度的变化。陆地地表或者地表植被以及影子形状也会影响地表温度。

来自亚利桑那州的数据反映出可能发生的气温变化，当空气温度为 108°F 时（屋顶温度为 160°F），地表温度随着表面的不同以及是否有树荫掩盖而变化。因此混凝土路在全日照时的温度是 110°F，柏油路是 124°F，草地是 95°F。在阴影里混凝土的表面温度是 100°F，草地是 90°F。而如果仍然是全日照的情况，在离地 4 英尺高的地方，混凝土表面上方的温度是 96°F，柏油路表面上方是 102°F。两个极端温度分别是草地在阴影里的温度—— 90°F 以及暴露在全日照下的柏油路的温度—— 124°F。即使在阴凉下混凝土和草地之间的温差也只有 10°F（图 10.8）。[7]

一天中随着太阳的移动，影子的位置和大小也在变化，这些尺寸都可以计算出来，影子的轮廓在一天及一年当中也呈现出不同的形状（图 10.9）。户外空间的用途也和这些影子的形状有关。凉爽的夏季，一座建在城市广场南侧的高层建筑将会使整座广场在午餐时间笼罩在阴影之中，这样这座广场就不适合用来就餐和其他社会活动。炎热的天气里，一座没有阴凉的公园也将无法使用。自然日光的投影可以被树木和建筑物改变，强光也可以因此而减弱。

节能 Energy Conservation

1978 年，在石油禁运进而导致的燃料成本上涨的刺激下，我们开始关注各种类型的节约能源。提醒我们即使没有高新科技，早期的建筑形式照样能够提供适宜居住的温度。在乡村之家中（详见第 143 页），房屋都朝南或者朝北而建，以便接受日照，并且有太阳能设备用来加热空气和水。除了保温，房屋的所有主窗户都朝南并安装有悬挂的遮阳设备，保证了夏季和冬季最有利地控制太阳光。一整天或一整年的太阳水平和垂直角度都是计算阴影的基础数据（图 10.9（a）至图 10.9（i））。纬度是主要的变量并且是一个很关键的设计因素（例如在朝南窗户上的悬吊窗）。最小尺寸这样计算：将窗户高度乘以纬度再除以 50。[8]屋顶收集太阳能的最佳水平定位是正南偏西一点，角度是纬度再加 15°。所以，如果纬度是 38°，角度就应该是 53°。[9] 50%

[7] *Architectural Forum*, 86 (March 1947).

[8] John Hammond, et al., *A Strategy for Energy Conservation*.

[9] John Hammond, et al., *A Strategy for Energy Conservation*.

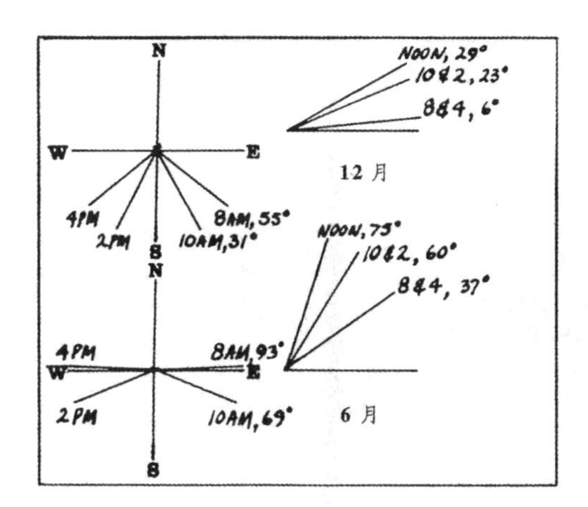

图 10.9(a)
12 月份和 6 月份在纬度 38° 的地方，太阳的方位角度以及太阳的照射纬度。资料来源：绘图标准（Graphic Standard）。

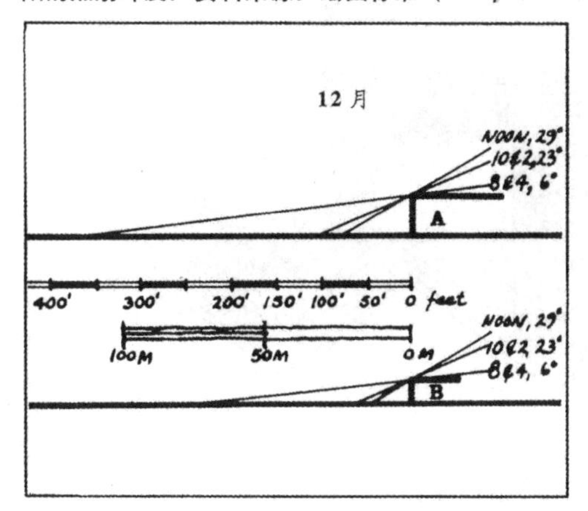

图 10.9(b)
12 月时 50 英尺高的建筑物 A 和 30 英尺高的建筑物 B 投射影子的区域。

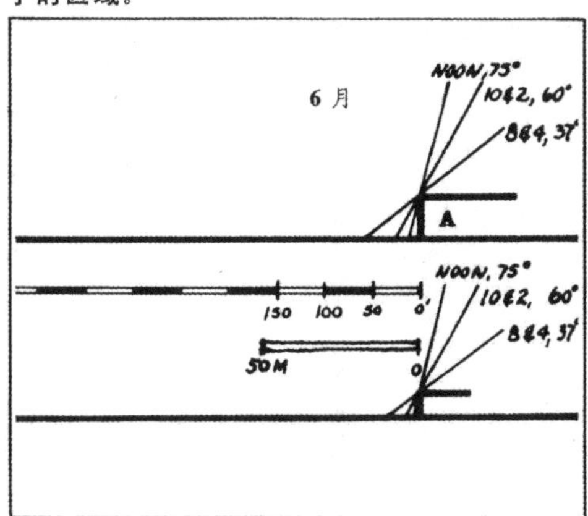

图 10.9(c)
6 月时 50 英尺高的建筑物 A 和 30 英尺高的建筑物 B 投射影子的区域。

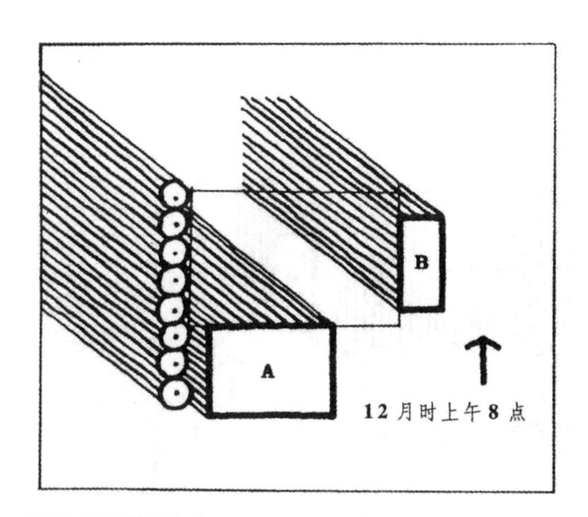

图 10.9(d)
12 月时上午 8 点，影子的投射平面图。

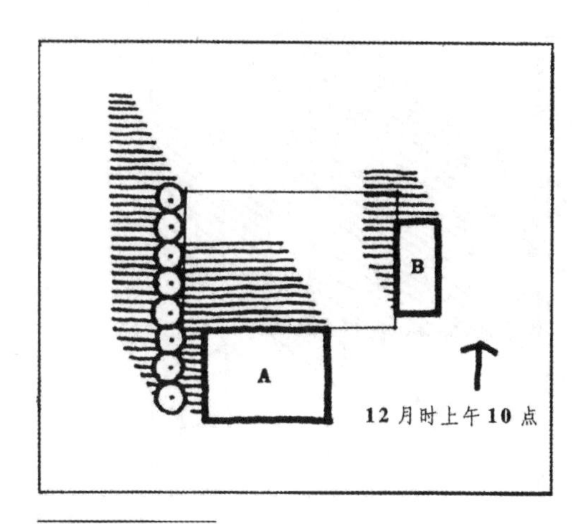

图 10.9(e)
12 月时上午 10 点，影子的投射平面图。

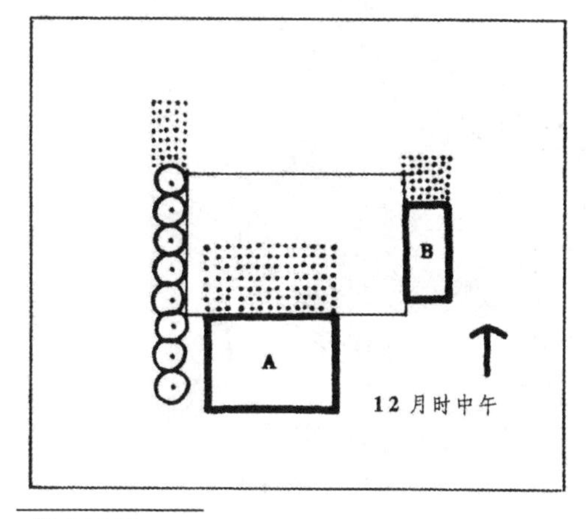

图 10.9(f)
12 月时中午，影子的投射平面图。

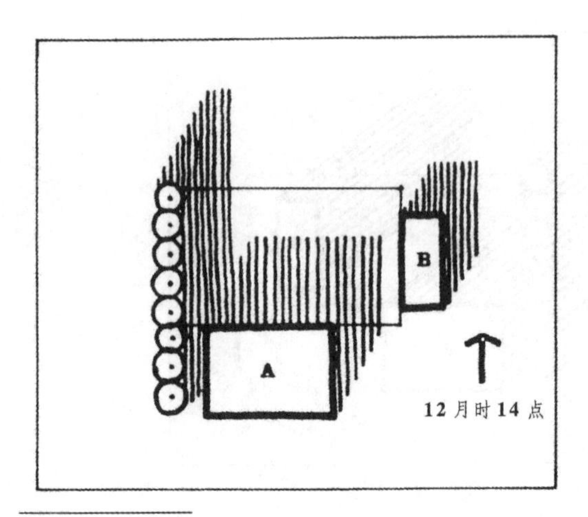

图 10.9(g)
12 月时 14 点，影子的投射平面图。

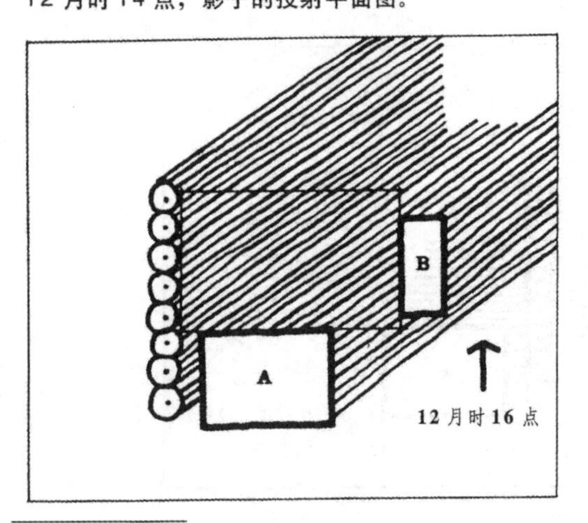

图 10.9(h)
12 月时 16 点，影子的投射平面图。

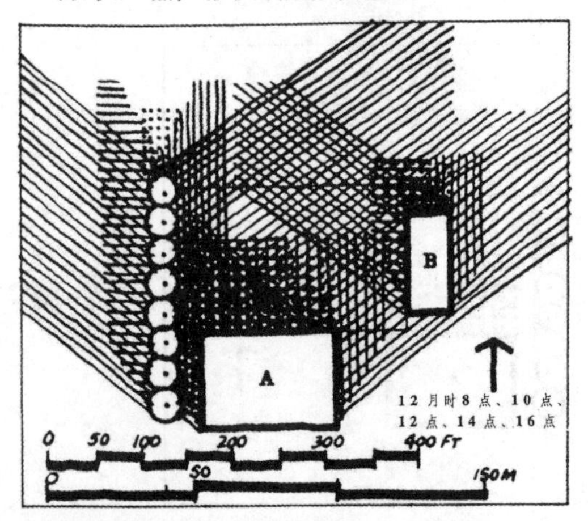

图 10.9(i)
12 月份白天投影的组合图表明全天在全日照条件下根本没有开放空间。

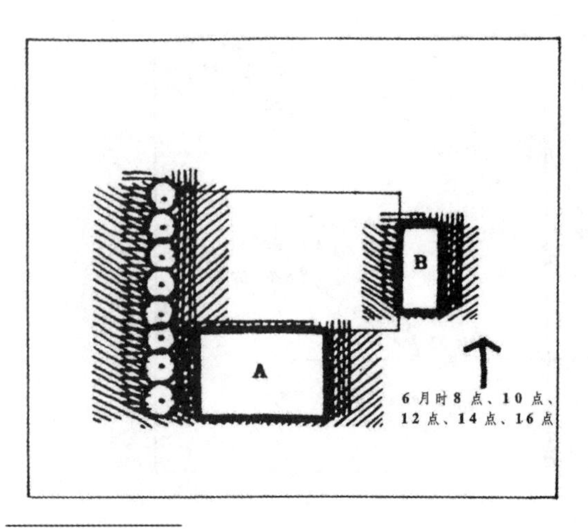

图 10.9(j)
6 月份白天投影的组合图表明全天在全日照条件下有很多开放空间。

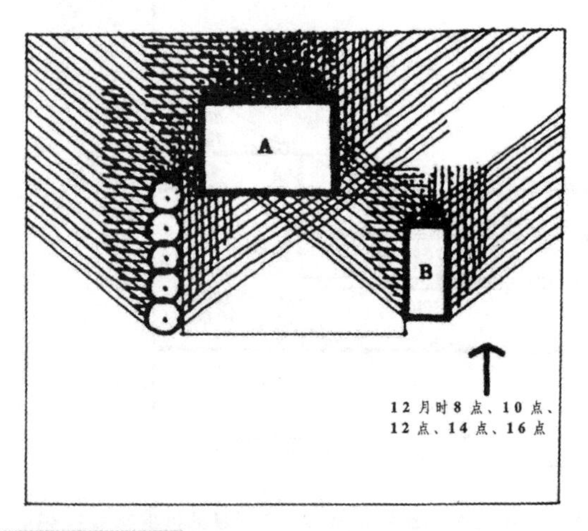

图 10.9(k)
当建筑物 A 移到开放空间的北侧，即使在 12 月份，仍然有相当一部分在白天是处于全日照之下的。

的热量都是通过窗户流失与获得的，所以朝东或者朝西的窗户应该用树木或其他遮盖物，如花棚或篱笆遮挡一下。窗帘放在室内不如放在室外的遮阴效果好。

风力 Wind

除温度和降雨之外，风力可能是气候中另一个最重要的因素。我们并不总是注意避风。防风林和遮风屏、篱笆或建筑物等的防风作用是存在差别的。遮风屏在背风面形成气流，从而减少了遮风面积。另一方面，防风林的可穿透性使一定量的气流穿过，从而减小了湍流并且留出更大的防风空间。天然防风林带的防风程度取决于防风林可穿透性的程度大小以及林带的高度。整体上背风面的避风区域大约是防风带高度的30倍。风速微小的减弱对防治侵蚀及农业都是很重要的，但人类更渴望知道风速具体减小了多少。如果将风速减弱20%作为标准，则避风带的大小范围应为防风林高度的15～20倍。对于风力强劲的地区，将原始风速减弱50%～60%更为现实。在这种情况下，避风区域只能扩大到防风林高度的6～9倍。如果树高50英尺，则防风区域的范围是200～500英尺（图10.10）。事实上避风效率最高的范围是距离防风带高度4～5倍的区域。风速在防护林两端会增强，在迎风面会减小。气流穿越并围绕自然防风带的运动是一门科学，它对微气候的发展至关重要，对理解已经在一个区域形成的微气候也有重大意义。防风带的宽度多是不变的。

空气流动和风力同样会受到建筑物的影响。风洞是预测建筑物周围和上部空气流动的重要装置，可以使用风洞测试模型。如果要保持宜居的街道环境，在景观中预测新的大型建筑物，尤其是城市中的影响是十分重要的。不经意间可以形成通风走廊和多风的角落，比如在底特律，发挥通风系统作用的凉爽气流可能被建筑物或者建筑物之间的关系所遮挡。在城市里建筑物之间的空气流通比提高孤立建筑周围的空气流通更为重要。

得克萨斯州农业和机械学院（Agricultural and Mechanical College of Texas）进行了一系列的风洞测试，针对风的流动与单独建筑物的关系以及建筑物的挡风程度提出了一些基本概念（图10.11）。[10]实验显示随着建筑物不断加宽，实际上防风区在不断缩小。但是如果保持建筑物的宽度和高度不变，只改变长度，则挡风区域会随之增加。因此，建筑物越长，挡风区域就越

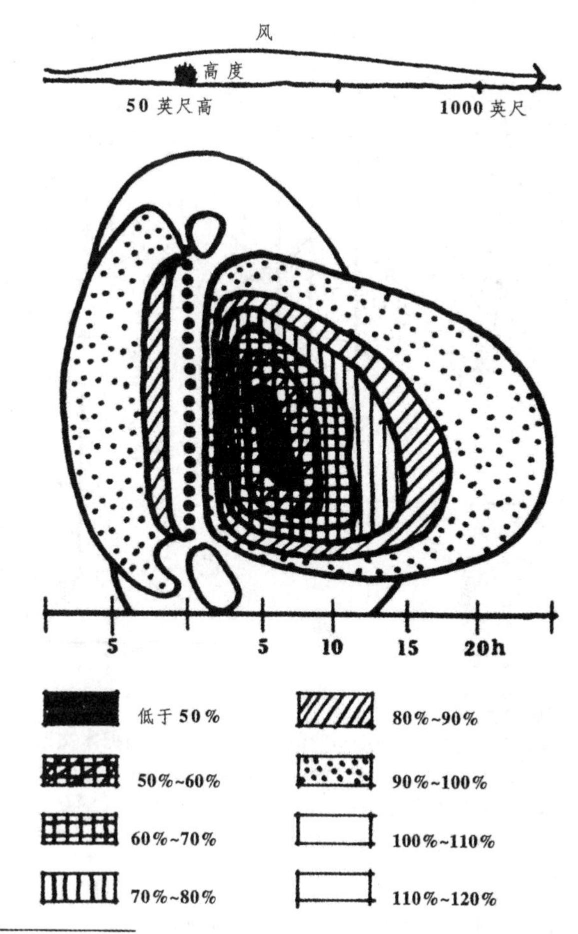

图10.10
防风程度是以减弱原始风速百分比的形式体现。避风范围大小是以防风林高度的倍数来衡量（还可参见图6.36）。

大。但这些研究并未计算风力减小的程度。高度也是一个重要的变量因素。建筑物越高，防风区域越大。屋顶的倾斜度同样对建筑物达到的挡风效果发挥影响。所以建筑物的外形与形式会对其周围微气候的形成因素有明显的影响，这些因素包括风力、温度和舒适度，进而影响毗邻区域的使用规划、设计与建造方式。

有时候需要微风带来的冷却效果，可以通过开窗通风在炎热的气候降低室内温度，如果由于湿度的原因，开窗已不能达到降温的要求那么就要采取屋顶通风措施。了解夏季盛行风向、熟悉植被生长习性对成

[10] Benjamin Evans, *Natural Air Flow around Buildings* (College Station: Texas A & M College System,1957).

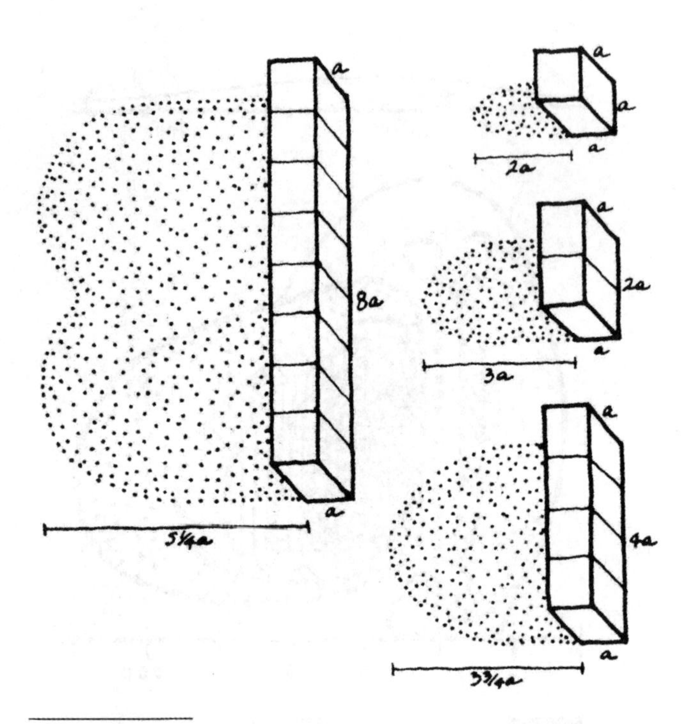

图 10.11(a)
一座建筑物挡风的程度与它的长度成正比。根据本杰明·埃文斯（Benjamin Evans，1927—1997，美国设计师）1957 年出版的《建筑物周围空气的自然流通》（*Natural Air Flow around Buildings*）的研究成果。

图 10.11(b)
一座建筑物的挡风程度与它的高度成正比。

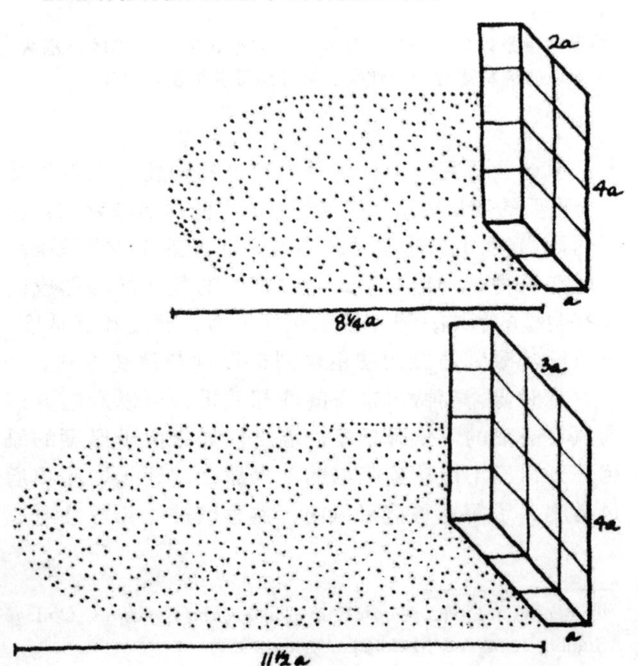

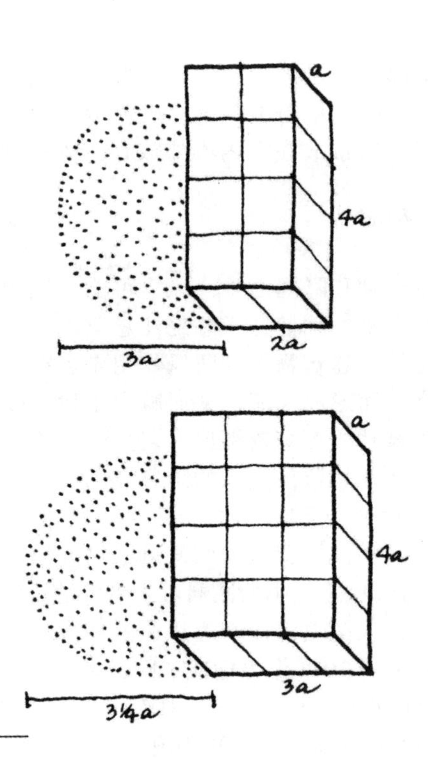

图 10.11(c)
一座建筑物的挡风程度几乎不受它的宽度的影响。

图 10.11(d)
建筑物的屋顶坡度影响挡风的程度。

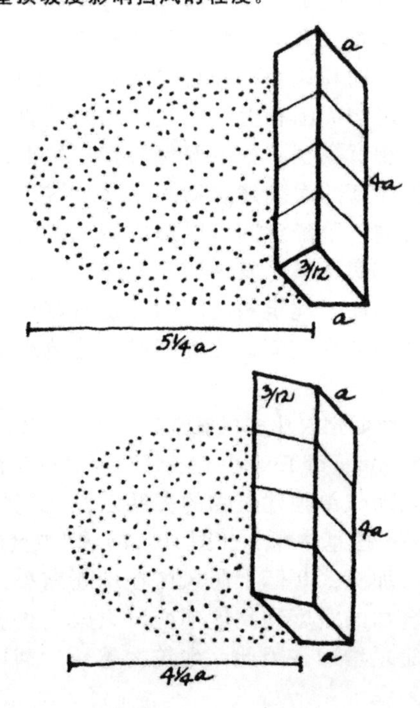

功实现这一理念至关重要。

风力也是能量的来源之一，在风力相对稳定的区域，风车发电已取得相当成功。大规模风力发电和太阳能发电所带来的视觉震撼在未来的景观中会成为全然新奇的特征。

噪声 Noise

噪声污染已经成为非常严重的环境问题，噪声被认为可能是构成微气候的因素之一。一段时期以来，人们相信：植物可以减弱噪声，但这一点无据可循。最近德国进行的一项研究证实，某些特定植物吸收噪声的水平会根据叶片大小和枝叶密度而变化。美国内布拉斯加州也在进行其他一些实验。在 20 世纪 30 年代修造的用于保护土壤的防风林在减弱噪声方面也发挥了功效。很多防风林非常宽，常由 5～6 排不同类型的树木组成，防风林绵延几英里长。研究中在防风林的一端安放噪声源，另一头则进行科学测量。[11]

结果显示树木及灌木有很强的吸收噪声的潜力，噪声减弱 5～8 分贝是很正常的，又高又密的防风林减弱 10 分贝的噪声（大约 50% 的噪声）也并不鲜见。在声源和被保护区域之间放置隔音屏很重要：将隔音屏放在靠近声源位置的隔音效果比放在靠近保护区位置的更好，因此应该沿高速公路两旁植树以减弱噪声。研究表明：一排灌木丛加后面一排稍高一些的 20 英尺宽的树木可以使城市居民住宅免受汽车噪声的困扰。然而在城郊地区，若阻隔高速公路上重型卡车的噪声需要更宽的由多排密实栽植的高大树木构成的防风林，防风林宽度至少 100 英尺。

英格兰也在做一些工作以减弱来自高速公路的噪声，这些工作并不涉及使用植被，而是运用垂直栅栏和划分等级的方法，结果显示可以达到不错的降噪效果（图 10.12）。

小结 SUMMARY

虽然整体气候是不能改变的，但某一特定区域的气候可能会受到设计的影响而改变（图 10.13）。也就是说，如果充分认识现有的微气候变量元素，我们便可以好好利用它们。建筑物选址要充分利用冬暖夏凉的优越条件，提供更令人愉悦的环境，延伸户外的用途，削减室内加热与制冷成本。将景观设计、植物栽植、精心选址、建筑设计，都融合在开发宜居的微气候之中。室外区域的用途受风力、阴影、噪声和温度的影响，这些是环境质量的关键指标。

图 10.12
通过实体形态改变声音，根据建筑研究所（Building Research Station）近期论文 20/71《道路交通中减小噪声的设计方法》(Designing Against Noise from Road Traffic)。

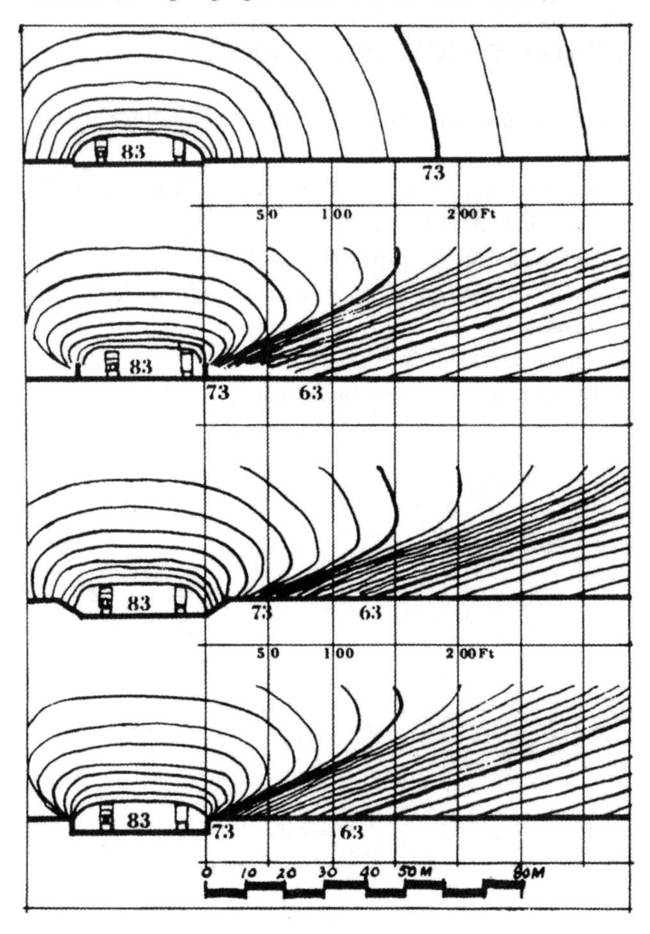

[11] David Cook and David Haerbeke, *Trees and Shrubs for Noise Abatement* (U.S. Forest Service and University of Nebraska,1971).

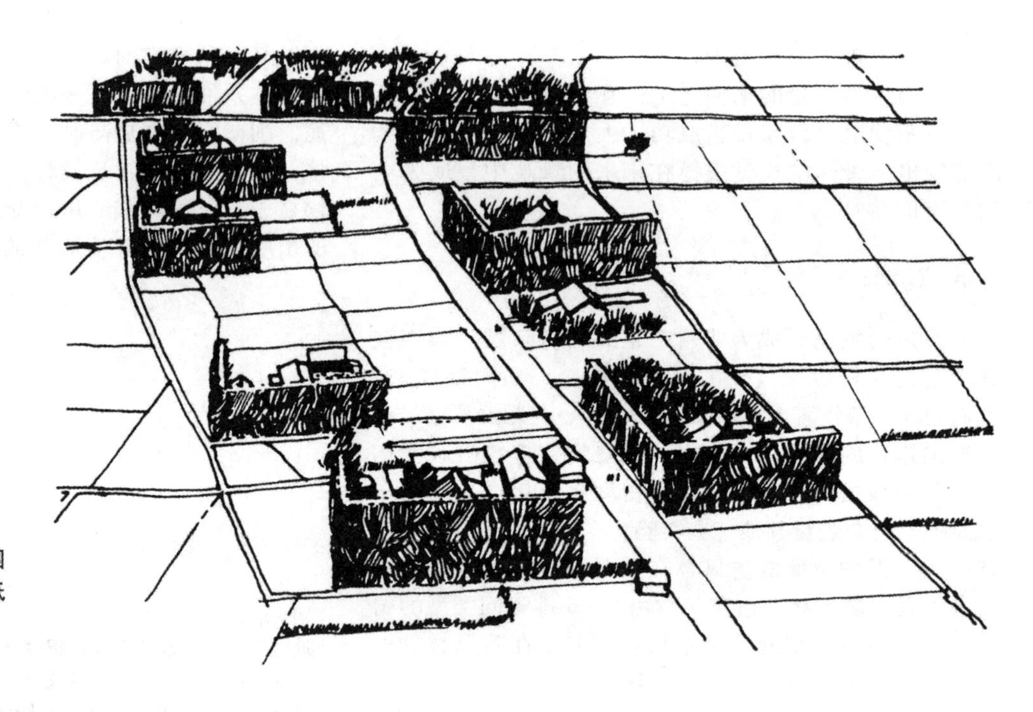

图10.13
日本西部岛根县，农场周围50英尺高的松树篱笆能够抵挡冬季的寒风和暴风雪。

推荐读物 SUGGESTED READINGS

Architectural Forum, "Microclimatology," March 1947, pp. 116-119.

Building Research Station, Current Paper 20/71, "Designing Against Noise from Road Traffic."

Caborn, James, M., *Shelterbelts and Windbreaks.*

Cook, David, and David F. Haerbeke, *Trees and Shrubs for Noise Abatement.*

Dickinson, Jim, *New Housing and Traffic Noise.*

Eckbo, Garrett, *Art of Home Landscaping*, pp. 18-23.

Geiger, Rudolf, *The Climate Near the Ground.*

Givoni, B., *Man, Climate and Architecture.*

Hammond, John, et al., *A Strategy for Energy Conservation.*

MacDougall, E. Bruce, *Microcomputers in Landscape Architecture*, Ch. 9, "Sun and Shadow Calculations."

Mather, J. R., *Climatology Fundamentals and Applications.*

Mazria, E., *The Passive Solar Energy Book*, Ch. IV.

Moffat, Anne, *Landscape Design that Saves Energy.*

Olgay, Victor, *Design with Climate*, pp. 1-23, "General Introduction," pp. 44-53, "Site Selection," pp. 74-77, "Shading Effects of Trees and Vegetation."

绿化及绿化设计

PLANTS AND PLANTING DESIGN

第11章

为什么植物在我们的生活中、公园里、窗台和盆景中有如此重要的象征意义和美学意义？其实这并不奇怪，原始人和早期文明对植物十分尊敬，关于这一点的例证便是自古代以来在建筑装饰上使用植物外形（图11.1）。除了作为食物、纤维和建材的价值，植物还体现出生命成长与繁衍的本质。大多数的宗教信仰都描绘了生命之初和世界末日时的天堂花园。在不同的文化里，不同的植物代表了不同的涵义。有些树木是很神圣的，对树木的崇拜可能是最早的宗教形式，因此树木象征了丰饶、长寿、知识以及诱惑。荷花代表了埃及上层社会，而无花果树因能提供木材、果子以及阴凉而受到农民的尊重和崇拜。橄榄树、葡萄藤、枣椰树、合欢树以及鳄梨树也同样被赋予了象征意义。另一个在时间上离我们更近的例子便是在几乎每

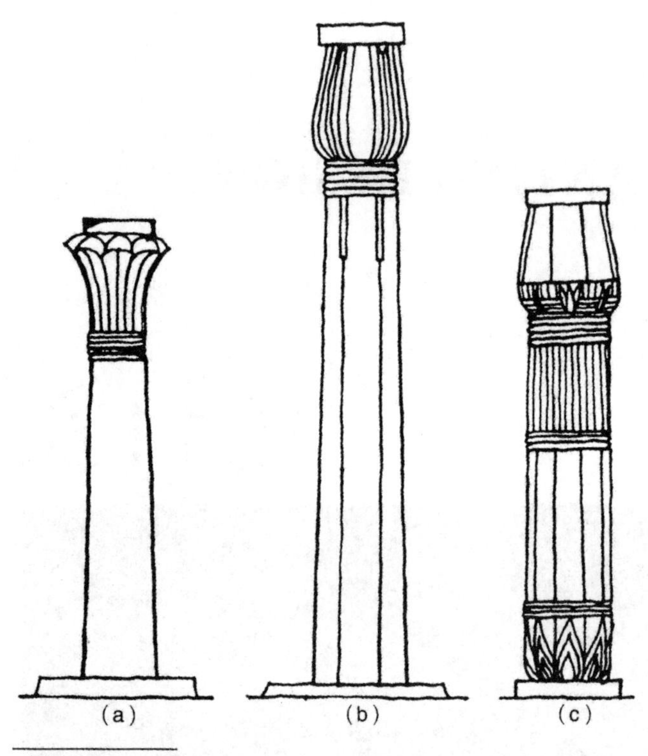

图 11.1
古埃及圆柱。柱头细部形态源于（a）棕榈叶、(b）莲花芽以及（c）莎草芽。

一座古老的苏格兰花园或者海外的苏格兰花园都可以看到欧洲山梨或是花楸属植物，因为人们相信花楸可以辟邪。同样，紫丁香在美国的花园则拥有传统以及象征性的意义。

更为复杂的宗教演化、社会的城市化以及农业生产的发展改变了一直延续到19世纪的植物和人类之间传统的亲密关系。我们现在不大可能再食用本地生长的食物，也很少用院子里栽种的草药治疗伤病了。如今我们对植物和树木怀有一种难以言表的、不合理的喜爱，这也许是源于我们遗传下来的动物本性。因此，我们通过立法来保护树木，反对移栽老橡树和老栗树，并且分配公共资金保护红杉木最后的原始生长地。在英国，根据最近的调查研究显示，园艺已经成为位列第二的大多数成年人喜爱的休闲活动。近些年室内植物颇受人们欢迎，更表明我们种植植物并观察它们生长的需要。我们迷恋那些由植物和地势构成的优秀自然风景区，并将拥有自然美景的区域确定为风景区。最近一些科学家，尽管显然不是生物学家，对植物赋予了一种比动物低一级的感情，还有一些人则把植物拟人化，甚至会把那些因为粗心建设而导致树木死亡的行为列入刑事控诉。

作为景观设计师，我们继承传统并且改变植物所处的环境。在我们之前出现了很多著名的追求利润与乐趣的植物学家，而这些人的目标往往并不互相排斥。17世纪，约翰·伊夫林（John Evelyn，1620—1706，英国作家、园艺家）建议英国的绅士们应该在他们的院子里中补种橡树，来补充因为造船业造成的木材供给量的减少。[1] 18世纪，英国风景园林以林带和树丛构成了完整的农业景观（图2.45）。矮林和由橡木、山毛榉构成的树篱作为景观装饰的两种手法为日后提供了宝贵的木材资源。后来利益与乐趣之间总会产生矛盾。在英国，有些人认为快速生长的针叶树种适合短期林业，而与英国本身的景观特色区迥异。农业中另一个潜在的冲突是：为适应现代机械及其高效生产，农业趋于大规模生产，这一点会改变欧洲和美国东海岸那些受人喜爱的小型不规则围场、灌木篱墙以及树木的景观特点及模式。在美国，森林采伐开始与联邦政府机构想利用其作为娱乐用途的想法相违背。

19世纪，由于全球范围内的植物普查及植物育种，约翰·克劳迪斯·劳登（John Claudius Loudon，1783—1843，苏格兰植物学家）、威廉·罗宾逊（William Robinson，1838—1935，爱尔兰园艺学家）以及格特鲁德·杰基尔（Gertrude Jekyll，1843—1932，英国园林设计师）运用各种树木、灌木及草本植物，发展植物设计艺术成为可能。在大量经验丰富的园丁支持和维护下，以美学、教育及愉悦为目的的园艺种植在19世纪末、20世纪初达到顶峰。在社会各界人士对植物的浓厚兴趣和极度热忱下，园艺协会、花卉展览以及园艺业蓬勃发展。

在讨论设计中植物的特定用途之前，我们必须处理好对大量可供使用材料的分类问题。要做到这一点，需将植物分成六大类：生态学、植物学、园艺学、生长及管理需求、设计潜力以及美学。

生态社区 ECOLOGICAL COMMUNITIES

物种分布，也就是植物自然生长的地方，是由遗传功能确立的存活界限。如果种子或孢子存在，表明

[1] John Evelyn, *Sylva* (London: J. Martyn, 1664).

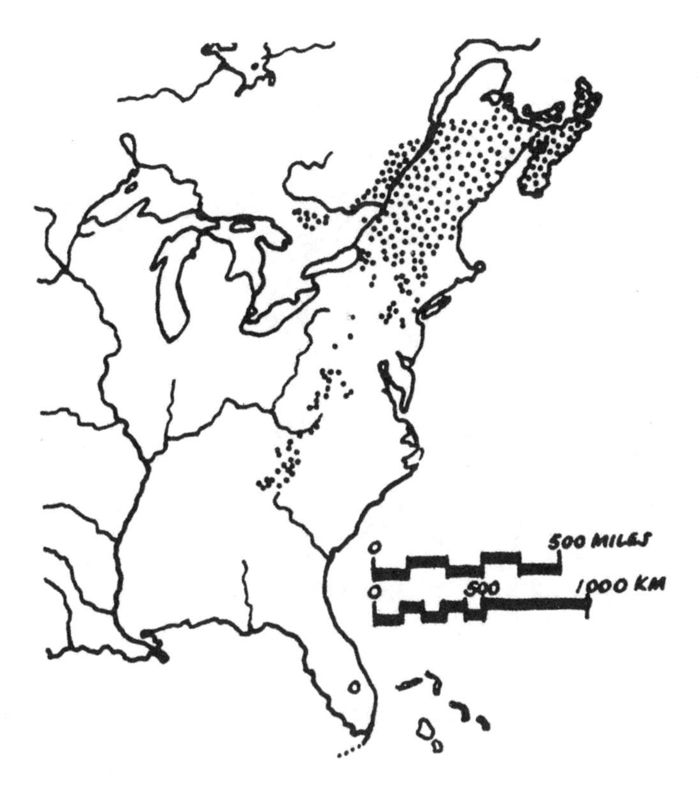

图 11.2
（根据 1965 年美国农业部林务局公布的美国农业手册第 271 号“造林学”的资料）红云杉的地理分布范围（左图）。分布范围与温度范围、土壤类型、降水量以及海拔高度密切相关。红云杉在阿巴拉契亚山脉南部较高的区域生长得最好，因为那里更湿润并且在红云杉的生长季节那里的降雨量比其他地方大。
现存最大的林区在大雾山国家公园（Great Smokey Mountains National Park），那里所有栽种点的海拔高度大概是 4500 英尺（1600 米），那里没有栽种山毛榉和石南，而是由大面积的红云杉以及香脂冷杉占据（维克多 · 恩斯特 · 谢尔福德（Victor Ernest Shelford，1877—1968，美国动物学家）1965 年所著《北美生态》（*The Ecology of North America*））。

了允许特定物种生长和繁殖的环境条件范围。温度、水分及土壤是植物分布的主要限制因素，植物穿插分布反映了全球范围内的限制因素，例如纬度、小范围内生长条件的局部变化，包括河岸、炎热干燥的坡地和潮湿的林地等。每种植物都有独特的自然分布范围（图 11.2 至图 11.7；还可参见图 6.10）。

在自然界我们发现了一系列的植物类型——矮小的高山植物、巨大的乔木、藤蔓植物、多年生和一年生的草本植物，这些植物的寿命或长或短，有些能够经受得住干旱和沙漠条件，有的在沼泽和热带雨林茂盛生长，有些能够经受霜冻，而有些则不能。热带地区植物的种类最多，而北极圈内则最少。

原生或本土植物往往与这些独特的区域相关。总体来讲，这些植物最适应它们自己所属的区域，并在任何时间用于任何可能的用途。植物可以根据自然群落分类，包括从乔木到草本植物的所有植物类型。所

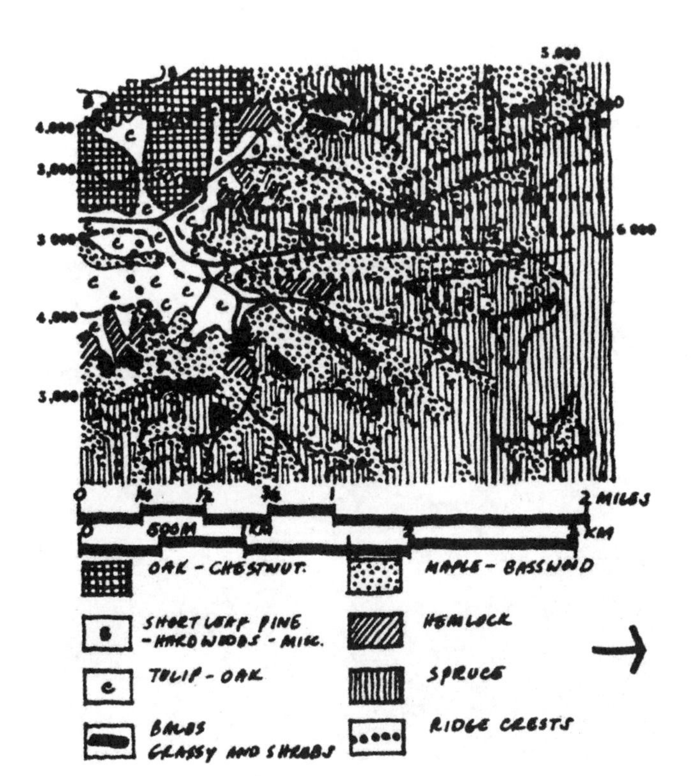

图 11.3
各地土壤、温度以及湿度的局部变化导致特定物种的植被镶嵌式穿插分布。在大雾山国家公园小鸽子河（Little Pigeon River）的源头，我们发现郁金香 / 橡树生长在深谷和北向坡地，而红云杉则生长在纬度更高的南向坡地，橡树 / 栗子树则在宽阔山谷的南向坡地（谢尔福德）（地图根据 1941 年美国国家公园局 F.H. 米勒（F.H. Miller）的研究成果绘制）。

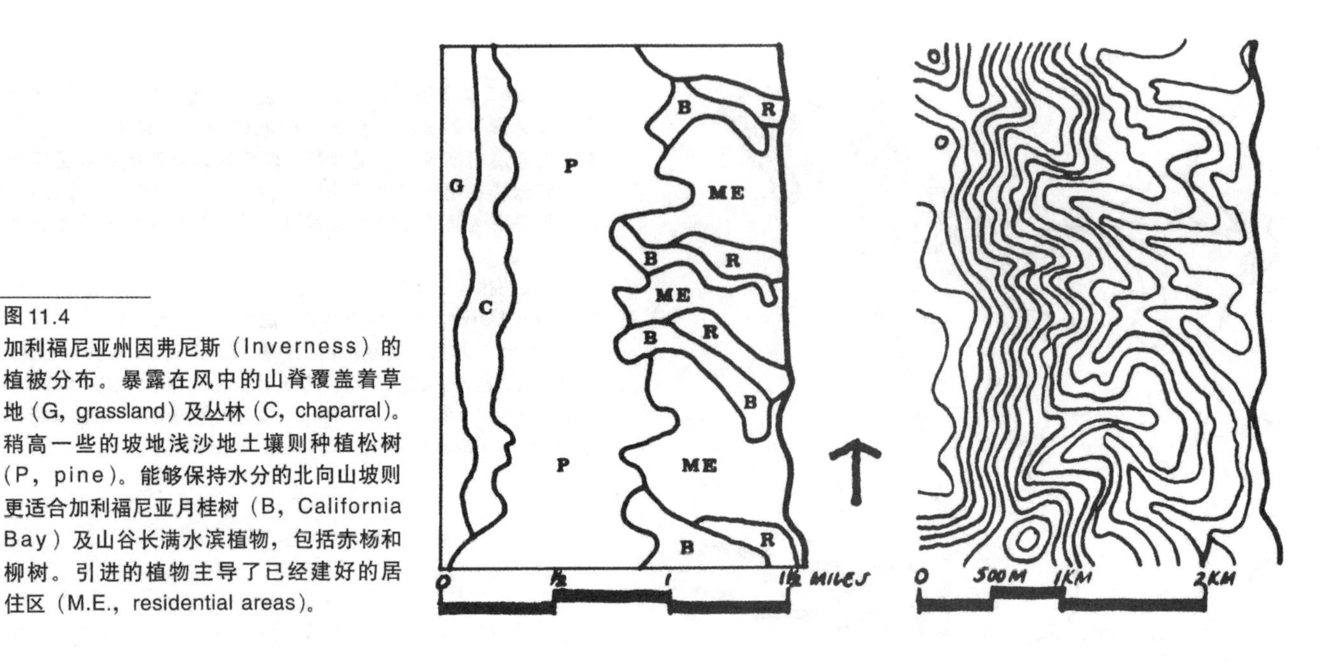

图 11.4
加利福尼亚州因弗尼斯（Inverness）的植被分布。暴露在风中的山脊覆盖着草地（G, grassland）及丛林（C, chaparral）。稍高一些的坡地浅沙地土壤则种植松树（P，pine）。能够保持水分的北向山坡则更适合加利福尼亚月桂树（B，California Bay）及山谷长满水滨植物，包括赤杨和柳树。引进的植物主导了已经建好的居住区（M.E.，residential areas）。

以我们会谈及橡树—枫树群和红杉林群等。每一种群都包括一系列很典型的植物——乔木、灌木以及地被植物（图 11.8）。

我们使用的植物并不都是新品种，在设计中要求它们适宜栽植、便于繁殖，并且能够满足大批量的商业供求。植物的选择与培育创造了自然界中没有发现的遗传变异，这些变异的品种大量运用在花卉植物上，如玫瑰、菊花以及大丽花。还可以根据理想的尺度规模、耐用性、树叶等来设计行道树。绒毛梣和无刺的皂荚树是专门为行道树而培育的典型例子。

图 11.5
加利福尼亚州瓦卡山（Vaca Mountains）。降雨稀少（15 英寸），土壤和水分必须准确提供给树木以供生长。温暖的南坡是光秃秃的，蓝色橡树和沙滨松则生长在凉爽的北坡。小罗伊·伯顿·利顿拍摄。

图 11.6
怀俄明州杰克逊湖（Jackson Lake）的大特顿山（Grand Teton Range）。植被的交叉分布与土壤类型相关，黑松更适合在粗糙的、排水迅速的冰碛石土壤生长。山艾树则生长在冲积平原的精细土壤上。小罗伊·伯顿·利顿拍摄。

图 11.7
沙漠的气候和土壤条件极端有限，只支持一种特定的群系。小罗伊 · 伯顿 · 利顿拍摄。

植物学学名命名法 BOTANICAL NOMENCLATURE

植物分类学根据花朵、果实、叶片上的相似性将大量的植物材料按照科、属、种和品种划分种类。因此壳斗科(Fagacea)包括橡树(*Quercus*)、山毛榉(*Fagus*)以及赤杨（*Alnus*）。分类学对于识别未知植物物种非常有用，同时这种分类方法赋予植物全球通用的、在分类学上必不可少的拉丁文名字。这些拉丁名比俗名更可靠，俗名会因地点不同而变化，例如木兰科的北美鹅掌楸（*Liriodendron tulipifera*）在一些地方被叫做“郁金香树”，在另一些地方则叫做“黄杨”。

图 11.8
除红木杉林投射下的浓重树荫，红杉这一群落中同样包括其他物种：加利福尼亚月桂、太平洋乔鹃木以及桤木都会伴随红木杉出现在这一群落中。森林的林下植物包括藤枫、杜鹃和越橘。矮生阔叶灌木层可能包括下层树木的幼苗、大叶枫、榛子树、加利福尼亚黑莓以及蕨类植物。草本层植物通常包括栗棕红杉。小罗伊 · 伯顿 · 利顿拍摄。

园艺种类和价值
HORTICULTURAL TYPES AND VALUES

园艺家使用植物学的命名方法，把植物基本划分为乔木、灌木、草本植物、一年生植物以及地表藤蔓植被。对于景观设计学及设计来讲，这是对整个植物领域有用的分类方法。简单地回顾每种类型，将会不可避免地提及某些特定的设计含义。

地被植物 Groundcover Plants

地被植物的定义是低矮的、匍匐性的、覆盖地表的植物，可以用于控制坡地的水土流失，或者用作能从高处观看的花坛造型。作为地表材料，这些植物的维护需求很低，甚至低于混凝土路面或硬铺面。这些植物能够吸收热量、水分、尘土，并且能够控制地表侵蚀。地被植物在形式、叶片大小、颜色以及质地纹理方面各不相同。低矮的蔓藤植物，如草莓属或筋骨草属植物紧贴地表延展开来。匍匐植物，如杜松（juniper）长得高一些，并且蔓延覆盖更广，茂密树叶形成的树荫覆盖了地面（图11.9）。低矮的密灌木丛，如金丝桃（hypericum）也有类似的特点，但视觉效果不同（图 11.10）。

灌木 Shrubs

灌木的高度从 3 英尺到 10 英尺不等，属于木本植

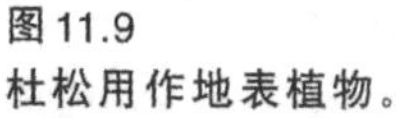

图 11.9
杜松用作地表植物。

图 11.10
金丝桃用作地表植物。

图 11.12
新泽西州瑞德伯恩（Radburn）的女贞篱笆。

物，多茎，枝干低矮（图 12.2 和图 12.3）。低矮的灌木可以在地平面上来分割地表空间，它属于一种实体隔离，而不单单是视觉上的分割（图 11.11）。生长高度超过视平线的较大灌木，可以更鲜明地分割空间。带刺植物能够用来增强灌木之间区域分割的实体效果。除了自然生长的鲜花和水果，这些灌木往往被修剪成篱笆，在有限的空间内从高度和质地纹理两方面获得严格的分割（比如栅栏）（图 11.12 和图 11.13）。一些植物比另一些更适合作篱笆，枝叶浓密的树木，比如柏树（cupressus）、女贞（privet）以及海桐（pittosporum）的效果很好，篱笆的潜在高度取决于所选种的植物。

图 11.11
灌木发挥了视觉与实体上的隔离作用。

乔木 Trees

乔木定义为具有单一树干，生长高度超过 10 英尺的树木（图 11.14 至图 11.16），分为落叶乔木（例如枫

图 11.13
锡辛赫斯特（Sissinghurst）的红豆杉像墙面一样准确地定义了空间。

图 11.14
芝加哥的榆树。由于属于落叶树，树木的形态会随季节变化。

图 11.16
加那利松创造了强烈的纵向垂直效果。

香树、英国梧桐）、阔叶常绿乔木（如南部木兰、樟树）以及松柏科（欧洲赤松、雪松）。与落叶乔木相比，四季阔叶常绿乔木的树荫更浓密，因此它们最适合偏热的气候。生长成熟的乔木会占据相当大的空间，具体的高度和覆盖面积取决于树的种类。乔木的生长速度根据树种和环境条件的不同而变化，对于针叶树尤其如此，随着生长，它们的外形可能发生改变。即使生长最快的树木也需要一段时间才能长成，植树需要经过两个阶段。密集种植促进树木向上生长，目的就是为了未来将数量精减到一两株。这种概念是景观设计学动态性的表现。

近几年越来越流行移栽一些已经长成的大树，来快速实现一个比较成熟茂盛的效果（图 11.17）。这并不是什么新奇的主意，早在 19 世纪便有了移栽树木的机器。这项技术被成功地广泛运用于今天。中小型的树木可以挖掘出来存放在移植箱里数年，工程结束后再移回原地。平整土地极端重要，在树木移栽过程中采取多种措施防止蒸腾。然而我们应该意识到这样移栽的树木，其生长和寿命与在一个地方固定栽植的幼苗是绝对不同的。移栽的树木需要几年时间来适应周围环境，在植物生长比较迅速的地方，其效果可能与原地栽植小树一样。这使我们有机会观察到树木早期快速的生长过程，这一点既让人感到满足又具有教育意义。

图 11.15
樟脑树，中型的宽叶常青树。

藤蔓 Vines

有些藤蔓的生长需要支撑，有些需要缠绕或者依附。藤蔓结合高架结构，可以提供舒适的阴凉（图 11.18）。

图11.17
成型树木的移植。

(a)

(b)

图11.19
(a)锡辛赫斯特经典的混合式英国花坛。(b)春季时的同一处花坛。

建筑物的墙壁往往爬满藤蔓用以隔热并且减少刺眼的眩光。铁丝网也可以变成爬满藤蔓的绿网。很多藤蔓，比如铁线莲盛开出耀眼的花朵，有些属于常绿或落叶类型。在适宜的气候下，还可以生长葡萄。

草本植物 Herbaceous Plants

草本植物、根茎植物、香草植物以及一年期植物尽管长了很多非常漂亮的叶子，但最终还是会开花。几乎所有人都喜欢花朵，所以他们养这些植物就是为了消遣。19世纪末、20世纪初种植及保养草本花坛的工作需要投入大量的人力劳作，后来便很少采用这种园艺形式，草本植物的使用也变得非常稀少（图11.19）。此外，另一个原因是现代设计师对于修剪观叶植物的痴迷，使草本花卉引入了发烧友的私人庭院。一年生植物及其他花卉植物在购物区及公共场所很受欢迎（图11.20）。

花卉应该近距离观赏并且背景要简单，座椅要设置在抬高的花坛或花盆旁边（图11.21和图11.22）。在北欧非常流行盆栽，因为那里冬季较长，夏季鲜花非常受欢迎。在斯德哥尔摩，公共区域的植栽到了夜里就搬进了市政厅的温室。窗台上的花盆是每座公寓

图11.18
在意大利，藤蔓提供了阴凉的屋顶露台。

图 11.20
花朵凋谢后，盆栽花卉可以存储起来或者移走。

图 11.21
座椅设置与花坛的关系，二者前面铺设传统路面，哥本哈根。

图 11.22
座椅和鲜花，哥本哈根。

必备的标准元素（图5.17）。

生长和管理 GROWTH AND MANAGEMENT

选择植物时的第四个考虑因素是植物生长的条件与生存需求，同时还要满足设计初衷。

为保证植物存活，我们挑选植物时必须掌握其成长条件、耐受度、土壤和气候的适宜度以及植被生长的一般原则。跟苗圃环境相比，幼苗的现实环境条件更为艰苦多变，比如光线、水分、土壤以及昆虫。一旦在项目中栽种了植物，植物就必须适应新环境。土壤为植物提供了水源和营养物质。过度致密的土壤会使植物的根很难存活，城市环境里缺乏某些特定矿物质的贫瘠土壤限制了植物的生长。水涝以及排水不良的土壤也会损害很多植物的正常发育，甚至威胁其生存。水是极其重要的条件，必须能够提供自然的水源或者固定的深层灌溉。

虽然有些植物相比之下更能抗风，但风仍是大多数植物都很敏感的环境因素之一。比如，枫香树（liquidambar）很容易受风的损害，然而大果柏树（Monterey cypress）不仅能够抗风而且还能抵御海边盐雾的腐蚀。常青树木是典型容易受烟尘损害的植物，烟尘会阻塞蒸发水分的植物毛孔。落叶树木每个季节都会长出新叶，能够更好地存活。显然光也是关键的因素之一，因为光合作用只能在有光的条件下进行。有些植物能够比其他植物更好地适应阴暗的条件，因为它们能在森林的林下叶层进化。温度也很关键，冰点是分界点，从冰点到华氏80°F（27°C）是最适宜的温度范围，但有些植物反而需要更低或更高的温度。海拔、纬度以及地形勾勒出植物自然生长的区域。城市里墙体和人行道的反射热和眩光还会造成树叶的枯萎。

栽植后对树木的养护极其重要，这种养护与挑选植物息息相关，有四个主要考虑的方面。第一是水，植物生长需要水分，在干燥的地区必须定期对非原生植物进行灌溉。排水也很重要，土壤不能产生内涝。第二是施肥，施肥可以为贫瘠的土地提供营养物质以刺激植物的生长与稳固。第三是除草，通过铲锄苗前杂草可以避免杂草争抢植物的水分和营养物质。使用锄头和苗前除草剂是有效的除草手段。最后是修剪，对树木和灌木最后的形态、树篱、草坪、草地的质量、生长和养护等方面很重要，剪枝这项技能可以协助保持

图 11.23
塑料植物（仿真植物）。

树木和灌木的形态，同时降低树叶数量和树荫的范围。显然这对于提升果树产量很重要；同样对于开花植物，剪枝对花朵数量也很关键（例如玫瑰）。

有些植物并不需要很多的养护。原生植物栽种稳固之后就可以减少灌溉量。有些植物也不需要剪枝。草坪需要定期的修剪，然而很多地被植物并不需要。生长迅速的地被植物不需要怎么除草。因此，从审美和功能角度选择植物时需要仔细计算保养费用及其他相关成本。仿真植物似乎是针对保养难题的理想选择：不需要灌溉，不需要肥料，也不需要剪枝，只是会落上一层薄薄的尘土（图 11.23）。然而洛杉矶市民对于在高速公路隔离带上植栽仿真花木的厌恶显示出人们并没有政府官员们想象的那么迟钝。

设计潜力 DESIGN POTENTIAL

第五个要考虑的问题是在规划场地中为了实现某种设计意图或功能需求对植物进行挑选。这一过程很复杂，需要考虑所有的客观条件，如土壤、水分、温度以及其他一些因素，还需要对植栽的目的有清晰的了解（图 11.24）。有一点必须明确，植物不是简简单单地用来填补剩余空间，它们的种植位置和品种选择应该是来自于解决设计难题。植物是有结构的，地表铺面也是如此，并且根据几乎相同的原则加以使用；与铺面相比，植物还要附加养护和更换成本。

图 11.24
高速公路的路基上种植常春藤控制侵蚀。

植物可以赋予一个项目形态。经过认真地组合这些植物同样可以像建筑物一样构成空间。种植灌木和树篱可以围合出一块块的区域，同时遮挡住不希望被看到的景观。爬满藤蔓植物的花架可以起到遮盖棚顶的作用（图 11.25），还在地面上形成了漂亮的阴影图案。在维朗德里城堡（Villandry），植物被修剪成像“建筑”一般的形状，并围合出大的开放空间（图 11.26）。

图 11.25
一棵高大的独树定义了空间。

图 11.26
维朗德里城堡，经过修剪的酸橙树提供了强烈的建筑边界线。

锡辛赫斯特的紫杉篱笆精致得就像房屋的墙壁，并为开花植物形成了有质地的表面背景（图 11.13）。芝加哥湖滨公园（Lakeside Park）的山楂树密密地种植在一起，从内部看形成了一个类似“建筑”的通道结构，从外面看则有清晰的线性结构（图 11.27）。在这座公园里，榆树围合并确定了更大的空间，将公路与绿化草坪隔离开来（图 11.14）。经典的景观大道是利用植物构建空间的另一个实例，通过景观来引导注意力和移动。根据规模大小，这种用树木创造的空间分隔感或围合感是推断出来的而非实际打造的，然而篱笆和灌木则会形成实体上和视觉上的障碍（图 8.20）。在区域景观中，林中空地被树木从空间上划分出来（图 8.19）。

图 11.27
山楂树形成的哥特式隧道，芝加哥。

交通动线是另外一个设计方面，可以通过植物加以强调。可以设置灌木用来标示边缘，强调衔接，突出路线的方向性或是用作实体障碍。在城市，道路两旁的树木可以起到给区域或者主要道路及路线提供标识的作用。巴黎的林荫大道或者那些充满艺术氛围的地方，都展示了树木在塑造城市形象方面发挥的作用。池塘周围自然植被的变化提供了一个优秀的生态模型，这种植被上的变化反映了当地的信息。

植物的另一项极其重要的功能是防止土壤侵蚀。植物的根系结构能够牢牢地紧固住土壤，从而防止土壤从河岸上冲走造成滑坡。植物的另一项功能是阻止降雨对裸露地面的冲击，通过减少径流，种植植物有助于保持水分，保护地下水资源的补给。草皮、常春藤和原生植被能出色地做到这一点（图 11.24）。

植物的再一项重要功能是调控微气候。在海洋牧场，我们已经能够看到绿化带可以减弱风力并且提供庇护的用途，最初是服务于农作物和牲畜，后来拓展到房屋和学校。树木纤细的叶片能够分散风力，松柏类植物尤其合适（但它们本身必须能够抗风），多排大小树木混合种植的林带特别有效（图 10.10）。[2]在温暖的气候下，树荫可以影响温度（图 10.8）。此外，在一定规模的森林里，植物蒸发的水蒸气可以起到冷却的作用。落叶树木季节性提供阴凉的特点，对于夏天炎热、冬季寒冷的地域有着特别重要的意义。植物在一定程度上对保持空气清新、降低污染也有很大的裨益。某些种类的植物由于自身的肌理和形式特点，能够吸附灰尘。我们还可以发现，如果植物种植达到一定规模，它们就可以控制噪声。除了这些“空调”效应，植物还可能提供令人愉快的气味，尽管只是短暂的效果。我们可以挑选烟草（Nicotiana）以及其他植物，例如香荚蒾（*Viburnum fragrans*）来追求这种效果，在加利福尼亚帝王谷（Imperial Valley）炎热的夜晚，橘树开花的香气令人回味无穷。

美学 AESTHETICS

到目前为止，我们的讨论始终集中在利用植物来

[2] J.M. Caborn, *Shelter Belts and Windbreaks* (London: Faber and Faber, 1965).

构造景观的方面，与空间划分、移动、视觉关联、微气候以及防止侵蚀等设计实践相关。虽然为实现这些目的，植物的几何式种植方式有一种雕塑特质，本身具有一种美的吸引力、一种尚未达到的更高层次的设计品质，包括颜色、质地和形式。

在景观设计中要达到如此精致，我们有必要根据它们的形状或形式、质地肌理（通过枝叶形成）和色彩（通过树叶和花朵形成）确定媒介的单元（例如植物）。我们可以在园艺分类的各种植物种类中找到这些特征；可以根据植物的实践用途订购植物，也可以根据这些特点进行订购。

形态：大小、形状、习性、密度
Form: Size, Shape, Habit, Density

设计中关于灌木和乔木的另一关键点是它们最终的大小尺寸：高度和覆盖面积（通常参考树干高度）。当单独使用植物或与建筑结合起来对空间进行水平与垂直划分时，如果想要取得预期的最终尺度和比例关系，最基本的是认识尺寸。接下来是形状大小的问题，把树形想象成一个很吸引人的轮廓，比如把松树的幼苗想象成三角形或者把橡树想象成圆形。当然还有三维立体的，比如球体或圆锥体，深度和投影更强调了它们真实的体积。这些由树枝、嫩枝和叶子组成的三维体，由于生长模式的不同而各异，例如树枝如何从土地生长开来以及如何分枝、长叶、开花、结果，这个过程往往被描述成植物的习性或者说是形式范畴的第三个变化因素。从某种程度上来说，叶子稀疏或伸展的乔木和灌木或许是因为叶子靠近枝杈，比枝叶浓密的树木更能显露出枝干的特性。落叶植物在冬天就会自动展现它们的结构，这个时候植物的生长模式清晰可见，比如水平的、下垂的或向上的品质，都可以根据设计意图（对比、戏剧化、焦点等）进行选择。经过一段时间的培育，树木的习性也可能改变。

树枝、小枝、大小叶片的组合，赋予了植物另一种品质要素——相对密度。光线穿过枝叶结构的范围大小，会影响阴影浓淡的深浅（从斑驳到深暗）、视线屏障以及挡风程度。这种品质随时间和季节的变化而改变（特别是落叶植物）。

在形式的属性中，大小、形状、习性以及密度四项特点都是相对界定的（图 11.15、图 11.16 和图 11.28）。

图 11.28
柳树很高大，能长到 50~60 英尺，树冠延展达 40 英尺。它的形状是圆形的，枝条下垂，光线透过广阔分布的小叶子投射下光影。

色彩 Color

色彩是植物的一项特质，由植物的各个部分：叶子、花朵、果实、嫩枝、树枝以及树皮提供。色彩随着季节变化，这些特性会受一些室外因素的影响而愈加复杂，比如天气、光线以及阴影。这些变化因素不断调整并改变景观中的植物和其他物体的颜色。所以，绝对色彩理论（absolute color theory）对艺术家或室内设计师来说是可定量的科学，对景观设计师来说则是由于环境条件所致的相对无法预测现象的基础条件。

绿色（从黄色到蓝色的绿色色系）从本质上是能

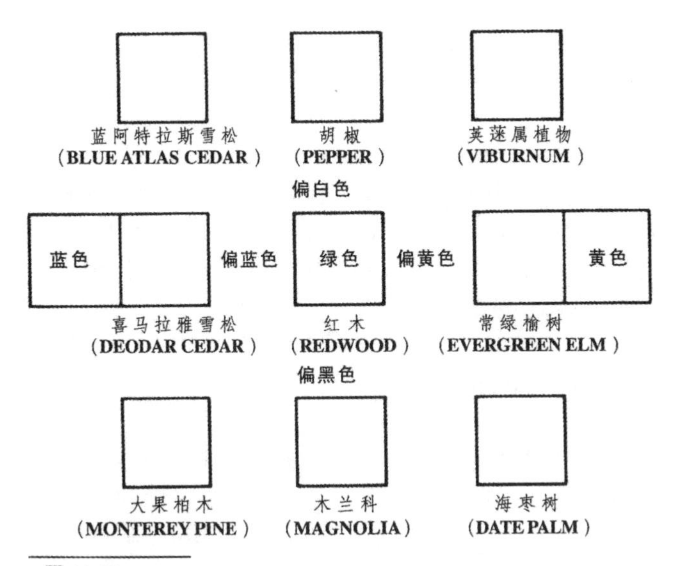

图 11.29
任何一种植物叶片的绿色都可以划归为上面九个色度值，中央的色调被定为中等程度的绿色，与其他八个色调相互对比。

够让人感到安静的颜色。与建筑物相比，它能放松视觉。景观中很多绿色、黄色、棕色色调的影子，为建筑物、明亮的颜色与水景提供了和谐的基础，创造出焦点与对比，使景色更具生机活力。由于色彩是植物外观的基本特质，因此重要的是采用多种方法来描述各种各样的绿荫。植物的外表有颜色，这一点是很基础的，所以用某种方式描述各种各样的绿色树荫是很重要的。约翰 · 罗伯特 · 布雷肯（John Robert Bracken, 1891 — 1979，美国景观学者）建议选择具有中等程度绿色的植物（他选取了糖枫（*Acer saccharum*））作为参考，在两方面与其他植物的绿色加以对比：深—浅和黄—蓝。[3]所以其他那些植物的叶子都会跟糖枫（或者是其他选作参照物的树木）相比，被描述为偏深绿还是浅绿，偏黄还是偏蓝。但在现实生活中并不那么简单，因为落叶植物的叶子随着四季的更迭而变化。嫩黄的新叶到夏天慢慢变成深绿色，最后在落叶季变成深红或者黄色（图 11.29）。

除绿色和一些季节性变化外，事实上，有些植物的叶子也许并不是绿色，或许叶子背面是绿色并掺杂了别的颜色。因此紫色、灰色、混合了白色和绿色的颜色，还要与多种叶片颜色及季节变化相结合。

尽管在景观中运用并组合色彩的时候，我们不能期望做到十分科学，但是对色彩理论与色彩现象的基本了解能够帮助解释印象深刻的成功效果。但针对景观的最终目的，考虑之前讨论的不可控因素，我们需要运用色彩原理，对室外的动态立体环境产生令人瞩目的真实影响。我认为在景观设计中，在色彩（和质地肌理）的运用方面值得考虑采用和谐与对比的原始和谐理论。在更细微的情况下，在花坛以及特定区域都需要接近观察，颜色组合方面可能更为复杂。

同样会发现，绿色也会由于环境的明或暗、蓝或黄而改变，鲜花和建材上发现的其他颜色可以依据它们与基本色调（较白或较黑）和色谱中毗邻色调（蓝色调经过绿色过渡到黄色或是红色调经过橙色过渡到黄色等）的关系加以描绘。对于景观设计师而言，问题是实验室里通过科学方法观察到的色彩区别在多大程度上会对室外设计具有意义。似乎可能从 6 个基本色调中辨别出 8 种变化，从而创造了一个可以实际运用的色彩系统（图 11.29）。

质感肌理 Texture

在处理景观中植物的色彩时，我们所叙述的和谐性的困难同样出现在质感特性方面。环境中的变化元素，如光线和距离，再加上植物本身由于季节变化和具体生长条件的不同而发生的变化，使得即使把最细微的差异都考虑在内也很难对植物的质感肌理进行分类。我们的重点在于在相对尺度范围内寻找最大的差异。像色彩一样，可以挑选出中等程度质感的植物，而其他植物的质感与其相比是属于粗糙还是细腻，中间值两侧是两个主要类别。

两种植物之间的差异，比如叶子的大小和形状、叶子如何从树枝上生长出来以及树枝是怎样分叉的，这些不同外加光线因素造成了质感的不同（图 11.30 和图 11.31）。我们在 2～3 英尺的距离观察灌木和花卉的时候，甚至连叶子和树皮的表面质地（比如发光或暗淡）都看得一清二楚。但是眯起眼睛或是利用其他仪器设备则可以看到整体效果，但这样会淡化质感的细节（图 11.31）。因此我们必须赋予量度数值，我们通常使用“精细”和“粗糙”两个专业术语，或许我们可以添加“纹理质感”这个词，反映纹理的细密或粗糙。在相对程度上确立“中间值”以及可辨识的“非

[3] John Bracken, *Planting Design*.

图 11.30
大叶蚁塔（Gunera Manicata）。

常细密”和“非常粗糙”两个极值。布伦达·科尔文（Brenda Colvin，1897—1981，英国景观设计师）建议了三个重要的观察距离，[4]其他景观设计师建议了两个观察距离。当我们从 50～100 英尺的距离，观察到的灌木叶子和乔木形成的树影图案与近在触手可及的地方看到的是不一样的。如果从更远的距离，比如 100 码～1/4 英里的地方看，植物的质感肌理还会变化，距离远近变化所产生的质感变化只适用于高大的树木，因为灌木在这样的距离上看起来表面质感会减弱，只保留了一定程度的轮廓和颜色（图 11.9 和图 11.10）。因此，我们最多有三种观察距离与五种质感纹理的评价方式。

图 11.31
在近距离观察，植物明显呈现不同的质感效果，上面精细，下面粗糙。

对质感来说，最重要的季节变化体现在冬季落叶植物的外表上。而树枝和树杈是能够赋予辨识植物夏季外观差异的另一组质感评价方式（图 11.32 和图 11.33）。

将灌木和乔木剪成树篱或一定造型（整形树），当然会改变它们的视觉质感。但是由不同植物构成的篱笆也是不同的，最成功树篱的评价将会是在“细密”与“最细密”的范畴，如果使用了落叶植物做篱笆需要考虑到冬季的变化。

小结 SUMMARY

虽然通常是按照外形、质感以及颜色等设计属性来划分植物，但是这种方法对于处理复杂的问题比较抽象。事实上，这是任何一种植物全部可视特征的组合。不仅如此，通过设计把一些植物组合起来通过对比能够加强植物的这些特征。

此外，我们应该记住建筑物以及景观中的其他结构元素、墙体和铺面等都具有自己独特的形态、颜色及质感，这些元素经常会融入景观设计当中，必须在改善环境质量的过程中与植栽同时加以考虑。

最后，虽然从设计角度来说，我们通常认定从园艺角度上看植物是属于个体。但往往是群组式地运用植物来追求整体效果，与群体效果相比，个体反倒是次要因素了（图 11.11 和图 11.27）。

结合场地规划，在分布与布置植物的过程中，我们总是不自觉地组织或是选择不同的外形、颜色和质感。同时这种做法应该就是为了实现设计意图，例如通过采用开花植物、雕塑或者人物作为背景，用来强调方向、突出焦点和空间特征等。换句话说，植物形态、颜色和质感应该强化规划设计。

粗糙的质感和明快的颜色给人的感觉强烈，可以用来发挥强调作用。细密的质感、蓝色的色调以及淡色调可以在视觉上产生后退的感觉，可能用于暗示距离。与建筑物的关系上，植物的质感、颜色和形态或许会形成对比，或许在设定尺度关系中占有一席之地。统一、变化和视觉平衡明显受到植物的组织形态、颜色以及质感的影响。粗糙的质感与明暗颜色发挥同

[4] Brenda Colvin, *Land and Landscape*.

[5] E.Bruce MacDougall, *Computers in Landscape Architecture*, Ch. 4, “Plant Selection”.

	VERY FINE		FINE		MEDIUM		COURSE		VERY COURSE	
	W	S	W	S	W	S	W	S	W	S
CLOSE-UP										
50'-100'										
DISTANT										

W WINTER
S SUMMER

图 11.32
植物的质感可以根据距离以及季节变化划分为 5 个等级程度。

图 11.33
威廉 · A . 加尼特拍摄。

样的作用。构图上的细微改变会产生巨大的变化。由于每株植物的颜色和质感都不同，有意识地对颜色和质感加以运用可以突出规划设计、内在的设计质量以及周围环境的连续性。

植物的形态、颜色和质感是景观设计的独特媒介，伴随着它们的成长与变化，使得这一领域成功的效果非常短暂，而且难以评估。

为实现场地规划和景观设计的目标，我们挑选植物的时候必须掌握之前讨论过的六种分类系统。适合种植的植物种类范围很广，但是在商业利益驱使、经济农业的影响以及对现代建筑运动的误读，导致了对植物种类的删减。计算机程序[5]或者其他系统客观上与针对特定目的的植物适应性标准及可供材料范围的条件相关联，能够有助于实现景观植物种植的多样性，景观种植在园艺杂志和苗圃行业的影响下，已经高度标准化了。

推荐读物 SUGGESTED READINGS

Arnold, Henry, *Trees in Urban Design.*

Booth, Norman, *Basic Elements of Landscape Architectural Design*, Ch. 2, "Plant Materials."

Bracken, John, *Planting Design.*

Butz, Richard, *The Edible City —Resource Manual.*

Brooks, John, *Room Outside*, Ch. 10, "Skeleton Planting," Ch. 11, "Planting Design."

Buckman, Harry O. and Nyle C. Brady, *The Nature and Properties of Soils*, pp. 1-15, "The Soil in Perspective."

Carpenter, Philip, et al., *Plants in the Landscape.*

Clauston, Brian, ed., *Design with Plants.*

Colvin, Brenda and Jacqueline Tyrwhitt, *Trees for Town and Country.*

Crowe, Sylvia, *Garden Design*, 2nd edition, Ch. 10, "Plant Material."

Diekelmann, Jahn and R. Schuster; *Natural Landscaping —Designing with Native Plant Communities.*

Gaines, Richard, *Interior Plantscaping.*

Gardner, Victor R., *Basic Horticulture*, pp. 13-23, 81-150.

Hackett, Brain, *Planting Design.*

Hudack, Joseph, *Trees for Every Purpose.*

Hunter, Margaret, *The Indoor Garden.*

MacDougall, E. Bruce, *Microcomputers in Landscape Architecture*, Ch. 11, "Plant Selection."

Perry, Frances, *The Water Garden.*

Robbins, Wilson W., T. Eliot Weier, and C. Ralph Stocking, *Botany, An Introduction to Plant Science*, pp. 9-12, "Subdivisions of Botany," pp. 61-71, "Physiology of the Cells," pp. 172-183, "Soil and Mineral Nutrition," pp. 202-214, "Photosynthesis and Respiration,"

pp. 303-322, "The Plant as a Living Mechanism."
Robinette, Gary O., *Plants, People and Environmental Quality.*
Robinson, Florence Bell, *Palette of Plants.*
Robinson, Florence Bell, *Planting Design.*
Scrivens, Stephen, *Interior Planting in Large Buildings.*
Weddle, A. E., ed., *Techniques of Landscape Architecture*, pp. 176-193, "Tree Planting," by Brenda Colvin.
Zion, Robert, *Trees for the Architecture and the Landscape.*

园林工程

LANDSCAPE ENGINEERING

第12章

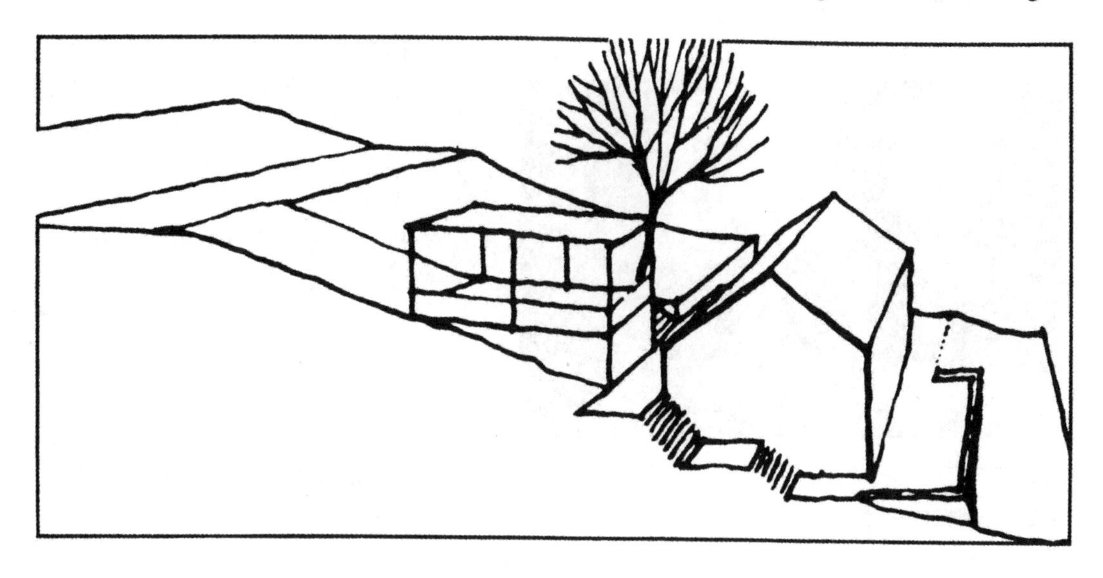

园林工程或平整土地是景观设计的基本技术工艺，它涉及重塑现有土地的形式，促进了场地规划的功能发挥以及交通流线的便捷，并确保有充足的排水能力。因此，掌握土地平整技术知识在场地规划过程中是很有用的，细致地找平起到连接建筑物与景观、室内和室外的作用（图12.1至图12.3）。也许从心理角度上来说，在屋里或是处于建筑内部比直接暴露在室外更令人满意。自从有了人类到现在，向地心方向挖洞求生存是一种积极的心理需求和本能。

场地—建筑物之间的关系不仅仅是视觉上的，而且也是功能上的问题，建筑的楼面标高应该高于周边地表。紧贴建筑物的外表面处应该具有一定的斜度，以保证降水不会轻易流入结构内部，破坏基础结构。

图 12.1
平整土地是将既有的水平高度与需要的水平高度连接起来。一座住宅的室内与室外有两个地面高度。

图 12.2
通过植被掩盖高度变化。

图 12.3
运用台阶连接起两个高度。

在第 7 章介绍的山麓学院里，对原始的景观进行了广泛改造，目的是为了将校园内的建筑和开放空间融入可开发和利用的土地。这样打造出一个不留人工改造痕迹的敏感区域。建筑设在山脊背面，从而自然地融入水平地面（图 7.10）。

建筑物与用地之间有两条基本关系原则。通过对用地加以平整使其适应建筑或工程要求，或者调整建筑来适应地面高度的变化，减少对原有地表的破坏（图 12.4）。除了修建出入通道，底层架空并与地面没有接触的建筑物，几乎无需平整土地。这些土地将在构筑过程中受到一定程度的干扰，导致在这种结构下，光照和水分条件都会改变。另一方面，采用传统基础的构筑物会在结构物四周衍生出建筑—地面的关系。修建在陡峭山坡上的单层房屋要求大面积地挖掘地基，填平基础，消减由于原生土壤关系衍生的易发生水土流失、山体滑坡、洪水以及生态系统彻底损害的不稳定条件（图 6.6 和图 12.5）。正确的选址方法要依靠对土地坡度、土壤质地、地理环境等条件的仔细分析。此外，在任何地方选址施工的最初决策都是应经过土地适宜性分析（第 6 章），从而防止破坏性的行为过程，或者根据当地的条件研究出一些特殊的构筑手法。

平整土地的原则和技术 THE PRINCIPLES AND TECHNOLOGY OF GRADING

我们回到更普遍的问题上来——如何在合适的土地上建筑和使用地域，如何创建一个新的、发挥一定功能的景观取代已有的“自然”状态。这种平整技术代表了景观设计学独特的技巧，而且与将规划方案落实到给定的地形景观上的过程联系起来。我们关心的不仅是将建筑与土地适当联系起来，而且还包括休闲场地、停车场和交通流线等区域的选址。这些都对坡度、地基深度和排水条件有具体的要求。

景观工程涉及经济开发以及对现实条件的敏感性。平整土地的基本原则和目标归结有如下几点。

1. 地表必须与预期的目的或用途相适应。
2. 视觉效果应该赏心悦目；平整土地的目的可能纯粹出于审美目标、视觉景观或是创建象征性的地表符号。
3. 因此地表必须具备有效的排水系统。

4. 平整计划应尽可能保持与土地的自然状态相近的新高程。特别在非城区，现有景观代表了一种生态平衡、一种自然的排水系统以及一个完备的土壤面貌。
5. 当对土地重新加以塑造时，应该积极地使用机械设备完成。运用机械设备平整土地属于粗放性质，微小细节需要通过手工劳动才能完成。
6. 应尽可能保留表层土壤。可以剥取、贮备表层土，并在土地平整改造后重新回填。
7. 在平整土地的过程中，挖掘量应大体等于填充量。这样减少了输入外来土壤或寻觅处理建筑废料的合适场地的需要。

平整规划 Grading Plans

平整规划是技术性文件，也是一种技术工具。通过它，我们可以三维形式展现并计算出地表变化，使用等高线来表示变化的范围（图12.6）。根据规模的大小，等高线可以1英尺、5英尺或更长的间隔标示出相对高度，现有的等高线用虚线标示。新规划的土地形式常用实线绘出，以区别于现有形式。这些线之间的差别展现出哪块土地应该挖掘、哪块应该填平以及整体上这种变化的范围和特质。这种绘图方式不仅展示了两种类型的等高线，而且揭示了现有土地条件和设计构想之间的差异，从这些图中我们可以计算出需要挖掘和填补的土方量。如果要使接下来的计算结果和成本预估可靠，平整规划就必须保证准确。

场地规划和土地平整涉及场地边界范围内固定高程、结构和使用面积之间所做的必要调整。固定高程及标高控制包括现有树木植被要保持的高度水平、现有及规划的建筑物和道路、场地边界的高程，包含在设计规划内的现有土地形式、湖泊和自然洼地以及现有和规划的地下设施。这些高度水平限制了重塑的各种可行性。

土地平整这一术语听起来简单，等高线（contour line）是所有在固定基准平面以上具有相同海拔高度的点的集合。高程点（spot elevation）提供了等高线数据以外的信息。它们标示出局部的土地平整，换句话说，也就是标示出等高线之间的具体高程水平。高程点标示出需要在“平面”上保证排水的高程差距，指出规划中重要点的具体高度。高程点标示的某些典型位置，往往在阶梯的顶部或底部、挡土墙的顶部、建筑

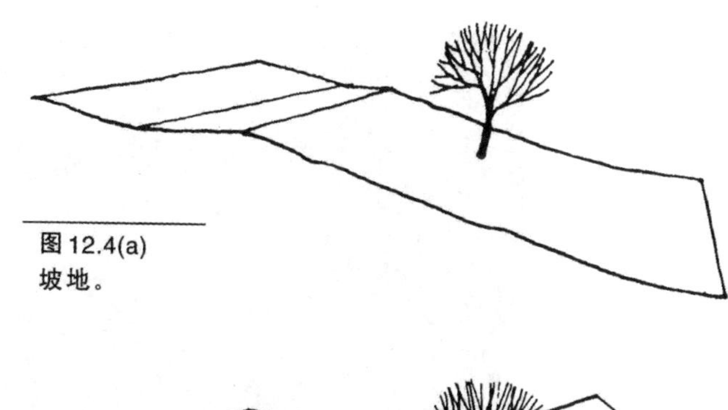

图12.4(a)
坡地。

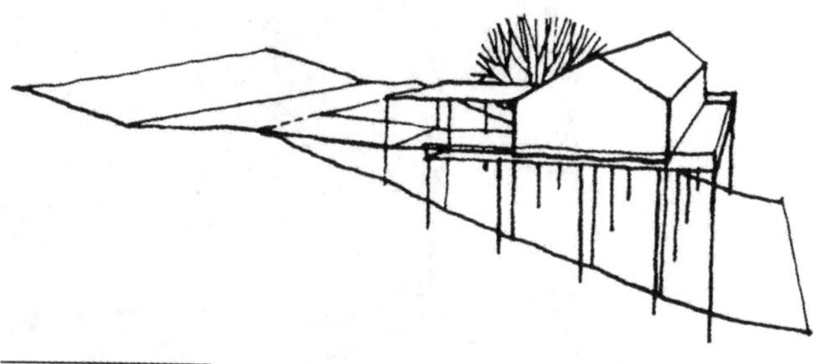

图12.4(b)
建在支柱上的单层房屋的地面相对不受影响，树木得以保存。

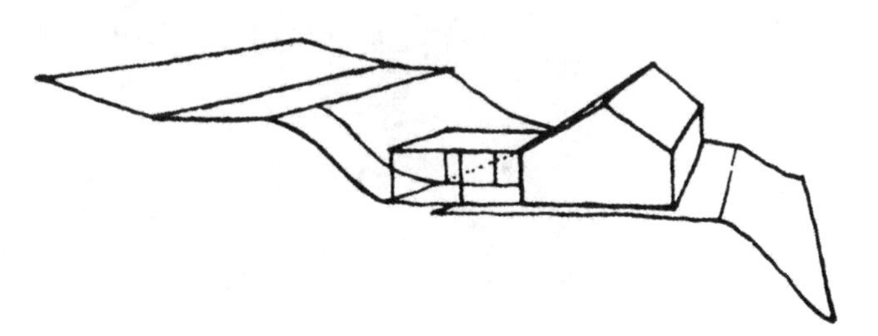

图12.4(c)
建在传统地基上的单层房屋需要相当大的土地开挖量和填平量，导致基址两侧出现陡坡。

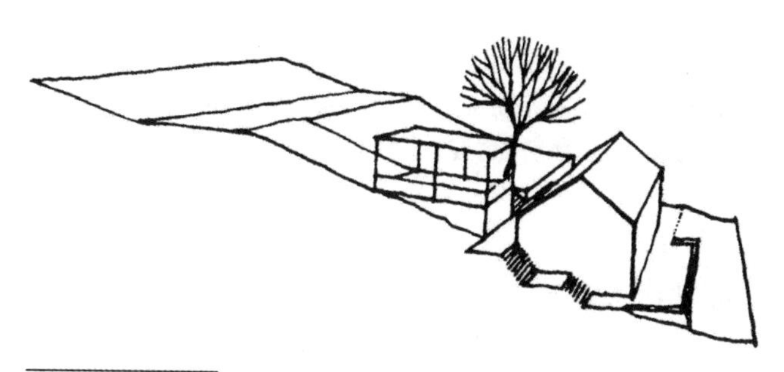

图12.4(d)
有挡土墙的错层式房屋基址两侧的坡地较为浅缓，因此植被可以保留下来，房屋与景观形式紧密结合。

图 12.5
1955 年洛杉矶在山峦起伏的台地上经过平整和找齐的建筑基址。威廉 · A . 加尼特拍摄。

物的外侧入口以及内部的地板高度水平。

另一个经常使用的术语是坡度（grade）或斜率(gradient)，即指两点之间坡度的比率，用百分数表示，或者是水平距离值与高度垂直变化值之间的比率或角度。比如 1% 的坡度是 1:100；10% 的斜坡是 1:10 或者用 6° 的角表示；50% 的斜坡是 1:2 或者用 26°30′ 的角表示；100% 的斜坡是 1:1 或者 45° 的角表示。计算斜率的关键变量是两点间的水平距离以及高度的垂直变化值。

常常需要改变地表以便实现一些具体的斜率或者去适合最大或最小的坡度极限。开发土地时的平整规划过程需要掌控好三个要素：两点间的斜率（G）、水平距离（L）以及两点间的垂直高度变化（D）。例如，

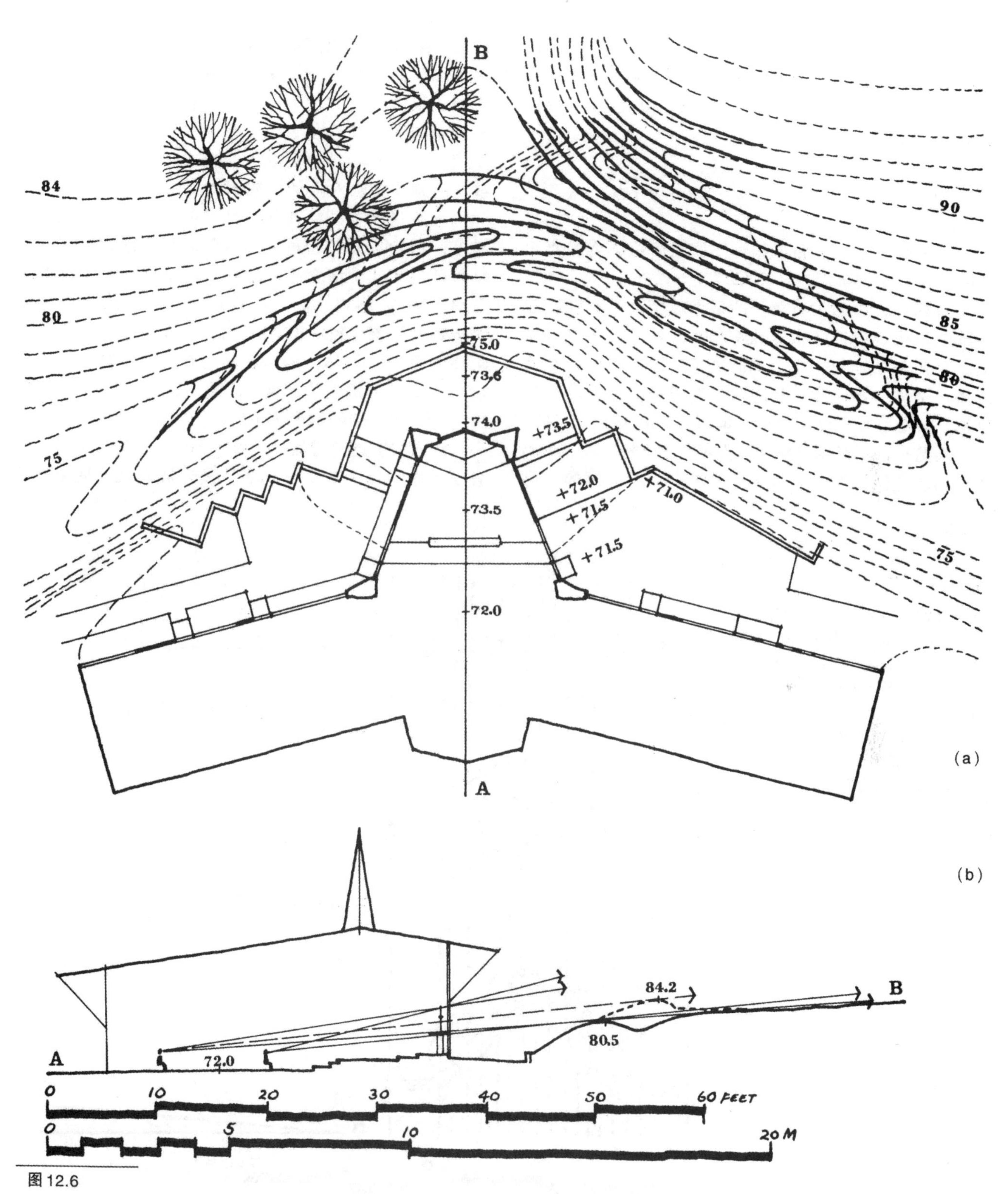

图 12.6
（a）平整计划要考虑到山坡以及铺装表面的排水情况，教堂周围形成可使用的空间，同时减缓原始山坡的坡度。（b）剖面图。

相隔100英尺的两点间的斜率 G 对于修建公路入口过陡的话（比如说大约15%），垂直高度差必须变小（小于10英尺），水平距离必须延长（至150英尺），变量之间的关系如下：

$$G=\frac{D}{L};\qquad L=\frac{D}{G};\qquad D=L\times G$$

可以改变这些变量以提供不同的解决方案，满足不同的经济与美学用途（图12.7）。

景观设计中通常有公认的最大坡度，工程师、建筑师以及景观设计师根据经验和实践计算出了这些数据，它们是场地规划中形式的决定性因素，也是经济因素。例如，步道和小径通常带有起拱的截面，如果可能，在冬季寒冷地区它的纵向坡度不应该超过6%，在气候温和、不经常结霜的地方不超过8%。对于距离较长的步道，这些是比较合适的坡度。距离短的，可以采用最大12%坡度的斜坡。对于超过12%坡度的道路，台阶是解决高度差最合理的方式，但是应该尽可能避免设置台阶。因为对于轮椅和自行车，台阶就是一种障碍和危险。尽管台阶往往被当做非正式的座位使用，尤其在学校操场或大学校园里，但是三级台阶或几级踏步都会对运动造成困扰（图8.5）。

台阶最明显的功能是在尽可能短小的空间内改变高度，台阶尺寸符合过去几百年间从当地建筑和文艺复兴建筑模式中演变而来的受人钟爱的尺度（图8.21和图8.33）。例如，有一条“规则”说，踏步高度乘以踏步宽度应该大致等于74英寸，这就促成了不同尺寸阶梯的诞生。例如，踏步高度为6英寸，踏步宽度为12英寸；踏步高度为5英寸，踏步宽度为15寸；踏步高度为4寸，踏步宽度为18英寸。随着踏步高度的减小，踏步宽度逐渐增加。然而，当踏步宽度过宽时，就必须考虑步伐的节奏与步幅，设计师应该测量并记录

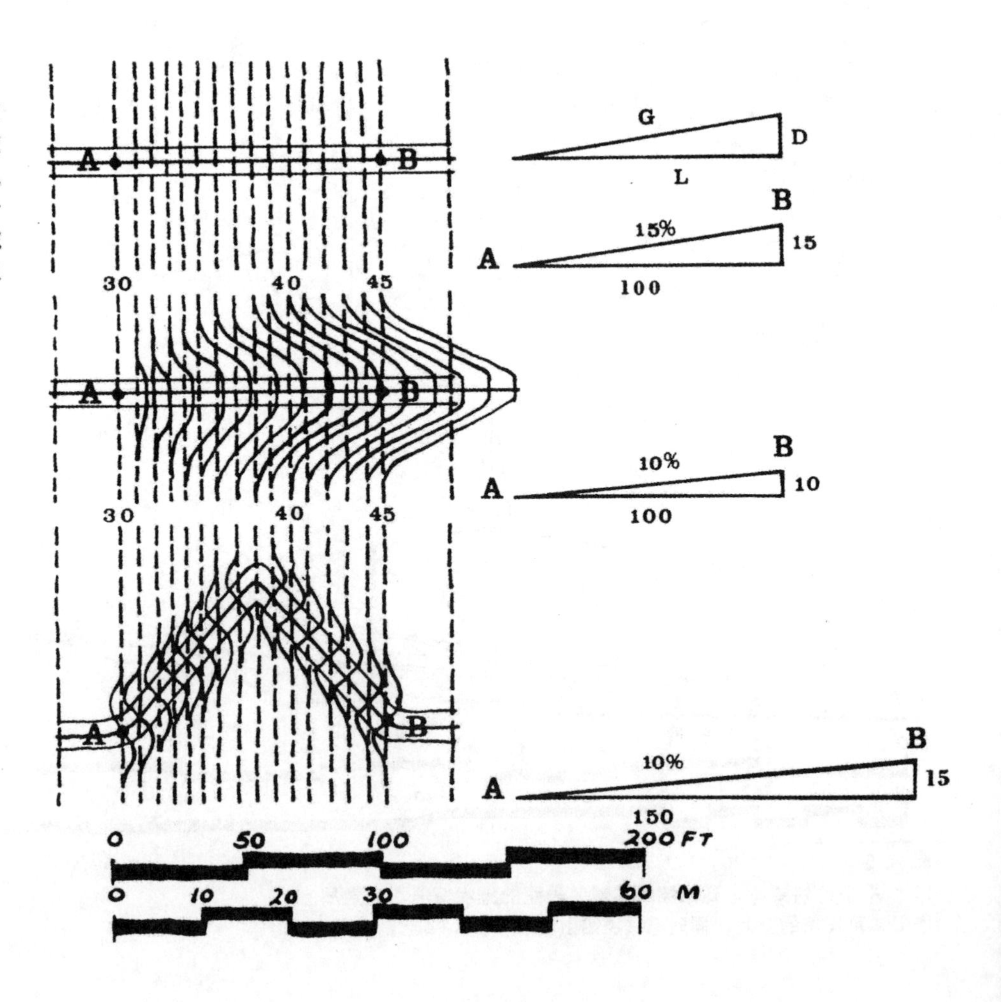

图12.7
1号计划中从A到B之间道路的坡度为15%。通过从山腰切入、将道路延伸出规划区域范围，A和B之间的坡度就可以减少到10%（2号计划）。另外，也可以在规划区域范围内不必做极限调整即可实现10%的坡度，即图中的3号计划，然而却会增加道路的长度。

下令人感觉舒适的台阶尺度。

马路和车道也有一个最佳的最大坡度规定：6% 是合适的，对短距离而言 8%～10% 也是允许的。但是也有一些例外的情况（例如旧金山，很幸运那里的气候很温和），街道的坡度大约为 15% 甚至更大。这些规定和标准必须从需要解决的具体问题、地理、风俗及用途等相关角度来考虑。

在挖掘和填补的过程中，将涉及平坦标准的有关元素放置到各类斜度不同的土地上，这一过程是基本的步骤。但是，根据不同的物料类型和夯实过程，挖掘的土方量应该比理论上回填的土方量多 5%。这是由于当挖出来的松散物料回填进去的时候，夯实这一程序压缩了占用空间。而在一些大规模的土地平整改造项目中，5% 可能是一个相当大的数量。在平整工程规划中，断面计算是一项很重要的技术，它用来计算挖出和填补的土方数量。最准确的方法是使用求积仪来计算横截面上挖出和填补的土方数量，即横截面的平均值乘以长度求得体积（图 12.8）。现在计算机程序软件完全可以完成这种计算，在做出最终决策前通过生成多种方案加以比较获得更好的设计。[1]

针对景观中现有需要改造的树木，如果想让它们成活就要进行特别的维护（图 12.9）。根据树木根部的不同特点，树干周围的易受损区域也不尽相同。总的来说，可以提出一些基本准则适用于大多数情况。地面上易受损区域的面积等于树木枝叶覆盖的面积再向四周延伸出 1/3，树木的根部也在地下延伸，要吸收更多的营养就要超越滴水线的范围。因此，这个区域对于树木的健康尤其重要，其内部区域范围对树木的生理支持也很重要。由此可见，为了绝对保证树木的生存，整片易受损区域就不能再进行土地平整改造、挖掘和填补。正如我们先前讨论过的，表面的水平面或高程于是成为控制高度的因素。

然而，有的时候全面保护是不可能的。如果必需，在移植树木时围绕树木周围要挖掘超过 6 英寸的深度，挖掘面积不要超过易受损面积的 1/3。在这种情形下，一些结构性的和营养性的根系也许会遭到破坏，我们应该修剪枝杈减少需支撑的重量，降低对营养物质和水分的需求。另一方面，如果树木附近的地面高度必须提升超过 4 英寸，我们就要采取措施保证根部的水分和空气条件与现在的相同，这样才能维持树木存活。12 英寸大小的粗糙沙砾应该铺设在整块易受损的区域上，如图 12.9 所示。排水管垂直埋入填充区域上方，保证空气自由循环流动。利用这种方法，根系与空气的关系从根本上保持不变，而树木要做出的调整将会更加轻微。另外，横向水平的排水管线可能需要维持原有的水位高度。上面所有这些方法并非尽善尽美，即使这些树木可以生存下来，它们的生长也可能受到影响。再有，树木从土壤里自然生长的形态也是衡量它们美学品质的重要方面。

使用机器进行土地平整可能受到经济条件的限制，同时也是形式的决定因素之一。有几种因素会影响土地平整改造的成本，在预算紧张的情况下，这些因素能够指示出最合适的方法。例如，在挖掘与回填过程中，最经济的做法是尽可能缩短需挖掘区域与填补区域之间的距离。如果需挖掘土地的区域与回填区域的距离为 2 英里，那么这段搬运距离将会增加工程成本。有时待挖掘材料的性质会影响到工程的工期，黏土、淤泥和壤土容易装载运输而且较为紧实，而沙土则很难搬运，页岩和硬土层也是如此。所以待挖掘材料的性质可能会延长工程时间或者对机械产生过度磨损，这两种情况都会增加成本。[2]因此，土壤分析与土地平整改造紧密相关，不同类型、不同型号的机器均有各自最小的转弯半径，因此就施工的难易程度和速度而言，选用的机械类型是可能影响土地平整改造工程某些方面的重要因素。形状柔和的曲面斜坡比特殊角度的斜坡更容易施工，当然最终总有一些斜率很大的坡度是任何施工机械都不能完成的。

在土地平整改造中，我们应该十分确信地表——也就是改造的结果是很稳定的。随着实施改造的河岸和坡地坡度的不断增加，地表水的流量也会增大，而地表受侵蚀的可能性也会增大（依赖于地表植被）。河岸越平缓，流量越小，侵蚀程度越轻。基本来讲构成河岸的土质类型决定了借助自然坡度角形成的最大坡度。因此，坚固的顽石可以垂直挖掘，大概可以挖掘 1/4:1，这对于不高于 20 英尺的河岸是安全的；另一方面，用碎石填补将会获得的自然坡度角为 1:1（也就是 100% 或 45° 角），一般土壤挖掘所呈的自然坡度角为 55°，填补后自然坡度角为 17°。在平衡状态下，是否安

[1] E. Bruce MacDougall, *Microcomputers in Landscape Architecture*. Ch.10, "Earthwork Calculations".

[2] Brain Hackett, "Land Form and Cost Factors," *Landscape Architecture* 56 (6) (July 1964).

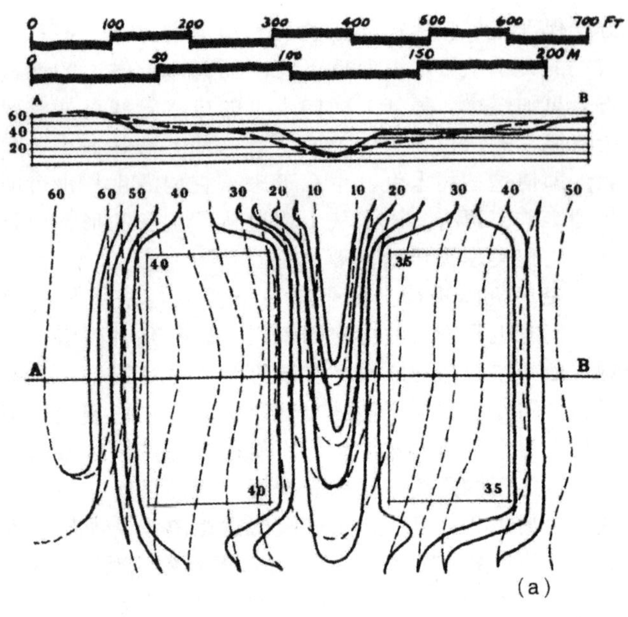

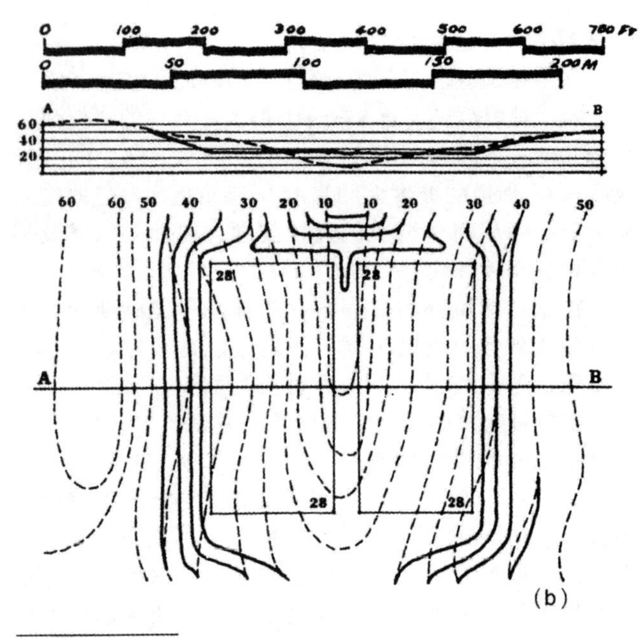

图 12.8
（a）和（b）是两种适合不平坦运动场的土地平整方案。在两种情况下挖走的土方量正好等于要填补的土方量。方案（a）或许是两者中更敏感的一个，但方案可能存在不足。

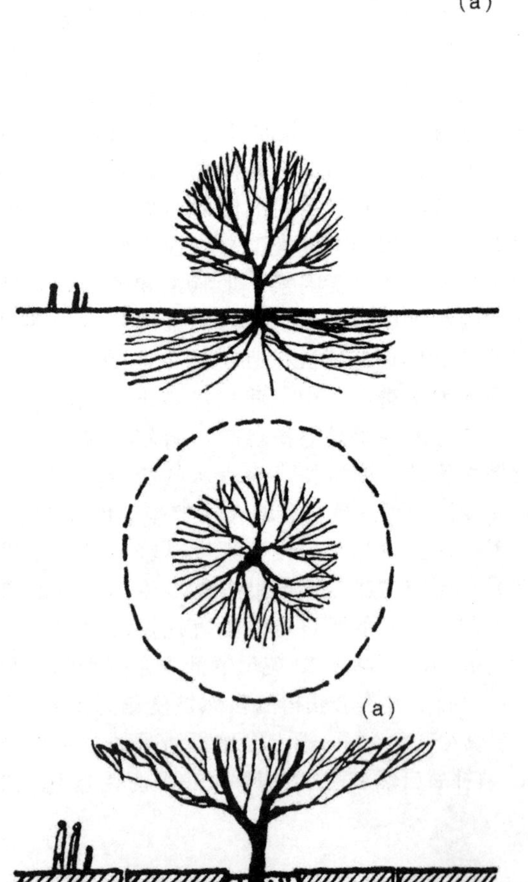

全要取决于被挖掘或用来填充的土壤或者材料的性质。在某些特定的地质和土壤情况下，斜率大于 25% 的斜坡被认为属于不安全的。

另一个要尽可能保持坡度平缓的原因是土壤保养问题，割草机在大于 30% 的山坡上无法工作。因此斜坡适宜性取决于几个因素，包括原始材料的性质、斜坡表面是否有植被、铺地或草皮以及河堤顶部与河堤底部的排水状况。最好远离自然坡度角能达到的最大值。在海拔变化无法获取适宜斜坡的地方要考虑修建挡土墙，挡土墙可以取代比较突兀的高度差，但是造价会很昂贵，如果高度超过 3 英尺，就需要加固。需在墙基回填砂石并设置泄水孔，从而降低墙后雨水的压力和重量（图 12.10）。作为建筑元素，任何材料的挡土墙都可以当做连接建筑物或结构与景观的设计手

图 12.9
（a）一棵树周围比较易受损区域的范围等于整棵树覆盖的面积另外再扩展 1/3。（b）填充到易受损区域范围内的一系列土壤试图保持水、空气和树根的原始关系。

段。当土地过于陡峭时，我们只能利用挡土墙或平台创造平整的地域。

由于土地平整改造的定义涉及对地表的扰动，维护确保植被生长的土壤条件是一个重要问题。好的土壤是很有价值的资源，它是几千年进化的产物，不应该轻易破坏。对地表土层的扰动越少，土壤条件越好。如果必须进行大范围的改变，应将表层土剥离、储存并重复使用。即使如此，结构及其与土壤剖面的关系还将会改变。在城市环境里，土壤已被扰乱或用于建设，所以问题可能是如何开发合适的肥沃土壤作为生长介质，这是有关土壤施肥、栽培以及引入土壤等方面的内容。

图 12.10
带泄水孔的砖砌挡土墙。

地表排水 SURFACE DRAINAGE

降雨是地表水的主要来源，降雨时，一部分雨水渗入土壤，渗入量取决于土壤类型以及地面植被类型；另一部分降水通过地表流淌到一些地势低洼的地方，其中一部分会流出去，还有一些蒸发了。既没有进入土壤也没有蒸发的雨水称作“径流”（runoff）。土地平整改造和建设施工规定必须预留径流通道，从而避免洪水，珍贵的表层土壤也不会由于腐蚀而流失。土地平整的一项功能便是改造土地，雨水能够流到雨水收集点而不会引起冲蚀（图 12.6 和图 12.8）。因此，从水渠、洼地、排水沟收集积水（这取决于工程项目的特点），环绕着建筑物并避开主要使用区域延伸至自然沟渠或者城区中与雨水管道系统相连的排水出口，以这种方式改造土地才经济实惠，并且很实用。

预测径流水量是很必要的，我们可以据此计算出管道尺寸大小以及低洼地的面积，做好充分准备应对可能出现的最坏情况。历史气候数据可以用来预测未来 100 年、50 年、25 年或者 10 年的暴风雨量。比如在运动场和休闲区域，径流水量取决于场地是否能够承受季节性水灾。经常使用农业工程的计算公式，在某一流域任何一点的流量（Q）来自多个变量的组合。

$$Q=ACi$$

这些变量包括以英亩为计算单位的流域面积（A）、径流系数（C）、选定暴雨频率期内的降雨量以及一滴雨水到达收集点的最远距离（i）。

径流系数是最有趣的变量，它随着两个场地因素变化：地表条件以及地势 / 斜坡。这个系数代表了没有渗透或没有到达某一特定地点或排水口的雨量所占百分比。制作表格给各项条件赋值，例如在市区，宏观景观中有 30% 的表面（包括屋顶、路面等）是不渗透雨水的，40% 的降雨成为径流随雨水管道排出。在起伏的地形条件下，类似百分比的不透水表面径流量提高到 50%。随着不透水表面面积的增加，地表径流量也会增加。在全年或一年中特定时期降雨量很大的市区，径流系数在 85%～100% 之间的屋顶和路面，在设计开放空间以及硬铺面广场时会面临严峻的排水问题。所以相对来说，越是自然的地方径流越少。

在地表覆盖物和地形的变化因素中增加了土壤，它对最终形成径流的降雨量有相当大的影响。因此，在地表为平坦的沙壤土林地，径流量达到 10% 左右；同样情况下，重黏土地的径流量大概在 40% 左右。随着地势越来越陡，径流量的比例也随之增加。坡度在 10%～30% 的沙土山地的径流系数大约为 30%，如果土壤所含黏土成分高，这个系数还会翻倍。

这些数字不仅对研究排水，而且对水源保护同样都很重要，保罗 · 彼奇洛 · 西尔斯（Paul Bigelow Sears，1891 — 1990，美国生态学家）说水被保留在土地上或土壤里的时间越长，对人类越有益。[3]在土壤里水循环的延迟滞后作用是有益的，在特定情况下，将水播撒

[3] Paul Bigelow Sears, *The Living Landscape* (New York: Basic Books, 1962).

图 12.11(a)
在加利福尼亚州戴维斯的乡村之家，采用了“零径流量”的概念，房屋之间的开放空间用来收集降雨。在干燥的季节，草地可以供孩子们玩耍。照片鸣谢丽莎·卡罗娜—佩利（Lisa Caronna-Perley）。

图 12.11(b)
暴雨期间池塘收集雨水，然后慢慢渗入地下，直接补充地下水。

在土地上，使水分渗透到土壤中补充地下水，避免直接由雨水管道排掉。加利福尼亚州戴维斯的乡村之家零径流量（zero runoff）的设计案例恰恰展示了如何在良好的环境和气候条件下进行这项工作（图 12.11(a) 和 (b)）。

出于排水的目的，地表需要有最小坡度。排水，尤其是围绕建筑物或使用区域周围，例如运动场必须拥有积极有效的排水系统。如果为了避免出现池塘或泥坑，水体必须是要流动的，因此不希望出现不能流通的静止水面。最小斜率随着表面的性质及渗水性而变化，例如柏油路的最小坡度是1.5%~2%；而对于光滑的混凝土饰面路，最小坡度则为1%；而对于粗糙的骨料，最小坡度则为2%，因为水在更为粗糙的表面不易流淌。在沙土地上铺砖，其坡度最小要1%；而有水泥填缝的铺砖路则需要2%；空旷的草坪和草地最少要1%，而邻近建筑物或草洼地则要2%。

雨水排水系统设计属于工程师的工作范畴，然而排水口（下水道井口）是深埋地下的排水系统露在地面的端头。它们的位置、高度受经济状况以及水流技术的制约，它们是景观设计与工程设计交叉所在，需要将二者结合好。因此，也必须将排水口设计为地面处理方法或地面构图的一部分，而不是时常出现的事后生搬硬套的现象。

为便利有效地排水，最小坡度是必不可少的，同样也需要最大坡度，这些都是控制水土侵蚀的重要手段。在25%甚至更大倾角的斜坡堤岸上栽种植物或草坪，对于防止径流侵蚀和过度径流是绝对有必要的。在没有排水系统的条件下，比如自然洼地或溪流中，在解决排水问题时，重要的是我们要了解径流会对下游产生什么样的影响。溪流或沟渠很有可能发生淤泥阻塞，于是随后这些地区排出积水的能力也会因此下降（图6.5和图6.6）。

屋顶花园需要非常迅速的排水系统，因为积水的重量会增加土壤、铺地或者植物给结构造成巨大压力，这种情况下铺砌面的斜率应该比正常斜率要大。深度至少12英寸的特殊轻质多孔土壤用作植栽，地表下的排水管用来排出多余的水分。

视觉考虑 VISUAL CONSIDERATIONS

除了目前讨论过的功能上的考虑，土地平整改造也需要考虑对视觉方面的影响。新构建的土地形式其本身外表也具有美感，就像斯德哥尔摩公墓（Stockholm Cemetery，图12.12）和山麓学院（图7.8）那样。此外，土地形式还可以帮助遮盖不满意的景象，例如停车场以及高速路（图12.13）。除了植被，土丘可以快速有效地用于遮挡视线并可以防风（图6.40）。作为18世纪景观花园的产物，下沉式的围栏是用来隐藏边界围栏的一项平整改造土地的技术，划分出牧场和花园（图2.42）。在场地规划和细部设计中，设计高程上的变化用于区分流线和社会用途（图12.14）。与自然形态对应的几何形态的土地塑形，可以产生有趣的、令人兴奋的结果，海洋牧场的防风土方工程就有着大胆的角部结构（图6.40）。不模仿自然的土地形式尤其适合在废弃土地上重新开发新景观，或者处置那些过量的填充土。露天电影院就给创意性的土地塑形提供了机遇。

案例研究

研究和探讨简单的小规模个案有助于展示土地平整改造的原则与设定目标之间的关系。图12.6教堂改造项目的成功依赖于对重新改造平整土地可行性的详细评估。有三项要求：第一、要为室外集会和教堂社会活动提供开敞的铺地区域；第二、土地改造工程要从特别陡峭容易下滑的地势中创造出一个稳固的斜坡和排水洼地；第三、在土地改造工程中要考虑祭坛后面窗户的观察视角。从教堂的窗户望去由现有堤岸顶部造成的视线恰好从祭坛上方优美精巧地穿过。任何从土地平整改造产生的视线都应高于或是低于目前位

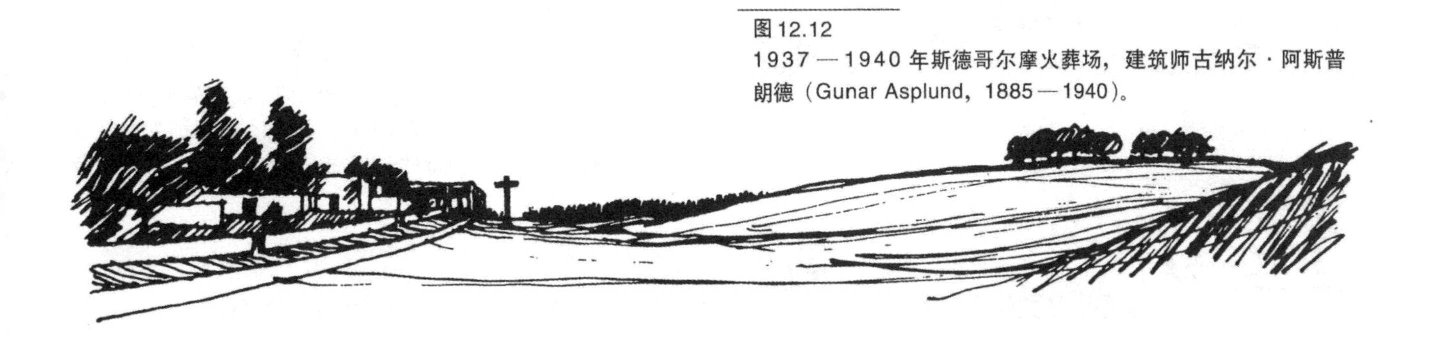

图12.12
1937—1940年斯德哥尔摩火葬场，建筑师古纳尔·阿斯普朗德（Gunar Asplund，1885—1940）。

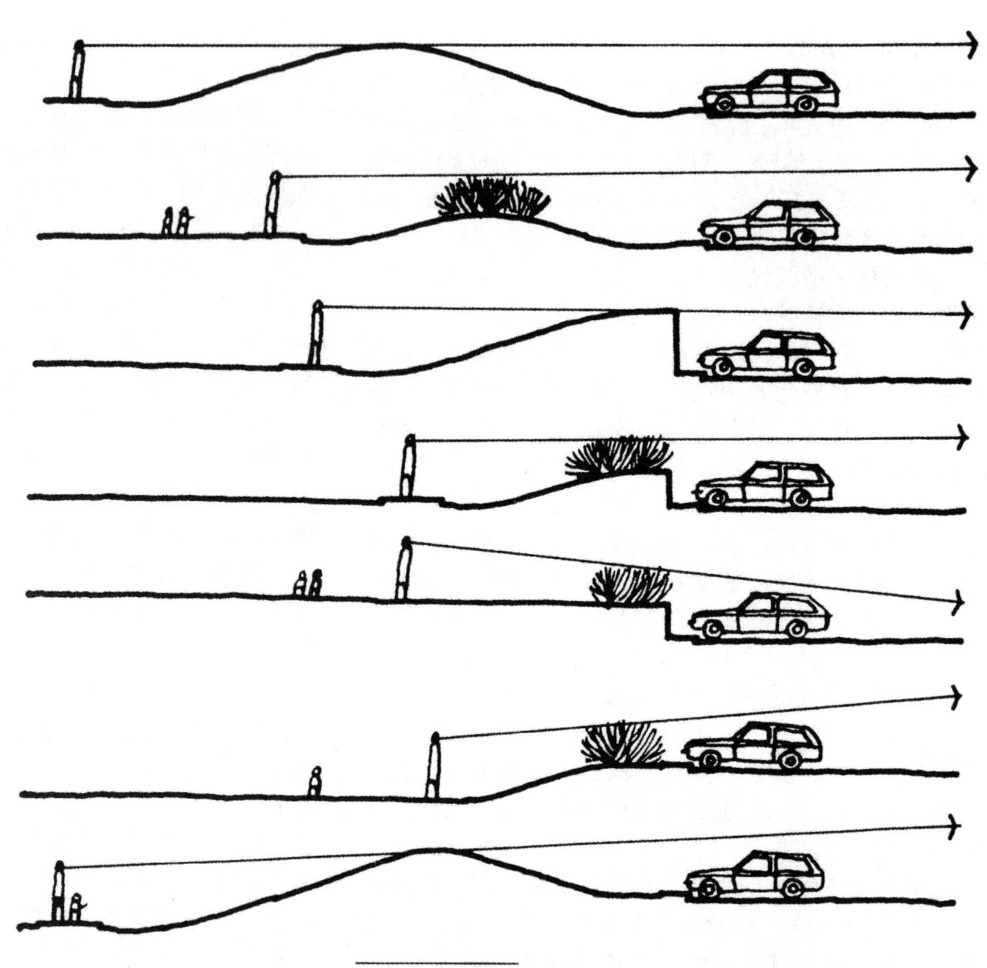

图 12.13
结合挡土墙与植被的土地形式，相对水平面的高度差可在设计中用来遮盖或分隔。

置，以此来消除这种审美冲突。

场地剖面图可以体现铺地区域的大小、可接受的斜坡斜率、位置、深度以及排水管道的倾斜度。从剖面图得到的高程转换成等高线平面图，绘出建议的等高线，这样在实际实施中就能够达到理想的横截面效果。从这些图中可以计算出挖掘或填补的土方量，如果需要挖掘掉的部分比填补的多，那么就要在附近设置合适的区域来处理多余的土方。铺地庭院也需要土地平整改造，以便铺面能够将水从建筑物排放到开放

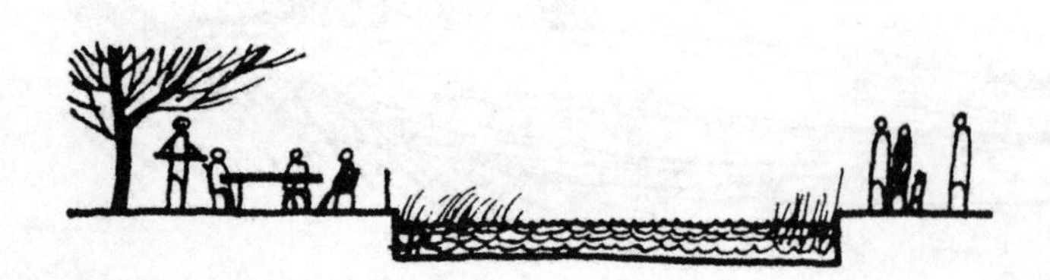

图 12.14
将诸多高程连接起来用于分离流线和使用区域。

的排水沟中（把水就近从区域内排出，但并非统一从场地排出）。

这个简单的实例说明了如何解决多种多样的问题。将现有不稳固河岸的土地平整改造为更为适宜的斜坡，并且在顶部设置排水池，二者都保证了更强的稳定性。我们还使用挡土墙来减少斜坡倾斜度，为教堂门外提供很多平坦的区域。祭坛后面背景的视觉效果也更为简单，减少了视觉冲突。

小结 SUMMARY

总之，土地平整改造是一种调整地表状况满足设计与规划需求的手段。地表变化程度的大小取决于场地的控制标高以及地表的固定元素。地表形式的其他决定因素则包括公路、小路和斜坡三者的最大倾斜度、挖掘与回填之间的平衡、河岸的稳定性、侵蚀控制以及地表排水。在将场地改造规划转变为现实的过程中，经济状况、土壤保护以及施工机械的特点是其他的变量元素。除了这些功能上的问题，为了视觉效果的土地改造也是景观设计中地表改造进程中的基础性因素。

将土地平整改造规划和海拔高度细节变为现实本身是一项具有创造性的进程。由于勘察不会完全准确，推土机也只能是完成大面上的任务。监理工作需要创造性，根据最初的设计主旨精神以及排水、侵蚀控制、视觉效果及维护等基本概念将本无联系的各个高程联系沟通起来。因此，总是要在现场对设计进行小调整，设计过程会贯穿工程的实施与执行的整个过程。

推荐读物 SUGGESTED READINGS

American Association of State Highway Officials, *A Policy of Geometric Design of Rural Highways.*

Ayres, Quincy Claude, *Soil Erosion and Its Control*, pp. 83-99, "Rainfall and Runoff," pp. 20-38, "Factors Affecting Rate of Erosion."

Beazley, Elizabeth, *Design and Detail of the Space Between Buildings.*

Booth, Norman, *Basic Elements of Landscape Design*, Ch. 1, "Landform."

Crowe, Sylvia, *Garden Design*, pp. 101-105, "Land Form."

Cullen, Gordon, *Townscape*, pp. 175-181, "Change in Level."

Downing, Michael, *Landscape Construction*, Ch. 2, "Earthworks," Ch. 3, "Drainage."

Eckbo, Garrett, *Landscape for Living*, pp, 79-85, "Earth, Earthwork."

Hackett, Brain, "Land Form Design and Cost Factors," *Landscape Architecture*, July 1964, p. 273.

Halprin, Lawrence, *Cities*, pp. 116-127, "The Third Dimension."

Landphair, Harlow, and F. Klatt, *Landscape Architecture Construction.*

Lynch, Kevin, *Site Planning*, pp. 125-128, "The Grading Plan."

MacDougall, E. Bruce, *Microcomputers in Landscape Architecture*, Ch. 6, "Slope, Solar Potential and Runoff," Ch. 5, "Digital Terraine Models," Ch. 10, "Earthwork Calculations."

Marlow, Owen, *Outdoor Design —A Handbook for the Architect and Planner.*

Munson, A. E., *Construction Design for Landscape Architects.*

Nichols, Herbert Lownds, *Moving the Earth.*

Parker, Harry, and John W. McGuire, *Simplified Site Engineering for Engineers and Architects*, pp. 124-129, "Contours," pp. 133-153, "Use of Contours," pp. 155-165, "Cut and Fill."

Simonds, John O., *Landscape Architecture*, pp. 25-35, "Nature Forms, Forces, and Features."

Untermann, Richard, *Principles and Practices of Grading, Drainage and Road Alignment: An Ecological Approach.*

Walker, Theodore, *Site Design and Construction Detailing.*

Weddle, A. E., ed., *Techniques of Landscape Architecture*, pp. 55-72, "Earthworks and Ground Modeling," by Brain Hackett, pp, 73-89, "Hard Surfaces," by T. Cochrane.

后 记
POSTSCRIPT

在第 1 章和第 6 章，我考察了反映重组环境需求的因素和变化。必须坚持在不破坏自然资源的前提下，满足不断膨胀人口的各种需求。针对这种观念，我竭力提出一种有助于建立新社区，同时振兴衰败城市的新环境理论。在称为“景观设计学”的创造过程中，自然与生态要素同社会需求与行为分析交互作用，包含了不可或缺的美学敏感性以及对视觉品质的关注。该理论设定了构建与实施技术，包含了评估资源数据与环境品质的方法。

图 P.1
矩阵表说明了主题领域之间的相互关系，每个数字代表了一个潜在的讨论话题。

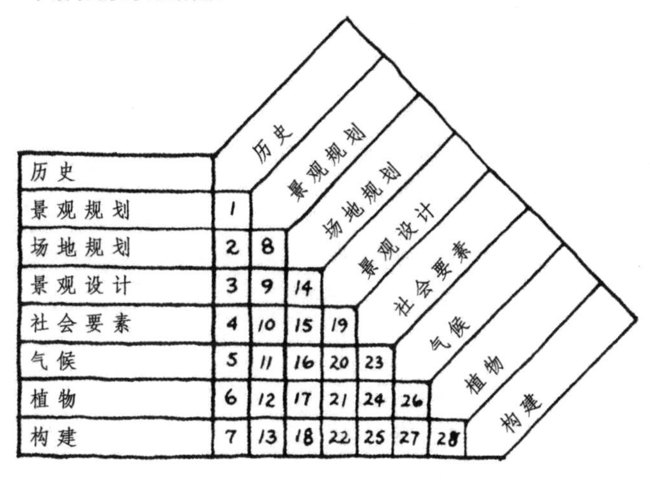

我竭力强调从区域规划到细部设计不同行动尺度的内部关系，通过矩阵方式（图 P.1）进一步强调了各章节主题间如何相互影响。这样，可以在考虑抵消天气负面影响的解决对策时讨论历史与气候问题（5）。区域景观规划（10）的社会内涵涉及景观的感知与评估、景观的“想象力”、娱乐产业的社会—经济压力。场地规划与区域政策（8）间的关系通过环境影响报告的概念表现出来，项目的影响根据区域影响来衡量。在场地开发规划中（15）运用了社会分析，针对的是项目规划的发展深化，以可用的形式向使用者提供了他们最需要的设施。气候和微气候对开放空间使用（23）的影响关注于行为分析以及微气候技术。每种专业领域的知识都通过各种不同的方式与其他专业联系起来。

目前为止，景观设计学是一门异常复杂的专业学科，广泛涵盖众多科学与技术投入的设计任务（图 P.2）。景观设计学专业中包括了学科间的关系，在此基础上做出环境规划与设计。同时，景观设计学的专业价值判断——需要对未来发展具备管理和负责任的态度，对环境健康与人类舒适性也承担起责任。景观设计师可以看做是自然科学家与土地开发商和经济学家之间的桥梁纽带，他向社会积极倡导合理使用资源，防止由于误判社会介入生态系统而引发的灾难性连锁后果。

我们必须牢记：无法落实的理论毫无用处。因此有必要提高各个等级的政治能力，这样好的设计将会

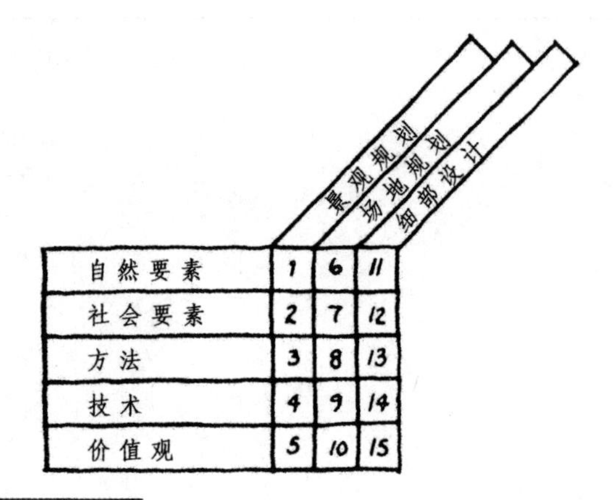

图P.2
适用于各种尺度规模的景观设计学五大基本构成要素。每个数字代表了景观设计和规划过程中一个可能的综合阶段。

获得客户的理解并实施，规划政策也会得到大众的认可，立法通过并加以执行。最后，我们必须有能力研习我们的工作成果及其影响，以便从以往的经验中获得改进，最后通过实践再来提高和完善理论。

参考文献
BIBLIOGRAPHY

Adams, William H. *The French Garden 1500-1800*. New York: George Braziller, 1964.

Alexander, Christopher. *Pattern Language*. New York: Oxford University Press, 1977.

Alexander, Christopher. *The City as a Mechanism for Sustaining Human Contact*. Berkeley, Calif: State University Center for Planning and Development Research, Working Paper No. 50.

Alexander, Christopher. *Notes on the Synthesis of Form*. Cambridge, Mass: Harvard University Press, 1964.

Amercian Academy of Political and Social Science. *Recreation in the Age of Automation*, Paul F. Douglas, et al., eds. Philadelphia, 1957.

Amercian Association of State Highway Officials. *A Policy of Geometric Design of Rural Highways*, rev. ed., Washington, D. C., 1966.

Amercian Society of Landscape Architects. *Colonial Gardens: The Landscape Architecture of George Washington's Time*. George Washington Bicentennial Commission, Washington, D. C., 1932.

Anderson, Paul F. *Regional Landscape Analysis*. Reston, Va.: Environmental Design Press, 1980.

Appleyard, Donald. *Liveable Streets*. Berkeley: University of California Press, 1981.

Ardrey, Robert. *African Genesis*. New York: Atheneum, 1963.

Ardrey, Robert. *The Territorial Imperative*. New York: Atheneum, 1966.

Arnold, Henry F. Trees in Urban Design. New York: Van Nostrand Reinhold, 1980.

Ashihara, Yoshimoto. *Exterior Design in Architecture*. New York: Van Nostrand Reinhold, 1981.

Ayres, Quincy Claude. *Soil Erosion and Its Control*. New York, London: McGraw Hill Book, 1936.

Bacon, Edmond H. *Design of Cities*, rev. ed., New York: Penguin Books, 1976.

Baker, Geoffrey H. and Bruno Funaro. *Parking*. New York: Reinhold, 1958.

Bates, Marston. *The Forest and the Sea: A Look at the Economy of Nature and the Ecology of Man*. New York: Random House, 1960.

Bates, Marston. *Man in Nature*. Englewood Cliffs, N.J.: Prentice-Hall, 1961.

Beazley, Elizabeth. *Design and Detail of the Space between Buildings*. London: Architectural Press, 1960.

Beazley, Elizabeth. *Designed for Recreation: A Practical Handbook for All Concerned with Providing Leisure Facilities in the Countryside*. London: Faber and Faber, 1969.

Belknap, Raymond, and John Furtado. *Three Approaches to Environmental Resource Analysis*. Washington, D. C.: Conservation Foundation, 1967.

Berral, Julia S. *The Garden: An Illustrated History*. New York: Viking Press, 1966.

Blake, Peter. *God's Own Junkyard: The Planned Deterioration of America's Landscape*. New York: Holt, Rinehart and Winston, 1964.

Blomfield, Reginald. *The Formal Garden in England*. London: Macmillan, 1892.

Booth, Norman. *Basic Elements of Landscape Architectural Design*. New York: Elsevier, 1983.

Bracken, John. *Planting Design*. Pennsylvania State College, Pa., 1957.

Brambilla, Roberto, and Gianni Longo. *For Pedestrains Only —Planning, Design and Management of Traffic-free Zones*. New York: Whitney Library of Design, 1977.

Bring, Mitchell. *Japanese Gardens*. New York: McGraw-Hill, 1981.

Britz, Richard. *The Edible City —Resource Manual*. Los Altos, Calif.: William Kaufman, 1981.

Brooks, John. *Room Outside, A Plan for the Garden*. London: Thames and Hudson, 1969.

Brown, Jane. *Gardens of a Golden Afternooon*. New York: Van Nostrand Reinhold, 1982.

Buckman, Harry O., and Nyle C. Brady. *The Nature and Properties of Soils: A College Text of Edaphology*, 6th rev. ed. New York: Macmillan, 1960.

Building Research Station. *Current Papers*, No. 20. "Designing Against Noise from Road Traffic." London: H.M.S.O., 1971.

Butler, George D. *Introduction to Community Recreation*, 3rd ed. Prepared for the National Recreation Association, New York: McGraw-Hill Book Co., 1959.

Caborn, James M. *Shelterbelts and Micro-Climate*. Great Britain Forestry Commission Bulletin No. 29. Edinburgh, 1960.

Caborn, James M. *Shelterbelts and Windbreaks*. London: Faber and Faber, 1965.

Callenbach, Ernest. *Ecotopia*. Berkeley: Banyan Tree Books, 1975.

Canter, Larry. *Environmental Impact Assessment*. New York: McGraw-Hill, 1977.

Carpenter, Philip L., Theodore D. Walker and Frederck O. Landphair. *Plants in the Landscape*. San Francisco: W. H. Freeman, 1975.

Chadwick, George F. *The Park and Town: Public Landscape in the 19th and 20th Centuries*. London: Architectural Press, 1966.

Chadwick, George F. *The Works of Sir Joseph Paxton, 1803-1865*. London: Architectural Press, 1961.

Chermayeff, Serge, and Christopher Alexander. *Community and Privacy. Garden City*, N. Y.: Doubleday, 1963.

Ching, Francis. *Architecture: Form, Space and Order*. New York: Van Nostrand Reinhold, 1979.

Church, Thomas. *Gardens are for People*. 2nd ed. New York: McGraw-Hill, 1983.

Clark, H. F. *The English Landscape Garden*. London: Pleiasdes Books, 1948.

Clauston, Brian, ed. *Landscape Design with Plants*. New York: Van Nostrand Reinhold, 1979.

Clay, Grady, ed. *Water and the Landscape*. New York: McGraw-Hill, 1979.

Cleveland, Horace W. S. *Landscape Architecture: As Applied to the Wants of the West*. Pittsburgh: University of Pittsburgh Press, 1965.

Clifford, Derek. *A History of Garden Design*. London: Faber and Faber, 1962.

Coffin, David, ed. *The Italian Garden*. Washington: Dumbarton Oaks, 1972.

Colvin, Brenda. *Land and Landscape: Evolution, Design, and Control*, 2nd ed. London: J. Murray, 1970.

——, and Jacqueline Trywhitt. *Trees for Town and Country: A Selection of Sixty Trees Suitable for General Cultivation in England*. 3rd rev. ed. London: Lund, Humphried, 1961.

Cook, David, and David F. Haerbede. *Trees and Shrubs for Noise Abatement*. Research Bulletin 246, The Forest Service in cooperation with the University of Nebraska College of Agriculture, 1971.

Cooper, Clare C. *Easter Hill Village; Some Social Implications of Design*. New York: Free Press, 1975.

Corbett, Michael N. *A Better Place to Live —New Designs for Tomorrow's Communities*. Emmaus, Pa.: Rodale Press, 1981.

Coyle, Davis C. *Conservation, An American Story of Conflict and Accomplishment*. New Brunswick, N.J.: Rutgers University Press, 1957.

Craik, Kenneth H. "Environmental Psychology," in *New Directions in Psychology*, Vol IV. New York: Holt, Rinehart and Winston, 1971.

Cranz, Galen. *The Politics of Park Design*. Cambridge, Mass: M.I.T. Press, 1982.

Creese, Walter. *The Search for Environment: The Garden City Before and After.* New Haven, Conn.: Yale University Press, 1966.

Crisp, (Sir) Frank. *Medieval Gardens*, limited ed. London: John Land the Bodley Head Ltd., 1924.

Crowe, Sylvia. *Garden Design*. Chicister: Packard Publishing, 1981.

——. *The Landscape of Power*. London: Architectural Press, 1958.

——. *The Landscape of Roads*. London: Architectural Press, 1960.

——. *Tomorrow's Landscape*. London: Architectural Press, 1956.

Crowe, Sylvia, et al. *The Gardens of Moghul India*. London: Thames and Hudson, 1972.

Cullen, Gordon. *Townscape*. New York: Reinhold, 1961.

——. *The Concise Townscape*, new ed. London: Architectural Press, 1971.

Culter, Laurence Stephan, and Sherrie Stephens Cutler. *Recycling Cities for People —The Urban Design Process*. 2nd ed. Boston, Mass.: CBI Publishing, 1982.

Darling, F. Fraser. *Wilderness and Plenty*. New York: Ballantine Books, 1971.

——, and John P. Milton, eds. *Future Environments for North America*. (Record of the 1965 Conservation Foundation Conference, Warrenton, Va.) Garden City, N.Y.: Natural History Press, 1966.

Dasmann, Raymond F. *Environmental Conservation*, 2nd ed. New York: John Wiley & Sons, 1968.

——. *The Destruction of California*. New York: Macmillan, 1965.

De Chiara, Joseph, and Lee E. Koppelman. *Site Planning Standards*. New York: McGraw-Hill, 1978.

DeGrazia, Sebastian. *Of Time, Work and Leisure*. New York: Twentieth Century Fund, 1962.

Department of the Environment. *The Estate of Outside the DWELLING* (Reactions of Residents to Aspects of Housing Layout). London: H.M.S.O., 1972.

Dickert, Thomas, ed. *Environmental Impact Assessment: Improving the Process*. Berkeley, Calif.: University of California Extension, 1973.

Diekelmann, John, and Robert Schuster. *Natural Landscaping —Designing with Native Plant Communities*. New York: McGraw-Hill, 1982.

Dober, Richard P. *Campus Planning*. New York: Reinhold, 1963.

Downing, Andres Jackson. *Landscape Gardening and Rural Architecture*, 10th ed., rev. by Frank A. Waugh. New York: John Wiley & Sons, 1921.

Downing, Michael. *Landscape Construction*. London: E and F N Spon, 1977.

Dubos, René. *Man Adapting*. New Haven, Conn.: Yale University Press, 1965.

——. *So Human an Animal*. New York: Charles Scribner's Sons, 1968.

Dutton, Ralph. *The English Garden*. London: B. T. Batsford, 1937.

Eaton, Leonard K. *Landscape Artist in America: The Life and Work of Jens Jensen*. Chicago: University of Chicago Press, 1964.

Eckbo, Garrett. *Home Landscape*, revised and enlarged ed. New York: McGraw-Hill, 1978.

——. *Landscape for Living*. New York: Architectural Record, with Duell, Sloan & Pearce, 1950.

——. *Urban Landscape Design*. New York: McGraw-Hill, 1964.

Elsner, Gary, and Richard Smardon. *Our National Landscape*. Berkeley: USDA Forest Service, 1979.

Fabos, Julius G., Gordon T. Milde, and V. Michael Weinmayr. *Frederick Law Olmsted, S.R., Founder of Landscape Architecture in America*. Amherst: University of Massachusetts Press, 1968.

——, with Richard Careaga, Christopher Greene, and Stephanie Williston.

Model for Landscape Resource Assessment. Amherst, Mass.: Department of Landscape Architecture and Regional Planning, 1973.

Fairbrother. Nan. *Men and Gardens*. London: Hogarth Press, 1956.

Favretti, Rudy J., and J. P. Favretti. *Landscape and Gardens for Historic Buildings*. Nashville: American Association for State and Local History, 1978.

——. *New Lives, New Landscape: Planning for the 21st Century*. New York: Alfred A. Knopf, 1970.

Fein, Albert. *Frederick Law Olmsted and the American Environmental Tradition*. New York: G. Braziller, 1972.

——. *Landscape into Cityscape: Frederick Law Olmsted's Plans for a Greater New York City*. Ithaca, N.Y.: Cornell University Press, 1968.

Fox, Helen. *Andre le Notre, Garden Architect to Kings*. New York: Crown, 1962.

Freidberg, M. Paul. *Play and Interplay*. New York: Mcamillan, 1970.

Gaines, Richard L. *Interior Plantscaping —Building Design for Interior Foliage Plants*. New York: Architectural Record Books, 1977.

Gans, Herbert J. *The Levittowners: Ways of Life and Politics in a New Suburban Community*. New York: Pantheon Books, 1967.

Gardner, Victor R. *Basic Horticulture*, rev. ed. New York: Macmillan, 1951.

Geiger, Rudolf. *The Climate Near the Ground*. Coupta Technica, Inc, trans. Cambridge, Mass.: Harvard University Press, 1963.

Giedion, Sigfried. *Space, Time and Architecture: The Growth of a New Tradition*. 5th ed. Cambridge, Mass.: Harvard University Press, 1967.

Givoni, B. *Man, Climate and Architecture*, 2nd ed. London: Applied Science Publishers, 1976.

Goffman, Erving. *Behavior in Public Places: Notes on the Social Organization of Gatherings*. New York: Free Press of Glencoe, 1963.

Gothein, M. Louis. *The History of Garden Art*. Walter P. Wright, ed; Laura Archer-Hind, trans. London and Toronto: J.M. Dent & Sons; New York: E. P. Dutton & Co., 1928.

Graham, Dorothy. *Chinese Gardens: Gardens of the Contemporary Scene*. New York: Dodd, Mead & Co., 1938.

Green, David. *Gardener to Queen Anne, Henry Wise and the Formal Garden*. London, New York: Oxford University Press, 1956.

Gutkind, Erwin A. *Our World From the Air: An International Survey of Man and His Environment*. Garden City, N.Y.: Doubleday, 1952.

——. "Our World from the Air: Conflict and Adaptation," in *Man's Role in Changing the Face of the Earth*, William L. Thomas, ed. Chicago: University of Chicago Press, 1956.

Hackett, Brian. *Landscape Planning: An Introduction to Theory and Practice*. Newcastle-upon-Tyne: Oriel Press, 1971.

——. *Planting Design*. New York: McGraw-Hill, 1979.

Hadfield, Miles. *Gardens*. New York: Putnam, 1962.

Hall, Edward T. *The Hidden Dimension*. Garden City, N.Y.: Doubleday, 1966.

——. *The Silent Language*. Greenwich, Conn.: Fawcett Press, 1967.

Halprin, Lawrence. *Cities*. New York: Reinhold, 1963.

——. *Notebooks, 1959-71*. Cambridge, Mass.: MIT Press, 1972.

——, and Jim Burns. *Taking Part —A Workshop Approach to Collective Creativity*. Cambridge, Mass.: MIT Press, 1974.

Hammond, John, et al. *A Strategy for Energy Conservation*. Davis, California, 1974.

Hannebaum, Leroy. *Landscape Design*. Reston, Va.: Reston, 1981.

Harvey, John. *Medieval Gardens*. Beaverton, Oregon: Timber Press, 1981.

Hazlehurst, F. Hamilton. *Garden of Illusion —The Genius of Andre le Notre*. Nashville, Tenn.: Vanderbilt University Press, 1981.

——. *Jacques Boyceau and the French Formal Garden*. Athens: University of Georgia Press, 1966.

Hecksher, August. *Open Spaces: The Life of American Cities*. New York: Harper and Row, 1977.

Hester, Randolph. *Neighborhood Space —Planning Neighborhood Space with People*, 2nd ed. New York: Van Nostrand Reinhold, 1984.

——, and Frank Smith. *Community Goal Setting*. Stroudsburg, Pa.: Hutchinson Ross, 1982.

Holborn, Mark. *The Ocean in the Sand. Japan: From Landscape to Garden*. Boulder, Colorado: Shambala Publications, 1978.

Horiguchi, Sutami. *Tradition of Japanese Gardens*. Tokyo: Kokusai Bunka Shinkokai, 1962.

Howard, (Sir) Ebenezer. *Garden Cities of Tomorrow*. F. S. Osborn, ed. London: Faber and Faber, 1951.

Hudak, Joseph. *Trees for Every Purpose*. New York: McGraw-Hill, 1980.

Hunt, John Dixon, and Peter Willis, eds. *The Genius of the Place —The English Landscape Garden 1620-1820*. New York: Harpen & Row, 1975.

Hunter, Margaret K., and Edgar H. *The Indoor Garden*. New York: John Wiley & Sons, 1978.

Hussey, Christopher. *The Picturesque: Studies in a Point of View*. London and New York: Putnam, 1962.

Huth, Hans. *Nature and the American: Three Centuries of Changing Attitudes*. Berkeley: University of California Press, 1957.

Hyams, Edward S. *The English Garden*. London: Thames and Hudson, 1971.

——. *A History of Gardens and Gardening*. New York: Praeger, 1971.

International Union for Conservation of Nature and Natural Resources. *Towards a New Relationship between Man and Nature in Temperate Lands*. Morges, Switzerland: IUCN, 1967.

Ittleson, W.H., et al. *An Introduction to Environmental Psychology*. New York: Holt, Reinhart and Winston, 1974.

Jackson, John B. *American Space*. New York: W. W. Norton and Company, 1972.

Jacobs, Jane. *Death and Life of Great American Cities*. New York: Random House, 1961.

Jellicoe, Geoffrey A. *Studies in Landscape Design*. London and New York: Oxford University Press, 1960.

Jellicoe, Geoffrey, and Susan Jellicoe. *Landscape of Man*. London: Thames and Hudson, 1975.

Jellicoe, Susan, and Geoffrey Jellicoe. *Water*. London: A & C Black, 1971.

Jones, H. *John Muir and the Sierra Club*. San Francisco: Sierra Club, 1965.

Joubdain, Margaret. *The Work of William Kent: Artist, Painter, Designer and Landscape Gardener*. London: Country Life; New York: Charles Scribners & Sons, 1948.

Kahn, Herman. *The Year 2000* New York: Macmillan, 1967.

Kaplan, S., and R. Kaplan, eds. *Humanscape: Environments for People*. N. Scituate, Mass.: Duxbury Press, 1978.

Kassler, Elizabeth B. *Modern Gardens and the Landscape*. New York: Museum of Modern Art, Doubleday, 1964.

Kelley, Bruce. *The Art of the Olmsted Landscape*. New York: The Arts Publisher, 1981.

Keswick, Maggie. *The Chinese Garden*. New York: Rizzoli, 1978.

Krier, Rob. *Urban Space*. New York: Rizzoli International Publications, 1979.

Krutilla, John, ed. *Natural Environments*. Baltimore: Johns Hopkins University Press, 1972.

Land Design/Research Inc. *Cost Effective Site Planning —Single Family Development*. Washington, D.C.: NAHB, 1976 (2nd printing).

Landmark '71. Berkeley: Department of Landscape Architecture, University of California, 1971.

Landphair, Harlow C., and Fred Klatt, Jr. *Landscape Architecture Construction*. New York: Elsevier North Holland, 1979.

Lang, Jon, et al. *Designing for Human Behavior*. Stroudsburg, Pa.: Community Development Series, 1974.

Lassey, William. *Planning in Rural Environments*. New York: McGraw-Hill, 1977.

Laurie, Ian C., ed. *Nature in Cities*. Chichester, John Wiley and Sons, 1979.

Laurie, Michael. "A History of Aesthetic Conservation in California," in *Landscape Planning*, Vol. 6, 1979. Amsterdam: Elsevier Science.

Lehram, Jonas. *Earthly Paradise —Garden and Courtyard in Islam*. Berkeley: University of California Press, 1980.

Leighton, Anne. *Early American Gardens*. Boston: Houghton Mifflin, 1970.

Leopold, Aldo S. *A Sand County Almanac, and Sketches Here and There*. New York: Oxford University Press, 1950.

Lewis, Philip H. *Regional Design for Human Impact*. Kaukauna, Wis.: Thomas, 1969.

Litton, R. Burton. *Forest Landscape Description and Inventories —A Basis for Land Planning and Design*. U.S. Department of Agriculture, Forest Research Paper PSW49, Berkeley: U.S. Department of Agriculture, 1968.

——. "Landscape and Aesthetic Quality," in *America's Changing Enviroment*, R. Revelle and H. H. Landsberg, eds. Boston: Beacon Press, 1970.

Lockwood, Alice G. B. *Gardens of Colony and State: Gardens and Gardeners of the American Colonies and of the Republic before 1840*. New York: Charles Scribners & Sons, 1931-1934.

Lovejoy, Derek, ed. *Land Use and Landscape Planning*, 2nd ed. Glasgow: Leonard Blackie Publishing Group, 1979.

Lynch, Kevin. *Site Planning*. Cambridge, Mass.: MIT Press, 1962.

——. *What Time Is This Place*. Cambridge, Mass.: MIT Press, 1972.

——. *A Theory of Good City Form*. Cambridge Mass.: MIT Press, 1981.

——. *Site Planning*, 3rd ed. Cambridge, Mass.: MIT Press, 1984.

MacDougall, E. Bruce. *Microcomputers in Landscape Architecture*. New York: Elsevier, 1983.

McHarg, Ian L. *Design with Nature*. Garden City, N.Y.: Natural History Press, 1969.

——. "Ecological Determinism," in *Future Environments for North America*, Frank Darling, ed. Garden City, N.Y.: Natural History Press, 1966.

McLean, Teresa. *Medieval English Garden*. New York: Viking Press, 1980.

Maddi, S. R., and D. W. Fiske. *Functions of Varied Experience*. Homewood, Ill.: Dorsey Press, 1961.

Marlowe, Olwen C. *Outdoor Design—Handbook for the Architect and Planner*. New York: Watson-Guptill, 1977.

Marsh, George Perkins. *Man and Nature*, David Lowenthal, ed. Cambridge, Mass.: Harvard University Press, 1963.

Marsh, William M. *Environmental Analysis—For Land Use and Site Planning*. New York: McGraw-Hill, 1978.

Massingham, Betty. *Miss Jekyll: Portrait of a Great Gardener*. London: Country Life, 1966.

Masson, Georgina. *Italian Gardens*. London: Thames and Hudson, 1961.

Mather, J. R. *Climatology: Fundamentals and Applications*. New York: McGraw-Hill, 1974.

Mazria, Edward. *The Passive Solar Energy Book*. Emmaus, Pa.: Rodale Books, 1979.

Meyerson, Martin. *Face of the Metropolis*. Prepared for the National Council of Good Cities. New York: Random House, 1963.

Moffat, Anne Simon, and Marc Schiler. *Landscape Design that Saves Energy*. New York: William Morrow, 1981.

Morse, Edward S. *Japanese Homes and Their Surroundings*. New York: Dover, 1961.

Moynihan, Elizabeth B. *Paradise as a Garden in Persia and Moghul India*. New York: George Braziller, 1979.

Muir, John. *Yosemite and the Sierra Nevada*. Charlotte C. Mauk, ed. Boston: Houghton, Mifflin, 1948.

Mumford, Lewis. *The Brown Decades: A Study of the Arts in America*, 2nd rev. ed. New York: Dover, 1955.

Munson, Albe E. *Construction Design for Landscape Architects*. New York: McGraw-Hill, 1974.

Nash, Roderick. *Wilderness and the American Mind*. New Haven, Conn.: Yale University Press, 1967.

Newman, Oscar. *Defensible Space: Crime Prevention through Urban Design*. New York: Macmillan, 1972.

Newsom, Samuel. *A Thousand Years of Japanese Gardens*, 3rd ed. Tokyo: Tokyo News Service, 1957.

Newton, Norman T. *Design on the Land: The Development of Landscape Architecture*. Cambridge, Mass.: Belknap Press of the Harvard University Press, 1971.

Nichols, Herbert Lownds. *Moving the Earth: The Workbook of Excavation*. Greenwich, Conn.: North Castle Books, 1955.

Odum, Eugene P. *Fundamentals of Ecology*, 2nd ed. Philadelphia: Saunders, 1959.

Olgay, Victor. *Design with Climate*. Princeton, N.J.: Princeton University Press, 1963.

Ortolano, Leonard. *Environmental Planning and Decision Making*. New York: John Wiley and Sons, 1984.

Parker, Harry, and John W. McGuire. *Simplified Site Engineering for Architects and Builders*. New York: John Wiley and Sons, 1954.

Patri, Tito, David C. Streatfield, and Thomas J. Ingmire. *Early Warning*

System. Berkeley: University of California, Department of Landscape Architecture, 1970.

Perin, Constance. *With Man in Mind: An Interdisciplinary Prospectus for Environmental Change*. Cambridge, Mass.: MIT Press, 1970.

Perry, Francis. *The Water Garden*. New York: Van Nostrand Reinhold, 1981.

Peterson, Peggy Long. "The ID and the Image," *Landmark '66*. Berkeley: Department of Landscape Architecture, University of California, 1966.

Pevsner, Nikolaus. "The Genesis of the Picturesque," *Architectural Review*, Vol. 96, November, 1944, pp. 139-166.

Pile, John. *Design*. New York: W. W. Norton, 1979.

Platt, Charles. *Italian Gardens*. New York: Harper and Brothers, 1894.

Porteous, J.D. *Environment and Behavior: Planning and Everyday Urban Life*. Reading, Mass.: Addison-Wesley, 1977.

Proshansky, H.M., ed. *Environmental Psychology*. New York: Holt, Rinehart & Winston, 1970.

Rapoport, Amos. *House Form and Culture*. Englewood Cliffs, N.J.: Prentice-Hall, 1969.

Rau, John G., and David C. Wooten, eds. *Environmental Impact Analysis Handbook*. New York: McGraw-Hill, 1980.

Reps, John W. *The Making of Urban America: A History of City Planning in the United States*. Princeton, N.J.: Princeton University Press, 1965.

Ritter, Paul. *Planning for Man and Motor*. Elmsford, New York: Pergamon, 1964.

Robbins, Wilfred W., T. Elliot Weier, and Ralph Stocking. *Botany: An Introduction to Plant Science*, 2nd ed. New York: John Wiley & Sons, 1957.

Robinette, Gary O. *Plants, People and Environmental Quality*. U.S. Department of the Interior. Washington, D.C.: G.P.O., 1973.

Robinson, Florence Bell. *Palette of Plants*. Champaign, Ill.: Garrard Press, 1950.

——. *Planting Design*. New York: McGraw-Hill Book Co.: London, Wittlesey House, 1940.

Robinson, William. *The English Flower Garden*. London: J. Murray, 1909.

Rubenstein, Harvey. *A Guide to Site and Environmental Planning*. New York and London: John Wiley & Sons, 1969.

Rubenstein, Harvey M. *Central City Malls*. New York: John Wiley & Sons, 1978.

Rudofsky, Bernard. *Architecture without Architects*. New York: Museum of Modern Art, 1965.

——. *Streets for People*. New York: Van Nostrand Reinhold, 1982.

Rutledge, Albert J. *Anatomy of a Park*. New York: McGraw-Hill, 1971.

Scientific American. *Cities*. New York, 1965.

Scott, Mel. *American City Planning Since 1890*. Berkeley, University of California Press, 1969.

Scrivens, Stephen. *Interior Planting in Large Buildings —A Handbook for Architects, Interior Designers and Horticulturists*. London: Architectural Press, Ltd., 1980.

Sears, Paul B. *Life and Environment*. New York: Teachers' College, Columbia University, 1939.

——. *Where There is Life*. New York: Dell, 1962.

Shepard, Paul. *Man in the Landscape: A Historical View of the Aesthetics of Nature*. New York: Alfred A. Knopf, 1968.

Shepheard, Peter. *Gardens*. London: MacDonald and Company, in association with Council of Industrial Design, 1969.

——. *Modern Gardens*. London: Architectural Press, 1953.

Shepherd, John C., and Geoffrey A. Jellicoe. *Italian Gardens of the Renaissance*. New York: Charles Scribners & Sons, 1925.

Simonds, John O. *Earthscape —A Manual of Environmental Planning*. New York: McGraw-Hill, 1978.

——. *Landscape Architecture*. New York: F. W. Dodge, 1961.

Siren, Osvald. *Gardens of China*. New York: Ronald Press, 1949.

Skinner, B.F. *Science and Human Behavior*. London and New York: Macmillan, 1953.

Sommer, Robert. *Personal Space: The Behavioral Basis of Design*. Englewood Cliffs, N.J.: Prentice-Hall, 1969.

Sommer, Robert. *Design Awareness*. San Francisco: Rinehart Press, 1971.

Sorenson, Carl Theodore. *The Origin of Garden Art*. Kobenhavn: Danish Architectural Press, Arkitektens Forlag, 1963.

Sprin, Ann Whiston. *The Granite Garden*. New York: Basic Books, 1984.

Strong, Roy. *The Renaissance Garden in England*. London: Thames and Hudson, 1979.

Stroud, Dorothy. *Humphry Repton*. London: Country Life, 1962.

——. *Capability Brown*. London: Country Life, 1950.

Tamura, Tsuyoshi. *Art of Landscape Gardens in Japan*. Tokyo: Kokusai Bunka Shinkokai (The Society for International Cultural Relations), 1935.

Tandy, Clifford, consultant ed. *Handbook of Urban Landscape*. London: Architectural Press, 1972.

Taylor, Geoffrey. *The Victorian Flower Garden*. London, New York: Skeffington, 1952.

Taylor, Lisa, ed. *Urban Open Spaces*. New York: Rizzoli, 1981.

Taylor, (Lord) Stephen J. L., and Sidney Chave. *Mental Health and the Environment*. Sidney: Longma Green, 1964.

Tetlow, R. J., and S. Sheppard. *Visual Resources of the North East Coal Study Area*. Province of British Columbia, Ministry of the Environment, 1977.

Thacker, Christopher. *The History of Gardens*. London: Croom Helm, 1979.

Thomas, William L., ed. *Man's Role in Changing the Face of the Earth*. (From the 1955 International Symposium on Man's Role in Changing the Face of the Earth.) Chicago: University of Chicago Press, 1956.

Treib, Marc, and Ron Herman. *A Guide to the Gardens of Kyoto*. Tokyo: Shufunotomo Co., 1980.

Tuan, Yi-Fu. *Topophilia —A Study of Environmental Perception, Attitudes and Values*. Englewood Cliffs, N.J.: Prentice-Hall, 1974.

Tunnard, Christopher. *American Skyline: The Growth and Forms of Our Cities and Towns*. Boston: Houghton Mifflin, 1955.

——. *Gardens in the Modern Landscape*, 2nd rev. ed. London: Architectural Press: New York: Charles Scribners & Sons, 1948.

——, and Boris Pushkarev. *Man-Made America —Chaos or Control?* New Haven, Conn.: Yale University Press, 1963.

Twiss, Robert, David Streatfield. and Marin County Planning Department. *Nicassio: Hidden Valley in Transition*. San Rafael, Calif., 1969.

Udall, Stewart. *The Quiet Crisis*. New York: Holt, Rinehart and Winston,

1963.

Untermann, Richard. *Site Planning for Cluster Housing*. New York: Van Norstrand Reinhold, 1977.

——. *Principles and Practices of Grading, Drainage and Road Alignment: An Ecological Approach*. Englewood Cliffs, N.J.: Reston, 1978.

U.S. Outdoor Recreation Resources Review Commission. *Outdoor Recreation for America: A Report to the President and to the Congress*. Washington, D.C., 1962.

Villiers-Stuart, Constance M. *Gardens of the Great Moghals*. London: A. and C. Black, 1913.

——. *Spanish Gardens, Their History, Types and Features*. London: B. T. Batsford, 1929.

Walker, Theodore D. *Site Design and Construction Detailing*. Mesa, Arizona: PDA Publishers, 1978.

Ward, Colin. *The Child in the City*. London: Architectural Press, 1977.

Way, Douglas S. *Terrain Analysis: A Guide to Site Selection Using Aerial Photographic Interpretation*. Stroudsburg, Pa.: Dowden, Hutchinson and Ross, 1973.

Weddle, A. E., ed. *Techniques of Landscape Architecture*. New York: American Elsevier, 1967.

Whyte, William H. *The Last Landscape*. Garden City, N.Y.: Doubleday, 1968.

Wiedenhoft, Ronald. *Cities for People —Practical Measures for Improving Urban Environments*. New York: Van Nostrand Reinhold, 1981.

——. *The Organization Man*. New York: Simon and Schuster, 1956.

——. *The Social Life of Small Urban Spaces*. Washington, D.C.: Conservation Foundation, 1980.

Williams, Wayne. *Recreation Places*. New York: Rheinhold, 1958.

Wright, Richardson Little. *The Story of Gardening: From the Hanging Gardens of Babylon to the Hanging Gardens of New York*. New York: Dodd, Mead, 1934.

Wurman, R. S. and J. Katz. *The Nature of Recreation*. Cambridge, Mass.: M. I.T. Press, 1972.

Zaitzevsky, Cynthia. F.L. *Olmsted and the Boston Park System*. Cambridge, Mass.: Harvard University Press, 1982.

Zion, Robert L. *Trees for Architecture and the Landscape*. New York: Reinhold, 1968.

Zube, Ervin, ed. *An Inventory and Interpretation of Selected Resources of the Island of Nantucket*. Cambridge: University of Massachusetts, Cooperative Extension Service, 1966.

——. *The Islands: Selected Resources of the United States Virgin Islands and Their Relationship to Recreation, Tourism, and Open Space*. Prepared for U.S. Department of Agriculture by the Department of Landscape Architecture, University of Massachusetts, 1968.

——, et al. *Landscape Assessment*. Stroudsburg, Pa.: Dowden, Hutchinson and Ross, 1975.